中国轻工业"十四五"规划教材

高等学校专业教材

现代仪器分析技术及其在食品中的应用

（第二版）

贾春晓　赵建波　主编

中国轻工业出版社

图书在版编目(CIP)数据

现代仪器分析技术及其在食品中的应用/贾春晓,赵建波主编.
—2版.—北京:中国轻工业出版社,2025.1
ISBN 978-7-5184-3494-7

Ⅰ.①现… Ⅱ.①贾… ②赵… Ⅲ.①仪器分析–应用–食品
工业 Ⅳ.①TS2

中国版本图书馆 CIP 数据核字(2021)第 087698 号

责任编辑:罗晓航

策划编辑:罗晓航　　　责任终审:白　洁　　封面设计:锋尚设计
版式设计:砚祥志远　　责任校对:吴大朋　　责任监印:张　可

出版发行:中国轻工业出版社(北京鲁谷东街 5 号,邮编:100040)
印　　刷:北京君升印刷有限公司
经　　销:各地新华书店
版　　次:2025 年 1 月第 2 版第 4 次印刷
开　　本:787×1092　1/16　印张:25.75
字　　数:660 千字
书　　号:ISBN 978-7-5184-3494-7　定价:62.00 元
邮购电话:010-85119873
发行电话:010-85119832　010-85119912
网　　址:http://www.chlip.com.cn
Email:club@ chlip.com.cn
版权所有　侵权必究
如发现图书残缺请与我社邮购联系调换
250063J1C204ZBW

本书编写人员

主　　编　贾春晓　赵建波

副 主 编　王焕新　张改红

参　　编　白　冰　刘军伟　秦肖雲　徐改改

第二版前言 | Preface

　　本书第一版自 2005 年出版至今，已印刷 11 次，受到广大读者的欢迎与好评，教学效果明显，取得了较好的社会效益。现代仪器分析是一个飞速发展的学科，在这 16 年间，每年都有大量的新型仪器问世，这些仪器在食品领域中的应用也越来越广泛和深入。为了满足当前的理论教学和分析工作的实际需要，有必要对第一版进行修订。本次修订运用辩证唯物主义方法，介绍更多的现代仪器分析技术，减少中小型仪器的篇幅，增加大型仪器的内容，并详细阐述这些方法在食品分析中的最新应用。

　　在保持第一版特色的基础上，第二版内容主要做了以下修订：

　　（1）去掉了"食品现代分离技术概要"一章。因为第二版各章的应用实例中把这些分离技术用于样品前处理，已有较多叙述，所以不再单独设为一章阐述。

　　（2）增加了"X 射线衍射分析"和"电子显微分析"两章内容。近年来，这些分析技术在食品加工改性、天然产物结构分析和中药质量鉴别等方面发挥了很大的作用。主要用于淀粉、多糖和纤维素等分子的微观结构和形貌分析，结合食品物料性质，达到快速检测的目的。

　　（3）其他各章均重新进行编写，并增加了近年发展起来的新技术和新的仪器配置及相关原理。例如，核磁共振波谱法中增加了超低温探头结构及原理、二维核磁共振技术等；质谱法中增加了基质辅助激光解吸电离源和纳流电喷雾电离源等装置、轨道离子阱技术、三重四极杆串联质谱复合线性离子阱等新技术，并介绍一些新的扫描模式；色谱法中新增了超高效液相色谱和超临界流体色谱；红外光谱法中加入了衰减全反射与漫反射附件的原理及应用等。并删掉了一些较为陈旧的内容。

　　（4）各章应用部分全部更新为近几年的研究内容，并增加了多糖、多肽、淀粉、纤维素等较大分子的质谱（MS）、核磁共振（NMR）、电子显微分析（EM）、X 射线衍射（XRD）等波谱解析和确定结构方面的应用，更加接近食品、天然产物、生物化学等领域的研究前沿。

　　（5）各章中插入了更多的图谱，且均由新型仪器获得，更清晰，也更能代表化合物的结构及形貌特征。

　　本书第二版由郑州轻工业大学讲授食品科学与工程专业"仪器分析"课程及从事相关大型仪器管理的专业教师，在多年教学和科研实践的基础上编写而成。全书共分九章，内容包括分子吸收光谱、原子吸收光谱、色谱、质谱及联用技术、核磁共振波谱、电子显微分析和X 射线衍射分析等；除电子显微分析和 X 射线衍射分析两章新编内容之外，其他各章的更新率也都在 80% 以上。针对各种测试技术，紧跟本学科的最新研究进展，增加并融入了最新研究成果，特别是新的分析技术，介绍了一些新型仪器，并介绍了它们在食品、烟草、生化、香精香料等领域中的大量应用实例，与第一版相比，具有更鲜明的特征和实用性。

本书由郑州轻工业大学贾春晓教授和赵建波副教授任主编，王焕新副教授和张改红副教授任副主编。其中，第一章、第三章由赵建波编写，第二章由秦肖雲编写，第四章、第五章由刘军伟、贾春晓编写（贾春晓编写第四章的第四~六节和第五章的第一~三节，其余内容由刘军伟编写），第六章由张改红、徐改改编写（徐改改编写第一~四节，其余内容由张改红编写），第七章由白冰、贾春晓编写（贾春晓编写第一~三节，其余内容由白冰编写），第八章、第九章由王焕新编写。全书由贾春晓教授和赵建波副教授统稿。

由于作者水平有限，编写过程中难免存在错误和疏漏，希望读者批评指正。

编　者

2021 年 5 月

第一版前言 | Preface

　　现代食品的显著特点是食品的营养化、功能化、方便化，并保证食品质量与安全，这就要求食品加工从原料的选择、加工过程到最终产品及保藏整个链条中对食品的成分及成分的变化有全面的把握和认识。传统的分析手段和分析方法尽管能从宏观上了解和掌握成分及其变化，但已不能完全适应现代食品加工业的要求，现代仪器分析技术已经成为食品分析中不可缺少的重要分析手段。

　　随着现代仪器分析技术的发展和不断完善，现代仪器分析技术在食品分析中应用更加广泛和深入，尤其是近期发展起来的超临界萃取技术、膜分离技术、气–质联用技术、液–质联用技术等现代食品分离、分析和鉴定技术，在食品、生物、烟草等研究领域的研究中发挥了越来越重要的作用。遗憾的是国内关于现代仪器分析技术及其在食品中的应用方面的书籍并不多见，相应地作为大学本科以上层次教学用专业书籍仍是空白，作者在多年的食品科学专业的教学和科研实践中发现很有必要编写一本这方面的著作或教材，以应食品科学与工程以及相关学科和专业科研和教学之需要，这正是该书出版的目的和初衷。

　　本书是郑州轻工业学院有关食品科学与工程专业和学科的专业教师在多年教学和科研实践的基础上编写而成的。主要介绍食品中有效成分的现代分离技术和各种现代仪器分析技术的方法原理、分析仪器结构和应用，包括原子吸收光谱、分子吸收光谱、色谱、质谱、核磁共振波谱以及气相色谱-红外光谱联用、气相色谱-质谱联用、液相色谱-质谱联用等；针对各种测试技术，介绍了它们在食品、烟草、生化、香精香料等领域中的大量的应用实例，具有鲜明的特征和实用性。本书主要作为大专院校食品科学与工程、生物工程、应用化学专业本科生及研究生的教材，也可供有关生产、科研单位的分析工作人员参考阅读。

　　全书共分八章，每一章的编写次序都是在介绍分析技术原理的基础上，介绍仪器的工作原理和基本结构，接着重点介绍分析技术和分析方法，最后介绍分析技术在食品分析中的应用实例，并且每章都附有思考题。本书编写内容层次分明，条理清晰，既适于教学，也便于自学。

　　本书由郑州轻工业学院贾春晓副教授任主编，熊卫东副教授、毛多斌教授任副主编，第一章由毛多斌教授编写，第二章由章银良教授、贾春晓副教授编写，第三章由张文叶高级工程师编写，第四章由章银良副教授编写，第五章由张峻松副教授编写，第六章由熊卫东副教授编写，第七章和第八章由贾春晓副教授编写。全书由毛多斌教授、贾春晓和熊卫东副教授统稿。

本书的出版得到郑州轻工业学院有关系部的大力支持，作者在此表示衷心感谢。

由于作者水平有限，编写过程中难免存在错误和疏漏，望读者在阅读过程中批评指正。

作　者

目录 | Contents |

第一章

CHAPTER

紫外-可见吸收光谱分析

1

[学习要点]

通过本章内容的学习，在理解物质对光具有选择性吸收的基础上，掌握分子中电子跃迁的类型，学会利用吸收曲线进行定性分析；了解分光光度计的结构、类型并掌握其使用方法；掌握朗伯-比尔（Lambert-Beer）定律及分析实验技术，学会对显色反应、显色条件、参比溶液和分析波长等分析条件的选择，达到会选择合适的定量分析方法对试样中的单组分或多组分进行定量分析的目的。

　　紫外-可见吸收光谱分析是利用物质分子吸收 200~800 nm 光谱区的辐射进行分析测定的方法，又称紫外-可见分光光度法（ultraviolet-visible spectrophotometry，UV-Vis）。这种吸收光谱主要产生于分子中价电子在电子能级间的跃迁，有较高的灵敏度和准确度，广泛用于无机化合物和有机化合物的定性和定量分析。

第一节　概　　述

一、　紫外光和可见光

　　光是一种电磁辐射（electromagnetic radiation）或电磁波（electromagnetic wave）。在日常生活中，我们可以看到各种颜色的光，如红光、蓝光、黄光等，这些能被人们看见的光称为可见光。此外，还有各种看不见的光，如紫外光、红外光、X 射线、γ 射线等。

　　紫外光（ultraviolet light）是指波长为 10~380 nm 的电磁波，又分为远紫外光和近紫外光。远紫外光又称真空紫外光，其波长范围是 10~200 nm。

　　可见光（visible light）是指波长为 380~800 nm 区域内的电磁波。在这个区域内，不同波长的光所引起人的视觉神经的感受不同，所以我们看到了各种不同颜色的光。例如，500~560 nm 的光是绿光，630~780 nm 的光是红光等。

二、 分子吸收光谱的形成

分子中的电子总是处于某一种运动状态中，每一种状态都具有一定的能量，属于一定的能级。分子内部运动所涉及的能级变化比较复杂，除价电子运动之外，还有分子内原子在平衡位置附近的振动和分子绕其重心的转动，所以有三种能级存在于分子中，即电子能级 E_e（electronic level）、振动能级 E_v（vibrational level）和转动能级 E_r（rotational level）。根据量子力学理论，这些能级是不连续的，即具有量子化的性质，并且电子能级之间的能量差最大，振动能级相差次之，转动能级相差最小。图 1-1 所示为双原子分子的电子、振动、转动能级示意图。

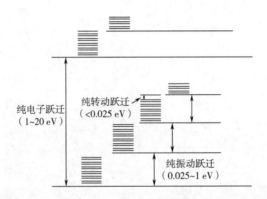

图 1-1　双原子分子的三种能级跃迁示意图

一个分子吸收外来辐射后，它的能量变化为其电子运动能量变化 ΔE_e、振动能量变化 ΔE_v 和转动能量变化 ΔE_r 总和，即：

$$\Delta E = \Delta E_e + \Delta E_v + \Delta E_r \tag{1-1}$$

若分子的较高能级与较低能级之间的能量差恰好等于电磁波的能量 $h\nu$ 时，有

$$E - E_0 = h\nu = h\frac{c}{\lambda} \tag{1-2}$$

则分子将从较低能级跃迁到较高能级。根据量子学说，吸收的能量应与 ΔE 相适应。由于三种能级的 ΔE 不同，所以需要不同波长的电磁波使它们跃迁，那么分子就会在不同的光学区出现吸收谱带。

电子能级跃迁所需的能量较大，一般在 1~20 eV。如果电子能级的能量差是 5 eV，则由式（1-2）可计算相应的波长。

已知 $h = 6.624 \times 10^{-34}$ J·s $= 4.136 \times 10^{-15}$ eV·s

c（光速）$= 2.998 \times 10^{10}$ cm/s

故 $\lambda = \dfrac{hc}{\Delta E} = \dfrac{4.136 \times 10^{-15} \text{ eV·s} \times 2.998 \times 10^{10} \text{ cm/s}}{5 \text{ eV}} = 2.48 \times 10^{-5}$ cm $= 248$ nm

可见，由于分子内部电子能级跃迁而产生的吸收光谱主要处于紫外可见光区（200~800 nm），这种分子光谱称为电子光谱或紫外–可见吸收光谱。

在电子能级跃迁时不可避免地要产生振动能级的跃迁。ΔE_v 大约是 ΔE_e 的 1/10，一般在

0.05~1 eV。若是 0.1 eV，则它为 5 eV 的电子能级间隔的 2%，所以电子跃迁并不是产生一条波长为 248 nm 的线，而是产生一系列的线，其波长间隔约为 248 nm×2%≈5 nm。

此外，上述过程还伴随着转动能级跃迁，因此实际观察到的光谱要复杂得多。ΔE_r 一般小于 0.05 eV。如果是 0.005 eV，则它为 5 eV 的 0.1%，相当的波长间隔是 248 nm×0.1%≈0.25 nm。紫外-可见吸收光谱一般包含有若干谱带系，不同谱带系相当于不同的电子能级跃迁。一个吸收峰（即同一电子能级跃迁，如由能级 A 跃迁到能级 B）含有若干谱带，不同谱带相当于不同的振动能级跃迁。同一谱带内又包含有若干光谱线，每一条线相当于转动能级的跃迁，它们的间隔如上所述约为 0.25 nm。鉴于一般分光光度计的分辨率，如此小的间隔使它们合并起来，所以分子光谱是一种带状光谱。

三、 吸收曲线

由于不同物质分子的内部结构不同，分子能级千差万别，各种能级之间的间隔也互不相同，所以实现电子跃迁需要的能量就不相同，从而需要吸收不同波长的光，即物质对光的吸收具有选择性。将不同波长的光透过某一物质，测量各波长下物质对光的吸收程度即吸光度，然后以波长为横坐标，以吸光度为纵坐标作图，这种图谱称为该物质的吸收曲线或吸收光谱。物质的吸收光谱反映了它对不同波长的光的吸收情况，可以从波形、波峰的强度、位置及其数目看出来，为研究物质的内部结构提供了信息。

由单一波长形成的光，称为单色光。激光就是一种单色光。由不同波长组成的光，称为复合光。白光就是一种复合光，它由红、橙、黄、绿、青、蓝、紫等颜色按一定比例混合而成的，而各种颜色的波长范围并不相同。在日常生活中，我们看到的各种溶液的颜色与其对可见光的选择性吸收有关。例如，一束白光通过重铬酸钾溶液时，溶液选择性吸收了青蓝色部分的光，其余颜色的光不被吸收而透过溶液，因此溶液呈现透过光的颜色——橙黄色。表 1-1 列出了物质的颜色和被吸收光的颜色之间的关系。

表 1-1　　　　　　　　　　　物质颜色和吸收光颜色的关系

物质颜色	吸收光		物质颜色	吸收光	
	颜色	λ/nm		颜色	λ/nm
黄绿	紫	400~450	紫	黄绿	560~580
黄	蓝	450~480	蓝	黄	580~600
橙	绿蓝	480~490	绿蓝	橙	600~650
红	蓝绿	490~500	蓝绿	红	650~750
紫红	绿	500~560			

图 1-2 是 $KMnO_4$ 溶液的吸收光谱图。由图 1-2 可知，$KMnO_4$ 溶液对 525 nm 波长的黄绿色光吸收最强，有一强吸收峰（相应的波长称为最大吸收波长，用 λ_{max} 表示），对紫色和红色光吸收很少，所以溶液呈现紫红色，这说明了物质呈色的原因。不同物质的吸收曲线的形状和最大吸收波长各不相同，据此可对物质进行初步的定性分析。吸收曲线也是吸光光度法中选择测定波长的重要依据。不同浓度的同一物质，最大吸收波长不变，吸光度随浓度增加而增大。根据这个特性可对物质进行定量分析。

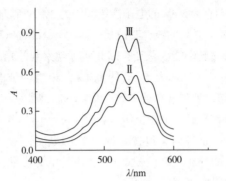

图 1-2　KMnO$_4$ 溶液的吸收曲线

曲线 I：$c=2$ mg/L；曲线 II：$c=3$ mg/L；曲线 III：$c=4$ mg/L。

第二节　物质的紫外-可见吸收光谱

一、有机化合物的紫外-可见吸收光谱

（一）有机化合物的价电子跃迁类型

按分子轨道理论，有机化合物分子中价电子包括形成单键的 σ 键电子，形成双键的 π 键电子，氧、氮、硫、卤素等含有未成键的 n 电子（或称 p 电子）。σ、π 表示成键分子轨道；n 表示非键分子轨道；σ^*、π^* 表示反键分子轨道。当分子吸收一定能量 ΔE 后，其价电子将由较低能级的轨道跃迁到较高能级的反键轨道，产生的跃迁有 $\sigma \to \sigma^*$、$n \to \sigma^*$、$n \to \pi^*$ 和 $\pi \to \pi^*$。

（1）$\sigma \to \sigma^*$ 跃迁　它由分子成键 σ 轨道中的电子吸收辐射激发到反键轨道产生。实现这类跃迁需要的能量较高，$\lambda_{\max} < 200$ nm，位于远紫外区（或真空紫外区）。

（2）$n \to \sigma^*$ 跃迁　它发生在含有孤对电子的元素的饱和有机化合物中。通常这类跃迁需要的能量比 $\sigma \to \sigma^*$ 跃迁要小，位于 150~250 nm 区域。

（3）$\pi \to \pi^*$ 跃迁　它产生在含有不饱和键的有机化合物中，需要的能量低于 $\sigma \to \sigma^*$ 跃迁，吸收峰一般位于近紫外区。孤立的 $\pi \to \pi^*$ 跃迁在 200 nm 附近，其特点是吸收强度（摩尔吸收系数 ε）较大。具有共轭双键的化合物，随着共轭体系的延长，$\pi \to \pi^*$ 跃迁的吸收带将明显向长波方向移动，吸收强度也随之增强。

（4）$n \to \pi^*$ 跃迁　它由羰基、硝基等的孤对电子向反键轨道跃迁产生，这类跃迁通常在近紫外区和可见光区。跃迁概率小，吸收强度（ε）小。

综上所述，有机化合物的各种价电子跃迁所需能量不同，图 1-3 定性地表示了几种分子轨道能量的相对大小及不同类型电子跃迁所需要的能量的大小。由图 1-3 可知，各种跃迁所需能量大小为：

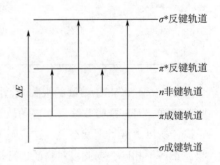

图 1-3　有机化合物中电子
跃迁能级示意图

$$\sigma \to \sigma^* > n \to \sigma^* \geqslant \pi \to \pi^* > n \to \pi^*$$

通常，未成键孤对电子较易激发，成键电子中 π 电子具有较高的能级，而其反键电子则相反。因此 $\sigma \to \sigma^*$ 跃迁需要最高的能量，吸收带出现在远紫外区。$n \to \sigma^*$、$\pi \to \pi^*$ 跃迁产生的吸收带出现在较短波段，而 $n \to \pi^*$ 产生的吸收带处于长波段。各种电子跃迁所处的波长范围及强度如图 1-4 所示。

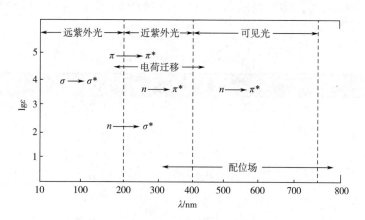

图 1-4　电子跃迁所处的波长范围及强度

（二）紫外-可见吸收光谱的常用术语

（1）吸收峰（adsorption peak）　指吸收曲线上吸光度最大的地方，它所对应的波长称为最大吸收波长。

（2）生色团（chromophore）　指有机化合物分子中含有能产生 $\pi \to \pi^*$ 或 $n \to \pi^*$ 跃迁的，且能在紫外-可见光范围产生吸收的基团，如 C＝C、C＝O、C＝S、—NO$_2$、—N＝N—等。

（3）助色团（auxochrome）　指含有非键电子对的基团，如—OH、—OR、—SH、—NHR、—Cl、—I、—Br 等。它们与生色团相连时，会使生色团或饱和烃的吸收带向长波方向移动，且使吸收强度增加。

（4）红移（bathochromic shift）　指由于有机化合物的结构改变，如引入助色团、发生共轭作用以及改变溶剂等，使吸收峰向长波方向移动。

（5）蓝移（hypsochromic shift）　指当有机化合物的结构改变或受溶剂影响，使吸收峰向短波方向移动。

（6）增色效应（hyperchromic effect）和减色效应（hypochromic effect）　由于化合物结构改变或其他原因，使吸收强度增加，称增色效应；使吸收强度减弱，称减色效应。

（三）有机化合物的紫外-可见吸收光谱

1. 饱和有机化合物

饱和烃类分子中只有 C—C 和 C—H 键，只能产生 $\sigma \to \sigma^*$ 跃迁，其最大吸收峰一般小于 200 nm。如甲烷的 λ_{max} 为 125 nm，乙烷的 λ_{max} 为 135 nm。

饱和烃的取代衍生物如卤代烃、醇、胺等，它们的杂原子上存在 n 电子，可产生 $n \to \sigma^*$ 跃迁，但大多数仍出现在小于 200 nm 的区域内，ε 通常在 100~3000 L/（mol·cm）。此类跃迁所需的能量主要决定于原子键的种类，而与分子结构的关系不大。烷烃及其取代衍生物是紫外-可见吸收光谱测定的良好溶剂。

2. 不饱和脂肪族化合物

不饱和烃类分子可以产生 $\sigma \to \sigma^*$ 和 $\pi \to \pi^*$ 两种跃迁。当不饱和烃中具有共轭双键时，随着共轭系统的延长，$\pi \to \pi^*$ 跃迁的吸收带将向长波移动，吸收强度也随之增强（表 1-2）。当有五个以上双键共轭时，吸收带将落在可见光区。共轭体系中 $\pi \to \pi^*$ 跃迁产生的吸收带又称为 K 带。

表 1-2　　　　　　　　　　　　　部分不饱和烯烃的吸收带

不饱和烃	双键数	λ_{max}/nm	$\varepsilon/[L/(mol \cdot cm)]$	颜色
乙烯	1	185	10^4	无色
丁二烯	2	217	2.1×10^4	无色
1，3，5-己三烯	3	258	3.5×10^4	无色
二甲基辛四烯	4	296	5.2×10^4	淡黄色
癸五烯	5	335	1.18×10^5	淡黄色
二氢-β-胡萝卜素	8	425	2.1×10^5	橙黄
番茄红素	11	470	1.85×10^5	红

3. 羰基化合物

含有羰基的化合物有醛、酮、羧酸及羧酸衍生物等。羰基化合物的 C ═O 基团主要可以产生 $n \to \sigma^*$、$n \to \pi^*$ 及 $\pi \to \pi^*$ 三种跃迁。$n \to \pi^*$ 跃迁产生的吸收带又称 R 带，位于近紫外或紫外光区。

醛、酮的 $n \to \pi^*$ 吸收带出现在 270~300 nm 附近，它的强度低 [ε_{max} 为 10~20 L/(mol·cm)]，谱带略宽。当醛、酮的羰基与双键共轭时，形成了 α, β-不饱和醛（酮）类化合物。羰基与乙烯基的共轭使 $\pi \to \pi^*$ 和 $n \to \pi^*$ 吸收带分别移至 220~260 nm 和 310~330 nm，前一吸收带强度高 [$\varepsilon_{max} > 10^4$ L/(mol·cm)]，后一吸收带强度低 [$\varepsilon_{max} < 10^2$ L/(mol·cm)]。根据这一特征可以用来识别 α, β-不饱和醛（酮）。

羧酸及其衍生物的羰基碳原子直接与助色团相连，由于这些助色团上的 n 电子与羰基的 π 电子产生 $n-\pi$ 共轭，导致 π^* 轨道的能级有所提高，但这种共轭作用并不能改变 n 轨道的能级，因此实现 $n \to \pi^*$ 跃迁所需能量变大，使 $n \to \pi^*$ 吸收带蓝移至 210 nm 左右。

4. 芳香族化合物

芳香族化合物一般都有 E_1 带、E_2 带和 B 带三个吸收峰。苯的 E_1 带出现在 180 nm [$\varepsilon_{max} = 6 \times 10^4$ L/(mol·cm)]；E_2 带出现在 204 nm [$\varepsilon_{max} = 8 \times 10^3$ L/(mol·cm)]；B 带出现在 255 nm [$\varepsilon_{max} = 200$ L/(mol·cm)]。在气态或非极性溶剂中，苯及其许多同

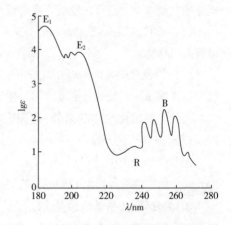

图 1-5　苯蒸气的紫外吸收光谱

系物的 B 谱带有许多精细结构如图 1-5 所示。这是由于振动跃迁在基态电子跃迁上的叠加。这种精细结构可用于鉴别芳香族化合物。在极性溶剂中，这些精细结构消失。

当苯环上有取代基时，苯的三个特征谱带都将发生显著的变化，其中影响较大的是 E_2 带和 B 带。当苯环上引入—NH_2、—OH、—CHO 等基团时，B 带显著红移，并且吸收强度增大。此外，由于这些基团上有 n 电子，故可能产生 $n \rightarrow \pi^*$ 吸收带。例如，硝基苯、苯甲醛的 $n \rightarrow \pi^*$ 吸收带分别位于 330 nm 和 328 nm。

稠环芳烃如萘、蒽、并四苯、菲、芘等，均显示苯的三个吸收带。随着苯环数目增多，吸收波长红移越多，吸收强度也相应增强。当芳环上的—CH 基团被氮原子取代后，杂环化合物（如吡啶、喹啉）的吸收光谱，与相应的碳环化合物极为相似，即吡啶与苯相似，喹啉与萘相似。此外，由于引入含有 n 电子的 N 原子，这类杂环化合物还可能产生 $n \rightarrow \pi^*$ 吸收带，如吡啶在非极性溶剂的相应吸收带出现在 270 nm 处。

二、 无机化合物的紫外-可见吸收光谱

一般而言，无机化合物的电子跃迁形式有两大类：电荷迁移跃迁和配位场跃迁。

1. 电荷迁移跃迁

电荷迁移跃迁实质是一个内氧化还原过程。某些分子同时具有电子给予体部分和电子接受体部分，它们在外来辐射激发下会强烈吸收紫外光或可见光，使电子从给予体外层轨道向接受体跃迁，这样产生的光谱称为电荷转移光谱（charge-transfer spectrum）。许多无机配合物都能产生这种吸收光谱。通常，在配合物的电荷转移过程中，金属离子是电子接受体，配位体是电子给予体。若用 M 和 L 分别表示配合物的中心离子和配位体，当一个电子由配体的轨道跃迁到与中心离子相关的轨道上时，可用下式表示：

$$M^{n+}-L^{b-} \xrightarrow{h\nu} M^{(n-1)+}-L^{(b-1)-}$$

不少过渡金属离子与含生色团的显色剂反应所生成的配合物以及许多水合无机离子，均可产生电荷迁移跃迁。如：

$$[Fe^{3+}-SCN^-]^{2+} \xrightarrow{h\nu} [Fe^{2+}-SCN]^{2+}$$
$$\text{（接受体）（给予体）}$$

一些具有 d^{10} 电子结构的过渡元素形成的卤化物及硫化物，如 $AgBr$、PbI_2、HgS 等，也是由于这类跃迁而产生颜色。

部分有机化合物也可以产生电荷迁移光谱。例如，在 分子中，苯环可作为电子给予体，氧可作为电子接受体，在光照射下产生电荷转移：

电荷迁移吸收光谱的波长位置取决于电子给予体和电子接受体的电子轨道的能量差。其最大特点是 ε 较大，一般 $\varepsilon_{max} > 10^4$ L/(mol·cm)，因此应用这类谱带进行定量分析可以获得较高的灵敏度。

2. 配位场跃迁

在外来辐射作用下，过渡金属离子与配位体所形成的配合物吸收紫外光或可见光而得到的

吸收光谱称为配位场吸收光谱（ligand field absorption spectrum）。配位场跃迁包括 d-d 跃迁和 f-f 跃迁。元素周期表中第四、五周期的过渡金属元素分别含有 $3d$ 和 $4d$ 轨道，镧系和锕系元素分别含有 $4f$ 和 $5f$ 轨道。在配位体的存在下，过渡元素 5 个能量相等的 d 轨道及镧系和锕系元素 7 个能量相等的 f 轨道分别分裂成几组能量不等的 d 轨道及 f 轨道。当它们的离子吸收光能后，低能级的 d 电子或 f 电子可以分别跃迁至高能级的 d 或 f 轨道，这两类跃迁分别称为 d-d 跃迁和 f-f 跃迁。由于这两类跃迁必须在配位体的配位场作用下才有可能产生，因此又称为配位场跃迁。

由于它们的基态与激发态的能量差别不大，这类光谱一般位于可见光区。与电荷迁移跃迁比较，由于选择规则的限制，配位场跃迁吸收谱带的摩尔吸收系数小，一般 $\varepsilon_{max} < 10^2$ L/(mol·cm)。因此，配位场跃迁较少用于定量分析，但它可用于研究配合物的结构和无机配合物键合理论等方面。

三、 影响紫外-可见吸收光谱的因素

物质分子结构、溶剂的极性和酸度等因素都会影响紫外-可见吸收光谱，使吸收谱带红移或者蓝移，谱带强度增强或减弱，谱带精细结构出现或消失等。

1. 共轭效应的影响

共轭体系的形成使最高占有分子轨道（HOMO）能级升高，最低未占分子轨道（LUMO）能级降低，导致 $\pi \to \pi^*$ 跃迁能量降低。由于共轭效应（conjugated effect），电子离域到多个原子之间，同时跃迁概率增大，则 ε_{max} 增大。π 电子共轭体系越大，λ_{max} 红移越长，ε_{max} 增强越大。

2. 立体化学效应的影响

立体化学效应（stereochemical effect）是指因空间位阻、构象、跨环共轭等因素导致吸收光谱的红移或蓝移，并常伴有增色或减色效应。空间位阻（steric hindrance）阻碍分子内共轭的发色基团处于同一平面，使共轭体系破坏，λ_{max} 蓝移，ε_{max} 减小甚至消失（见表 1-3）。

表 1-3　　　　　　　　　α 及 α' 位有取代基的二苯乙烯化合物的紫外光谱

R	R'	λ_{max}/nm	ε_{max}/[L/(cm·mol)]
H	H	294	27600
H	CH_3	272	21000
CH_3	CH_3	243.5	12300
CH_3	C_2H_5	240	12000
C_2H_5	C_2H_5	237.5	11000

3. 溶剂的影响

在溶液中溶质分子是溶剂化的，限制了溶质分子的自由转动，使转动光谱消失。溶剂的极性增大，使溶质振动受限制，由振动引起的光谱精细结构亦消失。当物质溶解在非极性溶剂中

时，其光谱与物质气态的光谱较相似，可以呈现孤立分子产生的转动–振动精细结构。

（1）溶剂极性的影响　溶剂极性的不同往往会引起某些化合物吸收光谱的红移或蓝移，这种作用称为溶剂效应（solvent effect）。在 $n \rightarrow \pi^{*}$ 跃迁中，基态 n 电子与极性溶剂形成氢键，降低了基态能量，使激发态与基态之间的能量差变大，导致吸收带 λ_{max} 蓝移。而在 $\pi \rightarrow \pi^{*}$ 跃迁中，激发态极性大于基态，当使用极性大的溶剂时，由于溶剂与溶质相互作用，激发态 π^{*} 轨道比基态 π 轨道的能量下降更多，因而激发态与基态之间的能量差减小，导致吸收谱带 λ_{max} 红移。图1-6给出了在极性溶剂中 $n \rightarrow \pi^{*}$ 和 $\pi \rightarrow \pi^{*}$ 跃迁能量变化示意图。例如，随着溶剂极性的增加，异丙叉丙酮中 $\pi \rightarrow \pi^{*}$ 产生的吸收带 λ_{max} 红移，$n \rightarrow \pi^{*}$ 产生的吸收带 λ_{max} 蓝移（表1-4）。

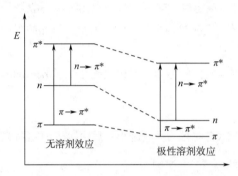

图1-6　溶剂对 $n \rightarrow \pi^{*}$ 和 $\pi \rightarrow \pi^{*}$ 跃迁能量的影响

表1-4　　　　　　　　　　溶剂极性对异丙叉丙酮的 λ_{max} 影响

跃迁类型	λ_{max}/nm					迁移
	正己烷	乙腈	氯仿	甲醇	水	
$\pi \rightarrow \pi^{*}$	230	234	238	237	243	红移
$n \rightarrow \pi^{*}$	329	314	325	309	305	蓝移

（2）溶剂酸度的影响　对于具有酸碱性的被测物质，溶剂的 pH 变化，溶质的存在形式也发生变化，使分子中共轭效应发生变化，从而使吸收带红移或蓝移。

第三节　朗伯–比尔（Lambert-Beer）定律

一、　透射比和吸光度

如图1-7所示，当一束平行光通过均匀的溶液介质时，一部分光被溶液吸收，一部分被界面反射，其余的则透过溶液（光的散射可以忽略）。即入射光强度 I_0 可表示为：

$$I_{0} = I_{t} + I_{a} + I_{r} \tag{1-3}$$

式中　I_a——吸收光的强度；

I_t——透射光的强度；

I_r——反射光的强度。

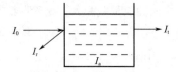

图 1-7   光通过溶液的情况

当光通过溶液时，光的反射损失主要由器皿的材料、形状和大小以及溶液的性质所决定，而这些因素都是固定的。分析测定时，被测溶液和参比溶液一般是分别放在同样材料和厚度的吸收池中，让强度为 I_0 的单色光通过两个吸收池，测量透射光的强度，所以反射光的影响可相互抵消。上式简化为：$I_0 = I_t + I_a$。

透射光强度与入射光强度的比值称为透射比或透光度（transmittance），用"T"表示，则：

$$T = \frac{I_t}{I_0} \tag{1-4}$$

溶液的透光度越大，表示它对光的吸收越小；反之，说明它对光的吸收越大。常用吸光度 A 来表示物质对光的吸收程度，其定义为：

$$A = -\lg T = \lg \frac{1}{T} = \lg \frac{I_0}{I_t} \tag{1-5}$$

T 和 A 都是用来表征入射光被吸收程度的一种量度。T 越小，A 越大，吸光程度越大，但 A 与 T 不是倒数关系，而是倒数的对数关系。透射比常以百分率表示，称为百分透射比，$T\%$。

通过实验发现，溶液的吸收程度与该溶液的浓度、液层厚度以及入射光的强度有关，如果保持入射光强度不变，则光吸收程度就只与溶液浓度和液层厚度有关。描述它们之间定量关系的定律称为朗伯-比尔（Lambert-Beer）定律，这个定律是由朗伯（Lambert）定律和比尔（Beer）定律组成。

二、 Lambert-Beer 定律

Lambert 定律是 Lambert 于 1760 年提出的。他在研究物质对光的吸收时发现，当用一定波长的单色光照射溶液时，如果溶液的浓度一定，则光的吸收程度与液层的厚度成正比，这个关系就称为 Lambert 定律，可以用下式表示：

$$A = k_1 b \tag{1-6}$$

式中 k_1——比例系数；

b——液层厚度（或称光程长度）。

Lambert 定律适用于任何非散射的均匀介质，但它不能阐明吸光度与溶液浓度的关系。

Beer 定律是由 Beer 于 1852 年研究发现的。Beer 研究了各种无机盐水溶液对红光的吸收，从而得出这样一个结论：当光程长度一定时，光的吸收与吸光物质的数量有关，如果把吸光物质溶解于不吸光的溶剂中，则溶液的吸光度与吸光物质的浓度成正比。也就是说，当单色光通过液层厚度一定的溶液时，溶液的吸光度与溶液的浓度成正比。这就是 Beer 定律的内容。表示

式为：

$$A = k_2 c \tag{1-7}$$

式中　k_2——比例常数；

　　　c——溶液浓度。

如果同时考虑溶液的浓度和液层厚度这两个因素，也就是说二者同时变化，都影响物质对光的吸收，因此上述两个定律可以合并起来即为 Lambert-Beer 定律。从上面两个定律的表示式可知，当 c、b 变化时，A 将与二者乘积成正比，即 Lambert-Beer 定律的数学表示式为：

$$A = kbc \tag{1-8}$$

式中　k——比例系数，它与溶液的性质、温度及入射光波长等因素有关。

三、　吸光系数

式（1-8）中 k 的值及单位与 b 和 c 的单位有关。b 的单位通常用"cm"表示，因此 k 的单位取决于 c 的单位。当浓度以"g/L"为单位时，k 称为吸光系数（absorptivity），用 a 表示，单位是"L/(g·cm)"。若以"mol/L"为单位，k 称为摩尔吸光系数（molar absorptivity），用"ε"表示，单位"L/(mol·cm)"，此时 Lambert-Beer 定律也可以表示为：

$$A = \varepsilon bc \tag{1-9}$$

式（1-8）、式（1-9）两式都是 Lambert-Beer 定律的数学表示式。它的物理意义是：当一束平行单色光通过单一均匀的、非散射的吸光物质溶液时，溶液的吸光度与溶液浓度和液层厚度的乘积成正比。这个定律是各类吸光光度法定量分析的基础。

ε 在特定的波长和溶剂情况下是吸光物质的一个特征参数。在数值上等于吸光物质的摩尔浓度为 1 mol/L、液层厚度为 1 cm 时溶液的吸光度。ε 反映吸光物质对光的吸收能力，也反映用吸光光度法测定该吸光物质的灵敏度，可作为定性分析的参考。ε 越大，方法的灵敏度越高。若 ε 为 10^4 数量级时，测定该物质的浓度范围可以达到 $10^{-6} \sim 10^{-5}$ mol/L。同一物质与不同显色剂反应生成有色化合物的 ε 值不同，因此 ε 值是选择显色反应的重要依据。ε 一般是由较稀浓度溶液的吸光度计算求得。由于 ε 与入射波长有关，因此在表示某物质溶液的 ε 时，常用下标注明入射光的波长。

例1　已知铌的相对原子质量为 92.91。Nb 溶液的浓度为 1000 μg/L，用氯代磺酚 S 显色后，用 1 cm 比色皿，在 $\lambda = 650$ nm 处测得的透光度为 44.0%，计算该配合物的 a 和 ε。

解析：$A = -\lg T = -\lg 0.440 = 0.357$

根据 Lambert-Beer 定律：

$$a = \frac{A}{bc} = \frac{0.357}{1 \times 1000 \times 10^{-6}} = 357 \; [\mathrm{L/(g \cdot cm)}]$$

Nb 的相对原子质量为 92.91，则：

$$\varepsilon = Ma = 92.91 \times 357 = 3.32 \times 10^4 \; [\mathrm{L/(mol \cdot cm)}]$$

在多组分体系中，如果各组分对光都有吸收，并且它们之间无相互作用，这时体系的总吸光度等于各组分吸光度之和，也就是说，吸光度具有加和性：

$$A_{总} = A_1 + A_2 + \cdots + A_n = \varepsilon_1 b c_1 + \varepsilon_2 b c_2 + \cdots + \varepsilon_n b c_n$$

吸光度的加和性是多组分定量测定的依据。

第四节　紫外-可见分光光度计

一、　主要组成部件

紫外-可见分光光度计（UV-Vis spectrophotometer）有很多种型号，但各种型号的仪器就其基本结构来说，都是由五个部分组成（图1-8），即光源（light source）、单色器（monochromator）、吸收池（absorption cell）、检测器（detector）和信号显示系统（signal indicating system）。

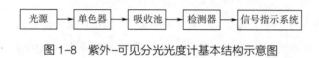

图1-8　紫外-可见分光光度计基本结构示意图

1. 光源

光源是提供符合要求的入射光的设备，作为光源必须满足三个条件：①必须能够产生具有足够强度的光束，以供测量使用；②发出光的强度要稳定；③光源所能提供的波长范围应该能满足分析的要求。

紫外-可见光分光光度计应能提供200~800 nm的连续光谱。常用的紫外光源是氢灯或氘灯，它可发射的波长范围是180~375 nm。氘灯的灯管内充有氢的同位素氘，它是紫外光区应用最广泛的一种光源，其光谱分布与氢灯类似，但光强度比相同功率的氢灯要大3~5倍。常用的可见光光源是钨丝灯（白炽灯），它可发射320~2500 nm（包括可见光和近红外区）的连续光谱。

光源受外加电压的影响较大，电压微小变化都会引起发光强度的波动，因此必须严格控制灯电压，仪器必须配有稳压装置。

2. 单色器

将光源发出的连续光谱分解为单色光的装置，称为单色器。其主要功能是产生纯度高且波长在紫外可见区域内任意可调的电磁波。单色器主要是由入射狭缝、准光器（透镜或凹面反射镜使入射光成平行光）、色散元件、聚焦元件和出射狭缝等几部分组成。其核心部分是色散元件，起分光的作用，主要有棱镜和光栅。棱镜的色散原理是依据不同波长的光通过时有不同的折射率而将其分开。棱镜由玻璃和石英两种材料制成。由于玻璃可吸收紫外光，所以玻璃棱镜只能用于350~3200 nm的波长范围，即只能用于可见光区的测量。石英棱镜可适用的波长范围较宽，从185~4000 nm，可用于紫外、可见及近红外光域。

光栅是利用光的衍射与干涉作用制成的。它可用于紫外、可见及近红外光域，而且在整个波长区具有良好的、几乎均匀一致的分辨能力。它具有色散波长范围宽、分辨本领高、成本低、便于保存和易于制备等优点。缺点是各级光谱会重叠而产生干扰。

狭缝在决定单色器性能方面起重要作用。狭缝的大小直接影响单色光的纯度，狭缝过大会导致入射光的单色性不够，但狭缝过小又会使入射光的强度减弱。

通过单色器的出射光束中通常混有少量与仪器所指示波长不一致的杂散光。其来源之一是光学部件表面尘埃的散射。杂散光的存在影响吸光度的测量，因此应该保持仪器光学部件清洁。

3. 吸收池

吸收池也称比色皿，是用于盛装试液并决定溶液液层厚度的器皿。一般有石英和玻璃材料两种。玻璃吸收池只能用于可见光区，石英池适用于可见光区及紫外光区。为减少光的反射损失，吸收池的光学面必须完全垂直于光束方向。在高精度的分析测定中（紫外区尤其重要），吸收池要挑选配对，因为吸收池材料的本身吸光特征以及吸收池的光程长度的精度等对分析结果都有影响。

4. 信号检测器

测量吸光度时，并非直接测量透过吸收池的光强度，而是把光强度转化成电信号进行测量，这种光电转换器件称为检测器。作为检测器应满足以下条件：①它能产生的电信号必须与照射到它上面的光强度有恒定的函数关系；②能响应的波段比较宽；③灵敏度高，响应速度快。

能够满足这些条件并且实际上广泛使用的光电转换器有光电池（photronic cell）、光电管（phototube）或光电倍增管（photomultiplier tube）。它们作为光电转换器的原理都是：当光子照射时，可以发射电子而产生电流，电流的大小与照射光强度成正比。

光电倍增管是检测微弱光最常用的光电元件，它的灵敏度比一般的光电管要高200倍，因此可使用较窄的单色器狭缝，从而对光谱的精细结构有较好的分辨能力。二极管阵列检测器（diode-array detector，DAD）是以光电二极管阵列作为检测元件的 UV-Vis 检测器，光电二极管阵列是由一组光电二极管组成。它可构成多通道并行工作，同时检测由光栅分光，再入射到阵列式接受器上的全部波长的信号，然后对二极管阵列快速扫描采集数据，得到的是时间、光强度和波长的三维谱图。

5. 信号显示器

信号显示器是将光电转换器输出的信号显示出来的装置。由检测器将光信号转换为电信号后，可用检流计、微安表、记录仪、数字显示器或阴极射线显示器显示和记录测定结果。目前，大多数紫外-可见分光光度计都与电脑相连，一方面可对分光光度计进行操作控制，另一方面可进行数据处理。

二、　紫外-可见分光光度计的类型

紫外-可见分光光度计可归纳为 5 种类型，即单光束分光光度计、双光束分光光度计、双波长分光光度计、多通道分光光度计和探头式分光光度计。前三种类型比较普遍。

1. 单光束分光光度计（single beam spectrophotometer）

单光束分光光度计的光路示意图如图 1-8 所示。经单色器分光后的一束平行光，轮流通过参比溶液和试样溶液，以进行吸光度测定。这种分光光度计结构简单，操作方便，维修容易，适用于常规分析。缺点是测量结果受电压波动影响较大，容易给定量结果带来较大的误差，因此要求电源和检测系统有很高的稳定性。

2. 双光束分光光度计（double beam spectrophotometer）

双光束分光光度计的光路示意图如图 1-9 所示。光源发出的光经单色器分光，并经反射镜分解为强度相等的两束光，一束通过参比池，一束通过样品池。光度计能自动比较两束光的强度，此比值为试样的透射比，经对数变换将它转换成吸光度并作为波长的函数记录下来。由于两束光同时分别通过参比池和样品池，还能自动消除光源强度变化所引起的误差。

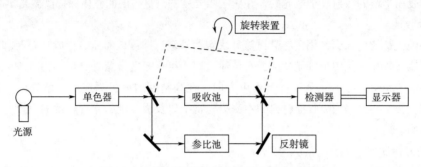

图 1-9　单波长双光束分光光度计结构示意图

3. 双波长分光光度计（double wavelength spectrophotometer）

双波长分光光度计的光路示意图如图 1-10 所示。由同一光源发出的光被分成两束，分别经过两个单色器，可以同时得到两束不同波长的单色光；利用切光器使两束光以一定频率交替照射同一样品池；然后经过光电倍增管和电子控制系统，并由显示器显示出两波长处的吸光度差值 ΔA，$\Delta A = A_{\lambda_1} - A_{\lambda_2}$。

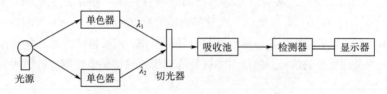

图 1-10　双波长分光光度计结构示意图

4. 多通道分光光度计（multichannel spectrophotometer）

多通道分光光度计的光路示意图如图 1-11 所示。光源发出的复合光先通过样品池后再经全息光栅色散，色散后的单色光由光电二极管阵列中的光二极管接收，能同时检测 190~900 nm 波长范围，在极短的时间内给出整个光谱的全部信息。该种分光光度计为追踪化学反应过程及快速反应的研究提供了方便，还可以直接对经液相色谱柱和毛细管电泳柱分离的试样进行分析。但这类仪器的分辨率只有 1~2 nm，价格较贵。

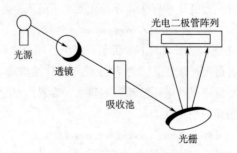

图 1-11　多通道分光光度计结构示意图

第五节　分析条件的选择

测定某种物质时，如果待测物质本身有较深的颜色，就可以进行直接测定。但大多数待测物质是无色或很浅的颜色（如大多数的金属离子），故需要选适当的试剂与被测离子反应生成有色化合物再进行测定，此反应称为显色反应，所用的试剂称为显色剂。许多有机显色剂与金属离子形成稳定性好、具有特征颜色的螯合物，其灵敏度和选择性都较高。

一、显色反应

1. 显色反应的选择

按显色反应的类型分，主要有氧化还原反应和配位反应两大类，而配位反应是最主要的一类。一般，显色反应应满足下列要求：

（1）选择性好，干扰少，或干扰容易消除；灵敏度足够高，有色物质的 ε 应大于 10^4。

（2）有色化合物的组成恒定，符合一定的化学式。对于形成不同配位比的配位反应，必须严格控制实验条件，使生成一定组成的配合物，以免引起误差。有色化合物的化学性质应足够稳定，至少保证在测量过程中溶液的吸光度基本恒定。

（3）有色化合物与显色剂之间的颜色差别要大，即显色剂对光的吸收与配合物的吸收有明显区别，一般要求二者的吸收峰波长之差 $\Delta\lambda$（称为对比度）大于 60 nm。

2. 显色剂

无机显色剂在光度分析中应用不多，这主要是因为生成的配合物不够稳定，灵敏度和选择性也不高。例如用硫氰化钾（KSCN）作显色剂测铁（Fe）、铝（Al）、钨（W）和铌（Nb）；用钼酸铵作显色剂测硅（Si）、磷（P）和钒（V）；用过氧化氢作显色剂测钛（Ti）等。

光度分析中应用较多的是有机显色剂，有机显色剂及其产物的颜色与它们的分子结构有密切关系。有机显色剂分子中一般都含有生色团和助色团。生色团如偶氮基、对醌基和羰基等，这些基团中的 π 电子被激发时所需能量较小，波长 200 nm 以上的光就可以做到，故往往可以吸收可见光而显示出颜色。助色团如氨基、羟基和卤代基等，这些基团与生色团上的不饱和键相互作用，可以影响生色团对光的吸收，使颜色加深。表 1-5 列举了几种有机显色剂及有色配合物。

表 1-5　　　　　　　　　　　　　一些常用的有机显色剂

显色剂	结构式	测定离子
磺基水杨酸		Fe^{3+}； pH 1.8~2.5，紫红色的 $FeSsal^+$； $\lambda_{max} = 520$ nm，$\varepsilon = 1.6 \times 10^3$ L/(mol·cm)； pH 4~8，褐色的 $Fe(Ssal)_2^-$； pH 8~11.5，黄色的 $Fe(Ssal)_3^{3-}$

续表

显色剂	结构式	测定离子
丁二酮肟	$H_3C-C-C-CH_3$ 下接 $HON\ NOH$	Ni^{2+}、Pd^{2+}； 在碱性溶液中，与 Ni^{2+} 生成红色配合物； $\lambda_{max}=470$ nm，$\varepsilon=1.3\times10^4$ L/(mol·cm)；
1，10-邻二氮杂菲		Fe^{2+}； 先将 Fe^{3+} 还原为 Fe^{2+}，pH 3~9，与 Fe^{2+} 生成橘红色配合物； $\lambda_{max}=508$ nm，$\varepsilon=1.1\times10^4$ L/(mol·cm)
二苯硫腙		Cu^{2+}、Pb^{2+}、Zn^{2+}、Cd^{2+}、Hg^{2+} 等； 如 Pb^{2+} 的二苯硫腙配合物； $\lambda_{max}=520$ nm，$\varepsilon=6.6\times10^4$ L/(mol·cm)
偶氮胂（Ⅲ）（铀试剂Ⅲ）		UO_2^{2+}、Hf（Ⅳ）、Th（Ⅳ）、Zr（Ⅳ）、Sc^{3+}、Y^{3+}、Ca^{2+}、La（Ⅲ）等； 在酸性溶液中，与 La（Ⅲ）生成绿色配合物； $\lambda_{max}=650$ nm，$\varepsilon=3.14\times10^4$ L/(mol·cm)
铬天青 S		Be^{2+}、Al^{3+}、Y^{3+}、Ti^{4+}、Zr^{4+}、Hf^{4+} 等； 在 pH 5~5.8，与 Al^{3+} 生成红色配合物； $\lambda_{max}=530$ nm，$\varepsilon=5.9\times10^4$ L/(mol·cm)
结晶紫		Tl^{3+}、Eu（Ⅲ）； 在 HBr 介质中，与 $TlBr_4^-$ 生成有色的离子缔合物，可被醋酸异戊酯萃取； pH 10，与 Eu（Ⅲ）生成蓝色配合物； $\lambda_{max}=590$ nm，$\varepsilon=1.8\times10^5$ L/(mol·cm)

注：①Ssal 中文名称为磺基水杨酸。

②Hf（Ⅳ）、Th（Ⅳ）、Zr（Ⅳ）、La（Ⅲ）、Eu（Ⅲ）括号内的罗马数字均为相应元素的化合价。

以上用单一显色剂与金属离子反应生成两组分形成的配合物检测金属离子的含量。也常用多元配合物测定金属离子的浓度。多元配合物是由三种或三种以上的组分所形成的配合物。目前应用较多的是由一种金属离子与两种配位体所组成的三元配合物。以下简要介绍几种重要的三元配合物。

（1）三元混配配合物　金属离子与一种配位剂形成未饱和配合物，然后与另一种配位剂结合，形成三元混合配位配合物，简称三元混配配合物。例如，V（V）[①]、H_2O_2 和 4-（2-吡啶偶氮）间苯二酚（PAR）形成 1∶1∶1 的有色配合物，可用于钒的测定，其灵敏度高，选择性好。

（2）离子缔合物　金属离子首先与配位剂生成配阴离子或配阳离子，然后再与带反电荷的离子生成离子缔合物。这类化合物主要用于萃取光度测定。作为离子缔合物的阴离子，有 X^-、SCN^-、ClO_4^-、无机杂多酸和某些酸性染料等；作为阳离子，有碱性染料、1，10-邻二氮杂菲及其衍生物、安替比林及其衍生物、氯化四苯砷（或磷、锑）等。例如，Ag^+ 与 1，10-邻二氮杂菲形成阳离子，再与溴邻苯三酚红的阴离子形成深蓝色的离子缔合物。用 F^-、H_2O_2、乙二胺四乙酸（EDTA）作为掩蔽剂，可测定微量 Ag^+。

（3）金属离子-配位剂-表面活性剂体系　许多金属离子与显色剂反应时，加入某些表面活性剂，可以形成胶束化合物，它们的吸收峰发生红移，灵敏度也显著提高。常用于这类反应的表面活性剂有溴化十六烷基吡啶、氯化十四烷基二甲基苄胺、氯化十六烷基三甲基铵、溴化十六烷基三甲基铵、溴化羟基十二烷基三甲基铵、OP 乳化剂。例如，稀土元素、二甲酚橙及溴化十六烷基吡啶反应生成三元配合物，在 pH 8~9 时呈蓝紫色，用于痕量稀土元素总量的测定。

（4）杂多酸　在酸性条件下，过量的铝酸盐与磷酸盐、硅酸盐、砷酸盐等含氧的阴离子作用生成杂多酸，这是吸光光度法测定相应的磷、硅、砷等元素的基础。由于还原反应的酸度范围较窄，必须严格控制反应条件。很多还原剂都可应用于杂多酸法中。氯化亚锡及某些有机还原剂，例如，1-氨基-2-萘酚-4-磺酸加亚硫酸盐和氢醌常用于磷的测定，硫酸肼在煮沸溶液中作砷钼酸盐和磷钼酸盐的还原剂，抗坏血酸也是较好的还原剂。

二、　显色条件的选择

确定显色反应后，还要确定合适的反应条件，这一般通过条件实验得到。这些实验条件包括：溶液酸度、显色剂用量、试剂加入顺序、显色时间、显色温度、有机配合物的稳定性及共存离子的干扰等。

1. 溶液酸度

多数显色剂都是有机弱酸或弱碱，酸度会直接影响显色剂的离解程度，还会影响到配合物的组成。酸度对显色反应的影响主要表现为：

（1）影响显色剂的平衡浓度和颜色　溶液 pH 变化影响显色剂的平衡浓度，并影响显色反应的完全程度。例如，金属离子 M^+ 与显色剂 HR 作用，生成有色配合物 MR：

$$M^+ + HR \rightleftharpoons MR + H^+$$

增大溶液的酸度，将对显色反应不利。另外，有一些显色剂具有酸碱指示剂的性质，即在不同的酸度下有不同的颜色。例如，4-（2-吡啶偶氮）间苯二酚（PAR），当溶液 pH<6 时，主要以 H_2R 形式（黄色）存在；pH 7~12 时，主要以 HR^- 形式（橙色）存在；pH>13 时，主要以 R^{2-} 形式（红色）存在。大多数金属离子和 PAR 生成红色或红紫色配合物，因而 PAR 只适宜在酸性或弱碱性中进行光度测定。

（2）影响被测金属离子的存在状态　大多数金属离子很容易水解，当溶液 pH 增加时，其在水溶液中除以简单的金属离子形式存在之外，还可能形成一系列羟基或多核羟基配离子。pH

[①]　V（V）：V 为金属元素"钒"的元素符号，（V）表示化合价为+5。

更高时，可能进一步水解生成碱式盐或氢氧化物沉淀，这都影响显色反应的进行。

（3）影响配合物的组成　对于某些生成逐级配合物的显色反应，酸度不同，配合物的配位比往往不同，颜色也不同。例如，磺基水杨酸与 Fe^{3+} 的显色反应，当溶液 pH 为 1.8~2.5、4~8、8~11.5 时，将分别生成配位比为 1 : 1（紫红色）、1 : 2（棕褐色）和 1 : 3（黄色）三种颜色的配合物，故测定时应严格控制溶液 pH。

显色反应的适宜 pH 的确定方法：固定溶液中被测组分与显色剂的浓度，调节溶液 pH，测定吸光度。分别以 pH、吸光度 A 作横坐标和纵坐标，作 pH 与吸光度关系曲线（图 1-12），从而找出适宜 pH 范围。

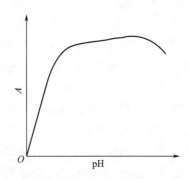

图 1-12　吸光度和溶液酸度的关系

2. 显色剂用量

显色反应一般可用下式表示：

$$M（被测组分）+R（显色剂）\rightleftharpoons MR（有色配合物）$$

上式中，M 代表金属离子，R 代表显示剂。对稳定性好的配合物，只要显色剂过量，显色反应即能定量进行；对不稳定的配合物或可形成逐级配合物时，显色剂用量要过量很多或必须严格控制。通过作吸光度随显色剂浓度变化曲线，选恒定吸光度时显色剂的用量。

显色剂用量对显色反应的影响一般有三种可能的情况，如图 1-13（1）~（3）所示。其中（1）的曲线形状比较常见，当显色剂用量达到某一数值时，吸光度不再增大，出现 ab 平坦部分，可在 ab 之间选择合适的显色剂用量。（2）与（1）不同之处是平坦部分较窄，即当显色剂浓度继续增大时，试液的吸光度反而下降。如用 SCN^- 测定 Mo（V）[1] 时，Mo（V）与 SCN^- 生成 Mo$(SCN)_3^{2+}$（浅红）、Mo$(SCN)_5$（橙红）、Mo$(SCN)_6^-$（浅红）配位数不同的配合物，用吸光光度法测定时，通常测得的是 Mo$(SCN)_5$ 的吸光度。如果 SCN^- 浓度太高，生成浅红色的 Mo$(SCN)_6^-$ 配合物会使试液的吸光度降低。（3）与前两种情况完全不同，随显色剂用量增大，试液的吸光度一直增大。例如，用 SCN^- 测定 Fe^{3+}，随着 SCN^- 浓度的增大，生成颜色越来越深的高配位数配合物 Fe$(SCN)_4^-$ 和 Fe$(SCN)_5^{2-}$，溶液颜色由橙黄变至血红色。对于后面的两种情况，只有严格地控制显色剂的用量，才能得到准确的结果。

3. 显色反应时间

有些显色反应瞬间完成，溶液颜色很快达到稳定状态，并在较长时间内保持不变；有些显

---

[1]　Mo（V）：Mo 为金属元素"钼"的元素符号，（V）表示化合价为+5。

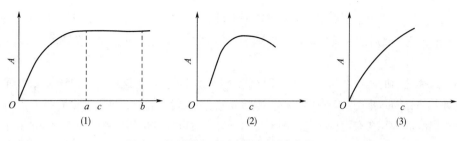

图 1-13 试液吸光度与显色剂浓度的关系

色反应虽能迅速完成，但有色配合物的颜色很快开始褪色；有些显色反应进行缓慢，溶液颜色需经一段时间后才稳定。因此，必须经实验来确定最合适测定的时间区间。实验方法为配制一份显色溶液，从加入显色剂起计算时间，每隔几分钟测量一次吸光度，制作吸光度-时间曲线，根据曲线确定适宜时间。

4. 显色反应温度

大多显色反应在室温下进行。但是，有些显色反应必需加热至一定温度才能完成。例如，用硅钼酸法测定硅的反应，在室温下需 10 min 以上才能完成；而在沸水浴中，则只需 30 s 便能完成。许多有色化合物在温度较高时容易分解，如 MnO_4^- 溶液长时间煮沸会与水中的微生物或有机物反应而褪色。需根据被测物的性质确定反应温度。

5. 溶剂

有机溶剂往往降低有色化合物的解离度，从而提高了显色反应的灵敏度。如在 $Fe(SCN)_3$ 的溶液中加入与水混溶的有机溶剂（如丙酮），由于降低了 $Fe(SCN)_3$ 的解离度而使颜色加深，提高了测定的灵敏度。有机溶剂还能提高显色反应速率，影响有色配合物的溶解度和组成等。例如，用偶氮氯膦Ⅲ法测定 Ca^{2+}，加入乙醇后，吸光度显著增大。氯代磺酚 S 法测定 Nb（V）时，在水溶液中显色需几小时，加入丙酮，只需 30 min。

6. 干扰及其消除方法

试样中存在干扰物质会影响被测组分的测定。例如，干扰物质本身有颜色或与显色剂反应，在测量条件下有吸收，造成正干扰。干扰物质与被测组分反应，使显色反应不完全，也会造成干扰。在测量条件下，干扰物质水解，析出的沉淀使溶液变混浊，无法准确测定溶液的吸光度。

为消除以上原因引起的干扰，可采取以下几种方法：

（1）控制溶液酸度 如用二苯硫腙法测定 Hg^{2+} 时，Cd^{2+}、Cu^{2+}、Co^{2+}、Ni^{2+}、Sn^{2+}、Zn^{2+}、Pb^{2+}、Bi^{3+} 等均可能发生反应，但若在稀酸（0.5 mol/L）介质中进行萃取，上述离子不再与二苯硫腙作用，从而消除其干扰。

（2）加入掩蔽剂 选取的条件使掩蔽剂不与待测离子作用，掩蔽剂以及它与干扰物质形成的配合物的颜色应不干扰待测离子的测定。如用二苯硫腙法测 Hg^{2+} 时，即使在 0.5 mol/L H_2SO_4 介质中进行萃取，尚不能消除 Ag^+ 和大量 Bi^{3+} 的干扰。这时，加 KSCN 掩蔽 Ag^+，EDTA 掩蔽 Bi^{3+} 可消除其干扰。

（3）利用氧化还原反应，改变干扰离子的价态 如用铬天青 S 比色测定 Al^{3+} 时，Fe^{3+} 有干扰，加入抗坏血酸将 Fe^{3+} 还原为 Fe^{2+} 后，干扰即消除。

（4）利用参比溶液消除显色剂和某些共存有色离子的干扰 如用铬天青 S 比色法测定钢中

的 Al^{3+} 时，Ni^{2+}、Co^{2+} 等干扰测定。为此可取一定量试液，加入少量 NH_4F，使 Al^{3+} 形成 AlF_6^{3-} 配离子而不再显色，然后加入显色剂及其他试剂，以此作为参比溶液，以消除 Ni^{2+}、Co^{2+} 对测定的干扰。

（5）选择适当的波长　如在 $Cr_2O_7^{2-}$ 时存在下测定 MnO_4^- 时，$Cr_2O_7^{2-}$ 在 525 nm 处也有吸收，因此选用 $\lambda = 545$ nm 而不选 MnO_4^- 的 λ_{max}（525 nm）为入射光波长，可以消除了 $Cr_2O_7^{2-}$ 的干扰。

（6）当溶液中存在有消耗显色剂的干扰离子时，可以通过增加显色剂的用量来消除干扰。

（7）分离　若上述方法均不能奏效时，只能采用适当的预先分离方法如沉淀、萃取、离子交换、色谱分离等消除干扰。

三、　参比溶液的选择

进行吸光度测量时，利用参比溶液来调节仪器的零点（透射比为 100%），可以消除溶液中其他组分、吸收池及溶剂对入射光的反射和吸收带来的误差，扣除干扰的影响。参比溶液可根据下列情况来选择：

（1）溶剂参比　当试样溶液的组成比较简单，共存组分较少且在测定波长处几乎没有吸收时，可采用溶剂作为参比溶液，这样可消除溶剂、吸收池等因素的影响。

（2）试剂参比　如果显色剂或其他试剂在测定波长有吸收，按显色反应相同的条件，只是不加入试样，同样加入试剂和溶剂作为参比溶液，这样可消除试剂中的组分吸收产生的影响。

（3）试样参比　如果试样基体在测定波长处有吸收，而与显色剂不起显色反应时，可按与显色反应相同的条件处理试样，只是不加显色剂。这种参比溶液适用于试样中有较多的共存成分，加入的显色剂量不大，且显色剂在测定波长无吸收的情况。

（4）褪色参比　显色剂和试样在测定波长处均有吸收，可将一份试样加入适当掩蔽剂，将被测组分掩蔽起来，使之不再与显色剂作用，以此作为参比溶液，这样就可以消除显色剂和一些共存组分的干扰。

（5）改变加入试剂的顺序，使被测组分不发生显色反应，可以此溶液作为参比溶液消除干扰。

四、　测量波长的选择

测量波长的选择应根据吸收曲线。通常选择被测物质的最大吸收波长作为入射光波长，这称为"最大吸收原则"。选用这种波长的光进行分析，不仅灵敏度高，而且能够减少或消除由非单色光引起的对 Beer 定律的偏离（见本章第六节），使测定结果有较高的准确度。

但是，如果在最大吸收波长处有其他吸光物质干扰测定时，则应根据"吸收最大、干扰最小"的原则来选择入射光波长。例如，用丁二酮肟光度法测定钢中镍，配合物丁二酮肟镍的最大吸收波长为 470 nm（图 1-14），但试样中的铁用酒石酸钠掩蔽后，在 470 nm 处也有一定吸收，干扰对镍的测定。为避免铁的干扰，可以选择 520 nm 波长为测量波长进行测定。

五、　吸光度范围的选择

从仪器测量误差的角度来看，为了使测量结果得到较高的准确度，一般应控制标准溶液和被测试液的吸光度在 0.2~0.8 范围内（见本章第六节）。可通过控制溶液的浓度或选择不同厚度的吸收池实现。

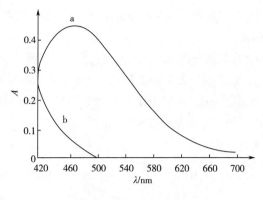

图 1-14 吸收曲线

a—丁二酮肟镍 b—酒石酸铁

六、 标准曲线的制作

　　根据光的吸收定律，吸光度与吸光物质的含量成正比，这是光度法进行定量的基础。标准曲线就是根据这一原理制作的。具体方法为：在选择的实验条件下分别测量一系列不同含量标准溶液的吸光度，以标准溶液中待测组分的含量为横坐标，吸光度为纵坐标作图，得到一条通过原点的直线，称为标准曲线（或工作曲线，如图 1-15 实线所示）。测量待测溶液的吸光度，在标准曲线上就可以查到与之相对应的被测物质的含量。

　　在实际工作中，有时标准曲线不通过原点。造成这种情况的原因较多，可能是由于参比溶液选择不正确、吸收池厚度不等、吸收池位置不当、吸收池透光面不清洁等引起的。若有色配合物的解离度较大，特别当溶液中还有其他配位剂时，常使被测物质在低浓度时显色不完全。应根据具体情况找出原因，加以避免。

第六节　分光光度法的误差

　　分光光度法的误差主要来自两方面：一是偏离 Beer 定律产生的误差；二是吸光度测量引起的误差。

一、 偏离 Beer 定律的因素

　　在一均匀体系中，当物质浓度一定时，吸光度与样品的光程长度之间的线性关系总是普遍成立。但在实际工作中（特别当溶液浓度较高时），当光程长度固定时，吸光度与浓度之间的线性关系常常出现偏差（如图 1-15 虚线所示），这种现象称为偏离 Beer 定律，一般以负偏离的情况居多。若被测试液浓度在标准曲线弯曲部分，则根据吸光度计算试样浓度时将引入较大的误差。引起偏离 Beer 定律的主要因素通常可归为两类：一是

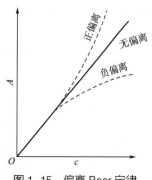

图 1-15　偏离 Beer 定律

仪器不能提供真正的单色光，二是吸光物质性质的改变。现就偏离的主要原因讨论如下。

1. 非单色光引起的偏离

Lambert–Beer 定律的基本假设条件是入射光为单色光，但目前仪器所提供的入射光实际上是波长范围较窄的复合光，并非理论要求的单色光。由于物质对不同波长光的吸收能力不同，因而引起了对 Beer 定律的偏离。假设入射光仅由 λ_1 和 λ_2 组成，摩尔吸收系数分别为 ε_1 和 ε_2，入射光强度分别为 I'_0、I''_0，透射光强度分别为 I_1、I_2。

若对于 λ_1 的吸光度为 A'，则：

$$A' = \varepsilon_1 bc = \lg \frac{I'_0}{I_1} \qquad I_1 = I'_0 \times 10^{-\varepsilon_1 bc} \tag{1-10}$$

对于 λ_2 的吸光度为 A''，则：

$$A'' = \varepsilon_2 bc = \lg \frac{I''_0}{I_2} \qquad I_2 = I''_0 \times 10^{-\varepsilon_2 bc} \tag{1-11}$$

当用由这两种波长组成的入射光测定时，入射光强度为 $(I'_0 + I''_0)$，透射光强度为 $(I_1 + I_2)$，因此，所得吸光度值为：

$$A = \lg \frac{I'_0 + I''_0}{I_1 + I_2} \tag{1-12}$$

将 I_1 和 I_2 代入得：

$$A = \lg \frac{I'_0 + I''_0}{I'_0 \times 10^{-\varepsilon_1 bc} + I''_0 \times 10^{-\varepsilon_2 bc}} \tag{1-13}$$

当 $\varepsilon_1 = \varepsilon_2 = \varepsilon$ 时，$A = \varepsilon bc$，A 与 c 成直线关系；当 $\varepsilon_1 \neq \varepsilon_2$，$A$ 与 c 则不成直线关系。ε_1 与 ε_2 差别越大，A 与 c 间线性关系的偏离也越大。

实验证明，若选用一束吸光度随波长变化不大的复合光作为入射光测定，由于 ε 变化不大，所引起的偏离就小，标准曲线基本上呈直线。因此吸光光度分析法并不严格要求用很纯的单色光，只要入射光所处的波长范围在被测溶液的吸收曲线较平直部分，也可得到较好的线性关系。如图 1-16 所示，若选用吸光度随波长变化不大的谱带 A 区域内的复合光进行测量，则吸光度随波长变化较小，ε 的变化较小，引起的偏离也较小，A 与 c 基本成直线关系。若选用谱带 B 区域内的复合光进行测量，ε 的变化较大，吸光度 A 随波长变化较明显，因此出现明显的偏离，A 与 c 不成直线关系。所以通常选择吸光物质的最大吸收波长为分析波长，这样不仅能保证测定有较高的灵敏度，而且此处较为平坦，ε 变化不大，对 Beer 定律的偏离就较小。在保证一定光强的前提下，应使用尽可能窄的有效带宽宽度，同时应尽量避免使用尖锐的吸收峰进行定量分析。

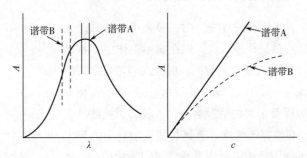

图 1-16　复合光对比耳定律的影响

2. 化学因素引起的偏离

Beer 定律仅适用于稀溶液 （<0.01 mol/L）。在高浓度时，由于被测组分粒子间的平均距离减小，以致每个粒子都可影响其邻近粒子的电荷分布，这种相互作用可使它们的吸光性能发生改变，导致了对 Beer 定律的偏离。

此外，吸光物质构成的体系常因条件的变化而形成新化合物或改变吸光物质的浓度，如被测组分的缔合、离解、互变异构，配合物的逐级形成以及与溶剂的相互作用等，会使被测组分的吸收曲线发生明显改变，吸收峰的位置、高度以及光谱精细结构等都会不同，从而破坏了原来的吸光度与浓度的函数关系，导致偏离 Beer 定律。因此必须根据吸光物质的性质和化学平衡的知识，对偏离加以预测或防止，也必须严格控制显色反应条件，以期获得较好的测定结果。例如，重铬酸钾在水溶液中存在如下平衡：

$$Cr_2O_7^{2-}+H_2O \Longleftrightarrow 2H^++2CrO_4^{2-}$$

橙色　　　　　　　黄色

如果稀释溶液或增大溶液 pH，$Cr_2O_7^{2-}$ 就转变成 CrO_4^{2-}，吸光质点发生变化，从而引起偏离 Beer 定律。如果控制溶液均在高酸度时测定，六价铬以重铬酸根形式存在，就不会引起偏离。

二、　吸光度测量的误差

在吸光光度分析中，除各种化学条件所引起的误差之外，仪器测量不准确也是误差的主要来源。任何光度计都有一定的测量误差。这些误差可能来源于光源不稳定、实验条件的偶然变动、读数不准确等。

在光度计中，透光度的标尺刻度是均匀的。吸光度与透光度为负对数关系，故它的标尺刻度是不均匀的（图 1-17）。因此，对于同一台仪器，读数的波动对透光度来说，应基本上为一定值，而对吸光度来说，它的读数波动则不再为定值。可以看出，吸光度越大，读数波动所引起的吸光度误差也越大。

图 1-17　光度计标尺上吸光度与透射比的关系

透光度（或吸光度）在什么范围内具有较小的浓度测量误差呢？首先考虑吸光度 A 的测量误差与浓度 c 的测量误差之间的关系。若在测量吸光度 A 时产生了一个微小的绝对误差 dA，则测量 A 的相对误差（E_r）为：

$$E_r = \frac{dA}{A} \tag{1-14}$$

根据 Lambert-Beer 定律：　　　　　　　　　　$A = \varepsilon bc$

当 b 为定值时，两边微分得到：　　　　　　　$dA = \varepsilon bdc$

二式相除得到：

$$\frac{dA}{A} = \frac{dc}{c} \tag{1-15}$$

由于 c 与 A 成正比，则测量的绝对误差 dc 与 dA 也成正比，测量的相对误差完全相等。

A 与 T 的测量误差之间的关系如下：

$$A = -\lg T = -0.434\ln T$$

微分，

$$dA = -0.434\frac{dT}{T}$$

$$\frac{dA}{A} = \frac{dT}{T\ln T} \tag{1-16}$$

可见，由于 A 与 T 不是正比关系而是负对数关系，它们的测量相对误差并不相等。

于是，由噪声引起的浓度 c 的测量相对误差为：

$$E_r = \frac{dc}{c} \times 100\% = \frac{dA}{A} \times 100\% = \frac{dT}{T\ln T} \times 100\% \tag{1-17}$$

由于 T 的测量绝对误差或不确定性是固定的，即 $dT=\Delta T=\pm0.01$，故

$$E_r = \frac{\Delta T}{T\ln T} \times 100\% = \pm\frac{1}{T\ln T} \tag{1-18}$$

浓度 c 的测量相对误差的大小与透光度 T 本身的大小有关。由上式可计算不同 T 时的相对误差的绝对值 $|E_r|$，根据计算结果作 $|E_r|$ - T 曲线，如图1-18所示。从图1-18中可见，透光度很小或很大时，浓度测量误差都较大，即光度测量最好选透光度读数在刻度尺的中间而不要落在标尺的两端。当透光度 $T=36.8\%$（或 $A=0.434$）时，测量的相对误差最小。

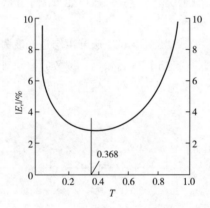

图1-18 $|E_r|$ - T 关系图

从仪器测量误差的角度来看，为了使测量结果得到较高的准确度，一般应控制待测溶液的吸光度 A 在 0.2~0.8，或透光度 T 在 15%~65%。在实际测定时，可通过控制溶液的浓度或选择不同厚度的吸收池达到目的。现在高档的分光光度计使用性能优越的检测器，即使吸光度达到 3.0，也能保证浓度测量的准确度。

第七节　紫外-可见吸收光谱的应用

紫外-可见吸收光谱可以对物质进行定性分析和定量分析，还可以测定某些化合物的物理

化学参数，如相对分子质量、配合物的配位比和稳定常数、酸碱的电离常数等。

一、定性分析

紫外-可见分光光度法较少用于无机元素的定性分析，无机元素的定性分析主要用发射光谱法或者经典的化学分析法。在有机化合物的定性鉴定和结构分析中，由于紫外-可见吸收光谱比较简单，特征性不强，并且大多数简单官能团在近紫外光区只有微弱吸收或者无吸收，因此，该法的应用也有一定的局限性。但它可用于鉴定共轭生色团，以此推断未知物的结构骨架。在配合红外光谱、核磁共振谱、质谱等进行定性鉴定及结构分析中，它是一个十分有用的辅助方法。

1. 官能团的检出及结构分析

根据化合物的紫外-可见吸收光谱可以推测化合物所含的官能团。例如，化合物在 $220 \sim 800$ nm 无吸收峰，它可能是脂肪族碳氢化合物、胺、腈、醇、羧酸、氯代烃和氟代烃，不含双键或环状共轭体系，没有醛、酮或溴、碘等基团。在 $210 \sim 250$ nm 有强吸收带，可能含有 2 个双键的共轭单位；在 $260 \sim 350$ nm 有强吸收带，表示有 $3 \sim 5$ 个共轭单位。在 $270 \sim 350$ nm 出现的吸收峰很弱 $[\varepsilon = 10 \sim 100$ L/(mol·cm)] 而无其他强吸收峰，则说明只含非共轭的、具有 n 电子的生色团。在 $250 \sim 300$ nm 有中等强度吸收带且有一定的精细结构，则表示有苯环的特征吸收。

除用于推测所含官能团外，紫外-可见吸收光谱还可用来对某些同分异构体进行判别。例如，1，2-二苯乙烯具有顺式和反式两种异构体：

顺式
$\lambda_{max} = 280$ nm
$\varepsilon_{max} = 10500$ L/(mol·cm)

反式
$\lambda_{max} = 295$ nm
$\varepsilon_{max} = 27000$ L/(mol·cm)

已知生色团或助色团必须处在同一平面上才能产生最大的共轭效应。由结构式可知，顺式异构由于产生位阻效应而影响平面性，使共轭的程度降低，因而 λ_{max} 发生蓝移，并使 ε 值降低。由此可判断其顺反式的存在。

又如，乙酰乙酸乙酯存在酮-烯醇互变异构体：

酮式

烯醇式

酮式没有共轭双键，它在 204 nm 处仅有弱吸收；而烯醇式有共轭双键，因此在 245 nm 处有强的 K 吸收峰 $[\varepsilon = 1.8 \times 10^4$ L/(mol·cm)]。故根据紫外吸收光谱可判断其存在与否。

由上述例子可知，紫外吸收光谱可以为我们提供识别未知物分子中可能具有的生色团、助色团和估计共轭程度的信息，这对有机化合物结构的推断和鉴别往往很有用，这也是紫外吸收光谱的最重要应用。

2. 纯度检查

如果一化合物在紫外区没有吸收峰，而其中的杂质有较强吸收，就可方便地检出该化合物中的痕量杂质。例如要检定甲醇或乙醇中的杂质苯，可利用苯在 256 nm 处的 B 吸收带，而甲醇或乙醇在此波长处几乎没有吸收。又如四氯化碳中有无二硫化碳杂质，只要观察在 318 nm 处有无二硫化碳的吸收峰即可。

又如干性油含有共轭双键，不干性油是饱和脂肪酸酯或虽是不饱和有机物，但其双键不共轭。不共轭的双键具有典型的烯键紫外吸收带，所在波长较短；共轭双键谱带所在波长较长，且共轭双键越多，吸收谱带波长越长。因此不干性油的吸收光谱一般在 210 nm 以下。含有两个共轭双键的约在 220 nm 处，三个共轭双键的在 270 nm 附近，四个共轭双键的在 310 nm 左右，所以干性油的吸收谱带一般都在较长的波长处。工业上往往要设法使不共轭的双键转变为共轭，以便将不干性油变为干性油。紫外-可见吸收光谱是判断双键是否移动的简便方法。

3. 与标准图谱对比

在相同的测定条件下，比较未知物与已知标准物的吸收光谱曲线，如果它们的吸收光谱曲线完全相同，则可以认为待测试样与已知化合物有相同的生色团。在进行对比时，也可以借助于前人汇编的以实验结果为基础的各种有机化合物的紫外-可见光谱标准谱图或有关电子光谱数据表。常用的标准图谱及电子光谱数据表有：

（1）Sadtler. Standard Spectra（Ultraviolet）. London：Heyden，1978。

萨特勒标准图谱共收集了 46000 种化合物的紫外光谱。

（2）Friedel R A，Orchin M. Ultraviolet Spectra of Aromatic Compounds. New York：Wiley，1951。

本书收集了 579 种芳香化合物的紫外光谱。

（3）Kenzo Hirayama. Handbook of Ultravlolet and Visible Absorption Spectra of Organic Compounds. New York：Plenum，1967。

（4）Organic Electronic Spectral Data，John Wiley and Sons，1946—。

这是一套由许多作者共同编写的大型手册性丛书，所汇集的文献资料自 1946 年开始，目前还在继续编写。

二、 定量分析

紫外-可见吸收光谱法是进行定量分析的最有用的工具之一。它不仅对那些本身在紫外-可见光区有吸收的无机和有机化合物进行定量分析，而且利用许多显色剂与非吸收物质反应产生紫外-可见光区有强烈吸收的产物，从而对非吸收物质进行定量测定。该法灵敏度高，可达 $10^{-4} \sim 10^{-5}$ mol/L，甚至达 $10^{-6} \sim 10^{-7}$ mol/L；准确度好，相对误差在 1%~3%，如果操作得当，误差往往可减少到百分之零点几；且操作容易、简单。

紫外-可见吸收光谱法定量分析的依据是 Lambert-Beer 定律，通过测定溶液对一定波长入射光的吸光度，即可求出该物质在溶液中的浓度或含量。下面介绍几种常用的测定方法。

（一）单组分定量分析

1. 标准曲线法

配制一系列不同含量的标准溶液，在选择的实验条件下测量标准溶液的吸光度，以标准溶液的含量为横坐标，吸光度为纵坐标作图，得到一条通过原点的直线，称为标准曲线。在相同条件下测定未知试样的吸光度，从标准曲线上就可以找到与之对应的未知试样的浓度。在建立一个方法时，首先要确定符合 Lambert-Beer 定律的浓度范围，即线性范围，定量测定一般在线性范围内进行。

例 2　称取 0.4320 g $NH_4Fe(SO_4)_2 \cdot 12H_2O$ 溶于水，定量转移到 500 mL 的容量瓶中，定容，摇匀。取下列不同体积的标准溶液于 50 mL 的容量瓶中，用磺基水杨酸显色后定容，测定其吸光度如下（表 1-6）。取某含铁试样 5.00 mL，稀释至 250.00 mL，并取此稀释溶液 2.00 mL，置于 50 mL 容量瓶中，与上述相同条件下显色定容，测得吸光度为 0.450，计算试样中 Fe（Ⅲ）含量。

表 1-6　　　　　　　　　　　　　　　吸光度测定

V/mL	1.00	2.00	3.00	4.00	5.00	6.00
A	0.097	0.200	0.304	0.408	0.510	0.618

解析：查得 $NH_4Fe(SO_4)_2 \cdot 12H_2O$ 的摩尔质量为 482.22 g/mol，铁的摩尔质量为 55.85 g/mol。Fe（Ⅲ）标准溶液的浓度为：

$$c(\text{Fe}) = \frac{0.4320 \times 55.85}{500 \times 482.22} \times 1000 = 0.1000 \text{ g/L}$$

根据 Lambert-Beer 定律，$A \sim c$ 成正比，而 c 与加入的体积 V 成正比，故 $A \sim V$ 也成正比。按上表，根据 $A \sim V$ 绘制标准工作曲线如图 1-19。

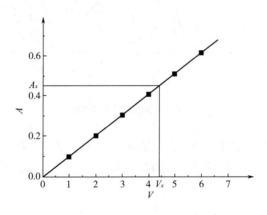

图 1-19　$A \sim V$ 标准工作曲线

从标准工作曲线上测量出当 $A_x = 0.450$ 时对应的铁的体积为 4.40 mL。则试样中铁的浓度为：

$$c_x = \frac{0.1000 \times 4.40 \times 250.00}{2.00 \times 5.00} = 11.0 \text{ g/L}$$

注：也可根据线性回归方程（$y = 0.1031x - 0.0041$）计算出试样中铁的含量。

2. 标准对比法

在相同条件下分别测定试样溶液和某一浓度标准溶液的吸光度 A_x 和 A_s，由标准溶液的浓度 c_s 计算出试样中被测物的浓度 c_x，

$$A_x = \varepsilon b c_x, \qquad A_s = \varepsilon b c_s, \qquad c_x = \frac{c_s A_x}{A_s}$$

这种方法比较简单，但只有在测定浓度范围内溶液完全遵守 Lambert-Beer 定律，并且 c_x 和 c_s 很接近，才能得到准确的结果。

例 3 取 1.000 g 钢样溶解于 HNO_3，其中的 Mn 氧化成 $KMnO_4$ 并稀释至 100 mL。用 1 cm 的比色皿在 545 nm 下测得吸光度为 0.700。用 $1.52×10^{-4}$ mol/L 的 $KMnO_4$ 溶液作为标准溶液，在同样条件下测得吸光度为 0.350，计算钢样中 Mn 的含量。（注：Mn 的摩尔质量为 54.94 g/mol。）

解析：根据 Lambert-Beer 定律 $A = \varepsilon bc$ 可得：

$$\frac{c_1}{c_2} = \frac{A_1}{A_2}$$

所以，

$$c_1 = \frac{A_1}{A_2} \times c_2 = \frac{0.700}{0.350} \times 1.52 \times 10^{-4} = 3.04 \times 10^{-4} \ (\text{mol/L})$$

$$w(\text{Mn}) = \frac{3.04 \times 10^{-4} \times 0.100 \times 54.94}{1.000} \times 100\% = 0.17\%$$

（二）多组分定量分析

吸光度的加和性是多组分定量分析的理论依据。假设试样中含有 x、y 两种组分，在一定条件下将它们转化为有色物质，分别绘制其吸收曲线，存在 3 种情况，如图 1-20 所示。

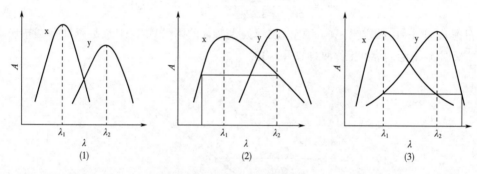

图 1-20　多组分的吸收曲线

（1）若 x 和 y 组分的 λ_1 和 λ_2 互不干扰，如图 1-20（1）所示，在 x 组分的最大吸收波长 λ_1 处，y 组分没有吸收；在 y 组分的最大吸收波长 λ_2 处，x 组分无吸收，可按单组分测定方法分别在两个波长测 x 和 y 两组分。

（2）若 x 和 y 组分的吸光光谱曲线如图 1-20（2）所示，组分 x 对组分 y 的测定有干扰，但组分 y 对组分 x 无干扰。这时可在 λ_1 处测定溶液的吸光度，求得 x 组分的含量 c_x。然后在 λ_2 处所测定溶液的总吸光度 $A_{\lambda_2}^{x+y}$、x 组分和 y 组分的 $\varepsilon_{\lambda_2}^x$ 和 $\varepsilon_{\lambda_2}^y$，根据吸光度的加和性，根据式（1-19）求出 y 组分的浓度 c_y。

$$A_{\lambda_2}^{x+y} = \varepsilon_{\lambda_2}^x lc_x + \varepsilon_{\lambda_2}^y lc_y \tag{1-19}$$

（3）若 x 和 y 组分在混合溶液中的吸光光谱曲线如图 1-20（3）所示，表明两组分互相干扰，这时首先在 λ_1 处测定混合物的吸光度 $A_{\lambda_1}^{x+y}$ 和纯组分 x 及 y 的 $\varepsilon_{\lambda_1}^x$ 和 $\varepsilon_{\lambda_1}^y$；然后在 λ_2 处测混合物的吸光度 $A_{\lambda_2}^{x+y}$ 和纯组分 x 及 y 的 $\varepsilon_{\lambda_2}^x$ 和 $\varepsilon_{\lambda_2}^y$。根据吸光度的加和性原则，可列出方程式：

$$A_{\lambda_1}^{x+y} = \varepsilon_{\lambda_1}^x lc_x + \varepsilon_{\lambda_1}^y lc_y \tag{1-20}$$

$$A_{\lambda_2}^{x+y} = \varepsilon_{\lambda_2}^x lc_x + \varepsilon_{\lambda_2}^y lc_y \tag{1-21}$$

式中，$\varepsilon_{\lambda_1}^x$、$\varepsilon_{\lambda_1}^y$、$\varepsilon_{\lambda_2}^x$ 和 $\varepsilon_{\lambda_2}^y$ 均由已知浓度 x 及 y 的纯溶液测得。试液的 $A_{\lambda_1}^{x+y}$ 和 $A_{\lambda_2}^{x+y}$ 由实验测得，c_x 和 c_y 通过解联立方程组求得。对于更复杂的多组分体系，可用计算机处理测定的数据。

例 4　NO_2^- 在波长 355 nm 处 $\varepsilon_{355} = 23.3 L/(mol \cdot cm)$，$\varepsilon_{355}/\varepsilon_{302} = 2.50$；$NO_3^-$ 在波长 355 nm 处的吸收可忽略，在波长 302 nm 处 $\varepsilon_{302} = 7.24 L/(mol \cdot cm)$。今有含 NO_2^- 和 NO_3^- 的试液，用 1 cm 吸收池测得 $A_{302} = 1.010$，$A_{355} = 0.730$。计算试液中 NO_2^- 和 NO_3^- 的浓度。

解析：设 NO_2^- 和 NO_3^- 的浓度分别为 c_1 和 c_2。根据 Lambert−Beer 定律 $A = \varepsilon bc$ 建立方程：

$$c_1 \times 23.3 = 0.730$$

$$c_1 \times \frac{23.3}{2.5} + c_2 \times 7.24 = 1.010$$

解得：$c_1 = 0.0313$ mol/L

$\qquad c_2 = 0.0992$ mol/L

（三）双波长吸光光度法

对于吸收光谱有重叠的单组分或多组分试样、混浊试样以及背景吸收较大的试样，由于存在很强的散射和特征吸收，很难找到合适的参比溶液来消除这种影响。利用双波长吸光光度法，使两束不同波长的单色光以一定的时间间隔交替地照射同一吸收池，测量并记录波长为 λ_1 和 λ_2 的光的吸光度差值 ΔA（图 1-10）。

设波长为 λ_1 和 λ_2 的两束单色光的强度相等，则有：

$$A_{\lambda_1} = \varepsilon_{\lambda_1} bc \qquad\qquad A_{\lambda_2} = \varepsilon_{\lambda_2} bc$$

所以，
$$\Delta A = A_{\lambda_1} - A_{\lambda_2} = (\varepsilon_{\lambda_1} - \varepsilon_{\lambda_2}) bc \qquad\qquad (1-22)$$

从式（1-22）可知，测得的吸光度差 ΔA 与吸收物质浓度 c 成正比。这是用双波长吸光光度法进行定量分析的理论依据。这样就可以从分析波长的信号中扣除参比波长的信号，消除上述各种干扰，求得被测组分的含量。由于只用一个吸收池，而且以试液本身对某一波长的光的吸光度为参比，因此消除了因试液与参比液、两个吸收池之间的差异所引起的测量误差，从而提高了测量的准确度。因此，双波长吸光光度法被广泛用于生物试样及环境试样等分析。

1. 混浊试液中组分的测定

混浊试液中组分的测定必须使用相同浊度的参比溶液，但在实际中很难找到合适的参比溶液。在双波长光度法中，用试液本身作为参比溶液，用两束不同波长的光照射试液时，两束光都受到同样的悬浮粒子的散射，当 λ_1 和 λ_2 相距不大时，由同一试样产生的散射可认为大致相等，不影响吸光度差 ΔA 的值。一般选择被测组分的最大吸收波长为测量波长 λ_1，选择与 λ_1 相差在 40~60 nm 且又有较大的 ΔA 值的波长为参比波长。

2. 单组分的测定

用双波长吸光光度法进行单组分的测定时，以被测物吸收峰作测量波长，参比波长的选择有：以等吸收点为参比波长；以有色配合物吸收曲线下端的某一波长作为参比波长；以显色剂的吸收峰为参比波长。这不仅避免了因试液与参比溶液或两吸收池之间的差异所引起的误差，还可以提高测定的灵敏度和选择性。

3. 两组分共存时的分别测定

当两种组分的吸收光谱有重叠时，要测定其中一个组分就必须消除另一组分的光吸收。对于相互干扰的双组分体系，选择参比波长和测定波长的条件：被测组分在两波长处的吸光度之

差 ΔA 要足够大，干扰组分在两波长处的吸光度应相等，这样用双波长法测得的 ΔA 只与待测组分的浓度成线性关系，而与干扰组分无关，从而消除了干扰。例如，测定苯酚（X）和2，4，6-三氯苯酚（Y）混合物中的苯酚时就可用这种方法。如图 1-21 所示，当选择苯酚的最大吸收波长 λ_2 为测量波长，三氯苯酚在此波长处也有较大吸收，产生干扰。在波长 λ_2 处作垂线，它与三氯苯酚的吸收曲线相交于一点，过此交点作与横轴平行的直线，它与三氯苯酚的吸收曲线相交于 λ_1 和 λ'_1 两点，这几个交点处的吸光度相等。选择波长 λ'_1 作为参比波长，则可以消除三氯苯酚对苯酚测定的干扰。

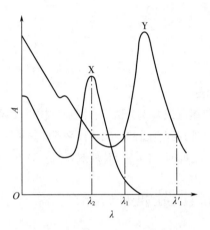

图 1-21　用等吸收法选择波长组合

X—苯酚　Y—2，4，6-三氯苯酚

（四）示差吸光光度法

1. 示差吸光光度法的原理

如前所述，吸光光度法一般适用于稀溶液组分的测定。当待测组分浓度过高或过低时，即使不偏离 Beer 定律，吸光度也超出了适宜的读数范围，也会引起很大的测量误差而导致准确度降低。采用示差吸光光度法可以克服这一缺点。目前，有高浓度示差吸光光度法、低浓度示差吸光光度法、精密示差吸光光度法和全示差吸光光度法。它们的基本原理相同，且以高浓度示差吸光光度法应用最多。这里简要介绍高浓度示差吸光光度法。

高浓度示差吸光光度法与普通吸光光度法的主要区别在于它所采用的参比溶液不同。示差吸光光度法不是以空白溶液作为参比溶液，而是采用比待测溶液浓度稍低的标准溶液作参比溶液。设用作参比的标准溶液浓度为 c_0，待测试液浓度为 c_x，且 $c_x > c_0$。根据 Lambert-Beer 定律得到：

$$A_x = \varepsilon b c_x \qquad\qquad A_0 = \varepsilon b c_0$$

两式相减，得到相对吸光度为：

$$\Delta A = A_x - A_0 = \varepsilon b (c_x - c_0) = \varepsilon b \Delta c \qquad\qquad (1-23)$$

从式（1-23）可知，所测得吸光度差与两种溶液的浓度差成正比。测定时先用比试样浓度稍低的标准溶液，加入各种试剂后作为参比，调节透射比为 100%，然后测量试样溶液的吸光度。作 ΔA 和 Δc 的标准曲线，根据测得 ΔA 求出 Δc，则 $c_x = c_0 + \Delta c$ 可求出待测试液的浓度，这是示差吸光光度法定量的基本原理。

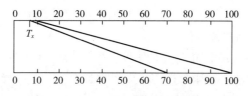

图 1-22 示差光度法标尺扩展原理

2. 示差吸光光度法的误差

高浓度示差吸光光度法为什么能较准确地测量高浓度组分呢？这可从图 1-22 看出。假定以试剂空白作参比溶液，浓度为 c_x 的试液的透射比 $T_x = 7\%$。此时测量读数误差很大。采用示差吸光光度法时，若以浓度为透射比 $T_1 = 10\%$ 的标准溶液作参比，即将 $T_1 = 10\%$ 调节到 $T_2 = 100\%$，相当于把仪器的透光度标尺扩大了 10 倍（$T_2/T_1 = 100\%/10\% = 10$），此时待测试液透光度 $T_x = 70\%$，读数落在测量误差较小的区域，从而提高了测定的准确度。

示差吸光光度法中测量的是两个溶液的浓度差 Δc，如测量误差为 $x\%$，所得结果为 $c_x \pm (c_x - c_0) \times x\%$，而普通光度法的结果为 $c_x \pm c_x \times x\%$。因 c_x 只是稍大于 c_0，故 c_x 总是远大于 Δc。这就使得示差吸光光度法的准确度大幅提高。只要选择合适的参比溶液，使吸光度读数落入适宜读数范围内，可大幅减小测量误差，最小误差可达 0.3%。

三、 配合物组成及其稳定常数测定

（一）配合物组成的测定

测定配合物组成的方法有摩尔比法、等摩尔系列法、斜率比法、平衡移动法等。这里仅介绍前两种。

1. 摩尔比法（又称饱和法）

$$配位反应：M + nR \longrightarrow MR_n \tag{1-24}$$

若 M 与 R 都不干扰 MR_n 的测定。固定一种组分（通常是金属离子 M）的浓度，改变配位体 R 的浓度，得到一系列 [R]/[M] 比值不同的溶液，并配制相应的试剂空白作参比液，在适宜波长下分别测定其吸光度。以吸光度 A 对 [R]/[M] 作图（图 1-23）。

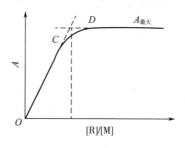

图 1-23 摩尔比法

当加入配位体的量较小时，金属离子没有完全被配位，曲线处于直线阶段；当加入的配位体已使 M 定量转化为 MR_n，稍有过量时，曲线便出现转折；当加入的配位体继续过量，曲线便成水平直线。转折点所对应的摩尔比数就是配合物的配位比。图中曲线转折点不敏锐，是由于配合物解离造成的。运用外推法得一交点，由交点向横坐标作垂线，对应的 [R]/[M] 比值就是配合物的配位比。这种方法简便、快速，对于解离度小的配合物，可以得到满意的结果。

　　2. 等摩尔系列法（又称连续变化法）

　　c_M 和 c_R 分别为式（1-24）中 M 和 R 的浓度，在保持溶液中 $c_M+c_R=c$（定值）的前提下，改变 c_M 和 c_R 的相对量，配制一系列溶液，在配合物的最大吸收波长处测量这一系列溶液的吸光度。当吸光度 A 最大时，MR_n 浓度最大，该溶液中 c_R/c_M 的比值即为配合物的配位比。若以吸光度 A 为纵坐标，c_M/c 比值为横坐标作图，即得到等摩尔系列法曲线（图1-24）。两曲线外推的交点所对应的 c_M/c 值即是配合物的组成 M 与 R 摩尔比 n 值。当 c_M/c 为 0.5 时，配位比为 1∶1；当 c_M/c 为 0.33，配位比为 1∶2；当 $c_M/c=0.25$ 时，配位比为 1∶3。

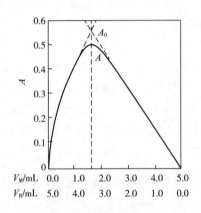

图1-24　等摩尔系列法

　　等摩尔系列法测定配位比适用于只形成一种组成且解离度较小的稳定配合物。若用于研究配位比高且解离度较大的配合物则得不到准确的结果。

（二）配合物稳定常数的测定

　　利用上述两种方法不仅能测出配位比，还可以测出配合物的稳定常数 $K_稳$。以摩尔比法说明配合物 MR 稳定常数的测定。

$$配位反应：M+R \longrightarrow MR$$

　　当配位反应达到平衡时，若各成分的平衡浓度为：［M］、［R］、［MR］。则此时存在以下关系：

$$c_M = ［MR］ + ［M］ \tag{1-25}$$

$$c_R = ［MR］ + ［R］ \tag{1-26}$$

　　若金属离子和配位剂在测定波长处无吸收。由图1-24可以看出，交点对应的吸光度：

$A_0 = \varepsilon ［MR］_{max}$，而 ［MR］$_{max} \approx c_M$，可计算该配合物 $\varepsilon = A_0/c_M$。

　　而对于配位反应达到平衡时的某一点，有：

$$A = \varepsilon ［MR］ \tag{1-27}$$

　　式（1-25）、式（1-26）、式（1-27）联立求解，即可得出 ［M］、［R］、［MR］。

　　则：

$$K_稳 = \frac{［MR］}{［M］［R］} = \frac{A}{(c_M\varepsilon - A)(c_R\varepsilon - A)} \tag{1-28}$$

第八节　紫外-可见吸收光谱在食品检测中的应用

一、　食品中营养组分含量测定实例

（一）含糊精成分的银耳提取物中的多糖含量的测定

1. 测定原理

多糖在浓硫酸作用下水解成单糖并迅速脱水生成糠醛衍生物，后者与苯酚缩合成有色化合物，其在 485 nm 处有强吸收。在该波长处测定吸光值与葡萄糖浓度的线性关系，进而对提取物中的多糖含量进行定量测定。

2. 仪器与试剂

TU-1901 双光束紫外可见分光光度计，北京普析通用仪器有限责任公司；5804R 离心机，Eppendorf；DK-S26 双列六孔电热恒温水浴锅，上海精宏实验设备有限公司；MM-2 快速漩涡振荡器，姜堰市沈高康健生器具厂。

无水葡萄糖对照品、葡聚糖对照品（相对分子质量为 45 万~65 万）、葡聚糖对照品（相对分子质量为 4 万）；硫酸、无水乙醇、苯酚，分析纯；糖化酶（10 万 U/mL）。

银耳提取物，西安雨诺生物工程有限公司；糊精，西安锦源生物科技有限公司。

3. 试样处理与测定

多糖标准溶液的配制：准确称取干燥至恒重的分析纯葡萄糖对照品 0.5000 g 加水溶解并定容至 50 mL，此溶液 1 mL 含 10 mg 葡萄糖，用前稀释 100 倍为使用液（0.1 mg/mL）。

5%苯酚溶液配制：称取精制苯酚 5.0 g，加水溶解并定容至 100 mL，混匀。溶液置于冰箱中可保存 1 个月。

标准曲线的制备：准确吸取葡萄糖标准使用液 0、0.1、0.2、0.4、0.6、0.8、1.00 mL（相当于葡萄糖 0、10、20、40、60、80、100 μg），分别置于 25 mL 比色管中，补加水至 2 mL，加入 1 mL 5%苯酚溶液，在漩涡混合器上混匀，小心缓慢地滴加浓硫酸 10 mL，在漩涡混合器上小心混匀，置于沸水浴中 2 min，冷却至 26℃，用分光光度计在 485 nm 波长处，1 cm 比色皿测定吸光度。

多糖含量的测定：称取银耳提取物 0.80 g+糊精 0.20 g 置于 200 mL 容量瓶，加水 80 mL 左右，于沸水浴中加热 1 h，冷却至室温定容混匀后过滤，取 50 mL 滤液置于 100 mL 锥形瓶中，加入 1 mL 糖化酶，置于 60℃ 水浴酶解 60 min 取出（用碘液检验是否水解完全），于电炉上小心加热至沸（灭酶），冷却，定容至 100 mL，过滤，取滤液 5 mL 置于 50 mL 离心管中，加入 20 mL 无水乙醇，混匀，置于 4℃冰箱 4 h 以上，以 4000 r/min 离心 5 min，弃去上清液，残渣用 80%乙醇溶液 10 mL 洗涤 3 次，残渣用水溶解并定容至 25 mL，摇匀。准确吸取样液 1 mL 置于 25 mL 比色管中，补加水至 2 mL，按标准曲线的步骤于 485 nm 处测定吸光度，根据标准曲线求得样品多糖含量。

（二）溴甲酚绿探针分光光度法测定乳粉中维生素 B_1

1. 测定原理

在弱酸性条件下，溴甲酚绿与维生素 B_1 反应生成具有正、负吸收峰的离子缔合物，最大正吸收波长位于 445 nm，最大负吸收波长位于 615 nm。在最大正、负吸收波长处，维生素 B_1 的质量浓度在 0~6.00 mg/L 与缔合物的吸光度呈线性关系，故可用于维生素 B_1 的定量分析。

2. 仪器与试剂

U-3010 型紫外-可见分光光度计，日本日立公司；pHS-3C 精密酸度计，上海虹益仪器仪表有限公司。

维生素 B_1（重庆药检所提供）标准溶液：称取适量的维生素 B_1，用 0.010 mol/L HCl 溶液溶解并稀释至 100 mL，配成质量浓度为 300.8 mg/L 的储备液，冰箱 4℃ 保存，用时稀释 10 倍。

Tris-HCl 缓冲溶液：0.10 mol/L 的盐酸和 0.20 mol/L 三羟甲基氨基甲烷（Tris）溶液混合，用酸度计测定，配成 pH 3.02、3.35、3.86、4.25、4.83、5.76、6.20、6.86、7.95、8.55 的缓冲溶液。

溴甲酚绿（BROG，上海化学试剂三厂）溶液：$1.00×10^{-3}$ mol/L。

EDTA 溶液：100 g/L。

样品：市售幼儿配方乳粉 2 段和幼儿配方乳粉 3 段。

所用试剂均为分析纯，实验用水为二次蒸馏水。

3. 试样处理与测定

取 6 支 10 mL 具塞比色管，分别加入 0.20、0.50、0.80、1.00、1.50、2.00 mL 30.08 mg/L 维生素 B_1 标准溶液，2.50 mL pH=5.76 的 Tris-HCl 缓冲溶液和 1.00 mL $1.00×10^{-3}$ mol/L 溴甲酚绿溶液，按实验方法测定各溶液的吸光度，并作标准曲线。

在 10 mL 具塞比色管中，依次准确加入适量的 30.08 mg/L 维生素 B_1 标准溶液，2.50 mL pH=5.76 的 Tris-HCl 缓冲溶液和 1.00 mL $1.00×10^{-3}$ mol/L 溴甲酚绿溶液，用水稀释至刻度，摇匀，10 min 后，用 1 cm 比色皿，以试剂空白作参比，在 445 nm 或 615 nm 处，或以 615 nm 为参比波长，445 nm 为测定波长测定溶液的吸光度。根据标准工作曲线，即可计算出乳粉中维生素 B_1。

（三）微波消解-可见分光光度法测定禽蛋中卵磷脂含量

1. 测定原理

禽蛋匀浆液经过无水乙醇处理，去除其中磷蛋白对卵磷脂含量的干扰，再采用微波消解法对禽蛋样品进行预处理后，用分光光度法于 400 nm 波长处测定卵磷脂含量。

2. 仪器与试剂

MARS 自动压力微波消解仪，美国 CEM 公司；Lambda 型紫外-可见光分光光度计，美国 PE 公司；旋转蒸发仪，瑞士 Biich 公司；超纯水仪，美国 Millipore 公司。

禽蛋由农业农村部家禽品质监督检验测试中心（扬州）提供；磷脂酰胆碱，美国 Sigma 公司；无水乙醇、浓硝酸、双氧水，均为分析纯；所用水均为超纯水。

钒钼酸铵显色剂：称取偏钒酸铵 1.25 g，加水 200 mL 加热溶解，冷却后再加入 250 mL 硝酸，另称取钼酸铵 25 g，加水 400 mL 加热溶解，冷却，将两种溶液混合，用水定容至 1000 mL，避光保存。

磷标准溶液配制：精确称取 105℃ 干燥的磷酸二氢钾（优级纯）0.2195 g 溶解于水中，定量转入 1000 mL 容量瓶中，加硝酸 3 mL，用水稀释至刻度，摇匀，即为 50 g/mL 的磷标准溶液。

3. 试样处理与测定

样品的制备：取 2~3 枚禽蛋，去壳，将蛋黄和蛋清于匀浆机中充分混匀，装入清洁容器内，作为全蛋试样。若测蛋黄含量，则取 2~3 枚禽蛋，去壳和蛋清，用滤纸吸干蛋黄表面的蛋清，将蛋黄于匀浆机中充分混匀，装入清洁容器内，作为蛋黄试样。

样品的预处理：称取 10 g 已经制备好的样品置于 50 mL 离心管中，加入 30 mL 无水乙醇，充分搅拌约 3 min，离心，将乙醇溶液收集于 250 mL 旋转蒸发圆底磨口瓶中。沉淀物再以无水乙醇洗涤两次（方法同上），合并乙醇提取液，旋转蒸发至干。准确称取 0.3000 g 蒸发干的样品于聚四氟乙烯消解罐中，加入硝酸 4 mL、双氧水 1 mL，静置 5 min，旋紧密封盖，将罐放入微波炉内，在一定温度和时间下进行消解。消解完毕，取出消解罐冷却后，将消解液转移 50 mL 容量瓶中，用水定容、摇匀待测。

标准曲线的绘制：准确吸取磷标准液 0、1.0、2.0、4.0、6.0、8.0、10.0 mL（相当于磷含量 0、50、100、200、300、400、500 g），分别置于 50 mL 容量瓶中，加入 10 mL 钒钼酸铵显色剂，定容、摇匀，静置 10 min 后，在可见分光光度计 400 nm 波长处测定吸光度。以测出的吸光度对磷含量作标准曲线。

样品的测定：移取 10.0 mL 消解液于 50 mL 容量瓶中，加入钒钼酸铵显色剂 10 mL，用水稀释到刻度、摇匀（同时以钒钼酸铵显色剂为样品空白），静置 10 min 以上，用 1 cm 比色皿在波长 400 nm 处测定其吸光度，在工作曲线上查得样品溶液中的磷含量。

二、 食品中有害物质含量测定实例

（一） 碱水解-分光光度法快速检测有机磷农药的研究

1. 测定原理

在碱性条件下，有机磷酸酯易水解为磷酸盐，磷酸盐在一定的酸度条件下，能和钼酸铵发生反应，产生磷钼杂多酸。当加入还原剂氯化亚锡时，磷钼杂多酸转变为蓝色配合物。在最大吸收波长 710 nm 处，该蓝色络合物的含量与其吸光度呈线性关系，故可用于有机磷农药的定量分析。

2. 仪器与试剂

UV-2100 紫外-可见分光光度计，北京莱伯泰科仪器有限公司；KQ-500DA 型数控超声清洗器，昆山市超声仪器有限公司；HH-6 型数显恒温水浴锅，常州国华电器有限公司；PHS-2C 型酸度计，上海雷磁仪器厂；DHG-9146A 型电热恒温鼓风干燥箱，上海精宏实验设备有限公司。

有机磷农药标准溶液的配制：取 25 mL 有机磷乳油于 100 mL 容量瓶中，用蒸馏水稀释至刻度，使用时用蒸馏水稀释 200 倍，即得使用液。实验用水为蒸馏水。

3. 试样处理与测定

样品的制备：取新鲜冬瓜，洗净，用清水浸泡 30 min，切成薄片，将其分别浸泡在一定浓度的乙酰甲胺磷、氧化乐果、乐果溶液中，浸泡过夜，取出平铺于白瓷盘上，晾干。称取冬瓜样品 5 g，置于 250 mL 具塞碘量瓶中，加入 50 mL 丙酮，于超声波提取 15 min 后，布氏漏斗抽滤。在残渣中加入 30 mL 丙酮，再次超声提取 15 min，然后用布氏漏斗抽滤。合并两次的滤液备用。

校准曲线的制作：准确吸取适量的农药使用溶液于 25 mL 容量瓶中，加入 4%（质量分数）氢氧化钠溶液 10 mL，振摇 1 min，然后依次加入 3.75 mol/L 的硫酸溶液 2.8 mL，2.769%（质量分数）钼酸铵溶液 2.0 mL，2%（质量分数）氯化亚锡溶液 0.15 mL，定容，混匀。放置

5 min后，在 710 nm 下利用分光光度计检测，测定其吸光值，作出标准曲线。

样品的测试：取其提取液按上述建立的实验方法进行操作，测定吸光值，根据标准曲线的线性方程计算农药残留量，用同样的方法测定白菜样品中农药残留量。

（二）分光光度法测定鄱阳湖野生藜蒿中的微量铅

1. 测定原理

在 0.08 mol/L NaOH 介质中，铅与溴代卟啉试剂形成 1∶2 橙黄色配合物，最大吸收波长在 479 nm，表观摩尔吸光系数为 $2.2×10^5$。铅量在 $0.04~0.48$ μg/mL 内符合比耳定律，可用于鄱阳湖野生藜蒿中铅的测定。

2. 仪器与试剂

752S 型紫外-可见分光光度计，上海棱光仪器厂。

铅标准溶液：将 0.2691 g 光谱纯氧化铅溶于 10 mL 2 mol/L 硝酸中，转入 250 mL 容量瓶中，用蒸馏水稀释至刻度，必要时用标准 EDTA 标定之，使用时再稀释至 10 μg/mL。

溴代卟啉［T（DBHP）P］溶液（0.4 g/L）：准确称取 T（DBHP）P 0.100 g 溶于 250 mL DMF（N，N-二甲基甲酰胺）溶液，放置 2 d 后使用，如避光保存，可稳定 1 个月以上。

8-羟基喹啉、2%乙醇溶液、OP 乳化剂（聚乙烯醇辛基苯基醚）、氢氧化钠、亚硫酸钠溶液等。

3. 试样处理与测定

校准曲线的制作：准确移取 10 μg Pb^{2+} 置于 25 mL 容量瓶中，依次加入 1.5 mL 2% 8-羟基喹啉溶液、2.0 mL 2 mol/L 氢氧化钠、2.0 mL 2%亚硫酸钠溶液、1.0 mL 0.4g/L T（DBHP）P 溶液，放置 5 min，再加 2.5 mL 6% OP 乳化剂，以水稀释至刻度，摇匀。用 1 cm 比色皿，以试剂空白为参比，在 479 nm 处测量吸光度，作出标准曲线。

试样的分析：准确称取 2~4 g 鄱阳湖野生藜蒿鲜样用无灰滤纸包裹移入烘箱于 105℃烘至恒重，样品移入高频电场激发氧灰化装置样品舟中，低温灰化。加 40 mL 稀盐酸溶解，加热使溶液澄清（如有不溶物可过滤去），冷却，移入 250 mL 容量瓶中，加水定容。依次加入 2.5 mL 1%抗坏血酸、3.0 mL 1∶1 盐酸、2.5 mL 25% KI 溶液，加水至总体积为 75 mL，加 10 mL 甲基异丁酮（MIBK）振荡萃取 1 min，静置分层。水相转移至另一分液漏斗中，再加 10 mL MIBK 重复萃取 1 次，合并有机相。在有机相中加入 10 mL 0.2 mol/L 氢氧化钠，振荡反萃取 1 min 静置分层，水相转移至 25 mL 容量瓶中，依次加入亚硫酸钠溶液、8-羟基喹啉溶液、2.0 mL 2 mol/L 氢氧化钠、1.0 mL 二溴羟基卟啉溶液，放置 5 min，再加 OP 乳化液剂，以水稀释至刻度，摇匀。用 1 cm 比色皿以试剂空白为参比，在 479 nm 处测量吸光度。

三、 食品中添加剂含量测定实例

（一）分光光度法测定饮料中色素含量

1. 测定原理

饮料中的两种色素胭脂红和柠檬黄的吸收光谱相互重叠，且其最大吸收互有干扰，故可依据吸光度的加和性，通过联立方程组来求解。设试样中有两种吸光组分别为 x、y。通过在任意浓度下测得其两种物质在连续波长下的吸收光谱图，确定两组分的最大吸收波长分别为 $λ_1$ 和 $λ_2$，然后分别测定这两种组分在 $λ_1$ 和 $λ_2$ 处得吸光光度值 $A_{λ_1}$ 和 $A_{λ_2}$，联立方程。

$$A_{\lambda_1}^{x+y} = \varepsilon_{\lambda_1}^x lc_x + \varepsilon_{\lambda_1}^y lc_y \atop A_{\lambda_2}^{x+y} = \varepsilon_{\lambda_2}^x lc_x + \varepsilon_{\lambda_2}^y lc_y \Bigg\} \longrightarrow \begin{matrix} c_x = \dfrac{A_{\lambda_1}^{x+y} \varepsilon_{\lambda 2}^y - A_{\lambda_2}^{x+y} \varepsilon_{\lambda 1}^y}{\varepsilon_{\lambda_1}^x \varepsilon_{\lambda 2}^y - \varepsilon_{\lambda_2}^x \varepsilon_{\lambda 1}^y} \\[2em] c_y = \dfrac{A_{\lambda_2}^{x+y} \varepsilon_{\lambda_1}^x - A_{\lambda_1}^{x+y} \varepsilon_{\lambda_2}^x}{\varepsilon_{\lambda_1}^x \varepsilon_{\lambda_2}^y - \varepsilon_{\lambda_2}^x \varepsilon_{\lambda_1}^y} \end{matrix}$$

式中　　　　　　c_x，c_y——胭脂红、柠檬黄的质量浓度，g/mL；

　　　　$A_{\lambda_1}^{x+y}$、$A_{\lambda_2}^{x+y}$——两种色素在两波长下的吸光度加和值；

　　$\varepsilon_{\lambda_1}^x$、$\varepsilon_{\lambda_2}^x$、$\varepsilon_{\lambda_1}^y$、$\varepsilon_{\lambda_2}^y$——x、y 两色素在不同波长下的摩尔吸收系数，根据 Beer 定律计算。

2. 仪器与试剂

双光束紫外-可见分光光度计，GBC，UV/VIS 916。

柠檬黄，浙江吉高德色素科技有限公司；胭脂红，天津市光复精细化工研究所；美年达（橙味）饮料自购。实验用水均为一次蒸馏水。

准确称取 $m = 1.000$ g 的色素，加入至 100 mL 的容量瓶，蒸馏水稀释至刻度。吸取 10 mL，再加至 100 mL 容量瓶，得 $c_{储备液} = 1$ mg/mL。再次吸收 10 mL $c_{储备液}$ 加至 100 mL 容量瓶，得 $c_{工作液} = 0.1$ mg/mL。

3. 试样处理与测定

最大吸收波长的测定：准确吸取一定体积的色素工作溶液，置于 10 mL 比色管中，用蒸馏水定容。在双光束紫外可见分光光度计上，1 cm 比色皿，用蒸馏水作参比，在 350~600 nm 扫描两种色素的吸收光谱，确定其最大吸收波长。

摩尔吸光系数的测定：分别准确吸取一定体积的色素工作溶液，置于 10 mL 比色管中，用蒸馏水定容。在波长 424 nm、507 nm 处分别测定吸光度。

样品含量的测试：饮料暴气后，加热煮沸除去 CO_2，取适量于 1 cm 比色皿中，用蒸馏水作参比，在波长 424 nm、507 nm 处分别测定吸光度。根据柠檬黄和胭脂红在最大吸收波长处的吸光度值，求解联立方程组，得到饮料中柠檬黄和胭脂红的含量。

（二）分光光度法测定甜蜜素

1. 测定原理

将除去蛋白质等杂质的样品液用硫酸消化将甜蜜素中的氮转化为铵，然后在碱性条件下与次氯酸、水杨酸反应生成蓝色物质，该蓝色物质在 658 nm 波长处的吸光值与甜蜜素含量在一定范围内成线性关系。

2. 仪器与试剂

722E 分光光度计，上海光谱有限公司；FA2004 分析天平，上海精科天平有限公司；DK-S28 数显水浴锅，上海精宏有限公司；KDN-04 消化炉，上海新嘉电子有限公司。

硫酸铵储备液：称取预先干燥的硫酸铵 0.3291 g 溶于水并稀释定溶于 1000 mL，此溶液每 1 mL 相当于 1 mg 甜蜜素。硫酸铵标准工作液：取上述储备液稀释至相当于甜蜜素含量 50 μg/mL 作为工作液。

水杨酸钠：将 25 g 水杨酸钠和 0.15 g 亚硝基铁氰化钠，溶于 200 mL 水中，过滤溶至 500 mL。

磷酸盐缓冲液：称取 38 g 磷酸三钠、7.1 g 磷酸氢二钠和 20 g 酒石酸钾钠，加入 400 mL 水中溶解后过滤，称取 35 g 氢氧化钠溶于 400 mL 水中，冷至室温，缓慢地边搅拌边加入到磷酸盐溶液中，用水稀释至 1000 mL 备用。

次氯酸钠：吸取次氯酸钠溶液（含有效氯 5.5%、氢氧化钠 8%）4 mL，用水稀释至 100 mL。

空白酸工作液：称取 0.5 g 蔗糖，加入 15 mL 浓硫酸及 5 g 催化剂（无水硫酸钠和硫酸铜），处理消化后移入 250 mL 容量瓶，加水至刻度。临用前吸取 10 mL 加水至 100 mL，摇匀作为工作液。

乙醚、2 mol/L 盐酸、100 g/L 硫酸铜、40g/L 氢氧化钠，以上为分析纯，实验用水为重蒸无氨水。

3. 试样处理与测定

标准曲线的绘制：吸取硫酸铵标准液（相当于甜蜜素的含量是 50 μg/mL）10 mL 于 100 mL 的容量瓶中，加入 2 mL 的空白酸液、5.5 mL 磷酸盐缓冲液、5 mL 水杨酸钠溶液，于 35℃的水浴锅中放置 15 min，再加入 6 mL 次氯酸钠溶液，摇匀后在 35℃的水浴锅中加热 15 min，取出加水至刻度线。用 1 cm 比色皿，以试剂空白为参比，在 620~700 nm 范围进行波长扫描，找到最大吸收波长。在该波长处，分别测定空白和标准系列的吸光度 A，绘制标准曲线。

样品含量的测试：样品处理后，取上述乙醚提取液 10 mL 移入 50 mL 凯氏烧瓶中，在水浴中加热蒸干乙醚，加入 5 mL 浓硫酸、1 g 左右硫酸钾和 0.25 g 左右的硫酸铜，在微火上消化，至微黑色后再加入 5 mL 浓硫酸消化至澄清。冷却后，移入 100 mL 容量瓶中，定容至刻度。再从其中取 10 mL 于 100 mL 容量瓶中定容至刻度。测定样液在最大吸收波长 658 nm 处的吸光度。根据 A–c 标准曲线，计算出甜蜜素的含量。

（三）连续流动分析–盐酸萘乙二胺分光光度法测定酱油中的亚硝酸盐和硝酸盐

1. 测定原理

酱油样品经超声预处理，乙酸锌–亚铁氰化钾体系沉淀蛋白质后，自动进样且采用气泡隔断样品，并经透析膜透析，采用双通道同时测量，一条通道中亚硝酸盐与磺胺重氮化后，再与盐酸萘乙二胺偶合形成紫红色染料，在 540 nm 波长条件下测得亚硝酸盐含量；另一条通道采用镉柱将硝酸盐还原成亚硝酸盐，测得亚硝酸盐总量，再由测得的亚硝酸盐总量减去试样中亚硝酸盐含量，即得试样中硝酸盐含量。

2. 仪器与试剂

San^{++} 连续流动分析仪，荷兰 Skalar 公司；Elmasonic P 型超声提取器，德国 Elma 公司；SW22 型恒温振荡水浴槽，德国 Julabo 公司。

酱油 A，市售生抽；酱油 B、酱油 C，市售老抽；亚硝酸钠标准溶液（200 μg/mL，以 $NaNO_2$ 计）、硝酸钠标准溶液（200 μg/mL，以 $NaNO_3$ 计），北京海岸鸿蒙标准物质技术有限责任公司；磺胺（纯度>99.0%），镉粒、聚氧乙烯月桂醚溶液、亚铁氰化钾、乙酸锌、冰乙酸、硼酸钠、氯化铵、乙二胺四乙酸二钠、氨水、磷酸、盐酸萘乙二胺，均为分析纯。

亚铁氰化钾溶液（106 g/L）：称取 106.0 g 亚铁氰化钾，用水溶解，并稀释至 1000 mL。

乙酸锌溶液（220 g/L）：称取 220.0 g 乙酸锌，加 30 mL 冰乙酸溶解，用水稀释至 1000 mL。

饱和硼砂溶液（50 g/L）：称取 10.0 g 硼酸钠，溶于 200 mL 热水中，冷却后备用。

载液（R1）：称取 85.0 g 氯化铵和 1.0 g 乙二胺四乙酸二钠溶于 800 mL 水中，混合均匀，用氨水调节 pH 至 8.5±0.1，用水定容至 1000 mL，加入 1 mL 聚氧乙烯月桂醚溶液。

显色液（R2）：将 100.0 mL 磷酸加入 600 mL 水中，再加入 10.0 g 磺胺和 1.0 g 盐酸萘乙二胺，搅拌至全部溶解，用水定容至 1000 mL。

亚硝酸盐和硝酸盐标准工作液：准确量取亚硝酸钠标准溶液和硝酸钠标准溶液各 5.0 mL 于 200 mL 容量瓶中，加水稀释至刻度，得 5.0 μg/mL 亚硝酸盐标准工作液和 5.0 μg/mL 硝酸盐标准工作液。

亚硝酸盐和硝酸盐标准使用液：分别移取亚硝酸盐和硝酸盐标准工作液，加水稀释，配制成系列标准使用液，亚硝酸盐质量浓度分别为 0.025、0.05、0.10、0.30、0.50、1.0 mg/L；硝酸盐质量浓度分别为 0.25、0.50、1.00、2.00、2.50、5.00 mg/L。

3. 试样处理与测定

样品前处理：准确量取 2.0 mL 试样于试管中，加入 2.0 mL 饱和硼砂溶液，加入 25.0 mL 水并摇匀，于超声提取器中提取 15 min，加入 2.0 mL 亚铁氰化钾溶液和 2.0 mL 乙酸锌溶液，静置，待恢复至室温后定容至 50.0 mL。在室温条件下以 6000 r/min 离心 5 min 后过滤，滤液备用。同时做试剂空白。

标准曲线的绘制：分别将亚硝酸盐和硝酸盐标准使用液置于进样杯中，由进样器按程序依次取样、测定。以测定信号值（峰高）为纵坐标，对应的亚硝酸盐的质量浓度（以 $NaNO_2$ 计，mg/L）或硝酸盐质量浓度（以 $NaNO_3$ 计，mg/L）为横坐标，绘制亚硝酸盐和硝酸盐标准曲线。

试样溶液的测定：将试剂空白和试样溶液按照上述方法进行测定，得到试剂空白和试样溶液的信号值（峰高），根据标准曲线得到待测液中亚硝酸盐（以 $NaNO_2$ 计）或硝酸盐（以 $NaNO_3$ 计）的质量浓度。

四、 烟草中有机酸和烟碱含量测定实例

（一）羟肟酸铁比色法测定烟草根系分泌有机酸总量

1. 测定原理

在脱水剂二环己基碳二亚胺（DCC）作用下，水溶液中有机酸的羧基与盐酸羟胺反应生成羟肟酸；在酸性条件下，三价铁离子与羟肟酸反应生成羟肟酸铁配合物，该物质在 520 nm 处有最大吸收峰，且吸光度与其浓度遵守 Lambert-Beer 定律，故可计算出有机酸的含量。

2. 仪器与试剂

梅勒特 A1204 电子天平，京联合科力科技有限公司；恒温水浴锅，上海树立仪器仪表有限公司；UV-2000 紫外可见分光光度计，河南兄弟仪器设备有限公司。

3 个烤烟品种，即"农大 202""NC89"，以及常规品种"K326"，种子由河南农业大学烟草育种实验室提供。"农大 202"是由河南农大育种实验室以烟叶钾含量为指标选育出来的 1 个高钾品种，烟叶中钾含量可达到 2.56%。盐酸羟胺、DCC、氯化铁均为分析纯试剂，实验用水为二次蒸馏水。

3. 试样处理与测定

标准曲线的绘制：考察盐酸羟胺、DCC、氯化铁、温度、时间 5 个因素，设置 4 个水平，设计正交实验，确定各反应条件的最佳参数和最优组合。分别配制 1、2、3、4、5 mmol/L 的乙酸、苹果酸、柠檬酸溶液，测定各溶液在 520 nm 下的吸光值，绘制 3 种酸的标准曲线。

试样溶液的测定：收集烟草品种"农大 202""NC89""K326"在 2 个条件下的根系分泌物，经过层析分离和浓缩，以乙酸标准溶液为对照，测定 3 个品种根系分泌有机酸总量。

（二）分散液液微萃取-微量分光光度法测定再造烟叶废水中烟碱

1. 测定原理

烟碱与 2，6-二氯靛酚发生荷移反应生成稳定的红色络合物（图 1-25），其在 506 nm 波长处有明显的吸收峰；以氯仿为萃取剂，乙腈为分散剂，通过分散液液微萃取法将红色络合物萃取到有机相氯仿中，而蓝色的 2，6-二氯靛酚几乎未被萃取；利用微量分光光度法测定再造烟叶废水中烟碱含量。

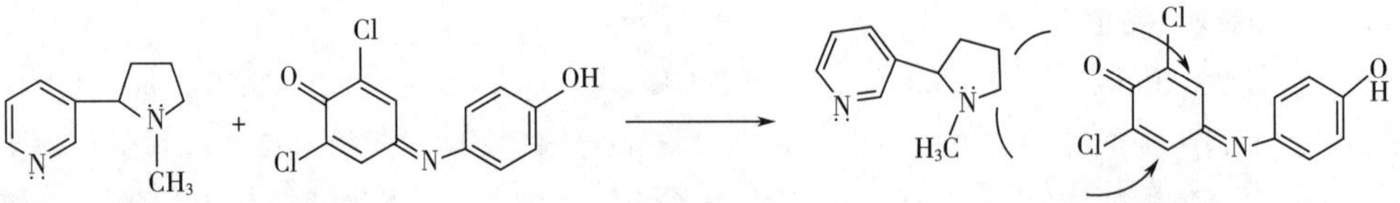

图 1-25　荷移反应原理

2. 仪器与试剂

NanoDrop™ One 型微量紫外-可见分光光度计，美国赛默飞世尔科技公司；XW-800 快速混匀器，上海汗诺仪器公司；L420 离心机，湖南湘仪实验室仪器开发公司。

烟碱标准品（99%），上海时代生物科技公司；烟碱标准工作液：将标准品用无水乙醇稀释为质量浓度 500 mg/L（临时配制）；三氯甲烷、乙腈、2，6-二氯靛酚溶液、磷酸氢二钠-柠檬酸缓冲液溶液；烟草薄片生产废水由云南中烟工业公司技术中心提供；其余试剂均为分析纯；实验用水为去离子水。

3. 试样处理与测定

样品预处理：取 10 mL 再造烟叶生产废水于 15 mL 的比色管中，加入 0.2 mL 2 mol/L 氢氧化钠溶液和 0.4 g $ZnSO_4$，充分涡旋混合后，在 5000 r/min 转速下离心 5 min，收集上清液得到经预处理后的再造烟叶废水。

试样测试：准确量取一定体积的烟碱标准溶液或待测样品于 10 mL 离心管中，加入 1 mL 0.5 g/L 的 2，6-二氯靛酚水溶液，以磷酸氢二钠-柠檬酸缓冲溶液调节至 pH 6.0，并以去离子水定容至 4 mL，涡旋混合，静置使其充分反应，加入 200 μL 三氯甲烷及 300 μL 乙腈，涡旋 1 min 使充分混合均匀，以 5000 r/min 离心 5 min 使分相，上层为蓝色水溶液，下层为红色有机相，移除上层相，取下层相以试剂空白为参比进行微量分光光度法测定。同时做空白组萃取、测定实验。

🔍 思考题

1. 简述分子光谱产生的原因。

2. 电子跃迁有哪几种类型？这些类型的跃迁各处于什么波长范围？

3. 有机化合物电子跃迁产生的吸收带有哪几种？它们产生的原因是什么？有什么特点？

思考题解析

4. 名词解释：助色团；生色团；红移；蓝移；吸收曲线；标准曲线；摩尔吸光系数。

5. Lambert-Beer 定律的物理意义及适用前提各是什么？什么是透光度？什么是吸光度？二者之间的关系是什么？

6. 吸光物质的摩尔吸收系数与哪些因素有关？

7. 什么是溶剂效应？为什么溶剂的极性增强时，$\pi \rightarrow \pi^*$ 跃迁产生的吸收峰发生红移，而 $n \rightarrow \pi^*$ 跃迁产生的吸收峰发生蓝移？

8. 在分光光度法中，如何选择测定波长？为什么尽可能选择最大吸收波长 λ_{max} 作为测定波长？

9. 简述偏离 Beer 定律的因素。

10. 分光光度计是由哪些部件组成的？各部件的作用如何？

11. 测量吸光度时，应如何选择参比溶液？

12. 示差吸光光度法的原理是什么？为什么它能提高测定的准确度？

13. 下列两对异构体，能否用紫外光谱加以区别？

(1) 和

(2) 和

14. 试估计下列化合物中，哪一种化合物的 λ_{max} 最大，哪一种化合物的 λ_{max} 最小？为什么？

(1)　　　　　(2)　　　　　(3)

15. 某化合物在乙烷中的 $\lambda_{max} = 305$ nm，在乙醇中的 $\lambda_{max} = 307$ nm，试问该吸收是由 $\pi \rightarrow \pi^*$ 还是 $n \rightarrow \pi^*$ 跃迁引起的？

16. 某化合物有两种异构体形式存在：

$$CH_3-C(CH_3)=CH-CO-CH_3 \quad 和 \quad CH_2=C(CH_3)-CH_2-CO-CH_3$$
(1)　　　　　　　　　　　　(2)

一个在 235 nm 处有最大吸收，ε_{max} 为 12000 L/(mol·cm)；另一个在 220 nm 以上无强吸收。鉴别各属于哪一个异构体？

17. 在下列信息的基础上，说明各属于哪种异构体？α 异构体的吸收峰在 228 nm [$\varepsilon = 14000$ L/(mol·cm)]，而 β 异构体在 296 nm 处有一吸收带 [$\varepsilon = 11000$ L/(mol·cm)]。这两种结构是：

(1)　　　　　　　　　　　　　(2)

18. 某试液用 2 cm 比色皿测量时，$T=60\%$，若改用 1 cm 或 3 cm 比色皿，T 及 A 等于多少？

(77%，0.11；46%，0.33)

19. 某钢样含镍约 0.12%，用丁二酮肟光度法 $[\varepsilon=1.3\times10^4\text{ L}/(\text{mol}\cdot\text{cm})]$ 进行测定。试样溶解后，转入 100 mL 容量瓶中，显色，并加水稀释至刻度。取部分试液于波长 470 nm 处用 1 cm 比色皿进行测量。如要求此时的测量误差最小，应称取试样多少克？

(0.16 g)

20. 根据下列数据（附表 1-1）绘制磺基水杨酸光度法测定 Fe（Ⅲ）的校正曲线。标准溶液是由 0.432 g 的铁铵矾 $[\text{NH}_4\text{Fe（SO}_4）_2\cdot12\text{H}_2\text{O}]$ 溶于水，再定容到 500.0 mL。取下列不同量标准溶液于 50.0 mL 容量瓶中，加显色剂后定容，测其吸光度。

附表 1-1		吸光度测定				
$V[\text{Fe（Ⅲ）}]/\text{mL}$	1.00	2.00	3.00	4.00	5.00	6.00
A	0.097	0.200	0.304	0.408	0.510	0.618

测试某试液含铁量时，吸取试液 5.00 mL，稀释到 250.0 mL，再取稀释液 1.00 mL 置于 50.0 mL 容量瓶中，与上述标准曲线相同条件下显色定容，测得的吸光度为 0.450，计算试液中 Fe（Ⅲ）的含量（以 g/L 表示）。

(22.0 g/L)

21. 以示差吸光光度法测定高锰酸钾溶液的浓度，以含锰 10.0 mg/mL 的标准溶液作参比液，其对水的透光度为 $T=20.0\%$，并以此调节透光度为 100%，此时测得未知浓度高锰酸钾溶液的透光度为 $T=40.0\%$，计算高锰酸钾的质量浓度。

(15.7 mg/mL)

22. 采用双硫腙吸光光度法测定其含铅试液，于 520 nm 处，用 1 cm 比色皿，以水作参比，测得透光度为 8.0%。已知 $\varepsilon=1.0\times10^4\text{ L}/(\text{mol}\cdot\text{cm})$。若改用示差法测定上述试液，问需多大浓度的 Pb^{2+} 标准溶液作参比溶液，才能使浓度测量的相对标准偏差最小？

(6.7×10^{-5} mol/L)

23. 测定纯金属钴中微量锰时，在酸性溶液中用 KIO_4 将锰氧化为 MnO_2 后进行光度测定。若用标准锰溶液配制标准系列，在绘制标准曲线及测定试样时，应该用什么参比溶液？

24. 某钢样含锰约 0.15%，溶解后锰全部转化为 MnO_4^-，于 100 mL 容量瓶中定容，用吸光光度法于 525 nm 处用 1 cm 比色皿进行测定，$\varepsilon=2.2\times10^3\text{ L}/(\text{mol}\cdot\text{cm})$。若希望仪器测量相对误差为最小，应称取试样多少克？

(0.72 g)

25. 已知 ZrO^{2+} 的总浓度为 1.48×10^{-5} mol/L，某显色剂的总浓度为 2.96×10^{-5} mol/L，用等摩尔法测得最大吸光度 $A=0.320$，外推法得到 $A_{max}=0.390$，配位比为 1:2，其 $\lg K_{稳}$ 值为多少？

(11.2)

26. 某有色溶液以试剂空白作参比测得 $T=0.08$，已知 $\varepsilon=1.1\times10^4$ L/(mol·cm)，若用示差法测定上述溶液，要使测量的相对误差最小，参比溶液的浓度为多少？

27. 用分光光度法测定含有两种配合物 x 和 y 的溶液的吸光度（$l=1.0$ cm），获得附表1-2中数据。计算未知溶液中 x、y 的浓度。

附表1-2　　　　　　　　　　　　配合物的吸光度测定

溶液	浓度 c/（mol/L）	吸光度 A_1（$\lambda_1=285$ nm）	吸光度 A_2（$\lambda_2=365$ nm）
x	5.0×10^{-4}	0.053	0.430
y	1.0×10^{-3}	0.950	0.050
试液	未知	0.640	0.370

（$c_x=3.9\times10^{-4}$ mol/L；$c_y=6.3\times10^{-4}$ mol/L）

参 考 文 献

[1]叶宪增,张新祥. 仪器分析[M]. 2版. 北京:北京大学出版社,2007.

[2]方惠群,于俊生,史坚. 仪器化学[M]. 6版. 北京:科学出版社,2000.

[3]朱明华. 仪器分析[M]. 3版. 北京:高等教育出版社,2000.

[4]武汉大学. 分析化学[M]. 6版. 北京:高等教育出版社,2016.

[5]贾春晓. 现代仪器分析技术及其在食品中的应用[M]. 北京:中国轻工业出版社,2005.

[6]贾春晓. 仪器分析[M]. 郑州:河南科学技术出版社,2009.

[7]丘燕,杨潞芳. 含糊精成分的银耳提取物中的多糖含量的测定[J]. 食品研究与开发,2019,49(11):180-184.

[8]王凤怡,江蔓,杨智,等. 溴甲酚绿探针分光光度法测定奶粉中维生素 B_1[J]. 化学研究与应用,2015,12(7):1888-1890.

[9]葛庆联,吴敏,张小燕,等. 微波消解-可见分光光度法测定禽蛋中卵磷脂含量[J]. 食品科学,2011,32(8):194-196.

[10]黄高凌,蔡慧农,曾琪,等. 碱水解-分光光度法快速检测有机磷农药的研究[J]. 集美大学学报(自然科学版),2009,14(4):366-371.

[11]朱寿民,韩文华,樊后保,等. 分光光度法测定鄱阳湖野生藜蒿中的微量铅[J]. 华中农业大学学报,2006,24(6):596-598.

[12]孙延春,敬铭. 分光光度法测定饮料中色素含量[J]. 四川理工学院学报(自然科学版),2012,25(5):25-28.

[13]桑宏庆,王丽,王光新. 分光光度法测定甜蜜素[J]. 中国调味品,2011,36(3):105-108.

[14]杨健,印杰,钟霖,等. 连续流动分析-盐酸萘乙二胺分光光度法测定酱油中的亚硝酸盐和硝酸盐[J]. 中国酿造,2020,39(7),169-172.

［15］韩助君,许杰,卫宣志,等. 羟肟酸铁比色法测定烟草根系分泌有机酸总量［J］. 中国农学通报,2016,32(9):194-199.

［16］秦云华,吴亿勤,张承明,等. 分散液液微萃取-微量分光光度法测定再造烟叶废水中烟碱［J］. 分析实验室,2018,37(6):696-700.

红外吸收光谱分析

[学习要点]

通过本章内容的学习，要求在对红外吸收光谱基本原理理解的基础上，掌握分子产生红外吸收的条件及重要官能团的特征吸收频率，认知影响基团频率的因素；通过对红外光谱仪部分的学习，了解其结构组成和常用附件；而方法的应用是学习的目的，因此要学会常用的红外制样方法，掌握红外吸收光谱的分析方法，尤其是定性方法。

第一节 概 述

一、 红外吸收光谱简史

1800 年，英国天文学家 F. W. 赫歇耳（Friedrich Wilhelm Herschel）在用水银温度计研究太阳光谱时发现了红外辐射。其实验过程为：利用棱镜散射原理将太阳光分解为红、橙、黄、绿、青、蓝、紫七色光，用水银温度计测量不同颜色光的加热效应。结果发现，位于红光外侧的温度计升温最快。他认为红光之外还存在一种不可见光，具有很强的热效应。

然而直到 1903 年才有人开始研究物质的红外吸收光谱。第二次世界大战时期，由于对合成橡胶的迫切需求，红外光谱引起了化学家的重视和研究，并因此迅速发展。随着计算机的发展以及红外光谱仪与其他大型仪器的联用，红外光谱在结构解析、化学反应机制研究及生产实践中发挥越来越重要的作用，是四大波谱中应用最多、理论最为成熟的一种方法。

二、 红外吸收光谱研究对象

红外吸收光谱（infrared absorption spectrometry，IR）又称为分子振动转动光谱，也是一种分子吸收光谱。当样品受到频率连续变化的红外光照射时，分子吸收了某些频率的辐射，并由其振动或转动引起偶极矩的净变化，产生分子振动和转动能级从基态到激发态的跃迁，使相应于这些吸收区域的透射光强度减弱。记录红外光的百分透射比与波数或波长关系的曲线，就得到红外光谱。因此，除单原子和同核分子如 Ne、He、O_2、H_2 等之外，几乎所有的化合物在红外光区均有吸收。除光学异构体、某些高相对分子质量的高聚物及在相对分子质量上只有微小差异的化合物外，凡是具有不同结构的两个化合物，一定具有不同的红外光谱。红外光谱法不仅能进行定性和定量分析，而且从分子的特征吸收可以鉴定化合物的分子结构。

三、　红外光区的划分

红外光谱在可见光区和微波光区之间，其波长范围为 0.75~1000 μm。根据实验技术和应用的不同，通常将红外光区划分成三个区：近红外光区、中红外光区和远红外光区（表 2-1）。

表 2-1　　　　　　　　　　　　　红外光谱的三个波区

区域	λ/μm	ν/cm⁻¹	能级跃迁类型
近红外光区（泛频区）	0.78~2.5	12800~4000	O—H、N—H 及 C—H 的倍频吸收
中红外光区（基本振动区）	2.5~50	4000~200	分子振动，伴随转动
远红外光区（转动区）	50~1000	200~10	分子转动

（1）近红外光区　处于可见光区到中红外光区之间。因为该光区的吸收带主要是由低能电子跃迁、含氢原子团（如 O—H、N—H、C—H）伸缩振动的倍频及组合频吸收产生，摩尔吸光系数较低，检测限大约为 0.1%。近红外辐射最重要的用途是对某些物质进行例行的定量分析。基于 O—H 伸缩振动的第一泛频吸收带出现在 7100 cm⁻¹（1.4 μm），可以测定各种试样中的水，如甘油、肼、有机膜及发烟硝酸等，可以定量测定酚、醇、有机酸等。基于羰基伸缩振动的第一泛频吸收带出现在 3600~3300 cm⁻¹（2.8~3.0 μm），可以测定酯、酮和羧酸。它的测量准确度及精密度与紫外-可见吸收光谱相当。另外，基于漫反射技术，近红外光谱可测定未经处理的固体和液体试样，在食品、生化和农产品分析方面得到了广泛的应用，主要用于蛋白质、淀粉、油、类脂、农产品中的纤维素等的定量分析。

（2）中红外光区　绝大多数有机化合物和无机离子的基频吸收带出现在中红外光区。由于基频振动是红外光谱中吸收最强的振动，所以该区最适于进行定性分析。在 20 世纪 80 年代以后，随着红外光谱仪由光色散转变成干涉分光以来，明显地改善了红外光谱仪的信噪比和检测限，使中红外光谱的测定由基于吸收对有机物及生物物质的定性分析及结构分析，逐渐开始通过吸收和发射中红外光谱对复杂试样进行定量分析。随着傅立叶变换技术的出现，该光谱区的应用也开始用于表面的显微分析，通过衰减全反射、漫反射以及光声测定法等对固体试样进行分析。由于中红外吸收光谱，特别是在 4000~670 cm⁻¹（2.5~15 μm）范围内，最为成熟、简单，而且目前已积累了该区大量的数据资料，因此它是红外光区应用最为广泛的光谱方法，通常简称为红外吸收光谱法。

（3）远红外光区　该区的红外吸收谱带主要是由气体分子中的纯转动跃迁、液体和固体中重原子的伸缩振动、某些变角振动、骨架振动以及晶体中的晶格振动所引起的。金属-有机键中由于原子质量比较大及振动力常数比较低，金属原子与无机及有机配位体之间的伸缩振动和弯曲振动的吸收出现在 <200 cm⁻¹ 的波长范围，故该区特别适用于研究无机化合物。

四、 红外吸收光谱图

吸光度或百分透光度随波长或波数的变化曲线就是化合物的红外吸收光谱图。红外光常用波数（wave number）ν 表征。波数是波长的倒数，表示每厘米长光波中波的数目。若波长以 μm 为单位，波数以 cm^{-1} 为单位，则波数与波长的关系是：

$$\nu/cm^{-1} = \frac{1}{\lambda/cm} = \frac{10^4}{\lambda/\mu m} \tag{2-1}$$

例如，$\lambda = 5\ \mu m$ 的红外线，它的波数为：$\nu = 10^4/5\ cm^{-1} = 2000\ cm^{-1}$。红外光谱图是以波长或波数作为横坐标，纵坐标常用百分透光度，化合物分子对某一波数的光吸收强度越强，则这个波数的光的透光度就越小，在红外光谱图上表现为一个一个的倒峰，如图 2-1 所示。

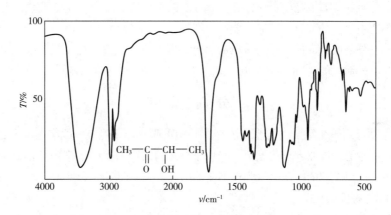

图 2-1 3-羟基-2-丁醛的红外光谱图

第二节 基 本 原 理

一、 分子对红外光产生吸收的条件

红外光谱是由于分子振动能级（同时伴随转动能级）跃迁而产生的，物质分子吸收红外辐射应满足两个条件：

（1）辐射光子具有的能量与发生振动跃迁所需的跃迁能量相等。

（2）辐射与分子之间有耦合（coupling）作用（相互作用）。

当一定频率（一定能量）的红外光照射分子时，如果分子中某个基团的振动频率和外界红外辐射的频率一致，就满足了第一个条件。为满足第二个条件，分子必须有偶极矩的改变。也就是说，电磁辐射的能量是通过原子的振动来吸收的，对于极性分子来讲，其分子内正负电荷的中心不重叠，如 HCl 分子（图 2-2）。

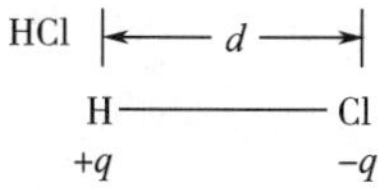

图 2-2 HCl 分子的
偶极矩

分子的极性大小可用它的偶极矩（dipole moment）μ 大小来衡量。若正负电中心的电荷分别为 $+q$ 和 $-q$，正负电荷中心距离为 d，则偶极矩：

$$\mu = q \cdot d \tag{2-2}$$

原子以某一频率振动时，d 以某一固定频率发生变化，则 μ 以相同频率发生变化，说明极性分子具有确定的偶极矩变化频率，我们可以把分子看成一个偶极子，当偶极子处于一个电磁辐射的电场中时，如果电磁辐射的频率与偶极子的频率相匹配时，则分子与辐射之间发生相互作用，产生振动耦合，使分子的振幅加大，振动加剧，则它的振动能加大了，能量的加大使分子由原来的基态振动能级跃迁到了较高的振动能级，对电磁辐射产生了吸收。因为辐射的能量是通过振动吸收的，也就是说辐射的能量是通过分子偶极矩的周期性变化转移到分子中去的。那么当一个分子中某个振动形式吸收红外光时，它必须能发生偶极矩变化。并不是所有的振动都会产生红外吸收，如果是一个对称分子，分子内正、负电荷中心完全重叠，则 $d=0$。那么原子的振动不能引起 μ 的变化，则它不能产生红外吸收，如 CO_2 分子中：$\leftarrow O \!=\! C \!=\! O \rightarrow$ 对称伸缩振动就是非红外活性的（infrared inactive），外界辐射不能使它的振动加剧。能引起偶极矩变化的振动称为红外活性的（infrared active）。

二、 分子的振动形式

分子的振动形式与红外吸收光谱图（IR 图）上的吸收峰相对应，故应先讨论之。分子中的原子以平衡点为中心，以非常小的振幅（与原子核之间的距离相比）作周期性的振动。多原子分子的情况下，可以把它的振动分解为许多简单的基本振动即简正振动。

1. 简正振动的基本形式

一般将简正振动形式分为两类：伸缩振动和变形振动。

（1）伸缩振动   原子沿键轴方向伸缩，键长发生变化而键角不变的振动称为伸缩振动（stretching vibration），用符号 ν 表示。它又可以分为对称伸缩振动（symmetrical stretching vibration，ν_s）和反对称伸缩振动（asymmetrical stretching vibration，ν_{as}）。

（2）变形振动   基团键角发生周期变化而键长不变的振动称为变形振动（deformation vibration），也称弯曲振动（bending vibration）。变形振动又分为面内变形振动（in-plane bending vibration，δ）和面外变形振动（out-of-plane bending vibration，γ）；面内变形振动又细分为剪式（scissoring vibration，δ）和平面摇摆振动（rocking vibration，ρ），面外变形振动又细分为面外摇摆振动（wagging vibration，ω）和扭曲变形（twisting vibration，τ）。亚甲基的各种振动形式如图 2-3 所示。

2. 基本振动的理论数

在多原子分子中，简正振动的数目与原子数目和分子构型有关。设分子由 n 个原子组成，每个原子在空间都有三个自由度，原子在空间的位置可以用直角坐标系中的三个坐标 x、y、z 表示，因此 n 个原子组成的分子总共应有 $3n$ 个自由度，亦即 $3n$ 种运动状态。但在这 $3n$ 种运动状态中，包括三个整个分子的质心沿 x、y、z 方向平移运动和三个整个分子绕 x、y、z 轴的转动运动。

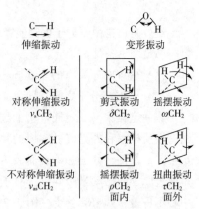

图 2-3   亚甲基的各种振动形式

这六种运动都不是分子的振动，故振动形式应有（3n-6）种。直线型分子只有两个转动自由度，因为以键轴为轴转动的原子位置未发生改变，不形成自由度。因此直线型分子的振动自由度为（3n-5）种。

例1 气体水分子 H_2O 是非线性分子，应该有 3×3-6=3 种振动自由度，故水分子有 3 种振动形式。通常变形振动的力常数比伸缩振动小，因此同一基团的变形振动都在其伸缩振动的低频端出现，水分子的振动形式及红外光谱图如图 2-4 所示。

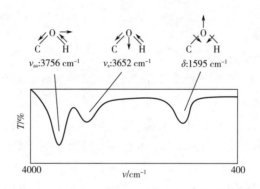

图 2-4 水分子的振动形式及红外光谱图

例2 二氧化碳分子 CO_2 是直线型分子，其基本振动数为 3×3-5=4，故有四种振动形式。其中，CO_2 的反对称伸缩振动 $\nu_{as} = 2439$ cm^{-1}；CO_2 的对称伸缩振动偶极矩不发生变化，在红外光谱中不出现吸收谱带；CO_2 的面内弯曲和面外弯曲振动的频率相同，发生简并，只在 667 cm^{-1} 出现一个吸收峰，如图 2-5 所示。

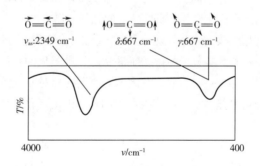

图 2-5 CO_2 分子的振动形式及红外光谱图

三、 吸收频率与强度

1. 吸收频率

对于一个分子来讲，其中某个基团在红外光区产生的吸收频率决定于化学键的振动频率。对于化学键的伸缩振动，可近似地看作简谐振动。这种分子振动的模型，以经典力学的方法可把两个质量为 m_1 和 m_2 的原子看作刚体小球，连接两原子的化学键设想成无质量的弹簧，弹簧的长度就是分子化学键的长度。由经典力学（虎克定律）可导出该体系的基本振动频率计算公式：

$$\nu = \frac{1}{2\pi c}\sqrt{\frac{k}{\mu}} \tag{2-3}$$

式中　c——光速（$2.998\times10^{10}\text{cm/s}$）；

$\quad\quad k$——弹簧的力常数（force constant），也即连接原子的化学键的力常数，N/cm；

$\quad\quad \mu$——两个小球（即两个原子）的折合质量（reduced mass），g；$\mu = m_1 \cdot m_2 / (m_1+m_2)$。

根据小球的质量和相对原子质量之间的关系，式（2-3）可写作：

$$\nu = \frac{N_A^{1/2}}{2\pi c}\sqrt{\frac{k}{M}} \approx 1307\sqrt{\frac{k}{M}} \tag{2-4}$$

式中　N_A——阿伏加德罗常数；

$\quad\quad M$——折合相对原子质量。

式（2-3）和式（2-4）为分子振动方程式，可见影响基本振动频率的直接因素是相对原子质量和化学键的力常数。

（1）对于具有相似质量的原子基团来说，振动频率与$\sqrt{k}$成正比，已测得：单键$k=4\sim6$ N/cm，双键$k=8\sim12$ N/cm，三键$k=12\sim18$ N/cm。因此，对于C≡C，$k=15.6$ N/cm，$u=12\times12/(12+12)=6$，代入式（2-4）得$\nu=2107$ cm^{-1}；对于C＝O，$k=12.1$ N/cm，$u=12\times16/(12+16)=6.9$，$\nu=1730$ cm^{-1}；对于C—C，$k=4.5$ N/cm，$u=6$，$\nu=1132$ cm^{-1}。

上述计算值与实验值是很接近的。由计算可说明，同类原子的化学键（折合相对原子质量相同），力常数大的，基本振动频率就大。

（2）对于相同化学键的基团，ν与$\sqrt{u}$成反比。对于C—O键，$k=5$ N/cm，$u=6.9$，则$\nu=1112$ cm^{-1}；对于C—H键，$k=5$ N/cm，$u=12\times1/(12+1)\approx1$，则$\nu=2922$ cm^{-1}。

由于氢的相对原子质量最小，故含氢原子单键的基本振动频率都出现在中红外的高频区。

由于各个有机化合物的结构不同，它们的相对原子质量和化学键的力常数各不相同，就会出现不同的吸收频率，因此有机化合物各有其特征的红外光谱。

需要指出的是，上述用经典方法来处理分子的振动是为了得到宏观的图像，并有一定的概念，是近似处理方法。而一个真实分子的振动能量变化是量子化的。另外，分子中基团与基团之间、基团中的化学键之间都相互有影响，除化学键两端的相对原子质量、化学键的力常数影响基本振动频率之外，还与内部因素（结构因素）和外部因素（化学环境）有关。

2. 吸收强度

有无偶极矩变化决定了分子的振动能否在红外光区产生吸收，而偶极矩μ的变化大小则影响了红外吸收强度。根据量子理论，红外吸收峰的强度与分子振动时偶极矩变化的平方成正比。例如C＝O和C≡C的吸收峰，C＝O在伸缩振动时偶极矩的变化很大，跃迁概率大，因而吸收峰很强；而C≡C在伸缩振动时偶极矩的变化很小，跃迁概率小，相应的吸收带较弱。对于同一类型的化学键，偶极矩的变化与结构的对称性有关。例如C＝C双键在下述三种结构中，吸收强度的差别就非常明显：

①R—CH＝CH$_2$　　　　　　$\varepsilon = 40$ L/（mol·cm）

②R—CH＝CH—R′顺式　　$\varepsilon = 10$ L/（mol·cm）

③R—CH＝CH—R′反式　　$\varepsilon = 2$ L/（mol·cm）

这是由于对于C＝C双键来说，结构①的对称性最差，因此吸收较强，而结构③的对称性相对来说最高，故吸收最弱。

此外，振动的形式对吸收强度也有影响。通常情况下，同一化学键的伸缩振动的吸收强度比弯曲振动要大。不同溶剂中，由于形成氢键的强弱不同使原子间距离的增大程度不同，则吸收强度增大的程度也不同。一般而言，红外吸收较弱，其定量能力远不如紫外可见光谱。因此，红外光谱的吸收强度一般定性地用很强（vs）、强（s）、中（m）、弱（w）和很弱（vw）等表示。

四、　基频峰与泛频峰

当分子吸收一定频率的红外光后，振动能级从基态（V_0）跃迁到第一激发态（V_1）时所产生的吸收峰，称为基频峰；振动能级从基态（V_0）跃迁到第二激发态（V_2）、第三激发态（V_3）所产生的吸收峰称为倍频峰。通常基频峰强度比倍频峰强，由于分子的非谐振性质，倍频峰并非是基频峰的两倍，而是略小一些。如 HCl 分子基频峰是 2886 cm^{-1}，强度很大，其二倍频峰是 5668 cm^{-1}，是一个很弱的峰。组频峰包括合频峰及差频峰，它们的强度更弱，一般不易辨认。倍频峰、差频峰和合频峰总称为泛频峰。它们的存在使红外谱图变得复杂，但也增加了光谱对分子结构的特征性。

第三节　基 团 频 率

物质的红外光谱是其分子结构的反映，谱图中的吸收峰与分子中各基团的振动形式相对应。在研究了大量有机化合物的红外光谱后发现，不同分子中同一类型基团的振动频率是非常相近的，都在一较窄的频率区间出现吸收谱带，这种吸收谱带的频率称为基团频率（group frequency）。例如，—OH 伸缩振动出现在 3700～3200 cm^{-1}，—CH$_3$ 基团的特征频率在 3000～2800 cm^{-1}，C≡N 吸收峰出现在 2250 cm^{-1}，C=O 伸缩振动出现在 1900～1650 cm^{-1}等。同一类型的基团在不同的有机化合物中所处的化学环境各不相同，振动频率又稍有不同，这种差别常常能反映出分子结构上的特点。因此，只要掌握了各种基团的基团频率及其位移规律，就可利用红外光谱来鉴定有机化合物中存在的官能团及其在分子中的相对位置。

一、　基团频率区和指纹区

中红外区又可分为基团频率区（4000～1300 cm^{-1}）和指纹区（1300～600 cm^{-1}）两个区域，最有分析价值的基团频率在基团频率区，又称为官能团区或特征区。该区域内的吸收峰是由伸缩振动产生的吸收带，比较稀疏，易于辨认，常用于鉴定官能团。

在 1300～600 cm^{-1}区域中，除单键的伸缩振动外，还有因变形振动产生的复杂谱带。这些振动与分子的整体结构有关。当分子结构稍有不同时，该区的吸收就有细微的差异，由此显示出分子的特征。这种情况就像每个人有不同的指纹一样，因此称为指纹区。指纹区对于指认结构类似的化合物很有帮助，而且可以作为化合物存在某种基团的旁证。

（一）基团频率区

基团频率区又可以分为三个区域。

（1）4000～2500 cm^{-1}为 X—H 伸缩振动区　X 可以是 O、N、C、S 原子。O—H 键的伸缩振

动出现在 3650～3200 cm^{-1} 范围内，它可作为判断有无醇、酚、有机酸类的重要依据。当醇和酚溶于非极性溶剂（如 CCl$_4$），浓度小于 0.01 mol/L 时，在 3650～3580 cm^{-1} 处出现游离 O—H 基的伸缩振动吸收，峰形尖锐，且没有其他吸收峰干扰，易于识别。由于羟基是强极性基团，因此羟基化合物的缔合现象非常明显，当试样浓度增加时，O—H 伸缩振动吸收峰向低波数方向位移，在 3400～3200 cm^{-1} 出现一个宽而强的吸收峰。

胺和酰胺的 N—H 伸缩振动也出现在 3500～3100 cm^{-1}，因此可能对 O—H 伸缩振动有干扰，可从有无 C—N 振动吸收峰来判别。S—H 伸缩振动出现在 2600～2500 cm^{-1}，吸收弱，无特征。

C—H 伸缩振动可分为饱和（C—C—H）和不饱和（如 C≡C—H）两种，饱和的 C—H 伸缩振动出现在 3000 cm^{-1} 以下，3000～2800 cm^{-1}，取代基对它们的影响也很小。如—CH$_3$ 基的伸缩振动吸收出现在 2960 cm^{-1}（ν_{as}）和 2870 cm^{-1}（ν_s）附近；—CH$_2$ 基的伸缩振动出现在 2930 cm^{-1}（ν_{as}）和 2850 cm^{-1}（ν_s）附近；—CH 基的吸收出现在 2890 cm^{-1} 附近，但强度较弱。不饱和的 C—H 伸缩振动出现在 3000 cm^{-1} 以上，可以此来判别化合物中是否含有不饱和 C—H 键。苯环上的 C—H 伸缩振动出现在 3030 cm^{-1} 以上，它的特征是强度比饱和的 C—H 键稍弱，但谱带较尖锐；双键＝CH 的吸收出现在 3040～3010 cm^{-1} 范围内，端烯＝CH$_2$ 的吸收出现在 3085 cm^{-1} 附近，而≡CH 上的 C—H 伸缩振动出现在更高区域（3300 cm^{-1}）附近。醛基中与羰基的碳原子直接相连的氢原子组成在 2740 cm^{-1} 和 2855 cm^{-1} 的 ν（C—H）双重峰，虽然强度不太大但具特征性，有利于鉴定醛基的存在与否。

（2）2500～1900 cm^{-1} 为三键和累积双键区　这一区域出现的吸收，主要包括—C≡C—、—C≡N 等三键的伸缩振动，以及—C＝C＝C—、—C＝C＝O 等累积双键的不对称伸缩振动。对于炔类化合物，可以分成 R—C≡CH 和 R—C≡C—R′ 两种类型，前者的伸缩振动出现在 2140～2100 cm^{-1}，后者出现在 2260～2190 cm^{-1}。若 R＝R′ 时，则是非红外活性的。—C≡N 基的伸缩振动在非共轭情况下出现在 2260～2240 cm^{-1}，这个区域吸收峰很少，很有特征，易于辨认。当与不饱和键或芳香核共轭时，该峰红移至 2230～2220 cm^{-1}。若分子中含有 C、H、N 原子，—C≡N 基吸收比较强而尖锐。分子中有 O 原子时，O 原子离—C≡N 越近，则吸收越弱，甚至观察不到。

（3）1900～1200 cm^{-1} 为双键伸缩振动区　该区域主要包括三种伸缩振动。

①C＝O 伸缩振动：出现在 1900～1650 cm^{-1}，是红外光谱中很特征的且往往是最强的吸收，以此很容易判断酮类、醛类、酸类、酯类及酸酐等羰基化合物。酸酐的羰基吸收谱带由于振动耦合而呈现双峰。

②C＝C 伸缩振动：烯烃中 C＝C 吸收峰在 1680～1620 cm^{-1}，一般较弱。单核芳烃的 C＝C 伸缩振动出现在 1600 cm^{-1} 和 1500 cm^{-1} 附近，有 2～4 个峰，这是芳环的骨架振动，用于判断有无芳环的存在。

③苯的衍生物的泛频谱带出现在 2000～1650 cm^{-1}，属于 C—H 面外和 C＝C 面内变形振动的泛频吸收，虽然强度很弱，但它们的吸收面貌在辨认芳核取代类型上是很有用的（图 2-6）。

（二）指纹区

（1）1300～900 cm^{-1} 区域包括 C—O、C—N、C—F、C—P、C—S、P—O、Si—O 和 C＝

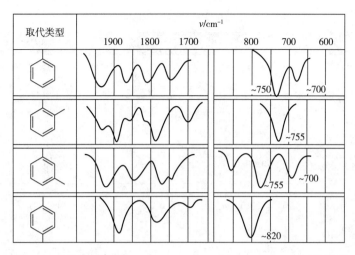

图2-6　苯环取代类型在2000~1670 cm^{-1}和900~600 cm^{-1}的图形

S、S＝O、P＝O 等伸缩振动吸收，其中 C—O 的伸缩振动在1300~1000 cm^{-1}，是该区域最强的峰，较易识别。在1375 cm^{-1}附近的谱带为甲基的 C—H 对称变形振动，对判断甲基十分有用。

（2）900~600 cm^{-1} 这一区域的吸收峰是很有用的。例如，可以表征 (—CH$_2$—)$_n$ 的存在。当 $n \geqslant 4$ 时，—CH$_2$— 的面内摇摆振动出现在722 cm^{-1}；随着 n 的减小，逐渐向高波数移动。该区域内的某些峰还可用来确定化合物的顺反构型和苯环的取代类型。如烯烃的＝C—H 面外变形振动出现的位置，很大程度取决于双键的取代情况。烯烃为 RCH＝CH$_2$ 结构时，在990 cm^{-1}和910 cm^{-1}出现两个强峰；为 RCH＝CRH 结构时，其顺、反异构分别在690 cm^{-1}和970 cm^{-1}出现吸收。苯环上的 C—H 面外变形振动吸收峰位置取决于环上的取代形式，即与苯环上相邻的H 原子数有关，而与取代基的性质无关。这些谱带的位置和它在2000~1650 cm^{-1}区域出现的泛频吸收，可以共同配合来确定苯环的取代类型（图2-6）。

$$\underset{H}{\overset{R}{C}}=\underset{R}{\overset{H}{C}} \qquad \underset{H}{\overset{R}{C}}=\underset{H}{\overset{R}{C}}$$

反式结构　　　　　　　　顺式构型

（三）常见官能团的特征吸收频率

在红外光谱中，一个官能团有多种振动形式，每种红外活性的振动都相应产生一个吸收峰，我们将若干个相互依存又相互佐证的吸收谱带称为相关峰。例如，醇羟基—C—O—H 中，除在3700~3600 cm^{-1}有 O—H 伸缩振动的吸收之外，还在1450~1300 cm^{-1}和1160~1000 cm^{-1}分别有 O—H 的面内变形振动和 C—O 的伸缩振动。后面的两个峰的出现，能进一步证明—C—O—H 的存在。用一组相关峰确认一个基团的存在是红外光谱解析的一条重要原则。用红外光谱确定化合物是否存在某种官能团时，须熟悉基团频率。先在基团频率区观察它的特征峰是否存在，同时也应找到它们的相关峰作为佐证。表2-2列出了一些有机化合物（如烷烃、烯烃、醛类、酮类、酸类、酯类等）的重要基团频率。

表 2-2　　　　　　　　　　　　典型有机化合物的重要基团频率　　　　　　　　　单位：cm^{-1}

化合物	基团	X—H 伸缩振动区	三键区	双键伸缩振动区	部分单键振动和指纹区
烷烃	—CH$_3$	$\nu_{as\,CH}$: 2962±10 (s) $\nu_{s\,CH}$: 2872±10 (s)			$\delta_{as\,CH}$: 1450±10 (m) $\delta_{s\,CH}$: 1375±5 (s)
	—CH$_2$—	$\nu_{as\,CH}$: 2926±10 (s) $\nu_{s\,CH}$: 2853±10 (s)			δ_{CH}: 1465±20 (m)
	—CH—	ν_{CH}: 2890±10 (w)			δ_{CH}: ~1340 (w)
烯烃	C=C（顺）	ν_{CH}: 3040~3010 (m)		$\nu_{C=C}$: 1695~1540 (m)	δ_{CH}: 1310~1295 (m) γ_{CH}: 770~665 (s)
	C=C（反）	ν_{CH}: 3040~3010 (m)		$\nu_{C=C}$: 1695~1540 (w)	γ_{CH}: 970~960 (s)
炔烃	—C≡C—H	ν_{CH}: ≈3300 (m)	$\nu_{C≡C}$: 2270~2100 (w)		
芳烃	（苯环）	ν_{CH}: 3100~3000 (变)		泛频： 2000~1667 (w) $\nu_{C=C}$: 1650~1430 (m) 2~4 个峰	δ_{CH}: 1250~1000 (w) γ_{CH}: 910~665 单取代： 770~730 (vs) ~700 (s) 邻双取代： 770~735 (vs) 间双取代： 810~750 (vs) 725~680 (m) 900~860 (m) 对双取代： 860~790 (vs)
醇类	R—OH	ν_{CH}: 3700~3200 (变)			δ_{OH}: 1410~1260 (w) ν_{CO}: 1250~1000 (s) γ_{OH}: 750~650 (s)
酚类	Ar—OH	ν_{CH}: 3705~3125 (s)		$\nu_{C=C}$: 1650~1430 (m)	δ_{OH}: 1390~1315 (m) ν_{CO}: 1335~1165 (s) ν_{OH}: 1230~1010 (s)
脂肪醚	R—O—R′				$\delta_{as\,R-O-R'}$: ~1100 (s) $\delta_{s\,R-O-R'}$: 900~1000 (w)

续表

化合物	基团	X—H 伸缩振动区	三键区	双键伸缩振动区	部分单键振动和指纹区
酮	R—C—R′ ‖ O			$\nu_{C=O}$: ~1715（vs）	
醛	R—C—H ‖ O	ν_{CH}: ~2820（m），~2720（w） 双峰		$\nu_{C=O}$: ~1725（vs）	
羧酸	R—C—OH ‖ O	ν_{OH}: 3400~2500（m）		$\nu_{C=O}$: 1740~1690（m）	δ_{OH}: 1450~1410（w） ν_{CO}: 1266~1205（m）
酸酐	—C—O—C— ‖ ‖ O O			$\nu_{as\,C=O}$: 1850~1880（s） $\nu_{s C=O}$: 1780~1740（s）	ν_{CO}: 1170~1050（s）
酯	—C—O—R ‖ O	泛频 $\nu_{C=O}$: ≈3450（w）		$\nu_{C=O}$: 1770~1720（s）	ν_{COC}: 1300~1000（m）
胺	—NH₂	ν_{NH_2}: 3500~3300（m） 双峰		δ_{NH}: 1650~1590（s，m）	ν_{CN}（脂肪）: 1220~1020（m，w） ν_{CN}（芳香）: 1340~1250（s）
	—NH	ν_{NH}: 3500~3300（m）		δ_{NH}: 1650~1550（vw）	ν_{CN}（脂肪）: 1220~1020（m，w） ν_{CN}（芳香）: 1350~1280（s）
酰胺	—C—NH₂ ‖ O	$\nu_{as\,NH}$: ~3350（s） $\nu_{s\,NH}$: ~3180（s）		$\nu_{C=O}$: 1680~1650（s） δ_{NH}: 1650~1250（s）	ν_{CN}: 1420~1400（m） γ_{NH_2}: 750~600（m）
	—C—NHR ‖ O	ν_{NH}: ~3270（s）		$\nu_{C=O}$: 1680~1630（s）	$\nu_{CN}+\gamma_{NH}$: 1310~1200（m）
	—C—NRR′ ‖ O			$\nu_{C=O}$: 1670~1630（s）	
酰卤	—C—X ‖ O			$\nu_{C=O}$: 1810~1790（s）	
腈	—C≡N		$\nu_{C≡N}$: 2260~2240（s）		
硝基化合物	R—NO₂			$\nu_{as\,NO_2}$: 1565~1543（s）	$\nu_{s\,NO_2}$: 1385~1360（s） ν_{CN}: 920~800（m）
	Ar—NO₂			$\nu_{as\,NO_2}$: 1550~1510（s）	$\nu_{s\,NO_2}$: 1365~1335（s） ν_{CN}: 860~840（s） 不明: ~750（s）

续表

化合物	基团	X—H 伸缩振动区	三键区	双键伸缩振动区	部分单键振动和指纹区
吡啶类	 （吡啶结构）	ν_{CH}: ~3030（w）		$\nu_{C=C}$ 及 $\nu_{C=N}$: 1667~1430（m）	δ_{CH}: 1175~1000（w） γ_{CH}: 910~665（s）
嘧啶类	 （嘧啶结构）	ν_{CH}: 3060~3010（w）		$\nu_{C=C}$ 及 $\nu_{C=N}$: 1580~1520（m）	δ_{CH}: 1000~960（m） γ_{CH}: 825~775（m）

注：vs—很强，s—强，m—中，w—弱，vw—很弱。

二、 影响基团频率位移的因素

引起基团频率位移的因素大致可分成两类，即内部因素和外部因素。

（一）内部因素

1. 电子效应（electrical effects）

电子效应包括诱导效应、共轭效应和偶极场效应。它们都是由于化学键的电子分布不均匀而引起的。

（1）诱导效应（inductive effect，I 效应）　分子中引入不同电负性的原子或基团，通过静电诱导作用，可使分子中电子云密度发生变化，即键的极性发生变化，这种效应称为诱导效应。由于诱导效应的发生，改变了化学键的力常数，导致官能团的特征频率发生位移。例如羰基中的氧原子有吸引电子的倾向，当电负性较大的原子或基团（如 Cl 等）与羰基上的碳原子相连时，它就要和氧争夺电子，由于取代基 Cl 的诱导效应会使电子云由氧原子转向双键的中间，增加了 C=O 键的力常数，因此 C=O 的振动频率升高，吸收峰向高波数移动。随着取代基团电负性的增大或取代数目的增加，诱导效应增强，吸收峰向高波数移动的程度越显著。

$$\begin{array}{cccc}
\delta^- & & & \\
\overset{O}{\underset{\delta^+}{R-C-R'}} & R-\overset{O}{C}-Cl & Cl-\overset{O}{C}-Cl & F-\overset{O}{C}-F
\end{array}$$

$\nu_{C=O}/cm^{-1}$　1715　　　　1800　　　　1828　　　　1928

而由推电子基团或原子团引起的诱导效应，会使键的力常数减小，特征频率降低。如丙酮中，由于甲基是推电子基团，使羰基上的电子云密度向氧原子方向移动，所以丙酮羰基比乙醛羰基的伸缩振动频率低。

（2）共轭效应（conjugative effect，C 效应）　分子中形成大 π 键所引起的效应称共轭效应。共轭效应使共轭体系中的电子云密度趋于平均化，结果使双键略有伸长（即电子云密度降低），键力常数减小，因此双键的吸收频率向低波数方向位移。例如，丙酮中的 C=O，因与苯环共轭而使 C=O 的力常数减小，振动频率降低。随着共轭体系的增大，共轭效应越显著。

$$\overset{O}{CH_3-C-CH_3} \qquad \overset{O}{C6H5-C-CH_3} \qquad \overset{O}{C6H5-C-C6H5}$$

$\nu_{C=O}/cm^{-1}$　　　　1715　　　　　　　1685　　　　　　　1665

（3）偶极场效应（dipolar field effect，F 效应）　诱导效应和共轭效应都是通过化学键起作用使电子云密度发生变化，而偶极场效应要经过分子内的空间才能起作用，因此只有互相靠近的基团之间，才能产生偶极场效应。如氯代丙酮有三种旋转异构体：

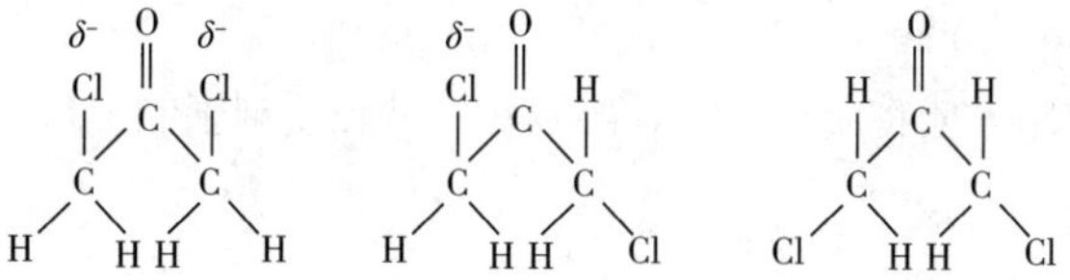

$$\nu_{C=O}/cm^{-1} \quad 1755 \qquad 1742 \qquad 1728$$

卤素和氧都是键偶极的负极，在式（Ⅰ）、式（Ⅱ）中发生负负相斥作用，使 C＝O 上的电子云移向双键的中间，双键的电子云密度增加，力常数增加，因此频率升高。而式（Ⅲ）接近正常频率。

2. 氢键的影响（hydrogen bonding）

氢键（可写作 X—H…Y）通常是给电子基团 X—H 如—OH、—NH_2 的 H 和吸电子基团 Y 之间形成，Y 是氧、氮和卤素等。例如羰基和羟基之间容易形成氢键，氢键使电子云密度平均化，C＝O 的双键性减小，因此 C＝O 的频率向低波数方向移动。如游离羧酸中 C＝O 的频率出现在 1760 cm^{-1} 附近，而在固态或液态时，C＝O 的频率在 1710 cm^{-1} 左右，因为此时羧酸形成二聚体形式。

3. 振动耦合（vibrational coupling）

当分子中两个基团共用一个原子时，若这两个基团的基频振动频率相同或相近，就会发生相互作用，使原来的两个基团的振动频率距离加大，形成两个独立的吸收峰，这种现象称为振动耦合。振动耦合常常出现在一些二羰基化合物中。例如羧酸酐的两个羰基的振动耦合，使 $\nu_{C=O}$ 吸收峰分裂成两个峰：

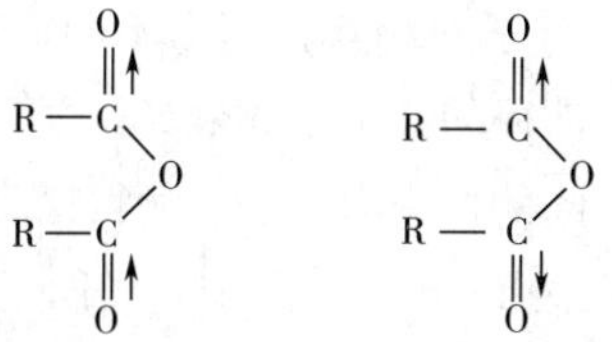

反对称耦合振动　　　　对称耦合振动

~1820 cm^{-1}　　　　~1760 cm^{-1}

此外二元酸，如丙二酸和丁二酸，它们的两个羰基伸缩振动也发生耦合，都出现了两个吸收带。当 $n>3$ 时，两个羰基相距较远，相互作用变小，基本上不发生振动耦合。

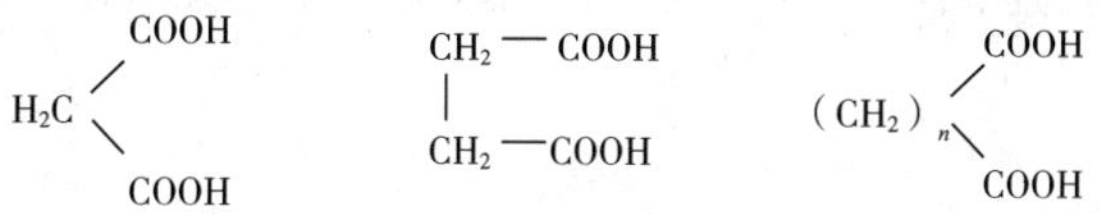

~1740cm^{-1}　　　　~1780cm^{-1}　　　　$n>3$ 时

~1710cm^{-1}　　　　~1700cm^{-1}　　　　只有一个 $\nu_{C=O}$

4. 费米共振（Fermi resonance）

若一振动的倍频与另一振动的基频相近时，由于发生相互作用而产生很强的吸收峰或发生裂分，这种现象称为费米共振。费米共振的结果使基频与倍频或合频的距离加大，形成两个吸收谱带。醛类化合物中的—CHO 的 C—H 伸缩振动频率和 C—H 面内弯曲振动的倍频相近，因而发生费米共振，生成两个吸收谱带。如苯甲醛红外谱图中出现在 2820 cm^{-1} 和 2738 cm^{-1} 的两个吸收谱带便是费米共振作用的结果。

5. 立体障碍（steric inhibition）

取代基的空间位阻效应将使得 C＝O 与双键的共轭受到限制，使 C＝O 的双键性增加，波数升高。如：

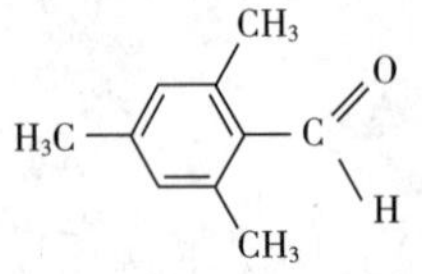

| （Ⅰ） | （Ⅱ） |
| 1680 cm^{-1} | 1700 cm^{-1} |

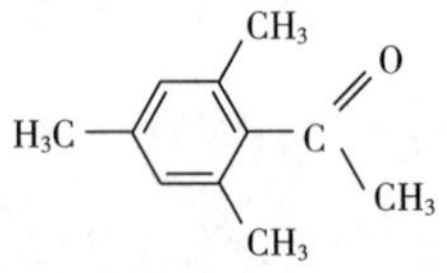

式（Ⅱ）结构中由于接在 C＝O 上的 CH$_3$ 的立体障碍，使 C＝O 和环上双键不能处于同一平面，结果共轭受到限制，因此它的红外吸收波数比式（Ⅰ）高。

6. 环的张力（ring strain）

对于环上羰基，随着环的张力增加，其波数也相应增加。下面几个酮中，4 元环的张力最大，因此 $\nu_{C=O}$ 最高。

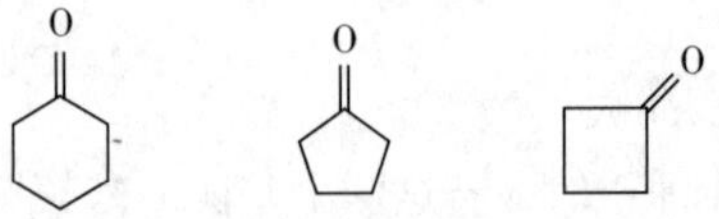

1715 cm^{-1}　　　1745 cm^{-1}　　　1775 cm^{-1}

（二）外部因素

外部因素主要指试样状态、测定条件及溶剂的极性等。

同一物质在不同状态时，由于分子间相互作用力不同，所得光谱也往往不同。一般来说，分子在气态时，其相互作用很弱，测得的谱带波数最高，并且可以观察到伴随振动光谱的转动精细结构；在液态或固态时，分子间的作用力增强，测得谱带的波数相对降低。如丙酮在气态时的 $\nu_{C=O}$ 为 1742 cm^{-1}，而在液态时为 1718 cm^{-1}。有时，不同物理状态的样品测得的红外谱图差异很大，甚至会被认为是不同化合物。另外，同一物质的制样方法不同，如用溶液法和溴化钾（KBr）压片法测得的光谱也会有所不同。在溶液中测得光谱时，由于溶剂的种类、溶液的浓度和测定时的温度不同，同一物质所测得的光谱也不相同。通常在极性溶剂中，溶质分子的极性基团的伸缩振动频率随溶剂极性的增加而向低波数方向移动，并且强度增加。因此，在 IR 测定中，应尽量采用非极性溶剂。同时在查阅标准谱图时应注意试样的状态和制样方法。

第四节　有机化合物的红外特征吸收

一、饱和烃

饱和烷烃的特征吸收是甲基（—CH$_3$）、亚甲基（—CH$_2$—）、次甲基（—CH）的伸缩振动和弯曲振动吸收峰。其中，C—H 键的伸缩振动位置较恒定，也最为有用。在确定分子结构时，也常常借助于 C—H 键的变形振动和 C—C 键骨架振动吸收。

（1）饱和 C—H 伸缩振动 ν_{C-H} 出现在 2970~2840 cm^{-1} 波段，包括甲基、亚甲基和次甲基的不对称与对称伸缩振动。例如，—CH$_3$ 中 ν_{as}：2960 cm^{-1}（s），ν_s：2870 cm^{-1}（m~s）；—CH$_2$—中 ν_{as}：2925 cm^{-1}（s），ν_s：2825 cm^{-1}（s）。

（2）C—H 面内弯曲振动 δ_{C-H} 在 1460 cm^{-1}（m）和 1380 cm^{-1}（m）处有特征吸收峰，前者归因于甲基及亚甲基 C—H 的 δ_{as}，后者归因于甲基 C—H 的 δ_s。1380 cm^{-1} 峰对结构敏感，也很特征，对于识别甲基很有用。偕二甲基—CH（CH$_3$）$_2$ 中，两个甲基的对称弯曲振动发生耦合，使 C—H 面内弯曲振动分裂成强度大致相等的双峰；同碳三甲基—C（CH$_3$）$_3$ 中，C—H 面内弯曲振动裂分成低强高弱（约 2：1）的双峰。

（3）C—H 面外弯曲振动 γ_{C-H}，分子中具有—（CH$_2$）$_n$—链节。当 $n=1$ 时，775 cm^{-1}；$n=2$ 时，738 cm^{-1}；$n\geqslant4$ 时，722 cm^{-1}，吸收强度随着 n 增大而增强。

（4）C—C 骨架振动 ν_{C-C} 出现在 1200~1000 cm^{-1} 范围内，强度较弱，这些吸收带的位置随分子结构而变化，在结构鉴定上用处不大。图 2-7 为 2-甲基戊烷的红外光谱图。

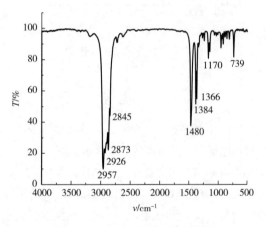

图 2-7 2-甲基戊烷红外光谱图

二、烯烃

与烷烃相比，烯烃分子中引入了以下几种新的振动方式，光谱图表现出三个明显的特征吸收。

（1）烯烃双键上的 C—H 键伸缩振动 $\nu_{C=C-H}$　波数 3100~3000 cm^{-1}，峰形尖锐，强度不大。

（2）C═C 伸缩振动 $\nu_{C=C}$　出现在 1680~1620 cm^{-1}，随着取代基的不同，$\nu_{C=C}$ 位置有所不同，谱带的强度可以很强也可以完全消失。当 C═C 与 C≡C、C═O、C≡N 等不饱和基团共轭时，C═C 伸缩振动频率移向低频约 20 cm^{-1}。当分子具有对称中心时，C═C 伸缩振动不可能有偶极矩的变化，该吸收带在光谱中不出现。

（3）双键上的 C—H 键弯曲振动　面内 $\delta_{C=C-H}$ 在 1400~1280 cm^{-1}，对结构不敏感，用途较少；而面外摇摆振动吸收最有用，出现在 1000~800 cm^{-1}，根据 1000~800 cm^{-1} 区间吸收峰的位置可以判断烯烃的取代情况和构型。对于乙烯型（—CH═CH₂）化合物由于振动耦合在990 cm⁻¹和910 cm⁻¹附近产生两个很强的 γ（═CH）吸收峰，是端烯存在的特征；反式烯烃 γ（═CH）出现在970 cm⁻¹左右的强吸收峰对鉴定反式烯键的存在具有特征性；顺式烯烃 γ（═CH）出现在800~690 cm⁻¹内，取代基的性质对该峰影响较大，所以特征性不强，只有排除了其他取代类型后，若在800~690 cm⁻¹（接近690 cm⁻¹）有吸收峰，才能确定为顺式结构。1-己烯的红外光谱如图2-8所示。

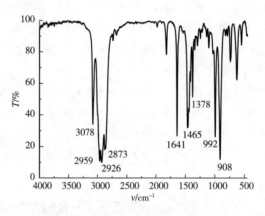

图2-8　1-己烯红外光谱图

三、芳烃

芳烃在红外光谱中的特征峰主要来源于两类振动：一类为苯环上的═C—H 伸缩振动和弯曲振动，另一类是苯环骨架伸缩振动。其重要的吸收区域如下。

（1）芳环上 C—H 伸缩振动频率　与烯键相似，波数在3100~3000 cm⁻¹范围内。

（2）泛频区　苯衍生物在2000~1600 cm⁻¹出现较弱的 δ_{Ar-H}的倍频和组频峰，由于取代类型的不同，在这一频率范围内常出现不同的谱图，可用于鉴定取代类型。由于吸收弱，要在该区域得到一组清晰的谱图，必须使用较厚的样品池或较大的样品浓度，或采取其他有效的手段以保证得到具有足够吸收强度的谱带。

（3）芳环的骨架伸缩振动　在1600~1450 cm⁻¹范围内，会出现2~4个强度不同的吸收峰，通常情况下以双峰出现（1600 cm⁻¹和1500 cm⁻¹，低强高弱），这两个吸收带是鉴定有无苯环的重要标志之一。芳环与不饱和基或有孤对电子基共轭时，还会在1580 cm⁻¹附近出现第三个峰。

（4）芳烃的 C—H 弯曲振动　δ_{Ar-H}出现在900~650 cm⁻¹，吸收较强，同时谱峰数目只与取代情况有关而与取代基种类无关，是识别苯环上取代基位置和数目的重要特征峰，常用来鉴定苯衍生物。

考察一个化合物是否属于芳香族化合物，可分两步进行。首先应考察在3100~3000 cm⁻¹和1600~1450 cm⁻¹范围内有无峰出现，以确定有无芳核。注意其他不饱和 C—H 伸缩振动峰和 C═C 伸缩振动吸收峰的影响。在确定化合物具有芳香核后，可进一步考察2000~1600 cm⁻¹和900~650 cm⁻¹的吸收峰，以确定苯环上取代类型。甲苯的红外谱图如图2-9所示。

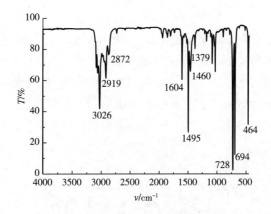

图 2-9 甲苯的红外光谱图

四、 三键与累积双键化合物

（1）X≡Y 与 X≡Y≡Z 类型基团的伸缩振动吸收都出现在 2400~2100 cm^{-1}（s~m），这一区域无其他官能团干扰，易于鉴定。这些基团包括：—C≡C—、—C≡CH（稍低）、—C≡N、C=C=C（丙二烯）、—N=C=O（异氰酸根）、—N=C=N—（碳二亚胺）、—S—C≡N（硫氰根）、—N=C=S（异硫氰根）、C=C=O（烯酮）、C=C=N（烯亚胺）等。图 2-10 为苯乙腈的红外光谱图。

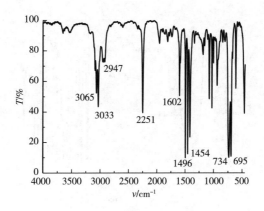

图 2-10 苯乙腈的红外光谱图

（2）C≡C 键上的 C—H 伸缩振动在 3300 cm^{-1}，强且尖。

五、 醇、 酚和醚

（一）醇和酚

（1）O—H 的伸缩振动 醇羟基的特征频率与氢键的形成有密切关系。固态或液态醇一般都以氢键键合的多聚体形式存在，O—H 伸缩振动在 3300 cm^{-1} 附近有强而宽的伸缩振动吸收峰；在非极性如 CCl$_4$ 的稀溶液里，醇基本上以游离态存在，该吸收带出现在 3640 cm^{-1} 左右，强度弱，但峰形尖锐，极易识别。O—H 的伸缩振动吸收带的频率不随分子结构的不同而发生变化，具有很强的特征性。

（2）O—H 的面内变形振动　吸收带出现在 1420～1250 cm^{-1}，峰的强度较弱，峰形较宽，常被烷基的 C—H 变形振动吸收峰所遮盖，不易辨别。

（3）醇的 C—O 键伸缩振动　ν_{C-O} 出现在 1170～1000 cm^{-1} 处有强吸收。该吸收频率随伯、仲、叔醇有所不同，伯醇在 1050 cm^{-1}，仲醇在 1100 cm^{-1}，叔醇在 1150 cm^{-1}，酚在 1200 cm^{-1}，是区分伯、仲、叔醇的特征吸收峰。图 2-11 为 1-庚醇的红外吸收光谱图，图 2-12 为苯酚的红外吸收光谱图。

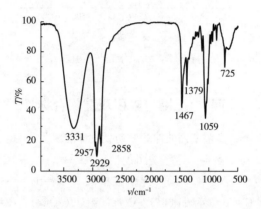

图 2-11　1-庚醇的红外光谱图

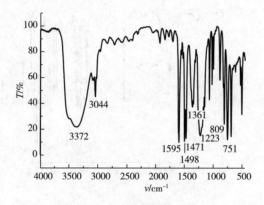

图 2-12　苯酚的红外光谱图

（二）醚

醚的特征吸收峰是由 C—O—C 伸缩振动产生的吸收带。饱和脂肪醚中 C—O—C 不对称伸缩振动和对称伸缩振动分别位于（1100±50）cm^{-1} 和 1000～900 cm^{-1}，且前者往往是光谱中最强的吸收峰。芳香醚 C—O—C 不对称伸缩振动和对称伸缩振动分别出现在 1280～1220 cm^{-1} 和 1100～1050 cm^{-1}。根据醚不存在 ν_{O-H} 而可与醇相区别。图 2-13 为正丙醚的红外光谱图。

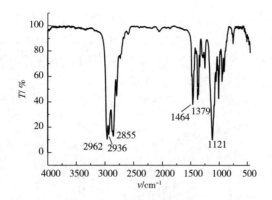

图 2-13 正丙醚的红外光谱图

六、 羰基化合物

羰基的伸缩振动吸收出现在 1900~1650 cm^{-1},为一强峰,非常特征。由于它的位置与邻接基团有密切关系,所以在结构分析中极有价值。影响羰基伸缩振动的因素比较多,如溶剂效应、测定时的物质状态、取代基的诱导、共振、共轭效应、空间效应和键角张力作用、氢键缔合等。

(一) 酮

酮的吸收光谱只有一个特征吸收带,即酮羰基 $\nu_{C=O}$ 位于 1715~1710 cm^{-1}。若羰基和烯键或芳环共轭,羰基 $\nu_{C=O}$ 将向低波数移动,位于 1680~1660 cm^{-1},如 Ar—C $=$ O:1690 cm^{-1},α,β-不饱和酮:1675 cm^{-1}。在酮的红外光谱中,常在~3450 cm^{-1} 出现一个弱而尖锐的吸收峰,这是羰基的伸缩振动的倍频带。羰基中的 C—C—C 骨架的不对称伸缩振动位于 1300~1100 cm^{-1},为一较强的吸收峰,是鉴别酮类的另一重要依据。如芳香酮中该谱带出现在 1260 cm^{-1} 附近,可作为芳酮的佐证。2-己酮的红外光谱图如图 2-14 所示。

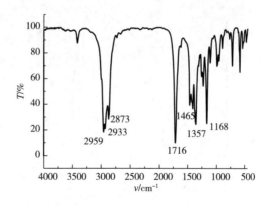

图 2-14 2-己酮的红外光谱图

(二) 醛

醛羰基 $\nu_{C=O}$ 伸缩振动位于 1730~1630 cm^{-1}。饱和脂肪醛中 $\nu_{C=O}$ 位于 1727 cm^{-1}。芳香醛由于羰基与芳环共轭,使该吸收带向低频位移,达到 1710~1630 cm^{-1}。当醛基的 α-C 原子上连有卤素原子时,可因诱导效应使羰基吸收带向高频位移至 1755 cm^{-1} 或更高的频率。醛的另一特征吸

收带 ν_{C-H} 在 2820 cm^{-1}、2720 cm^{-1} 附近出现两个强度近似相等的吸收带，是醛与其他羰基化合物区别的主要标志。该吸收带是由醛基中的 C—H 伸缩振动和 C—H 变形振动倍频的费米共振产生。这两个吸收带与脂肪烃中的 C—H 伸缩振动吸收带不同，频率和强度都低于后者，且是大小相近的双峰。正丁醛的红外光谱图如图 2-15 所示。

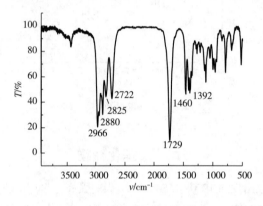

图 2-15 正丁醛的红外光谱图

（三）羧酸

因形成分子间的氢键，固态或液态的羧酸通常以二聚体的形式存在，吸收带出现在 1710 cm^{-1} 附近，气态的羧酸（游离 C =O） $\nu_{C=O}$ 约在 1760 cm^{-1}。除羰基吸收带外，羧酸还有以下几个吸收带：O—H 伸缩振动在 3300~2500 cm^{-1} 产生高低不平的很宽的吸收峰，会与 C—H 伸缩振动带重叠；由于 C—O 的伸缩振动和 O—H 面内变形振动的耦合，会在 1440~1395 cm^{-1} 和 1320~1210 cm^{-1} 区间出现两个吸收峰；二聚体的 δ_{O-H} 在约 920 cm^{-1} 产生中等强度的吸收峰。图 2-16 为己二酸的红外吸收光谱图。

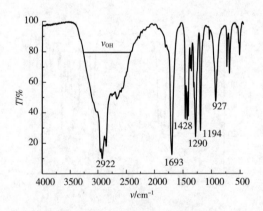

图 2-16 己二酸的红外光谱图

（四）酯

多数酯类化合物中 $\nu_{C=O}$ 出现 1735 cm^{-1} 附近。当 C =C 与烯双键或芳环共轭时， $\nu_{C=O}$ 向低波数方向移动。C—O—C 基团的不对称和对称伸缩振动，会在 1300~1030 cm^{-1} 产生两个峰，谱带宽而强，称为酯谱带，也是鉴定酯类化合物的重要吸收谱带。图 2-17 为甲酸乙酯的红外光谱图。

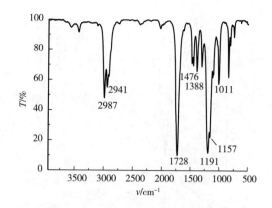

图 2-17 甲酸乙酯的红外光谱图

（五）酸酐

在各类羰基化合物中，酸酐的 $\nu_{C=O}$ 是最高的。酸酐分子中两个 C=O 伸缩振动发生耦合，使其谱峰裂分为两个吸收峰，出现在 1885~1725 cm^{-1} 范围内，两峰间距约 60 cm^{-1}，吸收很强且高频峰稍强。酸酐 C—O—C 伸缩振动吸收带出现在 1250~1000 cm^{-1}。苯甲酸酐的红外谱图如图 2-18 所示。

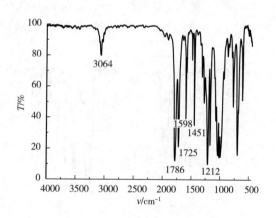

图 2-18 苯甲酸酐的红外光谱图

七、 胺类与硝基化合物

（一）胺

游离的伯胺在 3500 cm^{-1}、3400 cm^{-1} 出现两个吸收谱带，分别由 N—H 的反对称伸缩振动和对称伸缩振动产生；仲胺只出现一个单峰，位于 3300 cm^{-1}。通常以此区的双峰或单峰来判别是伯胺还是仲胺，非常特征。叔胺 N 上因没有 H 原子，因此在 N—H 键的特征吸收区域不再出现吸收带。C—N 伸缩振动吸收带的位置与 C—C 伸缩振动没有多大区别，但因 C—N 键的极性大，吸收强度较大。图 2-19 为正戊胺的红外光谱图。

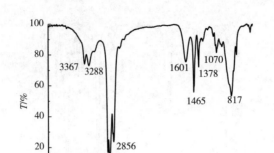

图 2-19   正戊胺的红外光谱图

（二）硝基化合物

由于硝基存在的两条很强的特征吸收谱带，因此很容易用红外光谱鉴定硝基化合物。脂肪族硝基化合物在 1560～1545 cm^{-1} 和 1380～1360 cm^{-1} 产生两个强的特征峰，分别由—NO$_2$ 不对称和对称伸缩振动产生，前者的吸收峰强度大于后者。如硝基乙烷中—NO$_2$ 不对称伸缩振动和对称伸缩振动分别位于 1556 cm^{-1} 和 1367 cm^{-1}，前者的吸收强度是后者的 3 倍。芳香族硝基化合物在 1550～1500 cm^{-1} 和 1365～1348 cm^{-1} 产生两个强的特征峰，分别由—NO$_2$ 不对称和对称伸缩振动产生，吸收峰强度与脂肪族的相反。图 2-20 是 1，5-二氟-2，4-二硝基苯的红外光谱图。

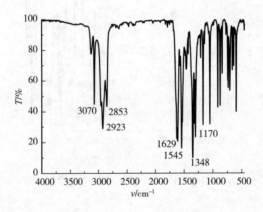

图 2-20   1，5-二氟-2，4-二硝基苯的红外光谱图

第五节   红外光谱仪

红外光谱仪（又称红外分光光度计）有两种类型：色散型和傅立叶变换红外光谱仪（fourier transform infrared spectrophotometer，FTIR）。

一、　色散型红外光谱仪

色散型红外光谱仪是仪器采用棱镜或光栅等色散元件与狭缝组成单色器，把光源发出的连续光谱分开，然后用检测器测定不同波长处化合物的吸收情况。

色散型红外光谱仪的原理可用图 2-21 说明。与紫外-可见分光光度计类似，也是由光源、单色器、吸收池、检测器和记录系统等部分所组成。但由于红外光谱仪与紫外-可见分光光度计工作的波段范围不同，因此，对每一个部件的结构、所用的材料及性能等与紫外-可见分光光度计不同。它们的排列顺序也略有不同，红外光谱仪的样品是放在光源和单色器之间；而紫外-可见分光光度计是放在单色器之后。现将中红外光谱仪的主要部件简要介绍如下。

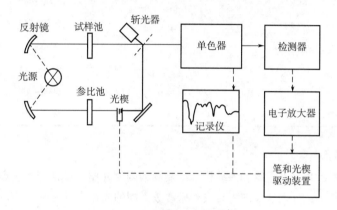

图 2-21　色散型红外光谱仪原理图

（一）光源

红外光谱仪所用的光源通常是一种惰性固体，用电加热使之发射高强度的连续红外辐射。常用的是能斯特（Nernst）灯或硅碳棒。

Nernst 灯主要由混合的稀土金属（锆、钇和钍）氧化物制成。在室温下为非导体，使用前需预热。工作温度一般为 1700 ℃。该灯的优点是发出的光强度高，特别是在>1000 cm^{-1} 的高波数区，稳定性好。缺点是机械强度差，价格也比硅碳棒贵。硅碳棒由碳化硅烧结制成。室温下为导体，使用前不需预热。工作温度 1200~1500 ℃。它的优点是在低波数区发出的光强度高，因此使用的波数范围宽，坚固，发光面积大，寿命长。各种光源如表 2-3 所示。

表 2-3　　　　　　　　　　　　　　红外光谱仪常用的光源

名称	使用波数范围/cm^{-1}	附注
Nernst 灯	5000~400	ZrO_2、ThO_2等烧结而成
碘钨灯	10000~5000	
硅碳棒	5000~400	需用水冷却
炽热镍铬丝圈	5000~200	
高压汞灯	<400	用于远红外区

（二）吸收池

因玻璃、石英等不能透过红外光，红外吸收池要用可透过红外光的材料如氯代钠（NaCl）、KBr、CsI、KRS-5 等制成窗片。用 NaCl、KBr、CsI 等材料制成的窗片要注意防潮。CaF_2 和 KRS-5 做成的窗片可用于水溶液样品红外光谱的测定。固体样品常与纯 KBr 混匀压片，然后直接测定。常用池体材料的透光范围见表 2-4。

表 2-4　　　　　　　　　　　　　　　　常用池体材料的透光范围

液池材料	透光范围/cm^{-1}
KBr	5000~400
KCl	5000~400
NaCl	5000~650
BaF_2	5000~800
CaF_2	5000~1300
CsI	5000~200
KRS-5（TlBr+TlI）	5000~250

（三）单色器

单色器由色散元件、准直镜和狭缝构成。复制的闪耀光栅是最常用的色散元件，它的分辨本领高，易于维护。红外光谱仪常用几块光栅常数不同的光栅自动更换，使测定的波数范围更为扩展且能得到更高的分辨率。

（四）检测器

紫外-可见分光光度计中所用的光电管或光电倍增管不适用于红外区，因为红外光谱区的光子能量较弱，不足以引致光电子发射。常用的红外检测器有真空热电偶、热释电检测器和汞镉碲检测器。

热释电检测器用硫酸三甘肽 $[(NH_2CH_2COOH)_3H_2SO_4，TGS]$ 的单晶薄片作为检测元件。TGS 的极化效应与温度有关，温度升高，极化强度降低。将 TGS 薄片正面真空镀铬（半透明），背面镀金形成两电极。当红外光照射时引起温度升高使其极化度改变，表面电荷减少，相当于因热而释放了部分电荷（热释电），经放大转变成电压或电流的方式进行测量。其特点是响应速度快，能实现高速扫描，目前使用最广的晶体材料是氘化硫酸三甘肽（DTGS）。

汞镉碲检测器（MCT）的检测元件由半导体碲化镉和碲化汞混合制成。改变混合物组成可得不同测量波段、灵敏度各异的各种 MCT 检测器。其灵敏度高于 TGS，响应速度快，适于快速扫描测量和色谱与傅立叶变换红外光谱的联用。MCT 检测器需要在液氮温度下工作以降低噪声。

（五）记录系统

红外光谱仪一般都有记录仪，自动记录图谱。记录笔的横坐标与单色器相连，纵坐标与检测器的放大器相连，则记录仪可同步描绘出 $T\%$ 随频率的变化曲线。现在的仪器都配有计算机，以控制仪器的操作、谱图中各种参数、谱图的检索等。

二、 傅立叶变换红外光谱仪

前述以棱镜或光栅作为色散元件的红外光谱仪器，由于采用了狭缝，使这类色散型仪器的能量受到严格限制，扫描时间慢，且灵敏度、分辨率和准确度都较低。随着计算方法和计算技术的发展，20 世纪 70 年代出现了新一代的红外光谱测量技术及仪器——傅立叶变换红外光谱仪（FTIR）。它没有色散元件，主要由光源、迈克尔逊（Michelson）干涉仪、吸收池、探测器和计算机等组成（图 2-22）。

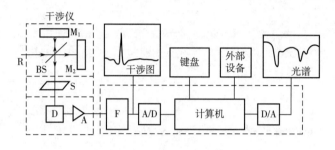

图 2-22 FTIR 工作原理图

R—红外光源 M_1—定镜 M_2—动镜 BS—光束分裂器 S—试样 D—探测器

A—放大器 F—滤光器 A/D—模数转换器 D/A—数模转换器

FTIR 具有很高的分辨率、波数精度高、扫描速度极快（一般在 1 s 内可完成全谱扫描）、光谱范围宽、灵敏度高等优点，特别适用于弱红外光谱测定、红外光谱的快速测定以及与色谱联用等，因而得到迅速发展及应用，并取代了色散型红外光谱仪。

傅立叶变换红外光谱仪的核心部件是迈克尔逊干涉仪，图 2-23 是干涉仪的示意图。图中 M_1 和 M_2 为两块互相垂直的平面镜，M_1 为定镜，固定不动，M_2 为动镜，可沿图示方向做微小的移动。在 M_1 和 M_2 之间放置一呈 45° 角的半透膜光束分裂器（beam-splitter, BS），可将光源 R 发出的光分为相等的两部分：透射光 I 和反射光 II。透射光 I 穿过 BS 被动镜 M_2 反射，沿原光路回到 BS 并被反射到检测器 D；反射光 II 被定镜 M_1 反射，而后沿原路反射回来并通过 BS 到达检测器 D。因此，在检测器 D 上就可得到 I 和 II 光的相干光。若进入干涉仪的是波长为 λ_1 的单色光，且 M_1 和 M_2 距离 BS 相等时，I 光和 II 光到达检测器的位相相同，发生相长干涉，亮度最大。当动镜 M_2 移动 $\lambda/4$ 距离时，则 I 光的光程变化为 $\lambda/2$，在检测器上两光位相差为 180°，则发生相消干涉，亮度最小。而部分相消干涉则发生在上述两种位移之间。因此，均匀移动 M_2，即连续改变两束光的光程差时，就会得到如图 2-24（1）所示的干涉图。图 2-24（2）为另一波长为 λ_2 的入射光所得干涉图。如果两种波长的光一起进入干涉仪，将得到两种单色光干涉图的加合图 [图 2-24（3）]。当入射光为连续波长的多色光时，得到的是中心极大并向两侧迅速衰减的对称干涉图（图 2-25），该干涉图为所有各单色光干涉图的加合。当多色光通过试样时，由于试样选择性吸收了某些波长的光，干涉图的强度曲线发生变化 [图 2-26（1）]。但由此技术获得的干涉图是难以解释的，需要经计算机进行傅立叶变换，以得到我们熟悉的透射比随波数变化的普通红外光谱图，如图 2-26（2）所示。

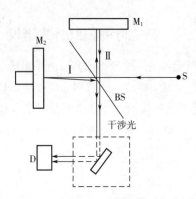

图 2-23 迈克尔逊干涉仪光学示意及工作原理图

S—光源 D—探测器 BS—光束分裂器 M₁—定镜 M₂—动镜

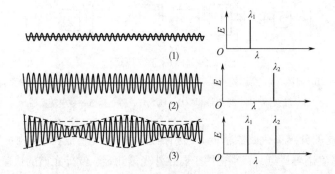

图 2-24 用干涉仪获得的单色光的干涉图

注：（1）波长为 λ_1；（2）波长为 λ_2；（3）波长为 λ_1 与 λ_2 的两种光同时进入干涉仪所获得的干涉图。

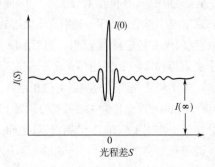

图 2-25 多色光的干涉图

傅立叶红外光谱仪具有以下特点：

（1）测量速度快 在很短时间内就可完成一张红外光谱的测量工作；由于扫描速度快，它可和其他仪器如色谱、热重等联用。

（2）能量大，灵敏度高 傅立叶变换红外光谱仪没有狭缝的限制，光通量只与干涉仪平面镜大小有关，在同样分辨率下，光通量大得多，从而使检测器接受到的信号和信噪比增大，灵敏度提高，有利于弱光谱的测定。

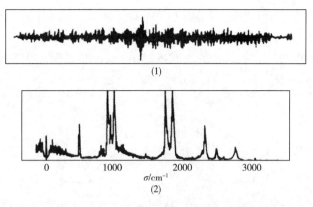

图2-26 同一有机化合物的干涉图 (1) 和红外光谱图 (2)

(3) 分辨率高 分辨率决定于动镜的线性移动距离,距离增加,分辨率提高,傅立叶红外光谱在整个波长范围内具有恒定的分辨率,通常分辨率可达0.1 cm^{-1},最高可达0.005 cm^{-1};棱镜型的红外光谱分辨率很难达到1 cm^{-1},光栅式的红外光谱也只是0.2 cm^{-1}。

(4) 波数精度高 在实际的傅立叶变换红外光谱仪中,由于采用激光干涉条纹准确测定光程差,从而使测定的波数更为准确。

(5) 测定波数范围宽 傅立叶变换红外光谱仪测定的波数范围可达10000~10 cm^{-1}。

三、 常用附件

结合食品物料性质,为能达到真正快速无损检测目的,在红外光谱测定中还可加入衰减全反射 (attenuated total reflection,ATR) 与漫反射 (diffuse reflection,DR) 附件。

(一) 衰减全反射附件

衰减全反射 (ATR) 附件主要由折射率很高的材料如 ZnSe 或 Ge 等晶体制成全反射棱镜。图2-27 为 ATR 附件多次反射光路图,进入样品的光,吸收频率因样品吸收而强度减弱,无吸收频率全部反射。由于频率被吸收,ATR 信号减弱,被设计为多次内反射,使光多次接触样品以改善信噪比。其特点是上样和清洗操作简单、无须前处理、不破坏样品,可测定液体和小颗粒样品,特征谱带清晰,几乎完全与透射谱带一致。其技术已得到广泛运用,如对葡萄酒、果汁、蜂蜜等样品研究尤显重要。

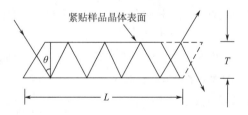

图2-27 ATR 示意图

θ—光入射角 L—晶体长度 T—晶体厚度

(二) 漫反射附件

漫反射 (DR) 附件主要用于测量细颗粒和粉末状样品,图2-28 为一种 DR 附件光路图。

样品被放置在样品杯中，红外光束从右侧照射到平面镜 M_1 上，然后反射到椭圆球面 A，其将光束聚光后照到样品上；样品表面反射出漫反射光又被球面镜 B 收集聚焦后，经平面镜 M_2 转向检测器。漫反射样品粒度需控制在 $2\sim5~\mu m$，粒度越小、镜面反射少、漫反射越多、测量灵敏度越高。漫反射测量技术已运用到对咖啡末、甜樱桃等测定。

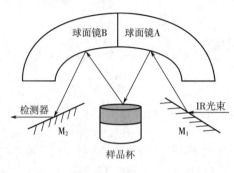

图 2-28　DR 示意图

M_1—定镜　M_2—动镜

第六节　红外光谱实验技术

一、试样的制备

要获得一张高质量的红外光谱图，除仪器本身的因素之外，还必须有合适的试样制备方法。

（一）红外光谱法对试样的要求

（1）利用红外光谱进行样品结构分析时，为了便于与纯物质的标准光谱进行对照，样品最好是单一组分的纯物质（纯度>98%）。因此，混合物样品测定前尽量预先用分馏、萃取、重结晶等方法进行分离提纯或采用仪器联用技术进行分析，否则各组分光谱相互重叠，谱图很难解析 [气相色谱-傅立叶变换红外光谱联用（GC/FTIR）技术除外]。

（2）由于水本身有红外吸收，且严重干扰样品光谱，此外水还会侵蚀盐窗（KBr 或 NaCl），因此试样中不应含有游离水。

（3）试样的浓度和测试厚度对红外光谱分析的影响较大，尤其对定量分析的影响更大；红外光谱分析时应使光谱图中的大多数吸收峰的透射比处于 10%~80%。

（二）红外光谱的制样技术

对于不同的样品要求采用不同的红外制样技术。对于同一样品，也可以采用不同的制样技术。采用不同的制样技术测试同一样品时，可能会得到不同的光谱。要根据测试目的和测试要求采用合适的制样方法，才能得到准确可靠的测试数据。

1. 固体样品

（1）压片法　压片法是一种传统的红外光谱制样方法，目前仍在红外光谱实验室中经常使用。固体粉末样品不能直接用来压片，必须用稀释剂稀释。常用的稀释剂有氯化钾、溴化钾、碘化铯等，又称卤化物压片法，其中以溴化钾应用的最多。制样过程如下：把 1~2 mg 固体样品与 100~200 mg 纯 KBr 粉末放在玛瑙研钵中研细，混合均匀后，加入磨具内，在压片机上边抽真空边加压，制成透明薄片进行测定。需要注意两点：一是试样和纯 KBr 粉末都应经干燥处理，研磨到颗粒尺寸小于 2.5 μm 以下，以避免散射光的影响。二是在制样过程中，无机、配位化合物和溴化钾可能会发生离子交换反应，使样品的谱带发生位移和变形。因此，在解析用溴化钾压片法得到的无机和配位化合物的红外光谱时要格外小心。压模的构造如图 2-29 所示，由压杆和压舌组成。压舌的直径为 13 mm，两个压舌的表面光洁度很高，以保证压出的薄片表面光滑。因此，使用时要注意样品的粒度、湿度和硬度，以免损伤压舌表面的光洁度。将其中一个压舌放在底座上，光洁面朝上，并装上压片套圈，研磨后的样品放在这一压舌上，将另一压舌光洁面向下轻轻转动以保证样品平面平整，顺序放压片套筒、弹簧和压杆，加压 10 t，持续 3 min。拆膜时，将底座换成取样器（形状与底座相似），将上、下压舌及其中间的样品片和压片套圈一起移到取样器上，再分别装上压片套筒及压杆，稍加压后即可取出压好的薄片。

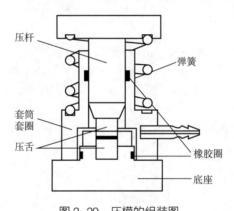

图 2-29　压模的组装图

（2）糊状法　对于吸水性很强、有可能与溴化钾发生离子反应的样品可采用制成糊剂的方法进行测量。糊状法是在玛瑙研钵中将待测样品和糊剂一起研磨，使样品微细颗粒均匀地分散在糊剂中进行光谱测定。常用的糊剂有石蜡油和氟油。糊状法（石蜡油研磨法）也有其缺点：样品用量较压片法多，至少需几毫克；石蜡油属于饱和烃化合物，因此用石蜡油作糊剂不能用来测定饱和碳氢键的吸收情况，可以采用六氯丁二烯代替石蜡油作糊剂。

（3）薄膜法　固体样品采用卤化物压片法或糊状法制样时，稀释剂或糊剂对测得的光谱会产生干扰。薄膜法制样得到的样品是纯样品，红外光谱中只出现样品的信息。薄膜法主要应用于高分子材料的测定。可将样品直接加热熔融后涂制或压制成膜；也可把样品溶于挥发性溶剂中制成溶液，涂在盐片上，待溶剂挥发后，样品成膜进行测定。

2. 液体样品

（1）液体池法　沸点较低、挥发性较大的试样，可注入封闭液体吸收池中，如图 2-30 所示，液层厚度一般为 0.01~1 mm。

（2）液膜法　沸点较高的试样，直接滴在两块盐片之间，形成液膜进行测定。

对于某些吸收很强的液体试样，当用调整厚度的方法仍然得不到满意的谱图时，可用溶剂配成浓度较低的溶液再滴入液体池中测定；一些固体或气体以溶液的形式来进行测定，也是比较方便的。所以溶液试样在红外光谱分析中是经常遇到的。在红外光谱法中对所使用的溶剂必须仔细选择。一般而言，选择溶剂时要注意溶剂对溶质有较大的溶解度，溶剂在较大波长范围内无吸收，不腐蚀液体池的盐片，对溶质没有强烈的溶剂化效应等。在红外光谱法中，分子简单、极性小的物质可用作溶剂，如 CS_2 是 1350~600 cm^{-1} 区域常用的溶剂，CCl_4 用于 4000~1350 cm^{-1} 区域。当需要得到试样在中红外区的吸收全貌时，可以采用不同溶剂配成多种溶液分别进行测定。

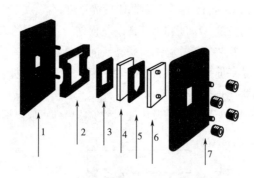

图 2-30　液体池组成的分解示意图

1—后框架　2—窗片框架　3—垫片　4—后窗片　5—聚四氟乙烯隔片　6—前窗片　7—前框架

3. 气体样品

气体样品可在气体池中进行测定，如图 2-31 所示。先把气体池中的空气抽掉，然后注入被测气体进行测定。

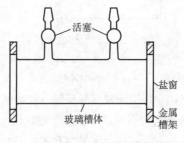

图 2-31　红外气体槽

二、定性分析

红外光谱在食品领域中的应用是多方面的，广泛用于有机化合物的定性、定量分析等，但应用最广泛的还是未知化合物的结构鉴定。

（一）已知物及其纯度的定性鉴定

如果要鉴定的样品是通过合成的方法得到的，结构已知，为了确定所得到化合物与预想结构是否一致，可用所得样品的红外光谱图与标准 IR 光谱图或与文献上的标准图谱对比，如果两张图谱各吸收峰的位置和形状完全一致，峰的相对强度一样，就可以认为样品是该种标准物。如果峰位不对，说明结构不同，也可能是样品没提纯，有杂质峰。也可用计算机检索，采用相似度判别。与标准图对比时，试样的物态、结晶状态、溶剂、测定条件以及所用仪器类型均应与标准谱图相同。

（二）未知物结构的鉴定

确定未知物的结构是红外光谱法的一个重要用途。如果未知物不是新化合物，则既可用查阅标准谱图的谱带索引，寻找与试样光谱相同的标准谱图，也可用图谱解析法确定试样的可能结构。如果是新化合物，则只有通过谱图解析法结合元素分析法来确定其结构。

1. 收集试样的有关资料和数据

在对谱图进行解析前，必须对试样有透彻的了解。例如试样的来源、外观、纯度，试样的物理参数如熔点、沸点、溶解度、折射率及元素分析结果、相对分子质量等，作为定性分析的旁证，这样可以大幅节省解析谱图的时间。

2. 确定未知化合物的不饱和度

化合物的不饱和度（unsaturation number，U）可由式（2-5）计算：

$$U = 1 + n_4 + \frac{n_3 - n_1}{2} \tag{2-5}$$

式中　n_4、n_3 和 n_1——分子中四价、三价和一价元素的原子数目。

当 $U=0$ 时，表示分子是饱和的，应为链状烃及其不含双键的衍生物；$U=1$ 时，表示分子中有一个双键或一个环；$U=2$ 时，表示分子中可能有一个三键，也可能有两个双键或环；$U=4$ 时，表示分子中可能有一个苯环等。注：二价原子如氧、硫等不参加计算。

3. 谱图解析

谱图解析时应该注意以下几点。

（1）红外吸收光谱的三要素（位置、强度、峰形）　各官能团都有其特定吸收频率，只有当吸收峰的位置及强度处于一定范围内，才能准确地推断某官能团的存在。因此在解析红外光谱时，要同时注意吸收峰的位置、强度和峰形。以羰基为例，羰基的吸收一般为最强峰或次强峰。如果在 1780~1680 cm^{-1} 有吸收峰，但强度低，表明该化合物并不存在羰基，而是该样品中含有少量的羰基化合物杂质。吸收峰的形状也决定于官能团的种类，从峰形可以辅助判断官能团。以缔合羟基、缔合伯胺基及炔氢为例，它们的吸收峰位只略有差别，但主要差别在于峰形不同：缔合羟基峰宽、圆滑而钝；缔合伯胺基吸收峰有一个小肩峰；炔氢显示尖锐的峰形。

（2）同一基团的几种振动相关峰应同时存在　对于任一官能团而言，由于存在伸缩振动（某些官能团同时存在对称和反对称伸缩振动）和多种弯曲振动，因此该官能团会在红外谱图的不同区域显示出几个相关吸收峰。只有当几处应该出现吸收峰的地方都显示吸收峰时，才能确认该官能团的存在。以—CH_3 为例，在 2960、2870、1460、1380 cm^{-1} 处都应有 C—H 的吸收峰出现。以长链 CH_2 为例，2920、2850、1470、720 cm^{-1} 处都应出现吸收峰。

（3）谱图解析一般从基团频率区的最强谱带入手，推测可能含有的基团，判断不可能含有的基团。再从指纹区的谱带进一步验证，找出可能含有基团的相关峰，用一组相关峰确认一个基团的存在。对于简单化合物，确认几个基团后，便可初步推断其分子结构，并查其标准谱图核实；对于芳香族化合物，应找出苯环的取代位置；对于复杂化合物，往往凭一张红外光谱图是不可能得出结论的，必须结合紫外光谱、质谱、核磁共振波谱等数据才能得出可靠的结论。最常见的标准谱图集有 3 种：Sadtler 标准红外谱图集、Aldrich 红外图谱库、Sigma Fourier 红外谱图库。

例3 计算化合物 C_8H_8O 的不饱和度。

解析：

$$U = 1 + 8 + \frac{0-8}{2} = 5$$

其中含一个苯环和一个 C=O 基，则为苯乙酮或苯乙醛。

例4 化合物分子式 C_9H_9N（熔点 29 ℃），其液膜 IR 光谱如图 2-32 所示，试推测其结构。

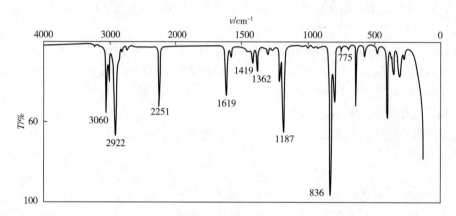

图 2-32　化合物红外光谱图

解析：$U = 1 + 9 + \frac{1-9}{2} = 6$，$U>4$，说明可能含苯环。

红外光谱中，3060 cm^{-1}弱吸收峰是苯环上的=C—H 伸缩振动引起的。1619 cm^{-1}中等强度吸收峰是苯环骨架 C=C 伸缩振动引起的。836 cm^{-1}强而尖的特征吸收峰为苯环上相邻两个 C—H 面外弯曲振动，说明苯环发生了对位取代。因此可初步推测是一个芳香族化合物，其基本结构单元为—◯—。

结合不饱和度 $U=6$，并考虑到分子式 C_9H_9N，不难看出除苯环（$U=4$）外，只可能再含一个 C≡N 三键。

2251 cm^{-1}中等强度尖峰，位于三键和累积双键的特征吸收区。从该峰的强度看，不可能是 C≡C 键的伸缩振动吸收，因为 C≡C 的吸收一般较弱；从它的位置看，不可能是丙二烯基 C=C=C 和异腈的—N$^+$≡C$^-$基等的吸收，因为它们的吸收峰位置应低于 2251 cm^{-1}。但有可能是腈基 C≡N（2260~2240 cm^{-1}）或异腈酸酯的—N=C=O 基，从分子式看否定了后者。所以 2251 cm^{-1}处的吸收峰是—C≡N，且没有和苯环共轭，因为共轭的话其伸缩振动吸收会向低波数方向移动。

2922 cm^{-1}吸收峰为 CH_3 的 C—H 伸缩振动，是分子中具有饱和碳原子的证明，1419 cm^{-1}、1362 cm^{-1}处的两个弱吸收峰是 CH_3 的 C—H 弯曲振动所致，表明分子中含有—CH_3。775 cm^{-1}的小峰说明分子中存在—CH_2—。因为—C≡N 与苯环不共轭，那么亚甲基只能存在于苯乙腈的形式。

综上所述，该化合物可能为对甲基苯乙腈：CH_3—◯—CH_2—C≡N。

例5 化合物 $C_8H_8O_2$ 的红外光谱图如图 2-33 所示，试推断其结构。

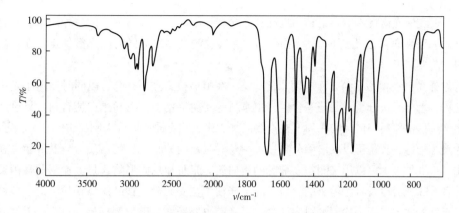

图 2-33　化合物 $C_8H_8O_2$ 的红外光谱图

解析：
$$U = 1 + 8 + \frac{0-8}{2} = 5$$

在红外图谱上，3000 cm^{-1} 左右有吸收，说明有饱和和不饱和 C—H 伸缩振动。靠近 1700 cm^{-1} 的强吸收表明有 C ═O 基团。结合 2730 cm^{-1} 的特征峰，进一步说明有 $\overset{\overset{\displaystyle O}{\|}}{C}$—H 基团存在。1600 cm^{-1} 左右的两个峰以及 1520 cm^{-1} 和 1430 cm^{-1} 的吸收峰，说明有苯环存在。根据 820 cm^{-1} 吸收带的出现，指出苯环上为对位取代。1460 cm^{-1} 和 1390 cm^{-1} 的两个峰是—CH_3 基的特征吸收。根据以上的解析及化合物的分子式，可确定该化合物为对茴香醛：CH_3O—⟨苯环⟩—CHO。

三、　定量分析

红外光谱定量分析的依据是朗伯-比耳定律，即 $A = \varepsilon cb$。在进行红外光谱的定量分析时，应将透射率光谱转化为吸光度光谱，按照物质组分的吸收峰强度来进行。用红外光谱做定量分析的优点是有许多谱带可供选择，有利于排除干扰；对于物理和化学性质相近，而用气相色谱法进行定量分析又存在困难的试样（如沸点高，或气化时要分解的试样），常常可采用红外光谱法定量。在进行红外光谱定量分析时，往往从测定的光谱中找出一个特征吸收峰，通过测量吸收峰的峰高或峰面积进行定量分析。

各种气体、液体和固体物质，均可用红外光谱法进行定量分析。但是，红外光谱法用于定量分析远不如紫外-可见光谱法。

第七节　红外吸收光谱在食品检测中的应用

一、　近红外光谱在食品检测中的应用

近红外光谱（near infrared spectroscopy，NIRS）是波数范围在 12800～4000 cm^{-1}（波长 0.78～2.5 μm）的电磁波，是有机物分子中的含氢基团（CH、NH、OH、SH）的倍频与合频吸

收谱带。近红外光谱技术主要指利用近红外光含有的物质信息进行分析的一种技术。它具有快速、高效、无污染、无须前处理、无损分析、在线检测及多组分同时测定等优点，在食品等领域获得空前发展。

近红外光谱在食品检测方面应用非常广泛。在粮油检测方面，它可以同时测定小麦中蛋白质、淀粉、水分、灰分、干面筋等含量，快速测定其他粮食中淀粉和蛋白质含量，评价和控制面粉生产过程中原料与产品的品质。在肉制品加工中，测定原料肉或肉制品中的水分、蛋白质、脂肪含量等指标，甚至可以在屠宰分割过程中及时测定肉的水分、蛋白质含量及颜色。在发酵工业中，近红外技术可以用来测定发酵乳的蛋白质、脂肪和总固形物含量，检测葡萄酒发酵过程中各种香味成分以及各种糖类的含量，测定酱油中主要成分，食品的掺伪检测等。在油脂工业中，近红外技术可用来检测油料中油分含量及游离脂肪酸、碘值等指标。总之，近红外光谱在农业和食品工业中的应用已遍及到了每一个角落，为农业生产和食品加工提供了一种简单、快捷、准确的质量控制手段。

（一）近红外的分析过程

近红外分析方法的建立主要通过以下几个步骤完成。

1. 选择有代表性样品并测量其近红外光谱（一部分用于建立校正模型称为校正集样品；一部分用于验证校正模型，称为验证集样品）

选择的样品应能涵盖以后要分析样品的范围，在所测的浓度或性质范围内，样品的个数应该是均匀分布的。

2. 采用标准或以认可的参考方法测定样品组成或性质基础数据

由于近红外分析技术是一种间接分析技术，其模型预测结果的准确性取决于标准方法测量结果的准确性。因此，为建立高质量的校正模型，应选用经典的标准方法，使测量结果的误差降至最小。

3. 建立校正模型

对校正集样品测量的光谱和用标准方法测得的基础数据通过化学计量学方法进行关联，提取特征、建立校正模型，最终实现定性、定量分析。化学计量学主要研究内容包括：统计学与统计方法、校正理论、模型和参数估计、实验设计和优化方法、化学信号处理、化学模式识别、定量构效关系、人工智能和专家系统等。在进行化学计量分析前，采取许多非常实用的技术以达到从数据中抽提出有用信息并尽可能滤除随机噪声影响的目的。例如，采用各种滤波、平滑、导数变换、卷积技术和最优化技术，消除干扰，解析重叠峰信息，可提高灵敏度和准确性，改善选择性。近红外光谱法用于食品检测定量分析中，首先选取有代表性的样品，用标准方法测定其基础数据（如组分，含量等），然后根据近红外谱图信息与组分及其含量的相关性通过化学计量学方法建立校正模型。通常使用的多元校正算法有多元线性回归（multi linear regression，MLR）、主成分回归（principal component regression，PCR）、偏最小二乘回归（partial least squares regression，PLSR）等，再用已知基础数据的验证集样品对校正模型进行评价。

（1）多元线性回归　多元线性回归（MLR）是建立因变量（如分析物中的成分含量）与自变量（如分析物的光谱数据）的定量关系或者回归模型。通过对自变量矩阵求逆来计算获得回归系数，使得模型拟合误差平方和最小。该方法存在一个缺点，当数据的变量数大于样本数，或者数据中的变量存在共线性，自变量矩阵的逆则变得不够稳定甚至无法获得，限制了其在复杂、高维数据分析中的应用。

（2）主成分回归　主成分回归方法（PCR）从原始数据中提取获得少数几个主成分，这些主成分尽可能地解释了原始数据的方差，同时它们之间又保持相互正交，通过主成分与自变量的最小二乘拟合则可以得到相应的回归系数。因此，主成分分析在确保数据信息损失最少的条件下，为消除自变量间可能存在的共线关系，需对高维变量空间进行降维处理，从而建立一个较好的回归模型。PCR有效克服了MLR由于输入变量间严重共线性引起的计算结果不稳定的问题，该方法可适用于较复杂的分析体系，不需要知道存在具体的干扰组分，就可以较为准确地预测出待测组分的含量。PCR的不足之处在于其计算速度比MLR慢，对模型的理解也不如MLR直观。更为重要的是，它不能确保参与回归计算的主成分一定与待测组分相关。

（3）偏最小二乘回归　偏最小二乘回归（PLSR）是目前红外光谱分析领域最为常用的定量分析方法，它与主成分回归方法有相似的地方，但它克服了主成分回归没有利用因变量数据的缺点。它将自变量和因变量矩阵的数据结合起来用于计算偏最小二乘主成分，这样获得的偏最小二乘主成分不但能反映因变量矩阵中的方差变化，而且与自变量紧密相关，因此能明显提高回归模型的可靠性和准确度。可以说，偏最小二乘回归方法是多元线性回归、典型相关分析和主成分分析的完美结合，这也是其在光谱多元校正分析中得到最为广泛应用的主要原因之一。

当其在误差范围内，便可用以上方法对未知同类样品进行分析测定。校正模型法具有省时省力、成本低、对样品不造成损伤、无须前处理、不污染环境等优点。

4. 评定验证模型

用已知基础数据的验证集样品对校正模型进行评价。高质量的校正模型，在用验证集样品进行分析时，其预测结果与实际结果应有良好的一致性。模型质量的好坏采用残差、相关系数、校正集样本的标准偏差、预测集样本的标准偏差等统计数字来评定。

5. 测定未知样本组成或性质

通过验证，测定结果符合模型误差要求的校正模型，可用于对未知样本组成性质的日常分析测定；否则，将验证集样本加入校正集，重新建立模型。

（二）应用实例

1. 小麦水分的测定

水分的常规检测方法一般都是采用《食品安全国家标准　食品中水分的测定》（GB 5009.3—2016），测量周期长、操作流程烦琐、受人为因素较大，且难于实现快速在线实时监测。何鸿举等采用近红外光谱技术对不同品种的小麦籽粒含水率进行快速无损研究，利用长波近红外光谱（900~1700 nm）联用偏最小二乘算法快速评估小麦水分含量。通过采集7个不同品种小麦籽粒（百农201、百农207、百农307、百旱207、AK-58、冠麦1号、周麦18）的近红外反射光谱信息，经高斯滤波平滑、多元散射校正和标准正态变量变换三种预处理后降低了系统噪声和外界环境影响，之后利用偏最小二乘法挖掘光谱信息与小麦水分之间的定量关系。

2. 大豆质量的测定

我国对大豆的需求量巨大，目前大豆是我国进口量最大的农产品，2019年进口量高达8851万t。大豆样品之间存在较大的质量差异。为了快速检测不同地区样品间的大豆品质，Zhu等基于从不同地区收集的360份大豆样品，建立了大豆水分、粗脂肪和蛋白质含量的近红外光谱模型。建模分析表明，大豆水分、粗脂肪和蛋白质含量的内交叉验证相关系数（R_{cv}）分别为0.965、0.941和0.949，决定系数（R^2）分别为0.966、0.958和0.958。根据大豆样本的外部校正模型校验该模型的预测结果可信，表明近红外光谱检测模型测定大豆的主要成分是可行的，可以用于快速测定大豆的成分。

3. 牛乳主要成分含量的快速测量

乳成分是衡量牛乳营养价值的重要指标，不仅决定了牧场经营的效益，也反映了奶牛机体的代谢状况。杨晋辉等从牧场采集 150 份同一天不同奶牛的同一批次牛乳样，并用乳质分析仪测定其中的蛋白质、脂肪、乳糖、总固形物、非脂固形物含量。通过光谱数据结合偏最小二乘法以及完全交互验证建立回归模型。结果表明中长波（1300~2500 nm）对乳成分的模型贡献较大；蛋白质、脂肪、乳糖、总固形物、非脂固形物模型的验证集决定系数分别达到 0.96、0.90、0.90、0.91、0.92，相对分析误差分别为 4.97%、3.19%、3.15%、3.37%、3.54%；对 10 个未知样品的预测结果表明该模型对蛋白质、乳糖和非脂固形物含量的预测效果较好，相对误差均小于 1.40%。此外，魏玉娟等运用近红外光谱技术结合模式识别方法对液态乳中违法添加三聚氰胺进行快速检测。采集纯牛乳以及 9 种不同质量浓度掺假三聚氰胺牛乳的近红外光谱图，运用主成分分析方法、线性判别分析方法以及基于虚拟矢量编码的偏最小二乘判别分析方法对纯牛乳和不同质量浓度掺假三聚氰胺的牛乳近红外光谱数据进行判别分析。结果表明识别训练集和预测集正确率能分别达到 100% 和 90.32%。

4. 烟草的化学成分分析

烟草作为天然植物，含有大量对近红外光（NIR）敏感的 C—H、N—H、O—H 等基团，烟草中的糖、氮、碱、焦油及其他一些质量特征与以上基团密切相关，因此可以使用 NIRS 对这些特征进行定量分析。NIRS 定量分析技术已广泛应用于烟草中的总糖、还原糖、总氮、烟碱、无机元素等化学指标的检测中，为烟草制品的质量控制提供了保障。用自动化学分析仪重复多次测试烟样化学成分含量作为标准值，用傅立叶变换近红外漫反射光谱仪测量烟样近红外光谱，根据标准值与光谱曲线间的拟合关系，建立相应的数学模型。应用该模型，即可通过近红外光谱曲线计算同类型烟样的相关化学成分含量。

光谱采集范围：8000~4000 cm^{-1}，分辨率 8 cm^{-1}，温度范围（23±3）℃，扫描次数 64 次，样品要求：粉碎过 40~60 目筛。

5. 茶叶中的应用

运用近红外光谱测定茶叶样品中所含的某种化学成分。选择一定数量具有代表性的茶叶样品；用其他测试仪器或化学方法准确测定各种茶叶中要预测成分的含量作为真实值；用傅立叶变换近红外光谱议扫描标准样品，收集各成分茶叶的近红外光谱图；采用偏最小二乘法和多元线性回归等多元回归分析方法，建立了化学成分与近红外光谱数据之间的定量关系。此外，采用竞争自适应重加权采样和连续投影算法来选择特征波长，用于简单模型的开发。对于多组分测定，只需对标准样品集中各份茶叶进行多组分测定，建立各组分和茶叶近红外光谱图对应的模型即可。近红外光谱可作为一个快速、简单、非破坏性的方法测定新鲜茶叶中四种主要儿茶酚和咖啡因，这将在实时监测茶叶生理信息方面发挥巨大的作用。

新鲜茶叶在冷冻干燥机中干燥 24 h 以上，再用研磨机研磨成粉末，过 60 目筛。以反射模式收集茶叶样品的近红外光谱，扫描范围 25000~4000 cm^{-1}，每个样品扫描 32 次取平均光谱。

6. 谷物化学成分含量的分析

对谷物来说，直链淀粉、总淀粉和粗蛋白是评价其口感和营养价值的主要指标，通常被用来表示谷物的品质。Zhang 等利用 111 个谷物样品，分别建立了直链淀粉、总淀粉和粗蛋白的近红外定标模型。以谷粒和脱壳谷粒这两种截然不同的物理状态作为研究材料，并比较分析了样品两种状态之间的差异。该方法旨在提出一种快速、简便、高效的谷粒种子鉴定方法，并对选育材料进行早期分类和筛选。首先将谷粒脱壳，再用磨粉机碾碎并过 80 目筛，获得用于测定的样品。另外选取 15 个样品用于近红外光谱测量值的外部校验：利用 Chrastill 比色法测定谷物中直链淀粉的含量，采用 ISO 10520（1997）改性后的 Ewers 极化法测定总淀粉含量，采用 Kjeldahl 法（ISO 20483，2013）测定粗蛋白含量。采用三种数学方法对光谱数据进行优化，其中平滑法消除噪声，推导法减少基线漂移、揭示隐藏在光谱中的信息，标准正态变量法消除多光谱偏差。通过对三种方法的优化，并结合 PLS 最佳回归方法，建立了谷粒和脱壳谷粒主要成分的近红外预测模型。

7. 食醋主要成分的快速测定

食醋作为一种调味品，其酸性主要来自于其中的有机酸成分。食醋中的有机酸可分为挥发酸和不挥发酸，其中挥发酸是食醋酸味的主要来源，主要成分是乙酸。此外，食醋中还包含乳酸、苹果酸和酒石酸等不挥发酸，对酸味进行调和、增进口感。食醋中有机酸的含量和组成与食醋的品质有着密切的关系，利用近红外光谱可以对食醋中有机酸含量进行快速、无损检测，并在食品生产行业得到了广泛应用。选用美国热电尼高力仪器公司生产的傅立叶变换近红外光谱仪对食醋的透射光谱进行采集，然后用原始光谱减去透射光谱得到食醋的吸收光谱。光源为 60 W 的石英卤素灯泡，发射的光波长范围为 650 ~ 2400 nm；探测器采用铟镓砷探测器，以 1.0 mm 光程的石英比色皿作为食醋样本的样本池。光谱采集范围为 800 ~ 2500 nm，分辨率为 16 cm^{-1}，扫描次数选择 32 次。结合一阶微分、二阶微分、平滑处理、多元散色校正、标准归一化等不同的光谱预处理方法对采集到的食醋光谱进行预处理，然后分别建立其偏最小二乘法和主成分分析的食醋中有机酸定量分析模型，模型的相关系数均大于 0.9，并具有较好的预测准确性。

二、 中红外光谱在食品检测中的应用

中红外光谱（mid-infrared absorption spectroscopy，MIRS）是波长在 2.5 ~ 50 μm（波数为 4000 ~ 200 cm^{-1}）的电磁波，物质在此范围的吸收峰是基频、倍频或合频吸收，具有分子结构的特征性，不同化合物有其特异的红外吸收光谱，其谱带的数目、位置、形状和强度均随化合物及其聚集态的不同而不同。因此根据化合物的光谱，就可以像辨别人的指纹一样确定该化合物或其官能团是否存在，从而定性分析有机化合物；根据物质组分的吸收峰强度，依据 Lambert-Beer 定律便可实现对化合物的定量分析。

（一）结构鉴定

1. 芦荟水溶性多糖的分离与鉴定

芦荟属百合科多年生肉质草本植物，原产于非洲热带、亚热带地区。芦荟属内有 300 多个品种，其中库拉索芦荟是种植和加工生产最广泛的一个品种。早在一千年前中国唐代《本草拾遗》和德国 12 世纪出版的药典就有入药记载，用来治疗溃疡和灼伤、便秘等疾病。芦荟多糖是芦荟的药用成分之一，主要存在于芦荟的叶汁中。芦荟多糖是一类大分子化合物，基本由葡萄糖和甘露糖组成。不同的芦荟品种，多糖所含的葡萄糖和甘露糖的比例是不同的，甚至同一品种不同种植条件下生产的芦荟，多糖的成分、含量和肽链的结构都不同。因此研究芦荟中多糖的分离纯化及其结构鉴定具有重要意义。

（1）分析方法

①芦荟粗多糖的提取：依次用自来水、去离子水将库拉索芦荟鲜叶反复冲洗干净，擦干。然后剔除边刺，将表皮从透明的凝胶表面剥离，用清水洗去凝胶表面的黄色汁液。将干净的凝胶切成小块，用组织搅拌机搅成匀浆，匀浆液离心（10000 r/min）10 min 后除去沉淀，得到芦荟凝胶汁。将凝胶汁在 60 ℃下真空浓缩到原体积的 30%，然后加入 5 倍体积高浓度乙醇（体积分数 95%），于 4 ℃下醇沉过夜。将混合沉淀物按 4800 r/min 离心 15 min，收集沉淀物，冷冻干燥即得芦荟粗多糖 AGP。

②芦荟粗多糖的纯化：将 1 g AGP 溶解于 200 mL 去离子水中，形成 5 g/L 的水溶液。然后在室温下向溶液中缓慢加入 $(NH_4)_2SO_4$ 并快速搅拌至溶液中 $(NH_4)_2SO_4$ 的质量分数达到 40%。将上述混合物转移至 4 ℃环境放置 12 h 以上，然后于 4800 r/min 离心 15 min。将离心产生的沉淀复溶于水并透析至无 $(NH_4)_2SO_4$，冷冻干燥后得到的组分记为纯多糖 AGP_{40}。

③多糖的红外光谱分析：取干燥的多糖 1 mg，与 KBr 研磨后制成透明压片，在 4000 ~ 400 cm^{-1} 区内进行红外光谱扫描分析。

（2）分析结果

①多糖的纯度鉴定：采用高效凝胶液相色谱检测芦荟多糖组分 AGP 和 AGP_{40} 的均一性。AGP 的色谱图上有两个明显的色谱峰。经过硫酸铵沉淀后，AGP_{40} 的洗脱曲线上位于 16 ~ 17 min 的峰强度明显降低，表明该多糖的相对分子质量分布更均匀。由葡聚糖标准曲线方程计算得到 AGP_{40} 的分子质量约为 338 ku。

②多糖的化学成分分析：采用苯酚-硫酸法，以甘露糖为标准品，于波长 490 nm 处测定糖含量；采用考马斯亮蓝法，以牛血清白蛋白为标准，于波长 595 nm 处测定蛋白质含量；采用间羟基联苯比色法，以半乳糖醛酸为标准，于波长 524 nm 处测定糖醛酸含量；水分含量测定执行 GB 5009.3—2016；灰分含量测定执行《食品安全国家标准 食品中灰分的测定》（GB 5009.4—2016）。结果发现芦荟多糖不含蛋白质且几乎不含糖醛酸，而乙酰基含量很高。与 AGP 相比，AGP_{40} 含有更高的中性糖和乙酰基，更低的糖醛酸和水分。

多糖的红外光谱分析及结构鉴定，如图 2-34 所示，在波数为 3426 cm^{-1} 出现的吸收峰是糖类的 O—H 的伸缩振动，在 2930 cm^{-1} 出现的吸收峰是甲基或亚甲基 C—H 的伸缩振动，1374 cm^{-1} 处出现的吸收峰是糖类的 C—H 的变角振动。由以上 3 个特征峰可以判断 AGP_{40} 为多糖。在 1741 cm^{-1} 和 1252 cm^{-1} 出现的吸收峰是 C＝O 的伸缩振动和 C—O 的伸缩振动，这说明乙酰基的存在。874 cm^{-1} 和 806 cm^{-1} 出现的吸收峰是甘露糖吡喃环的特征峰。上述结果说明 AGP_{40} 是一种具有乙酰基的甘露聚糖。

2. 灵芝发酵粉中三萜化合物结构鉴定

灵芝是一种宝贵的药用真菌，其中以赤芝（又名红芝）和紫芝的药理价值最高，被视为珍贵的中药材。化学成分研究表明多糖和三萜类化合物为主要的药效成分，其中灵芝三萜有强烈的药理活性，可以起到抗氧化、抗肿瘤、调节免疫、抑制疼痛、抑制组织胺释放等作用。灵芝三萜化合物提取和纯化方法很多，提取方法有超声波辅助法、回流提取法、微波法、超临界 CO_2 提取法；纯化方法有吸附色谱法、高效液相色谱法、薄层色谱法。其中回流提取法操作简单、提取效率高，适合中小企业生产在线监测。实验所用材料灵芝发酵粉是以谷物为基质经灵芝固态发酵后精制而成，基质中淀粉等物质可能会对产品中三萜化合物的形成及三萜的结构产生影响，进而影响提取工艺，研究结果会为后期功效分析奠定基础。

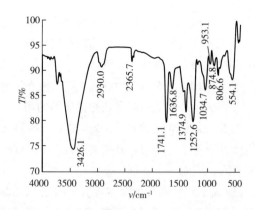

图 2-34　芦荟多糖 AGP$_{40}$的红外光谱图

灵芝发酵粉中三萜化合物的提取与测定：

①样品处理：称取 2 g 灵芝发酵粉，加入适量一定浓度的乙醇浸泡一段时间后，在一定温度下进行回流处理。回流后取出放冷，在 20 ℃下以 4000 r/min 离心 10 min，合并上清液。将上清液减压浓缩至 5 mL，用移液管吸取 1 mL 到试管中，分别加入 0.3 mL 5%香草醛-冰醋酸溶液和 1 mL 高氯酸，70 ℃水浴 25 min，冷水浴中冷却，加入 10 mL 冰乙酸，摇匀后测定。

②灵芝三萜粗提物的分离纯化：将灵芝三萜粗提物经减压浓缩后进行硅胶柱层析分离纯化。第一次洗脱采用的洗脱剂为 CHCl$_3$∶CH$_3$OH=90∶10，流速 0.5 mL/min，每管 2 mL 分步收集，薄层层析定性分析，选择展开呈现相同斑点流分收集，将分离的流分进行二次洗脱分离。二次洗脱的洗脱剂为 CHCl$_3$∶CH$_3$OH=20∶1，流速 0.5 mL/min，每管 3 mL 分步收集，逐管测定三萜含量。

③分析结果：对纯化后的灵芝三萜样品进行高效液相色谱检测样品发现其中至少含有 2 种物质，经紫外、红外光谱扫描，确定其中一流分为含有羟基的四环三萜化合物。红外光谱在 3446 cm^{-1}处有一组比较宽的强吸收峰，说明存在分子间氢键 O—H 伸缩振动；1137 cm^{-1}处有一组强吸收峰，表明该物质分子中含有羟基；综合分析该物质中应含有羧基；在 1647 cm^{-1}处有较强的吸收峰，则表明该物质中含有 α-、β-不饱和酮；而在 1458～1217 cm^{-1} 中的 1294 cm^{-1}、1398 cm^{-1}处的吸收峰是多氢菲环的特征吸收峰。综合以上分析，推断该流分化合物为含有羟基的四环三萜化合物。

（二）掺假鉴定

1. 中红外光谱检测油脂掺假

市场中的橄榄油大概可分为特级纯、纯和精炼三个等级，高品质的橄榄油有着特有的风味，因而价格很高，特级纯橄榄油约是其精炼产品的 2 倍，因此，向高品质油中掺杂较便宜的同类低档或不同种类价廉的油如葵花子油、玉米油、菜籽油等便成一种获利方式。

Yoke W. Lai 等根据油脂多次甲基链中 C—H 和 C—O 在中红外光谱区振动方式和振动频率不同，因而反映油型信息不同特征，利用傅立叶变换中红外光谱，采用主成分分析和判别式分析检测橄榄油、葵花子油、菜籽油、玉米油、核桃油等 8 种不同油在 3100～2800 cm^{-1}和 1800～1000 cm^{-1}范围内的数据，利用光谱信息对油型进行聚类分析，发现橄榄油型紧密聚集在一起，与其他油型区别明显；在由特级纯和精炼橄榄油两种油混合组成的样品集中，对于前五个得分较高的主成分运用判别式分析进行验证，校正集中93%的样品和验证集100%的样品都可根据油型组分差异正确归类，从而判断掺假的有无。当把样品的基础数据与光谱信息相关联建立校正模型后，便可以对未知掺假橄榄油进行快速定量检测。

N. Dapuy 等对固态脂肪样品采用衰减全反射中红外光谱，液态油样采用中红外光纤进行分析。根据不饱和脂肪酸含量不同，从脂肪的一阶导数光谱所得的第一主成分，可将黄油和菜油区分开来；对于液态油样，根据亚麻酸含量的差异，光谱进行二阶导数处理，利用第一主成分，使橄榄油和花生油与菜籽油加以区别，进而可对其相关掺假产品进行检测。

2. 中红外光谱检测肉类掺假

肉类掺假表现：加入同种或不同种动物低成本部分、内脏、水或较便宜的动植物蛋白质等。Osama 等用中红外光谱检测掺有牛肾脏或肝脏的碎牛肉，根据脂肪和瘦肉组织中蛋白质、脂肪、水分含量的不同对肉类产品加以辨别。由于肝脏中所含的少量肝糖元，使其中红外光谱在 $1200\sim1000\ cm^{-1}$ 处有特征吸收，与其他类型样品（纯牛胸肉、牛颈肉、牛臀肉、牛肾）有明显可见差异，因此很容易区分；应用偏最小二乘法/经典方差分析联合技术形成的校正模型可分辨出牛肉、牛肝、牛肾以及牛的三个不同部位的分割肉：胸肉、颈肉、臀肉，轻易区分出牛肉和内脏。

3. 中红外光谱检测蜂蜜掺假

蜂蜜中掺入的物质多种多样，为其统一检测带来了一定难度，而傅立叶变换中红外光谱能快速、无损地获取样品的生物化学指纹，从而方便地用于掺假产品的检测。

Başar 等选用了 115 种产自土耳其不同地区及植物来源的纯蜂蜜，并设计了 74 种掺入不同质量分数其他物质的蜂蜜分析样本，包括二元掺假（蜂蜜加玉米糖浆）、三元掺假（蜂蜜、甜菜糖和水）以及四元掺假（蜂蜜、玉米糖浆、甜菜糖和水）。其他物质的掺入浓度范围涵盖了现实生活中各种可能的掺假情况。为了建立多元校正模型，制备了包含 73 个样本的校正集和包含 30 个样本的独立验证集。包含纯蜂蜜和掺假蜂蜜的全部样本均使用 PerkinElmer 公司的 FTIR-ATR 光谱仪进行扫描，选取 $4000\sim600\ cm^{-1}$ 的光谱。用 MATLAB 编程语言实现了遗传逆最小二乘和偏最小二乘方法建立校正模型。结果表明在该体系下蜂蜜掺假含量预测结果与实际值差别多在 ±5% 以内。

三、 红外光谱与拉曼光谱联用在实际生活中的应用

目前主流的检测手段，基本可以分为色谱学、光谱学，以及生物学、化学检测等手段。尽管这些方法在准确性、简便性、快速性、经济性、是否提供结构（定性）信息等指标上各有千秋，但是就无损快捷而言，基于光谱的方法显然颇具优势。分子振动光谱按对电磁辐射的响应分为红外活性和拉曼活性两类。红外光谱与拉曼光谱均为测量分子振动光谱的方法，但二者机制不同，且互为补充。极性基团如 C=O、N—H 及 O—H 具有强的红外延伸振动，而非极性的基团如 C=C、C—C 及 S—S 则具有强的拉曼光谱带。二者共同用于完成一个物质结构中分子结构完整的共振分析。拉曼光谱尤其适用于测量红外活性弱的分子。水分子具有强烈的红外吸收和弱的拉曼散射特性，因此近红外光谱、中红外光谱适用于分析干燥的非水样品，而拉曼光谱（Raman）更适合于对含水的生物系统进行在线分析。NIRS、MIRS 和 Raman 技术对样品进行无损分析，具有测试样品非接触性、非破坏性、检测灵敏度高、时间短、样品所需量小及样品无须制备等特点。在分析过程中不会对样品造成化学的、机械的、光化学和热的分解，是分

析科学领域的研究热点之一。

Raman 是一种非弹性光散射技术，同其他光谱技术相比，具有许多明显的优点。首先，它具有优秀的指纹能力，在 $4000\sim10\ cm^{-1}$ 范围内的谱线对应着生物大分子的振动基频，因而它谱线锐利，可以反映出物质中大分子组分或结构的细微变化。常规的 Raman 很难进行有效的测试。但是一些新技术的引进使这一状况大为改观。如应用表面增强拉曼光谱（surface-enhanced raman scattering，SERS）可以使目标分析物的散射效率增强一百万倍，检出限可以达到单分子级别，尤其是傅立叶变换拉曼光谱（FT-Raman）采用近红外的激光光源激发，很大程度上消除了荧光背景的干扰，同时结合化学统计方法，可以判断两个光谱的相似程度，应用于物品的鉴定与鉴别。

（一）雕塑颜料的结构分析

Wang 等用光谱分析了辽代华严寺彩塑的颜料及黏合剂的成分。最常见的矿物颜料包括朱砂（HgS）、铅红（Pb_3O_4）、氧化铁红（Fe_2O_3）、雌黄（As_2S_3）、雄黄（As_4S_4）、孔雀石 $[Cu_2(OH)_2CO_3]$、蓝铜矿 $[Cu_3(CO_3)_2(OH)_2]$、氯铜矿 $[Cu_2(OH)_3Cl]$、碳（C）和氧化铁（Fe_3O_4）。拉曼光谱用 LabRAM HR JY-Evolution 拉曼显微镜记录，配备 1800 槽/mm 光栅和电感耦合检测器（CCD）。利用美国 NICOLET 5700 型傅立叶变换红外光谱仪采集红外光谱，用 KBr 研磨颗粒法制样，扫描 128 次并记录 $4000\sim400\ cm^{-1}$ 的光谱，分辨率为 $4\ cm^{-1}$。研究表明，绿色样本的拉曼光谱与孔雀石 $[Cu_2(OH)_2CO_3]$ 相近。153.8、178.7、223.5、354.1 cm^{-1} 处的拉曼峰表示 CuO 基团的振动带，1095.7 cm^{-1} 处的峰属于 CO_3^{2-} 基团，1066.3 cm^{-1} 处的峰属于 C—O 的对称伸缩振动，这些峰同时也是孔雀石特有的拉曼峰。红外光谱的主要特征是 OH 在约 1046.0 cm^{-1} 和 873.7 cm^{-1} 处的弯曲振动及 CO_3^{2-} 在 1501.1、1387.0、820.5、745.6 cm^{-1} 处的振动吸收峰。低波数的 571.8、520.9、428.1 cm^{-1}，主要是由于 CuO 或 Cu—OH 的伸缩振动引起的。结合其他颜色颜料的光谱结果，可以推断出辽代彩塑是采用多层技法绘制的，每一层使用不同的矿物颜料，以达到预期的色彩、图案和效果。

（二）毒品的鉴定

"摇头丸"亚甲基二氧甲基苯丙胺（methylenedioxymethamphetamine，MDMA），化学名为 3，4-亚甲基二氧基甲基苯丙胺，属于安非他命兴奋剂，化学结构类似冰毒。从结构上说，MDMA 有一个手性中心，因此，它可能存在自由碱、阳离子和盐酸盐的两种 S（+）和 R（-）对映体。利用 FT-Raman 技术通过特征峰对其进行鉴定。红外光谱中中等强度的 2794 cm^{-1} 归属于 C—H 对称伸缩振动，拉曼光谱中 1508 cm^{-1} 归属于 NH_2 的变形振动。其中，$4000\sim2000\ cm^{-1}$ 为三种形式下对应的 CH_3、CH_2 和 NH_2 反对称和对称伸缩振动，以及芳香族和脂肪族 C—H 伸缩振动；$2000\sim1000\ cm^{-1}$ 区域内，红外和拉曼光谱在 1629 cm^{-1} 和 1502 cm^{-1} 有强吸收谱带，为 C=C 伸缩振动，红外光谱中 1508 cm^{-1} 及相对应的拉曼光谱中等强度的 1502 cm^{-1} 为盐酸盐模式的 NH_2 伸缩振动及阳离子模式下 NH_2 变形振动；$1000\sim200\ cm^{-1}$，此区域对应 C—H 面外变形振动，CH_3、CH_2、NH_2 扭曲变形，C—N、O—C、C—C 伸缩振动以及变形和扭曲振动。

（三）药物分子作用机制中的结构鉴定

去甲二氢愈创木酸（，nordihydroguaiaretic acid，NDGA）是三

齿落叶松的主要提取物，是一种具有抗氧化作用的药物分子。NDGA 化学结构中的四个酚羟基被认为主要负责清除活性氧（ROS）、如羟基自由基、单线态氧、超氧阴离子、过氧化氢、过氧亚硝酸盐和次氯酸。研究表明，NDGA 可以抑制 α-核突触蛋白聚集和淀粉样 β-蛋白肽变性。NDGA 还可通过抑制代谢酶和受体酪氨酸激酶磷酸化来抑制肿瘤生长。并且有报道称 NDGA 可抑制多种病毒，如登革病毒（DENV）、丙型肝炎病毒（HCV）、西尼罗河病毒（WNV）、寨卡病毒（ZIKV）、流感 A 病毒（IAV）、单纯疱疹病毒（HSV）和人体免疫缺陷病毒（HIV）。由于 NDGA 靶向基因组复制和病毒组装，该药物可能对开发对抗 COVID-19 新型冠状病毒的新药具有重要价值。Felicia S. Manciu 等利用 FTIR 与 Raman 技术调查了 NDGA 的化学结构变化。

　　NDGA 一步步氧化过程中发生的光谱主要振动形式的变化如下：中性 NDGA 的拉曼光谱在 785 cm^{-1} 处，红外光谱在 1168 cm^{-1} 处；甲基对苯二醌形态的主要振动下降到 778 cm^{-1} 和 1159 cm^{-1}；邻醌形式下强度显著下降；在完全氧化形式时这两个特征峰几乎消失。另一方面，随着氧化过程的推进，其他特征峰成为主导，如（1582±1）cm^{-1} 和（1698±1）cm^{-1} 的拉曼振动和（1680±17）cm^{-1} 的红外振动。NDGA 分子完全氧化为醌式之后的结构及拉曼及红外光谱如图 2-35 所示。红外光谱中 1235 cm^{-1} 处的吸收峰归属于 ν_{C-C} 的不对称伸缩振动、酚羟基的 ρ_{O-H} 摇摆振动以及脂肪烃 ω_{CH_2} 的面外摇摆振动。结构式中用箭头分别标示了所产生光谱的主峰，分别是拉曼光谱中的 1581 cm^{-1} 和红外光谱中的 1697 cm^{-1}。根据目前的结果可以推断，完全氧化的 NDGA 构象更有可能通过积累而产生生物毒性，因为它不会再发生氧化转化。拉曼光谱中（780±5）cm^{-1} 峰的缺失证实了这一假设。这些数据表明可在实验中精确表征 NDGA 作用过程中化学结构的变化。

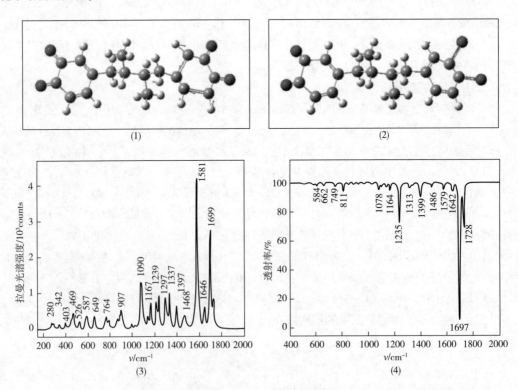

图 2-35　NDGA 全氧化结构示意图（1）（2），以及拉曼光谱图（3）、红外光谱图（4）

随着国家对产品质量安全的重视，食品及生物医药领域的检测项目也越来越多，光谱仪器特别是 NIRS、MIRS 和 Raman 技术由于具有分析速度快、在线检测优势突出、对样品几乎无破坏、对环境无污染等特点，特别适合对食品、农产品进行真伪、产地定性鉴别以及理化指标、营养成分的分析检测。随着光谱仪器和数据处理方法的发展，NIRS、MIRS 和 Raman 技术在产品质量检测方面的优势进一步凸显出来，必将在安全卫生监督和假冒伪劣检查方面得到广泛的应用。

🔍 思考题

1. 红外吸收光谱法与紫外吸收光谱法有什么区别？

2. 红外吸收光谱产生的条件是什么？什么是红外非活性振动？

3. 计算波长 5、7、12 μm 的相应波数。并指出各属于何种光谱区域。

思考题解析

4. O_2 有几个振动自由度？有无红外活性？

5. 如何利用特征峰与相关峰区别酮、醛、酯、酰胺、酸酐化合物，并写出羰基峰位由小到大的顺序及其理由。

6. 若单键、双键和三键的化学键力常数分别取 5、10、15 N/cm，计算下列各伸缩振动的波数。

（1）O—H；（2）O—D；（3）C＝C；（4）C≡C；（5）C—O；（6）C＝O；（7）C≡N。

7. 根据伸缩振动频率公式 $\tilde{\nu}(cm^{-1}) = 1307\sqrt{k/u}$，说明 $\nu_{O-H} > \nu_{C≡C} > \nu_{C=C} > \nu_{C-C}$ 的原因。

8. CS_2 是线性分子，试画出它的基本振动类型，并指出哪些振动是红外活性的？

9. 下列化合物能否用红外光谱区别？为什么？

（1）

（2）

10. 羰基化合物 R—CO—R′，R—CO—Cl，R—CO—H，R—CO—F，F—CO—F 中，C＝O 伸缩振动频率出现最高者是哪一化合物？

11. 某化合物的分子式为 C_5H_8O，有下面的红外吸收谱带：3020、2900、1690、1620 cm^{-1}。它的紫外光谱在 227 nm $[\varepsilon = 10^4 L/(mol \cdot cm)]$ 有最大吸收。试写出该化合物的结构式。

12. 从以下红外数据鉴定特定的二甲苯：

化合物 A：吸收带在 767 cm^{-1} 和 629 cm^{-1} 处；

化合物 B：吸收带在 792 cm^{-1} 处；

化合物 C：吸收带在 724 cm^{-1} 处。

13. 某未知物的红外谱图如附图 2-1 所示。其分子式为 $C_4H_{10}O$，写出可能的结构。

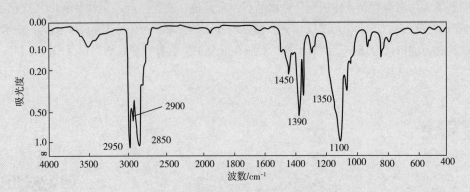

附图 2-1　未知化合物的红外光谱图

14. 某未知物用液膜法测得的红外光谱图如附图 2-2 所示。其分子式为 $C_5H_8O_2$，试推出其结构。

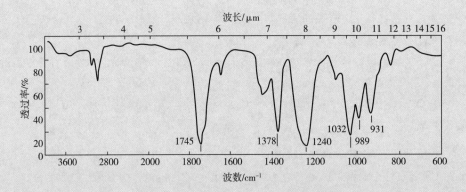

附图 2-2　未知化合物的红外光谱图

15. 某未知物的红外谱图如附图 2-3 所示。其分子式为 C_8H_9NO，写出可能的结构。

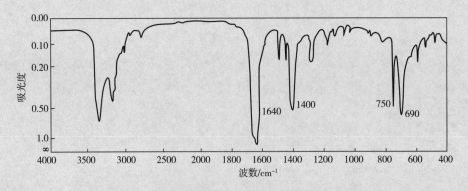

附图 2-3　未知化合物的红外光谱图

参 考 文 献

［1］R. M. 西尔费斯坦,G. C. 巴斯勒,T. C. 莫里尔. 有机化合物光谱鉴定[M]. 姚海文,马金石,黄骏雄,等,译. 北京:科学出版社,1982.

［2］田中诚之. 有机化合物的结构测定方法[M]. 姚海文,译. 北京:化学工业出版社,1986.

［3］朱明华,胡坪. 仪器分析[M].4 版. 北京:高等教育出版社,2008.

［4］贾春晓. 仪器分析[M].2 版. 郑州:河南科学技术出版社,2015.

［5］叶宪曾,张新祥. 仪器分析教程[M].2 版. 北京:北京大学出版社,2006.

［6］钱贵明,刘嘉,张引,等. 傅立叶变换中红外光谱在食品快速分析与检测中应用[J]. 粮食与油脂,2013,26(6):29-32.

［7］何鸿举,王玉玲,乔红,等. 基于长波近红外光谱快速无接触评估小麦籽粒含水率[J]. 海南师范大学学报(自然科学版),2019,32(1):26-32.

［8］Z. Zhu,S. Chen,X. Wu,et al. Determination of soybean routine quality parameters using near-infrared spectroscopy[J]. Food Sci Nutr,2018(6):1109-1118.

［9］杨晋辉,卜登攀,王加启,等. 近红外透反射光谱法测定牛奶成分[J]. 食品科学,2013,34(20):153-156.

［10］魏玉娟,李琳,杨笑亚,等. 近红外光谱模式识别三聚氰胺掺假牛奶[J]. 中国乳品工业,2016,44(10):48-51.

［11］J. Zhao,Q. Ouyang,Q. Chen,et al. Simultaneous determination of amino acid nitrogen and total acid in soy sauce using near infrared spectroscopy combined with characteristic variables selection[J]. Food Sci Technol Int,2013,19(4):305-314.

［12］王东丹,李天飞,吴玉萍,等. 近红外光谱分析技术在烟草化学分析上的应用研究[J]. 云南大学学报(自然科学版),2001,23(2):135-138.

［13］Y. Huang,W. Dong,A. Sanaeifar,et al. Development of simple identification models for four main catechins and caffeine in fresh green tea leaf based on visible and near-infrared spectroscopy[J]. Comput Electron. Agr,2020(173):105388.

［14］H. Zhang,X. Wang,F. Wang,et al. Rapid prediction of apparent amylose, total starch, and crude protein by near-infrared reflectance spectroscopy for foxtail millet(*Setaria italica*)[J]. Cereal Chem,2020(97):653-660.

［15］张林. 近红外光谱对食醋有机酸含量快速、无损测定方法研究[J]. 中国调味品,2016,41(8):118-120.

［16］阙志强,施晓丹,余强,等. 库拉索芦荟多糖的分离、纯化及其理化性质[J]. 中国食品学报,2019,19(2):125-131.

［17］高文庚,胡琼方,董建生. 灵芝发酵粉中三萜化合物提取、纯化及结构初步分析[J]. 中国食品添加剂,2019(10):86-92.

［18］刘娅,赵国华,陈宗道,等. 中红外光谱在食品掺假检测中的应用[J]. 广州食品工业科技,2002,18(4):43-45.

［19］B. Başar,D. Özdemir. Determination of honey adulteration with beet sugar and corn syrup using infrared spectroscopy and genetic algorithm based multivariate calibration[J]. J Sci Food Agric, 2018(98):5616-5624.

[20]X. Wang, G. Zhen, X. Hao, et al. Spectroscopic investigation and comprehensive analysis of the polychrome clay sculpture of Hua Yan Temple of the Liao Dynasty[J]. Spectrochim Acta A, 2020 (240):118574.

[21] K. A. Guzzetti, M. A. Iramain, R. A. Rudyk, et al. Vibrationalstudies of species derived from Potent S(+) and R(-) ecstasy stimulant by using *Ab-initio* calculations and the SQM approach[J]. Biointer Res Appl Chem, 2020, 10(6):6783-6809.

[22]F. S. Manciu, J. Guerrero, D. Rivera, et al. Combined theoretical and experimental study of nor-dihydroguaiaretic acid-From traditional medicine to modern spectroscopic research[J]. Biointer Res Appl Chem, 2020, 10(6):6728-6743.

第三章

原子吸收光谱分析

[学习要点]

通过学习本章内容，掌握原子吸收光谱分析的基本原理与特点，了解影响原子吸收谱线变宽的因素，理解积分吸收与峰值吸收的关系。在了解原子吸收分光光度计结构、流程及类型的基础上，理解火焰原子化的基本过程，掌握原子吸收光谱法的定量分析方法和实验条件选择原则。

原子吸收光谱分析法（atomic absorption spectrometry，AAS）是基于蒸气状态待测元素的基态原子对其共振辐射的吸收进行定量分析的方法。原子吸收现象虽早在 1802 年被发现，但是其作为一种实用的分析方法是在 1955 年以后。这一年，澳大利亚物理学家 Walsh A 等发表了著名论文《原子吸收光谱在化学分析中的应用》，奠定了原子吸收光谱分析法的理论和应用基础。随着原子吸收光谱商品仪器的出现，到 20 世纪 60 年代中期，原子吸收光谱分析法得到了迅速发展与广泛应用。

第一节　概　　述

一、原子吸收过程

原子吸收过程及原子吸收光谱分析的仪器装置如图 3-1 所示。待测试液喷成细雾，并与燃气在雾化器中混合送至燃烧器，被测元素在火焰中转化成为原子蒸气，气态的基态原子吸收从光源（空心阴极灯）发射出的与被测元素吸收波长相同的特征谱线，该谱线的强度减弱，再经单色器分光后，由光电倍增管接收，经过放大器放大，从读出装置中显示出吸光度。

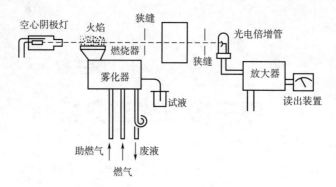

图 3-1   原子吸收过程示意图

二、 原子吸收光谱法的特点

1. 优点

（1）检出限低，灵敏度高   火焰原子吸收法的检出限可达到 ng/mL 级，石墨炉原子吸收法的检出限可达到 $10^{-10} \sim 10^{-14}$ g。

（2）精密度高   火焰原子吸收法相对误差小于 1%，其准确度已接近于经典化学方法。石墨炉原子吸收法一般为 3%~5%。

（3）分析速度快。

（4）选择性好，光谱干扰少   不同元素吸收各自不同的特征光谱，且原子吸收谱线少，一般没有共存元素的光谱重叠。大多数情况下对待测元素不产生光谱干扰。

（5）应用范围广   可测定元素周期表上的大多数金属和非金属元素。有些可间接进行分析。

（6）仪器比较简单，价格较低廉，操作方便。

2. 局限性

（1）常用的原子化器测定难熔元素［如钨（W）、铌（Nb）、钽（Ta）、锆（Zr）、稀土］及非金属元素不能令人满意。

（2）不能同时进行多元素分析   近年来多元素同时分析技术取得了显著进展，目前已有多元素同时测定仪器出现，预计不久的将来会取得更重要的进展。

第二节 基本原理

一、 基态原子数与激发态原子数的关系

一个原子可具有多种能级状态。在正常情况下，原子处在最低能级状态即基态。当有辐射通过自由原子蒸气，且入射辐射的频率等于原子外层电子由基态跃迁到较高能态（一般情况下是第一激发态）所需要的能量频率时，原子就会从辐射场中吸收能量，电子由基态跃迁到激发态而产生原子吸收光谱。

根据热力学原理，在一定温度下，处于热平衡的基态原子数 N_0 和激发态原子数 N_i 的比值服从 Boltzmann 分布定律：

$$\frac{N_i}{N_0} = \frac{g_i}{g_0} e^{\frac{-\Delta E}{KT}} \tag{3-1}$$

式中　　　K——Boltzmann 常数；

　　g_i 和 g_o——激发态和基态的统计权重，它表示能级的简并度；

　　ΔE——激发态与基态的能量差；

　　T——热力学温度。

由式（3-1）可知，N_i/N_0 与 T 和 ΔE 有关。温度 T 越高，ΔE 越小，N_i/N_0 的比值就越大。一定波长的谱线，其 g_i/g_o 和 ΔE 是已知值，因此可计算一定温度下的 N_i/N_0。表 3-1 为不同温度下部分元素共振线的 N_i/N_0。

表 3-1　　　　　　　　　　不同温度下一些元素的 N_i/N_0 值

元素共振线/nm	g_i/g_0	$\Delta E/\text{eV}$	N_i/N_0	
			$T = 2000\ \text{K}$	$T = 3000\ \text{K}$
Cs　852.1	2	1.45	4.44×10^{-4}	7.24×10^{-3}
Na　589.0	2	2.10	9.86×10^{-6}	5.88×10^{-4}
Ca　422.7	3	2.93	1.21×10^{-7}	3.69×10^{-5}
Fe　372.0		3.33	2.29×10^{-9}	1.31×10^{-6}
Cu　324.8	2	3.82	4.82×10^{-10}	6.65×10^{-7}
Mg　285.2	3	4.35	3.35×10^{-11}	1.50×10^{-7}
Zn　213.9	3	5.80	7.45×10^{-15}	5.50×10^{-10}

从表 3-1 中可以看出，激发态的原子数与基态原子数的比值只有在高温和长波长共振线时才变得可观。在原子吸收光谱法中，原子化温度一般约为 3000 K，而且大多数元素的最强共振线都低于 600 nm，此时激发态的原子数 N_i 还不到基态原子数 N_0 的 1‰。因此，在原子吸收光谱中，N_0 近似等于被测元素的原子总数 N。

二、　原子谱线轮廓及其影响因素

一束平行光透过一定厚度的原子蒸气时，一部分光被吸收，透射光的强度（或吸收系数）随频率（或波长）的变化曲线称为原子吸收光谱曲线。这里以吸收系数 K_ν 随频率 ν（或波长）的变化表示，如图 3-2。原子吸收光谱线并不是严格几何意义上的线（几何线无宽度），而是有相当窄的频率或波长范围，即有一定的宽度，其光谱特征可用中心频率（或波长）和半宽度来表征。中心频率是指吸收系数最大值 K_0 所对应的频率（或波长），以 ν_0 表示。半宽度是指吸收系数等于 ν_0 处，谱线轮廓上两点之间频率（或波长）的距离，常以 $\Delta\nu$ 表示。$\Delta\nu$ 的大小直接反映了吸收线的宽度。半宽度受到很多因素的影响，下面讨论几种主要的影响因素。

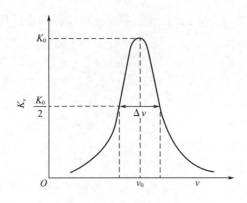

图 3-2　原子吸收光谱曲线

1. 自然变宽

没有外界影响，谱线仍然有一定的宽度称为自然宽度。它与激发态原子的平均寿命有关，平均寿命越长，则谱线宽度越窄。不同的谱线有不同的自然宽度，一般为 10^{-5} nm 数量级。

2. 多普勒（Doppler）变宽

多普勒变宽是由原子热运动引起的，也称为热变宽。从物理学中可知，从一个运动着的原子发出的光，如果运动方向背离检测器，则检测器接收到的光的频率较静止原子所发的光的频率低；反之，原子向着检测器运动，则检测器接收到的光的频率较静止原子发出的光的频率高，这就是多普勒效应。原子吸收分析中，气态原子处于无序热运动中，相对于检测器而言，各发光原子有着不同的运动分量，使检测器接收到很多频率稍有不同的吸收，于是谱线变宽。在热力学平衡状态，谱线的多普勒宽度 $\Delta \nu_D$ 可用式（3-2）表示：

$$\Delta \nu_D = \frac{2 \nu_0}{c} = \sqrt{\frac{2(\ln 2)RT}{A_r}} = 7.16 \times 10^{-7} \nu_0 \sqrt{\frac{T}{A_r}} \tag{3-2}$$

式中　ν_0——谱线的中心频率；

　　c——光速；

　　R——摩尔气体常数；

　　T——热力学温度；

　　A_r——相对原子质量。

由式（3-2）可知，$\Delta \nu_D$ 与 $T^{1/2}$ 成正比，与 $A_r^{1/2}$ 成反比，而与压力无关。原子吸收光谱的火焰光源温度一般在 1500~3000 K，温度的微小变化对吸收线的宽度影响比较小。若被测元素相对原子质量越小，温度越高，则多普勒变宽越大。多普勒变宽可达 10^{-3} nm 数量级。

3. 压力变宽

在一定蒸汽压力下因粒子间相互碰撞而导致激发态原子平均寿命缩短，引起吸收线的变宽称为压力变宽。压力变宽分为两种，即赫鲁兹马克（Holtzmark）变宽和洛伦兹（Lorentz）变宽。待测元素原子与其他元素原子相互碰撞引起的变宽，称为洛伦兹变宽。洛伦兹变宽随原子区内原子蒸气压力增大和温度升高而增大。由同种原子碰撞引起的变宽，称为共振变宽，又称赫鲁兹马克变宽。它只在待测元素浓度高时才起作用，在原子吸收分析中可忽略。

在 1500~3000 K 温度间，外来气体压力约 1.013×10^5 Pa 时，谱线变宽主要受多普勒和洛伦兹变宽的影响，二者具有相同的数量级，为 $0.001 \sim 0.005$ nm。采用火焰原子化装置时，$\Delta\nu_L$ 是主要的；采用无火焰原子化装置时，若共存原子浓度很低，$\Delta\nu_D$ 则是主要的。

此外，影响谱线变宽的还有场致变宽、自吸效应等因素。场致变宽包括由外部电场或带电粒子、离子形成的电场所产生的斯塔克（Stark）变宽，以及由磁场产生的塞曼（Zeeman）效应。

三、 原子吸收光谱的测量

1. 积分吸收

在吸收线轮廓内，吸收系数的积分称为积分吸收系数，简称积分吸收，它表示吸收的全部能量。根据经典爱因斯坦理论，谱线的积分吸收与单位体积原子蒸气中基态原子数关系为：

$$\int K_\nu \mathrm{d}\nu = \frac{\pi e^2}{mc} f N_0 \tag{3-3}$$

式中　e——电子电荷；

$\quad c$——光速；

$\quad m$——电子质量；

$\quad N_0$——单位体积内基态原子数；

$\quad f$——吸收振子强度，它表示每个原子中能够吸收（或发射）特定频率光的平均电子数。f 与能级间跃迁概率有关，它反映了谱线的强度，在一定的条件下对一定的元素可视为定值。

在一定条件下，$\dfrac{\pi e^2}{mc} f$ 为常数，则：

$$\int K_\nu \mathrm{d}\nu = k N_0 \tag{3-4}$$

这是原子吸收光谱分析的理论基础。

若能够测量积分吸收，则可求得被测元素的浓度。在实际工作中，要测量出半宽度只有 $0.001 \sim 0.005$ nm 的原子吸收线的积分吸收，所需单色器的分辨率（设波长为 500 nm）为 $R = 500/0.001 = 5\times10^5$，这是难以达到的。若采用连续光源时，把半宽度如此窄的原子吸收谱线叠加在较宽的光谱通带上，实际被吸收的能量相对于光谱通带总能量来说极其微小（0.5%），此时要准确记录信噪比十分困难。这也是 100 多年前原子吸收现象已被发现，却一直未能用于分析化学的原因。

2. 峰值吸收

1955 年，Walsh A 提出在温度不太高的稳定火焰条件下，峰值吸收系数与火焰中待测元素的自由原子浓度亦存在线性关系。吸收线中心波长处的吸收系数 K_0 为峰值吸收系数，简称峰值吸收。在通常原子吸收分析条件下，吸收线轮廓取决于多普勒变宽，则：

$$K_0 = \frac{2}{\Delta\nu_D} \sqrt{\frac{\ln 2}{\pi}} \frac{\pi e^2}{mc} f N_0 \tag{3-5}$$

可以看出，峰值吸收与原子浓度成正比，只要能测出 K_0 就可得到 N_0。

3. 锐线光源

Walsh A 还提出用锐线光源来测量峰值吸收，从而解决了原子吸收的实用测量问题。锐线光源是发射线半宽度远小于吸收线半宽度的光源。使用锐线光源，光源发射线半宽度很小，且发射线与吸收线的中心频率一致。此时吸收系数 K_ν 可近似认为不随频率而改变，且都等于中心频率处的峰值吸收系数 K_0，见图 3-3。

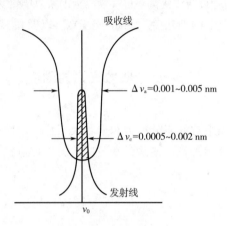

图 3-3   峰值吸收测量示意图

强度为 I_0 的某一波长的辐射通过均匀的原子蒸气时，符合 Lambert-Beer 定律，其中 I_0 和 I 分别为入射光与透射光的强度，K_0 为峰值吸收系数，l 为原子蒸气的吸收层厚度。根据吸光度定义，有：

$$A = \lg \frac{I_0}{I} = 0.4343 K_0 l \tag{3-6}$$

将式（3-5）代入式（3-6），得：

$$A = \left[0.434 \frac{2}{\Delta \nu_D} \sqrt{\frac{\ln 2}{\pi}} \frac{\pi e^2}{mc} f l \right] N_0 \tag{3-7}$$

在实际分析工作中，既不直接测量峰值吸收，也不测量原子数，而是测量吸光度求出试样中待测元素的含量。在一定实验条件下，试样中待测元素的浓度 c 与原子化器中基态原子的浓度 N_0 有恒定比例关系，括号内的参数为常数，因此可以将式（3-7）改写为：

$$A = Kc \tag{3-8}$$

式中 K——常数。

该式表明，吸光度与试样中被测元素的含量呈正比。这是原子吸收光谱法定量分析的基本关系式。它只适用于低浓度试样的测定。

第三节   原子吸收光谱仪

一、 主要部件的性能与作用

原子吸收光谱仪依次由光源、原子化器、单色器、检测器、信号处理与显示记录等部件组成。

（一）光源

光源的作用是辐射基态原子吸收所需的特征谱线。对光源的要求是：发射的待测元素的特征谱线强度高、背景小、稳定性好等。目前应用最广泛的光源是空心阴极灯（hollow cathode lamp，HCL）和无极放电灯（electrodeless discharge lamp，EDL）。

1. 空心阴极灯

空心阴极灯是一种辐射强度较大、稳定性好的锐线光源。它是一种特殊的辉光放电管，如图3-4所示。它由封闭在带有光学窗口的硬质玻璃管内的阴极和阳极组成，由被测元素材料制成的空心阴极和由钛（Ti）、锆（Zr）、钽（Ta）或其他材料制作的阳极分别连在两根钨棒上。管内充有几百帕低压的惰性气体氖或氩，称为载气。

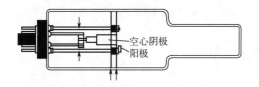

图3-4　空心阴极灯结构示意图

当在两极之间施加几百伏电压时，便产生"阴极溅射"效应，并且产生放电。溅射出来的原子大量聚集在空心阴极内，待测元素原子浓度很高，再与原子、离子、电子等碰撞而被激发，发射出待测元素的共振辐射线。

在原子吸收光谱分析中，灯的工作电流一般在几毫安到几十毫安，阴极温度不高，此时多普勒变宽不明显，自吸效应也小。灯内的气体压力较低，洛伦兹变宽也可忽略。因此，在正常工作条件下，空心阴极灯发射出半宽度很窄的元素特征谱线。

2. 无极放电灯

大多数元素的空心阴极灯具有较好的性能，是目前最常用的光源。但对于砷（As）、硒（Se）、碲（Te）、镉（Cd）、锡（Sn）等易挥发、低熔点的元素，由于它们易溅射，但难激发，空心阴极灯的性能不能令人满意，而无极放电灯（EDL）对这些元素具有优良的性能。

无极放电灯是由一个数厘米长、直径5~12 cm的石英管制成（图3-5）。管内装入数毫克待测元素或挥发性盐类，如金属、金属氯化物或碘化物等，抽成真空并充入压力为67~200 Pa的惰性气体氩或氖，制成放电管，石英管装在一个高频发生器的线圈内。灯内没有电极，由高频电场作用激发出待测元素的原子发射光谱。这种灯的强度比空心阴极灯大几个数量级，没有自吸，谱线更纯。目前已有锑（Sb）、砷（As）、铋（Bi）、镉（Cd）、铯（Cs）、铅（Pb）、汞（Hg）、碲（Te）、铷（Rb）、硒（Se）、锡（Sn）、铊（TI）、锌（Zn）、磷（P）等的商品无极放电灯，特别是磷无极放电灯，是目前用原子吸收光谱法测定磷的唯一实用光源。

（二）原子化器

原子化器的作用是提供能量，使试样干燥、蒸发和原子化。在原子吸收光谱分析中，试样中待测元素的原子化是整个分析过程的关键环节，它是原子吸收分光光度计的重要部分，其性能直接影响测定的灵敏度，同时很大程度上还影响测定的重现性。原子化器通常分为两大类：火焰原子化器和非火焰原子化器。

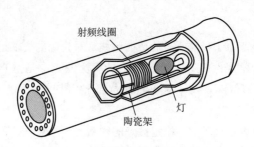

图3-5 无极放电灯结构示意图

1. 火焰原子化器（flame atomizer）

火焰原子化器的功能是由化学火焰提供能量，使待测元素原子化。火焰原子化器应用最早，且至今仍广泛使用，常用的是预混合型火焰原子化器，其结构如图3-6所示。它由喷雾器、雾化器和燃烧器组成。

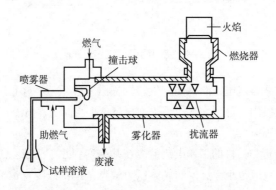

图3-6 预混合型火焰原子化器的结构

（1）喷雾器 喷雾器是关键部件，其作用是将试液雾化，使之形成直径为微米级的气溶胶。

（2）雾化器 雾化器的作用是使气溶胶雾粒更小、更均匀，使之与燃气、助燃气混合均匀后进入燃烧器，以减少它们进入火焰时对火焰的扰动。雾化室中的喷嘴前装有一撞击球，使得气溶胶雾粒更小；扰流器阻挡较大的雾滴进入火焰，使其沿室壁流入废液管排出；扰流器另一个作用是使气体混合均匀，稳定火焰，降低噪声。目前这种气动雾化器的雾化效率较低，一般仅10%~15%的试样溶液被利用，这也是制约火焰原子化法灵敏度提高的重要因素。

（3）燃烧器 最常用的是单缝燃烧器，其作用是产生火焰，使进入火焰的气溶胶蒸发和原子化。燃烧器应能旋转一定角度，高度也能上下调节，以便选择合适的火焰位进行测定。

火焰的基本特性：

（1）燃烧速度 燃烧速度是指着火点向可燃混合气其他点的传播速度（cm/s）。为了获得稳定的火焰，可燃混合气的供气速度应大于燃烧速度。但供气速度过大，会使火焰不稳定，甚至将火焰吹熄；供气速度过小，会使火焰产生回闪。

（2）火焰的温度 合适的火焰温度有利于试样原子化。温度过高，会使激发态原子增加而基态原子减少。不同类型的火焰，其温度是不同的，见表3-2。

表 3-2　　　　　　　　　　　　　　　几种常用火焰的特性

燃气	助燃气	最高燃烧速度/（cm/s）	最高火焰温度/℃
乙炔	空气	158	2250
乙炔	氧化亚氮	160	2700
氢气	空气	310	2050
丙烷	空气	82	1920

（3）火焰的类型　火焰由燃气（燃料气体）和助燃气燃烧而成。火焰按燃气和助燃气的比例（燃助比）不同，可分为贫燃火焰、富燃火焰和化学计量火焰。

贫燃火焰即燃气与助燃气比例小于化学计量的火焰，火焰呈蓝色，有较强的氧化性，适合于易解离、易电离元素的测定，如碱金属。

富燃火焰即燃气与助燃气比例大于化学计量的火焰，火焰呈黄色，温度稍低，有较强还原性，适合于易形成难解离氧化物的元素的测定。但它的干扰较多、背景高。

化学计量火焰即燃气与助燃气比例与化学计量关系相近的火焰，也称为中性火焰。具有稳定、温度高、噪声小和背景低等特点，适合于许多元素的测定。

（4）几种常见的火焰　目前火焰原子化法最常用的火焰是乙炔-空气火焰，它具有火焰温度较高、燃烧稳定、噪声小和重现性好的特点，可用于碱金属、碱土金属、贵金属等 30 多种元素的测定。另一种是乙炔-氧化亚氮火焰，这种火焰温度高，是目前唯一能广泛应用的高温火焰。它干扰少、具有强还原性，可使许多难解离氧化物分解并原子化，如铝（Al）、硼（B）、钛（Ti）、钒（V）、锆（Zr）、稀土等。它可测定 70 多种元素，但由于其温度高，易使待测原子电离，同时燃烧产物 CN 易引起分子背景吸收。还有氢-空气火焰，它是氧化性火焰，温度较低，适合于共振线位于短波区的元素如砷（As）、硒（Se）、锌（Zn）等的测定。

火焰原子化器操作简便，重现性好，灵敏度一般为 10^{-6} 数量级，有些元素更低。但由于雾化效率低，自由原子在吸收区停留时间短（约 10^{-3} s），这限制了测定灵敏度的提高，同时火焰原子化法要求有较多的试样体积（几毫升），且无法直接分析黏稠液体和固体试样。

2. 非火焰原子化器

非火焰原子化器也称为炉原子化器（furnace atomizer），大致分为两大类：电加热石墨炉（管）原子化器和电加热石英管原子化器。

（1）电加热石墨炉原子化器　石墨炉原子化器的工作原理是大电流通过石墨管产生高热、高温，使试样原子化。这种方法也称为电热原子化法。图 3-7 是一种比较典型的石墨炉原子化器示意图。如图 3-7 所示，石墨管装在炉体中。石墨炉由电源、保护气系统、石墨管炉三部分组成。电源电压为 10~25 V，电流 250~500 A，一般最大功率不超过 5000 W，石墨管温度最高可达 3300 K。

光源发出的光由石墨管中穿过，管内外都有保护性气体氩气或氮气通过。管外气体沿石墨管外壁流动，以保护石墨管不被氧化、烧蚀，管内气体从管两端流向管中心，由管中心孔流出，以有效地除去在干燥和灰化过程中产生的基体蒸气，同时保护已原子化了的原子不再被氧化。在炉体的夹层中还通有冷却水，使达到高温的石墨炉在完成一个样品的分析后，能迅速降至室温。

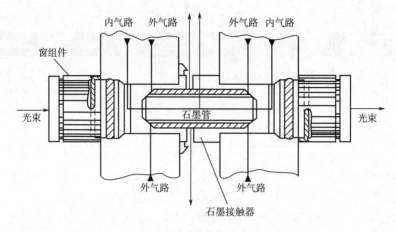

图 3-7   管式石墨炉结构示意图

石墨炉的升温过程可分为 4 个阶段，即干燥、灰化、原子化和净化，可在不同温度、不同时间内分步进行，且温度和时间均可控。图 3-8 给出了 4 个阶段所对应的温度和吸光度变化曲线图。干燥温度一般稍高于溶剂沸点，目的主要是除去溶剂，以免溶剂在灰化和原子化阶段的飞溅。灰化是为了尽可能除去易挥发的基体和有机物，保留待测元素。原子化温度的选择取决于待测元素的性质，温度可达 2500~3000 K。为了增加原子在石墨炉中的停留时间，在原子化阶段，应停止氩气通过。净化是一个样品测定结束后，用比原子化阶段稍高的温度加热石墨管以除去样品残留，净化石墨炉。

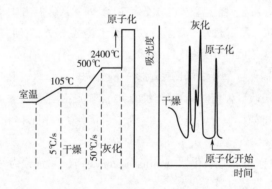

图 3-8   石墨炉升温示意图

石墨炉原子化法的优点是：绝对检出限低，可达 $10^{-14}~10^{-12}$ g，比火焰原子化法低 3 个数量级；试样原子化是在强还原性介质与惰性气体中进行的，有利于破坏难熔氧化物和保护已原子化的自由原子不被氧化，且原子在吸收区内平均停留时间较长，可达 1 s 甚至更长；液体和固体试样均可直接进样，进样量小，一般溶液试样 5~50 μL，固体试样 0.1~10 mg。其缺点是：基体效应、化学干扰较多；背景吸收较强；测量重现性较差。

（2）电加热石英管原子化器   电加热石英管原子化器是将气态分析物引入石英管内，在较低的温度下实现原子化，故也称为低温原子化法。常用的有冷原子吸收测汞法和氢化物原子化法。

冷原子吸收测汞法将试样液中的汞离子用 $SnCl_2$ 还原为汞，在室温下，用空气将汞蒸气引入气体吸收管中测定其吸光度。汞是唯一可采用该法测定的元素。

氢化物原子化法，现在一般采用强还原剂（KBH_4 或 $NaBH_4$）在酸性介质中与待测溶液反应，生成待测元素的气态氢化物。例如：

$$AsCl_3 + 4KBH_4 + HCl + 8H_2O = AsH_3 + 4KCl + 4HBO_3 + 13H_2$$

产生的氢化物由载气引入石英管，通过电炉丝加热石英管，在较低温度下分解为相应的基态原子。目前通过这种方法测定的元素有镓（Ga）、锡（Sn）、铬（Cr）、铅（Pb）、砷（As）、锑（Sb）、铋（Bi）和碲（Te）等。氢化物原子化法可实现待测元素与试样基体分离，并得到富集；基体干扰和化学干扰少；检出限低，优于石墨炉；进样效率高；选择性好。

（三）单色器

单色器的作用是将被测元素的共振线与邻近谱线分开。它由入射狭缝、出射狭缝、反射镜和色散元件组成。由锐线光源发出的谱线比较简单，对单色器的分辨率要求不高。单色器的关键部件是色散元件，目前商品仪器多采用光栅。单色器位于原子化器后面，防止原子化器内发射辐射干扰进入检测器，也可避免光电倍增管疲劳。

（四）检测系统

检测系统由光电元件、放大器和显示装置等组成。光电元件的作用是将经过原子蒸气吸收和单色器分光后的微弱光信号转换为电信号，一般采用光电倍增管。吸光度值直接显示在表头上，或用记录仪记录吸收曲线，或将测量数据用微机处理。目前新型的多元素同时测定原子吸收光谱仪，采用多个元素灯组合的复合光为光源，分光系统为中阶梯光栅和棱镜组合的交叉色散系统，相应的检测器为电荷转移器件、电荷注入检测器（charge injection device，CID）和电荷耦合检测器（charge coupled device，CCD）。

二、原子吸收光谱仪的类型

原子吸收光谱仪有单光束和双光束两种类型。图 3-9（1）为单光束型，这种仪器结构简单，但它会因光源不稳定而引起基线漂移。由于已经有所改进，使得仪器有足够的稳定性，单光束仪器仍然是目前发展和市场的主要商品仪器。

由于原子化器中被测原子对辐射的吸收与发射同时存在，火焰组分也会发射带状光谱。这些来自原子化器的辐射谱线干扰检测，为了消除辐射的发射干扰，必须对光源进行调制。可用机械调制，在光源后加一扇形板（切光器），将光源发射的辐射调制成具有一定频率的辐射，就会使检测器接收到交流信号，采用交流放大器将发射的直流信号分离掉。也可对空心阴极灯光源采用脉冲供电，不仅可以消除发射的干扰，还可提高光源发射光的强度和稳定性，降低噪声等，因而光源多使用这种供电方式。

图 3-9（2）为双光束型仪器，光源发出的光经过调制后被切光器分成两束光：一束测量光，一束参比光（不经过原子化器）。两束光交替地进入单色器，然后进行检测。由于两束光来自同一光源，可以通过参比光束的作用，克服光源不稳定造成的漂移的影响，但会引起光能量损失严重，近年来也有较大的改进。

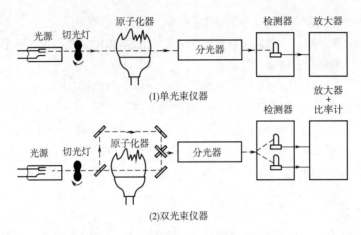

图 3-9 原子吸收光谱仪示意图

第四节 干扰及其抑制方法

原子吸收光谱法的干扰是比较小的，但对其也不能忽视。根据干扰产生的原因，可将干扰分为 4 类：物理干扰、化学干扰、电离干扰和光谱干扰。

一、物理干扰

物理干扰是指试样在转移、气溶胶形成、试样热解、灰化和待测元素原子化等过程中，由于试样物理特性的变化而引起的原子吸收信号的降低。这类干扰是非选择性的，对试样中各元素的测定影响基本相同。

引起物理干扰的主要因素有：①试液黏度的改变会引起火焰原子化法吸喷量的变化和影响石墨炉原子化法的进样精度；②表面张力会影响火焰原子化法气溶胶的粒径及其分布，石墨炉原子化法影响石墨表面的润湿性和分布；③温度和蒸发性质的变化会影响原子化总过程中的各个过程。还有溶剂的蒸气压、雾化气体压力等因素也会引起物理干扰。

配制与待测溶液组成相近的标准溶液，是消除物理干扰常用而有效的方法。在不知道试样组成或匹配试样困难时，可采用标准加入法或稀释法来减小和消除物理干扰。

二、化学干扰

化学干扰是指被测元素在溶液中或原子化过程中的原子与共存组分发生化学反应生成稳定化合物，从而影响待测元素的原子化。化学干扰是原子吸收光谱法中的主要干扰来源。消除化学干扰的常用方法有：

1. 选择合适的原子化方法

改变火焰种类和组成可以改变火焰的温度、氧化−还原性质、背景噪声等，从而消除某些化学干扰。提高原子化温度，可减小化学干扰。使用高温火焰或提高石墨炉原子化温度，可使难解离化合物分解。如在高温火焰中，PO_4^{3-} 不干扰 Ca^{2+} 的测定。

2. 加入释放剂

释放剂的作用是释放剂与干扰物质能生成比待测元素更稳定的化合物，使待测元素释放出来。例如，PO_4^{3-} 干扰 Ca^{2+} 的测定，可在试液中加入一定量的镧盐、锶盐，镧、锶与磷酸根首先生成比钙更稳定的磷酸盐，把钙释放出来。释放剂的应用比较广泛。

3. 加入保护剂

保护剂可以与待测元素生成易分解或更稳定的化合物，防止待测元素与干扰组分生成难解离化合物。保护剂一般是 EDTA、8-羟基喹啉等有机配合剂。例如，加入 EDTA 可防止 PO_4^{3-} 对 Ca^{2+} 的干扰。

4. 加入基体改进剂

对于石墨炉原子化法，在试样中加入基体改进剂，使其在干燥或灰化阶段与试样发生化学变化，其结果可能增加基体的挥发性或改变待测元素的挥发性，以消除干扰。例如，氯化钠基体对测定镉有干扰，可加入硝酸铵，使氯化钠转化为氯化铵，可在灰化阶段除去；汞极易挥发，加入硫化物，使之转化为硫化汞，灰化温度可提高至 300℃。

当以上方法都不能消除化学干扰时，只好采用化学分离的方法，如溶剂萃取、离子交换、沉淀分离、吸附等。近年来流动注射技术引入到原子吸收光谱分析中，取得了重大的成功。

三、 光谱干扰

原子吸收分析法使用了发射单一元素光谱的锐线光源，所以光谱干扰不严重。在原子吸收中的光谱干扰主要是指下列三方面：光谱的重叠干扰、火焰发射光谱干扰、背景干扰。

1. 光谱的重叠干扰

光谱的重叠干扰指当共存元素的吸收线波长与被测元素的分析波长很接近时，两条谱线重合或部分重叠，原子吸收分析结果便不正确。若两谱线的波长差为 0.03 nm 时，则认为重叠干扰是严重的。光谱重叠干扰很容易克服，当怀疑或已知有可能产生干扰共存元素时，只要另选分析线即可。

2. 火焰发射光谱干扰

火焰发射是一种直流信号，在近代仪器中使用调制光源和同步检波放大来消除火焰和石墨炉的发射光谱的干扰。

3. 背景干扰

背景干扰主要是由分子吸收、光散射和火焰气体吸收引起。分子吸收是指在原子化过程中生成的气体、氧化物及溶液中盐类和无机物等分子对光辐射的吸收而产生的干扰，使吸收值增高。光散射是原子化过程中产生的固体颗粒对光的阻挡引起的假吸收。通常波长短、基体浓度大时，光散射严重，使测定结果偏高。对火焰气体吸收，其波长越短，吸收越强。在乙炔-空气火焰中，波长小于 250 nm 时，如锌（Zn）、镉（Cd）、砷（As）等元素有明显吸收，可通过仪器调零来消除。

原子吸收是锐线吸收，当波长改变 0.1 nm 时，吸收值变化很大，而背景吸收是分子吸收，产生波长范围宽，当改变波长 5 nm 时，吸收值变化不大，趋于一定数值。在实际分析中，根据原子吸收与背景吸收的差异，仔细判断是否存在背景干扰，确定消除办法。

背景干扰消除的方法常用的有：用连续光源氘灯自动消除背景；用塞曼效应自动消除背景；用与分析线邻近的一条非共振线来消除背景；用不含待测元素的基体溶液来校正背景吸收等。

四、 电离干扰

在高温下，原子电离使基态原子的浓度减少，引起原子吸收信号降低，此种干扰称为电离干扰。电离效应随温度升高、随被测元素的电离能的增加而降低，随被测元素浓度的增高而减小。

为了消除电离作用的影响，一方面可适当降低火焰温度，另一方面加入过量的消电离剂。消电离剂含有比被测元素电离能低的元素如钾（K）、钠（Na）、铯（Cs）等，这些易电离元素在火焰中首先电离，从而减少了被测元素的电离概率。例如，在测定 Ca^{2+} 时，可加入过量的 KCl，即可消除电离干扰。

第五节 原子吸收分析实验技术

一、 样品的制备与处理

对于未知试样的处理，如果是无机溶液试样，可用水稀释到合适浓度即可测定；如试样中总含盐量超过 0.1%，则在标准溶液系列中也应加入等量的同一盐类。如果是有机溶液试样，一般采用甲基异丁酮或石油醚稀释，使得溶液黏度接近水。对于无机或有机固体试样，应采取合适的样品消解方法。若采用石墨炉原子化法，则可以直接固体进样，采用程序升温，可以分别控制干燥、灰化和原子化过程，使易挥发或易热解的样品基体在原子化阶段之前除去。

二、 测定条件的选择

原子吸收光谱法中，测量条件的选择对分析准确度、灵敏度等都会有较大影响。因此，必须选择合适的测定条件以获得满意的分析结果。

1. 分析线

通常选择元素的共振线作分析线，以使测定有较高的灵敏度。但是共振线不一定是最灵敏的吸收线，如过渡元素铝（Al）、砷（As）、硒（Se）、汞（Hg）等的共振吸收线位于远紫外区（波长小于 200 nm），背景吸收强烈，这时就不宜选择这些元素的共振线作分析线。当待测元素浓度较高时，可选用灵敏度较低的非共振线为分析线，以便得到适度的吸光度值，改善标准曲线的线性范围。

2. 狭缝宽度

在原子吸收光谱中，谱线重叠的概率较小，因此，在测量时允许使用较宽的狭缝，以增加光强与降低检出限。合适的狭缝宽度可用实验方法确定：调节不同狭缝宽度，测定吸光度随狭缝宽度的变化。当狭缝增宽到一定程度时，其他谱线或非吸收光出现在光谱通带内，吸收值就开始减小。不引起吸光度减小的最大狭缝宽度是应选用的合适狭缝宽度。

3. 空心阴极灯电流

空心阴极灯的发射特性取决于工作电流。灯电流过小，放电不稳定，光强度小；灯电流过大，发射线变宽，导致灵敏度降低，灯寿命也缩短。选择灯工作电流的原则是在保证稳定和合适光强输出的条件下，尽量选用低的工作电流。一般商品空心阴极灯均标有允许使用的最大工作电流和正常使用的电流范围，通常选用最大电流的 1/2~2/3 为工作电流。实际工作中，通常是通过测定吸光度随灯电流的变化确定适宜的灯电流。空心阴极灯需要经过预热才能达到稳定的输出，预热时间一般为 10~30 min。

4. 原子化条件

在火焰原子化法中，火焰的类型和调节是影响原子化效率的主要因素。火焰类型确定后，需要调节燃气和助燃气比例，才可以获得所需的特性火焰。还需要调节燃烧器的高度，以使共振辐射从原子浓度最大的区域通过，以获得较高的灵敏度。

在石墨炉原子化法中，要合理选择干燥、灰化、原子化和净化阶段的温度和时间。一般通过实验确定最合适的条件。

5. 进样量

进样量过小，信号太弱；过大，在火焰原子吸收光谱法中，会对火焰产生冷却效应，在石墨炉原子化方法中，会使除去样品的残留产生困难。需要通过实验选择合适的进样量。

第六节 原子吸收定量分析方法

在进行微量或痕量组分分析时，灵敏度和检出限是评价分析方法和分析仪器的重要指标。IUPAC（国际纯粹与应用化学联合会）对此做了建议规定或称推荐命名法。

一、 灵敏度与检测限

1. 灵敏度（sensitivity, S）

国际纯粹与应用化学联合会（IUPAC）规定，灵敏度 S（sensitivity）的定义是分析标准函数的一次导数。分析标准函数为：

$$x = f(c) \tag{3-9}$$

式中 x ——测量值；

　　　　c ——待测元素或组分的浓度。

则灵敏度：

$$S = \frac{\mathrm{d}x}{\mathrm{d}c} \tag{3-10}$$

可以看出，灵敏度是校正曲线的斜率。S 大，灵敏度高，意味着浓度变化量很小时，测量值变化很大。

原子吸收光谱分析中习惯用 1% 吸收灵敏度，也称为特征灵敏度。其定义为能产生 1% 吸收（即 0.0044 吸光度）信号时所对应的待测元素的浓度或质量。火焰原子吸收法中，特征灵敏度以特征浓度（characteristic concentration）表示，单位为 μg/mL。

$$c_0 = \frac{0.0044 c_x}{A} \tag{3-11}$$

式中 c_x ——待测元素浓度；

A——多次测量吸光度的平均值。

对于非火焰原子吸收法，特征灵敏度以特征质量（characteristic mass）表示，单位为 ng 或 pg。

$$m_0 = \frac{0.0044 m_x}{A} \tag{3-12}$$

式中 m_x——待测元素质量；

A——多次测量吸光度的平均值。

特征浓度或特征质量与灵敏度的关系为：

$$c_0 = \frac{0.0044}{S} \text{ 或 } m_0 = \frac{0.0044}{S} \tag{3-13}$$

式中 S——校正曲线的斜率，即灵敏度。特征浓度或特征质量越小，S 越大，即方法越灵敏。

2. 检测限（detection limit，D. L.）

检出限的定义为：以特定的分析方法，以适当的置信水平被检出的最低浓度或最小量。

只有存在量达到或高于检出限，才能可靠地将有效分析信号与噪声信号区分开，确定试样中被测元素具有统计意义的存在。"未检出"就是被测元素的量低于检出限。

在 IUPAC 的规定中，对各种光学分析方法，可测量的最小分析信号 $x_{\min}$ 由下式确定：

$$x_{\min} = \bar{x}_0 + k S_B \tag{3-14}$$

式中 $\bar{x}_0$——用空白溶液（也可为固体、气体）按同样测定分析方法多次（一般为 20 次）测定的平均值；

S_B——空白溶液多次测量的标准偏差；

k——由置信水平决定的系数。IUPAC 推荐 = 3，在误差正态分布条件下，其置信度为 99.7%。

由式（3-14）可看出，可测量的最小分析信号为空白溶液多次测量平均值与 3 倍空白溶液测量的标准偏差之和，它所对应的被测元素浓度即为检出限 D. L.。

$$\text{D. L.} = \frac{x_{\min} - \bar{x}_0}{S} = \frac{k S_B}{S}$$

$$\text{D. L.} = \frac{3 S_B}{S} \tag{3-15}$$

式中 S——灵敏度，即校准曲线的斜率。

二、 分析方法

1. 标准曲线法

标准曲线法是最常用的基本分析方法，主要适用于组分比较简单或共存组分互相没有干扰的情况。配制一组浓度不同的标准溶液，由低浓度到高浓度依次喷入火焰，分别测定它们的吸光度 A。以 A 为纵坐标，被测元素的浓度 c 为横坐标，绘制 A-c 标准曲线。在相同测定条件下，测定未知样品的吸光度，从 A-c 标准曲线上求出未知样品中被测元素的浓度。

2. 标准加入法

对于比较复杂的样品溶液，有时很难配制与样品组成完全相同的标准溶液。这时可以采用标准加入法。先测定一定体积试液（c_x）的吸光度 A_x，然后在该试液中加入一定量的标准溶液，其浓度为 c_s，测定的吸光度为 A，则可得：

$$A_x = k c_x$$

$$A = k(c_x + c_s)$$

由上两式得：

$$c_x = \frac{A_x}{A - A_x} c_s \qquad\qquad (3\text{-}16)$$

实际测定中，采用作图外推法。取若干份等量的待测试样溶液，分别加入浓度为 0、c_0、$2c_0$、$3c_0$……的标准溶液并稀释到同一体积，在相同条件下分别测定各溶液的吸光度。以加入的待测元素浓度为横坐标，对应的吸光度为纵坐标，绘制 $A\text{-}c$ 标准曲线。将该直线延长，与横坐标轴相交，交点至原点的距离为溶液中待测元素的浓度 c_x（图 3-10）。

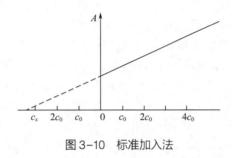

图 3-10 标准加入法

标准加入法可消除基体效应的影响，但不能消除背景干扰。应用标准加入法时，待测元素的浓度应在通过原点的标准曲线线性范围以内，并且应该扣除试剂空白。

3. 内标法

内标法是在标准溶液和试样溶液中分别加入一定量的试样中不存在的内标元素，测定分析线与内标线的吸光度比，并以吸光度比值对被测元素的浓度作图。由于所选内标元素与待测元素具有相近的原子化特性，内标法可消除在原子化过程中由于实验条件（如气体流量、火焰特性、石墨炉温度等）变化而引起的误差。但是，使用内标法定量必须采用双通道原子吸收光谱仪。

第七节 原子荧光光谱分析

原子荧光光谱法（atomic fluorescence spectrometry，AFS）是 20 世纪 60 年代中期提出并发展起来的新型光谱分析技术。原子荧光光谱法是以原子在辐射能激发下发射的荧光强度进行定量分析的发射光谱分析法。它具有如下优点：

（1）分析灵敏度高、检出限低。一般来说，分析线波长小于 300 nm 的元素，其 AFS 有更低的检出限。在波长 300~400 nm 的元素，如 Cd 检出限可达 0.001 ng/mL，Zn 为 0.04 ng/mL。

（2）谱线简单，光谱干扰少，原子荧光光谱仪可不要分光器。

（3）分析校准曲线线性范围宽，可达 4~7 个数量级。

（4）能实现多元素同时测定，由于原子荧光是向空间各个方向发射的，容易制作多通道仪器。

原子荧光光谱法目前多用于 As、Sb、Bi、Hg、Se、Te、Sn、Ge、Pb、Zn、Cd 等元素的分析。它存在荧光猝灭效应和散射光的干扰等问题。该法不如原子发射光谱和原子吸收光谱应用得广泛。

一、 原子荧光光谱的产生及其类型

气态自由原子吸收光源的特征辐射后，原子的外层电子跃迁到较高能级，然后又跃迁返回基态或较低能级，同时发射出与原激发辐射波长相同或不同的辐射，即为原子荧光。原子荧光是光致发光，也是二次发光。当激发光源停止照射之后，发射过程立即停止。

1. 共振荧光

气态原子吸收共振线被激发后，再发射与原吸收线波长相同的荧光，即是共振荧光。它的特点是激发线与荧光线的高低能级相同，其产生过程见图 3-11（1）中 A 部分。如锌原子吸收 213.86 nm 的光，它发射的荧光波长也是 213.86 nm。若原子受激发处于亚稳态，再吸收辐射进一步激发，然后再发射相同波长的共振荧光，此种原子荧光称为热助共振荧光，如图 3-11（1）中 B 部分。

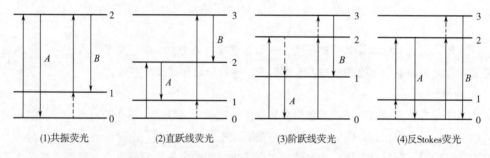

(1)共振荧光　　(2)直跃线荧光　　(3)阶跃线荧光　　(4)反Stokes荧光

图 3-11　原子荧光的产生过程

2. 非共振荧光

当荧光与激发光的波长不同时，产生非共振荧光。非共振荧光又分为直跃线荧光、阶跃线荧光、反 Stokes 荧光。

激发态原子跃迁回到高于基态的亚稳态时所发射的荧光称为直跃线荧光，如图 3-11（2）。由于荧光的能级间隔小于激发线的能线间隔，所以荧光波长大于激发光波长。如 Pb 原子吸收 283.3 nm 的光，而发射 405.7 nm 的荧光。激发线和荧光线具有相同的高能级，而不同的低能级。

阶跃线荧光有两种情况，正常的阶跃荧光为被光照激发的原子，以非辐射形式去激发返回到较低能级，再以辐射形式返回基态发射的荧光。显然这种情况下，荧光波长大于激发光波长。如钠原子吸收 330.3 nm 光，发射出 588.9 nm 的荧光。非辐射形式为在原子化器中原子与其他粒子碰撞的去激发过程。热助阶跃荧光为被光照激发的原子，跃迁至中间能级，又发生热激发至高能级，然后返回至低能级发射的荧光。如铬原子被 359.3 nm 的光激发后，会产生很强的 357.8 nm 荧光。阶跃线荧光的产生见图 3-11（3）。

反斯托克斯（Stokes）荧光是当自由原子跃迁至某一能级，其获得的能量一部分是有光源激发能供给，另一部分由热能供给，然后返回低能级所发射的荧光。其荧光能量大于激发能，荧光波长小于激发线波长。如铟吸收热能后处于一较低的亚稳能级，吸收 451.1 nm 的光后，发射 410.1 nm 的荧光，见图 3-11（4）。

在以上各种类型的原子荧光中，共振荧光强度最大，最为常用。但有的元素的非共振荧光谱线灵敏度更高。

二、 原子荧光测量的基本关系式

在各种类型的原子荧光中，共振荧光强度最大，最为常用。原子荧光光谱强度由原子吸收与原子发射过程共同决定。对指定频率的共振原子荧光，受激原子发射的荧光强度 I_f 为：

$$I_f = \varphi A I_0 \varepsilon l N_0 \qquad (3-17)$$

式中　φ ——荧光量子产率，为发射荧光光量子数与吸收入射（激发）光量子数之比；

A ——受光源照射在检测系统中观察到的有效面积；

I_0 ——原子化器内单位面积上接受的光源强度；

ε ——对入射辐射吸收的峰值吸收系数；

l ——吸收光程长；

N_0——单位体积内的基态原子数。

由式（3-17）可知，当仪器与操作条件一定时，φ、A、I_0、ε、l 均为常数，此时原子荧光强度与 N_0 成正比，由于 N_0 近似为原子总数。因此原子荧光强度与待测元素浓度成正比：

$$I_f = kc \qquad (3-18)$$

这是原子荧光光谱法定量分析的基础。

三、 量子产率与荧光猝灭

处在激发态的原子跃迁回到低能级时，可能发射共振荧光，也可能发射非共振荧光，还可以无辐射弛豫，因此量子产率一般小于 1。

受激发的原子在热运动中与其他粒子碰撞，把部分能量转变为热能或其他形式的能量，因而发生无辐射去激发过程，这种现象称为荧光猝灭。荧光猝灭会使量子产率降低，荧光强度减弱。许多元素在烃类火焰中要比在氩气稀释的氢-氧火焰中荧光猝灭大得多，因此在原子荧光光谱分析时，应尽量不要用烃类火焰，而用氩稀释的氢-氧火焰。

四、 原子荧光光谱仪

原子荧光光谱仪分为色散型（图 3-12）和非色散。这两类仪器的结构相似，只是单色器不同。原子荧光光谱仪包括光源、原子化器、单色器（色散型）、检测器、放大器和读数装置，与原子吸收光谱仪基本相同。

原子荧光光谱仪中，激发光源与检测器呈 90°，以避免激发光源发射的辐射对原子荧光检测信号的影响。

1. 激发光源

激发光源是 AFS 的主要组成部分，最常用的是高强度空心阴极灯和无极放电灯。也可以使用连续光源如氙弧灯，它不需要采用高色散的单色器。连续光源稳定、调谐简单、寿命长，能

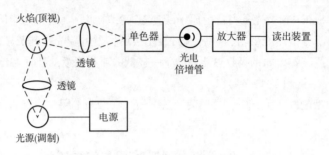

图 3-12　原子荧光光谱仪结构示意图（色散型）

用于多元素同时分析，但检出限较差。原子荧光光谱仪中光源也要进行调制。

2. 原子化器

原子化器与原子吸收光谱仪的基本相同。

3. 色散系统与非色散系统

色散型原子荧光光谱仪用光栅作色散元件，非色散型用滤光器分离分析线和邻近谱线。

4. 检测系统

色散型原子荧光光谱仪采用光电倍增管作检测器。非色散型原子荧光光谱仪多用日盲光电倍增管，这种光电倍增管对波长在 160~280 nm 范围的辐射有很高的灵敏度，但对波长大于 320 nm 的辐射不灵敏。

第八节　原子吸收光谱和原子荧光光谱在食品检测中的应用

一、原子吸收光谱在食品检测中的应用实例

（一）微波消解-石墨炉法测定罐头食品中的锡和铅

1. 测定原理

试样经微波消解处理后，在石墨炉原子吸收光谱上测定吸光度。在一定浓度范围内，铅、锡的吸光度与该元素的含量成正比，根据标准曲线测定锡和铅的含量。

2. 仪器与试剂

PinAAcle 900Z 石墨炉原子吸收光谱仪，铂金埃尔默有限公司；Mars6 微波消解仪，美国 CEM 公司；Sn 空心阴极灯，北京曙光明电子光源仪器有限公司；Pb 空心阴极灯，铂金埃尔默有限公司。

水果罐头、水产罐头、肉制品罐头（市售）；1000 μg/mL 锡标准溶液、1000 μg/mL 铅标准溶液，美国 o2si 公司；钯基质调整物，默克；过氧化氢溶液，优级纯；硝酸、磷酸二氢铵、硝酸镁均为分析纯。

3. 仪器工作条件

仪器工作条件如表 3-3 所示。

表 3-3 石墨炉原子吸收仪器参数

元素	灯电流/mA	狭缝/nm	灰化温度/℃	原子化温度/℃	样品进样量/μL	基改剂/μL
Pb	10	0.7	850	1700	20	5
Sn	10	0.7	1000	1900	20	5

4. 样品处理与测定

精确称取 0.5 g 左右打碎混匀的试样，加 5 mL 硝酸，按照微波消解的升温程序消解试样。冷却后取出消解罐，在电热板上于 150℃ 赶酸至近干。消解罐放冷后，将消化液用水洗涤转移至容量瓶中定容。同时做试剂空白。

分别配制 20~200 μg/L 锡标准溶液和 5~50 μg/L 铅标准溶液，测定相应的吸光度，考察其线性实验结果。在同一条件下，准确称取待测水果罐头，对锡和铅含量进行测量。

（二）云南常见动物性食材中血红素铁的含量

1. 测试原理

用酸性丙酮（丙酮∶水∶盐酸 = 80∶10∶10，体积比）提取食材中的血红素铁，提取液经硝酸和高氯酸（4∶1，体积比）消解后，用火焰原子吸收分光光度法测定样品中总铁和血红素铁的含量。

2. 仪器与试剂

AA-800 型火焰原子吸收分光光度计，美国 Perkin Elmer；SK3300H 型超声波水浴箱，上海科导超声仪器；DF-101S 集热式恒温加热磁力搅拌器，巩义市予华仪器；CT14DH 型台式高速离心机，上海天美生化仪器；电子分析天平，郑州万博仪器；医用冷藏冰箱，中科美菱低温。

1000 mg/L 铁标准溶液，国家标准物质中心；丙酮、盐酸、硝酸、高氯酸均为分析纯；0.5 mol/L 硝酸溶液、2% 盐酸溶液；去离子水，80 kΩ 以上。

0.5 mol/L 硝酸溶液制备：用量筒取 32 mL 硝酸于 1000 mL 烧杯中，加去离子水并稀释至刻度，玻璃棒充分搅拌、混匀，临用前配制。

铁标准溶液制备：将 1000 μg/mL 铁标准溶液用 0.5 mol/L 硝酸溶液稀释成 20 μg/mL，再分别稀释成 0~4 μg/mL 的标准系列。放入 50 mL 离心管中，4℃ 冰箱保存。

酸性丙酮溶液制备：用量筒取丙酮 80 mL、去离子水 10 mL 于 100 mL 烧杯中，缓慢加入盐酸 10 mL，玻璃棒充分搅拌、混匀，充分冷却后转移到白色塑料瓶中备用，4℃ 冰箱保存。

硝酸-高氯酸溶液制备：硝酸、高氯酸按体积比 4∶1 配制，临用前配制。

3. 仪器工作条件

波长 248.3 nm；空气/乙炔为 16/2.7 L/min，灯电流 30 mA，狭缝宽度 0.2 mm。

4. 样品处理与测定

样品采集：依《中国食物成分表》（第二版）中的食品种类和我国居民的食用习惯，并按《中国食物成分表》（第二版）中的采样方式，采集食用量大、有代表性的动物性食材 73 种，样品购自云南昆明大型超市、食品专卖店及农贸市场；每种食材各采集 3 份样品，500~1000 g/份；样品采集后在适当保藏条件下运输至实验室冷藏保存。

样品处理：畜肉类和禽肉类的 3 份样品各取适量用刀式混合研磨仪混合打匀。鲜活鱼混合后取数条洗净，除去鳞、鳍、头、刺和内脏后用刀式混合研磨仪混合打匀。虾蟹贝类混合后取数条去硬壳后用刀式混合研磨仪混合打匀。所有样品在随机化、均质化原则下通过混合、缩分，制备成适合于实验室测定血红素铁及总铁的实验用样品，于-20℃冰柜中冷冻保存。对部分油脂过高的样品进行脱脂处理。

样品中总铁含量的测定：精确称取均匀试样 1~3 g，液体样品约 1 g 于 100 mL 三角烧瓶中，加混合酸消化液 25~30 mL，放置 24 h 后，上置玻璃小漏斗于电热炉上加热消化至无色透明。取下冷却后，再加 10~15 mL 去离子水，加热以除去多余的酸。用去离子水冲洗并转移溶液至合适的容量瓶中，加水定容至刻度。同样的方法制作样品空白。用 0.5 mol/L 硝酸溶液反复冲洗进样管后，依次测定铁标准系列及样品溶液的吸光度。每个样测定 3 次，取平均值。

样品中血红素铁及非血红素铁含量的测定：精确称取均匀试样 1~3 g，液体样品约 1 g 于 15 mL 离心管中，加 5 mL 酸离心分离 5 min（7000 r/min），收集酸性丙酮层于 100 mL 三角烧瓶中，向 15 mL 离心管剩余固体中加入 5 mL 酸性丙酮，重复超声振荡，提取后离心分离，合并酸性丙酮层于三角烧瓶中，置于 56~60℃ 水浴锅中蒸去丙酮至溶液体积为 4~6 mL，室温冷却后，向三角烧瓶中加入 25 mL 硝酸-高氯酸混酸，后按测定总铁样品方法消解。根据总铁含量的测定条件，测试血红素铁的含量。总铁和血红素铁含量之差为非血红素铁含量。

（三）火焰原子吸收法测定 6 种品牌香烟中 8 种重金属含量

1. 测定原理

利用干法灰化法处理 6 种品牌香烟样品，在火焰原子吸收仪分别测定所得溶液中不同重金属的吸光度。借助标准曲线法，计算出样品中 8 种重金属的含量。

2. 仪器与试剂

TAS-990 型火焰原子吸收分光光度计，北京普析通用有限公司；FA1104 型电子天平，上海商平仪器公司；KDM 型控温电炉，山东省鄄城光明仪器有限公司；艾科浦超纯水机，重庆市颐洋企业发展有限公司。所用玻璃仪器均用体积比为 1:5 硝酸浸泡 24 h 后，再用超纯水冲洗干净。

Ca、Hg、Cu、Ni、Mn、Zn、Cd 和 Pb 标准储备液（100 mg/L）由国家标准物质研究中心提供，其余试剂均为分析纯，用水为超纯水。混酸：1% 的硝酸与高氯酸的体积比为 3:5。

3. 仪器工作条件

仪器工作条件如表 3-4 所示。

表 3-4　　　　　　　　　　　各元素的最佳测试参数

元素	波长/nm	狭缝宽度/nm	工作电流/mA	燃烧器宽度/mm	空气流量/（L/min）	乙炔流量/（L/min）
Ca	422.7	0.2	2.0	6.0	7.5	1.0
Cd	228.9	0.2	2.0	6.0	8.0	1.0
Hg	285.2	0.3	2.0	6.0	6.5	1.5
Cu	282.4	0.2	2.0	6.0	6.5	1.7
Mn	279.5	0.1	2.0	6.0	6.7	1.0
Ni	232.0	0.2	4.0	6.0	6.5	1.3

续表

元素	波长/ nm	狭缝宽度/ nm	工作电流/ mA	燃烧器宽度/ mm	空气流量/ （L/min）	乙炔流量/ （L/min）
Zn	213.9	0.2	3.0	6.0	6.5	1.0
Pb	283.3	0.4	2.0	6.0	6.5	1.5

4. 样品处理与测定

从每种品牌香烟中随机抽取 4 支，除去滤嘴及外层纸，充分混匀，放到坩埚中；在电炉上炭化，待烟冒尽，再转入马弗炉中，于 400℃灰化 8 h，冷却至室温，加入混酸，使灰分完全溶解，用少量 1%硝酸多次洗涤坩埚，洗液转移至 50 mL 容量瓶中，用 1%硝酸定容，摇匀备用，同时做空白对照实验。测定时稀释一定倍数，使样品浓度在各自的标准曲线范围内。

利用火焰原子吸收法，在最佳条件下，以超纯水为空白，由稀溶液至浓溶液逐个测定各种元素标准溶液的吸光度，绘制标准曲线。在最佳测试条件下，测定各个待测样品的吸光度，求出重金属元素含量。

（四）液液萃取–石墨炉原子吸收光谱（GFAAS）法测定生物样品中的 Cu（I）

1. 测定原理

利用碱性条件下甘氨酸螯合铜 Cu（II）溶于水、不溶于有机溶剂，而亚铜试剂（2，2′-联喹啉）与 Cu（I）形成的络合物溶于有机溶剂而难溶于水的性质，通过 2，2′-联喹啉的正戊醇溶液处理含甘氨酸的水溶液生物样本将两种不同的形态铜分离在不同的水相和有机相中，从而可以用 GFAAS 法测定有机相中的 Cu（I）。

2. 仪器与试剂

AA–7000 型原子吸收光谱仪，日本岛津公司；铜空心阴极灯；ASC–7000 自动进样器；涂层石墨管，日本岛津公司；美国 Millipore 公司超纯水器；Eppendorf 微量移液管；旋涡振荡器；离心机；所用玻璃和塑料器具用 10% HNO₃ 浸泡后用超纯水清洗三次。

CuCl 标准品，99.999%，阿拉丁；65% HNO₃，30% H₂O₂，正戊醇，均为优级纯，德国默克；1 g/L 铜标准贮备液，国家钢铁材料测试中心。

宫颈癌血清由汕头大学医学院附属医院肿瘤医院检验室提供，健康人血清样本由汕头大学医学院第一附属医院体检中心检验室提供，测定前储存于冰箱-80 ℃。

3. 仪器工作条件

波长 324.8 nm，工作电流 10 mA，狭缝宽 0.5 nm，氘灯扣背景技术，气流 0.2 L/min，进样体积 20 μL。

4. 样品处理与测定

CuCl 标准品开封后，用 10 只 1 mL 塑料管分装，充入氩气，将管内空气驱净后用密封胶封好管口，并储存于放有硅胶的干燥器中。取出其中一管，称取 CuCl 标准品 0.0156 g 置于 10 mL 容量瓶，用 0.05% 2，2′-联喹啉的正戊醇溶液稀释至刻度线，即 1000 mg/L 亚 Cu 标准溶液。取 100 μL 用 2，2′-联喹啉的正戊醇溶液依次稀释成 10、1、0.1、0.01 mg/L 溶液，取 0.01 mg/L 溶液 1000 μL 置 2 mL 消化管于 95℃烘箱烘干（约 5 h），冷至室温后分别加入 200 μL 65%硝酸和 200 μL 30%双氧水密封，80℃水浴 1 h，冷至室温后加入 1000 μL 1% HNO₃，上机时用 1%

HNO_3 作稀释剂，自动进样器自动稀释成 1、2、4、8、16 μg/g 做工作曲线。

处理不含蛋白质的中性水溶液样本时，所用甘氨酸-NaOH 缓冲溶液 pH 用 0.05 mol/L 甘氨酸和 0.5 mol/L NaOH 配至 pH 为 9。用 20% 三氯乙酸处理含蛋白质的样本时，由于三氯乙酸酸性较强，为了使上机前的样液 pH 大约为 9，所用甘氨酸-NaOH 缓冲溶液 pH 需要配到 12.5（按体积比 1 : 3 混合计算）。

细胞匀浆液及细胞膜液样本制备：人永生化肝细胞 HL-7702 细胞在 DMEM/F12（1 : 1，体积比）含 10% NCS 培养 3 d 后，去掉培养液，收集细胞，甘氨酸-NaOH 缓冲溶液（pH 9.0）洗涤 3 次。于 80℃ 冰箱冻融三次破膜后，5000 r/min 离心 30 min，上清为胞浆液，BCA 检测试剂盒检测蛋白质浓度。沉淀再经超声破碎，用 700 μL 2% TritonX-100 溶解，即得细胞膜液，BCA 检测试剂盒检测蛋白质浓度。

取 100 μL 血清（200 μL 细胞浆液或细胞膜液）置于 6 mL 特氟隆消化管，防尘措施下置烘箱 80℃ 敞口烘干（约 6 h），经消解处理，用 1% 硝酸稀释成 1000 μL，用 GFAAS 法测定总铜。

400 μL 血清（细胞匀浆液、细胞膜液）与 400 μL 20% 三氯乙酸混匀，1200 r/min 离心 10 min 去蛋白质，取离心后上清液 400 μL 置 5 mL 塑料管内，加入 1500 μL pH 为 12.5 的甘氨酸-NaOH 缓冲溶液，混匀后加入 1000 μL 0.05% 2，2'-联喹啉的正戊醇溶液，旋涡振荡 1 min，静置分层后取有机层 500 μL 于 6 mL 特氟隆消化管，95℃ 烘箱烘干（约 5 h），并经消解处理，室温加入 600 μL，用 GFAAS 法测定 Cu（I）。

二、原子荧光光谱在食品检测中的应用实例

（一）氢化物发生-原子荧光光谱法测定三种鸡蛋中硒含量的研究

1. 测定原理

鸡蛋样品用高氯酸和硝酸的混合酸消解处理后，所得样品进入 AFS 测定。硒化合物经硼氢化钠还原得到硒化氢，进入原子化器产生硒的荧光强度。在 0~8 μg/L 浓度范围内，硒的荧光强度与其浓度呈现良好的线性关系，从而计算出硒的含量。

2. 仪器与试剂

PF6-2 非色散原子荧光光度计，北京普析通用仪器有限责任公司；高性能空心阴极硒灯，北京有色金属研究总院；微控数显电热板，北京莱伯泰科仪器股份有限公司；FB223 电子分析天平，上海舜宁恒平科学仪器有限公司；DHG-9246A 电热恒温鼓风干燥箱，上海精宏实验设备有限公司。

硒标准储备液，100 μg/mL，中国计量科学研究院；KBH_4 和 KOH 为分析纯；$HClO_4$、HNO_3 和 HCl 均为优级纯；超纯水自制；3 种鲜鸡蛋（普通鸡蛋、土鸡蛋和乌鸡蛋）从天津某大型超市购买。

硒标准溶液 10 μg/L：将硒标准储备液逐级稀释至 0.1 μg/mL 的硒标准中间液，分别移取 10 mL 硒标准中间液和浓盐酸，移入 100 mL 的容量瓶中，然后用超纯水定容。

1.5% KBH_4 还原剂：称取 2.5 g KOH 置于烧杯中，用超纯水溶解，待 KOH 完全溶解后，移置 500 mL 容量瓶中，用超纯水定容；再称取 0.5 g KBH_4 置于烧杯中，用 KOH 溶液溶解，待 KBH_4 完全溶解后，移入 500 mL 容量瓶中，用超纯水定容。

2% HCl 载液：量取 26.8 mL 浓 HCl，缓慢加入盛有 200 mL 超纯水的容量瓶中，然后用超纯水定容至 500 mL。

3. 仪器工作条件

AFS 工作条件：主灯电流 50 mA，辅灯电流 50 mA；负高压 280 V；原子化器高度 8 mm；载气流量 300 mL/min；屏蔽气流量 600 mL/min；标样浓度 10 μg/L；读数时间 12 s。

4. 样品处理与测定

鸡蛋蛋清与蛋黄混合均匀后，准确称取鸡蛋混合样品 10 g，置于 250 mL 锥形瓶中，依次加入 10 mL 混合酸（$HClO_4$：$HNO_3 = 1：1$），加塞，放在通风橱中静置过夜。次日，将锥形瓶放于 200℃ 微控数显电热板上加热消解，至锥形瓶内溶液变为透明清亮后取下，同时将电热板温度调至 160℃，当锥形瓶温度冷却至室温后，加入 5 mL 6 mol/L 的盐酸，再次将锥形瓶放在电热板上加热，至溶液变透明清亮后取下，冷却至室温后，将锥形瓶内溶液转移至 100 mL 容量瓶中，加入 1.00 mL 10% 铁氰化钾溶液，用 10% 盐酸定容，摇匀，待测，同时做样品空白对照。

将 10 μg/L 硒标准溶液加入 PF6-2 非色散原子荧光光度计中，仪器自动将硒标准溶液稀释成 0、1、2、4、8 ng/mL。依据其荧光强度，以硒浓度为横坐标，原子荧光强度为纵坐标，绘制标准曲线。

将处理后的鸡蛋样品放在高性能空心阴极硒灯下，以 1.5% 的硼氢化钾溶液为还原剂和 2% 盐酸溶液为载流液，测定鸡蛋样品硒的荧光强度。根据标准曲线，求出鸡蛋中硒的含量。

（二）高效液相色谱-原子荧光光谱法测定人尿中 6 种形态砷

1. 测定原理

尿样中的砷化物通过高效液相色谱分离，并经硼氢化钠还原为砷化氢后，随着载气进入原子荧光光谱仪，产生 As 的原子荧光。一定条件下，As 的原子荧光强度与其浓度呈正比，进而求出不同形态砷的含量。

2. 仪器与试剂

HPLC-AFS6500 原子荧光形态分析仪，北京海光仪器有限公司；AFS8230 原子荧光光度计，北京吉天仪器有限公司；PRP-X100 阴离子交换色谱柱（250.0 mm×4.1 mm×10.0 μm），瑞士 Hamilton 公司；Mili-Q 超纯水系统，美国 Milipore 公司。

质量浓度（以砷计）分别为 10.0、17.5、25.1、53.0 mg/L 的亚砷酸盐、砷酸盐、一甲基砷酸和二甲基砷酸溶液标准物质，均为分析纯，中国计量科学研究院；一甲基亚砷酸钠、二甲基亚砷酸钠，纯度 98.0%，美国 Sigma 公司；其他试剂均为分析纯或优级纯；硼氢化钾；实验用水均为超纯水（电阻率≥18.2 MΩ·cm）。

标准液配制：分别准确称取 9.95 mg 一甲基亚砷酸钠（按纯度 98.0% 计）、9.81 mg 二甲基亚砷酸钠（按纯度 98.0% 计）于 2 个 100.0 mL 容量瓶中，分别加入 50.0 mL 超纯水，超声溶解后用超纯水定容至刻度，即为质量浓度均为 50.0 mg/L 的一甲基亚砷酸钠、二甲基亚砷酸钠标准溶液。

混合标准溶液配制：分别移取亚砷酸盐、二甲基砷酸、一甲基砷酸、二甲基亚砷酸钠、一甲基亚砷酸钠和砷酸盐的标准溶液 1000、187、400、200、200、573 μL 于 10.0 mL 容量瓶中，用碳酸铵、磷酸铵、硫酸铵配成含 3 种物质浓度均为 4.0 mmol/L 的混合液定容至刻度，配制成各形态砷化合物的混合标准工作液（砷的质量浓度为 1.00 mg/L）。

3. 仪器工作条件

HPLC 色谱条件：PRPX100 阴离子交换色谱柱；流动相为浓度均为 4.0 mmol/L 的碳酸铵、磷酸铵、硫酸铵混合液（体积比 1∶1∶1，用氨水或磷酸调节 pH 至 8.9），流速为 1.20 mL/min；进样量为 100 μL。

AFS 工作条件：光电倍增管负高压，300 V；砷空心阴极灯，60 mA；原子化器高度 10 mm；载气流量 600 mL/min；屏蔽气流量 900 mL/min；载流为体积分数为 10.0% 的盐酸，还原剂为 3.5%（质量分数）硼氢化钾 [含 0.5%（质量分数）氢氧化钾]。

4. 样品处理与测定

以洁净的聚四氟乙烯瓶收集砷中毒患者和无职业接触砷的正常人新鲜尿样 50.0 mL/人，迅速送至实验室，置于 -80℃的冰箱中冷冻保存。

分别移取混合标准工作液 0.0、0.1、0.2、0.4、0.8、1.0 mL 于 6 支 10.0 mL 的比色管中，用流动相定容至刻度，配成各种形态砷（质量浓度分别为 0.00、10.00、20.00、40.00、80.00、100.00 μg/L）的标准系列。将 HPLC-AFS 仪调整到最佳状态，进样量 100 μL，测定各标准样峰面积，以各形态砷的质量浓度为横坐标，测得的峰面积为纵坐标，绘制工作曲线。

将尿样取出，恢复至室温，摇匀后取 2.0 mL 尿样，于 4 ℃、离心半径为 8 cm、10000 r/min 离心 10 min，取上清液 1.0 mL，用一次性水系针头微孔过滤器过滤，取过滤后的尿液 0.5 mL 用流动相稀释 5 倍后，采用高效液相色谱-原子荧光联用（HPLC-AFS）法按上述工作条件测定；测定结果乘以稀释倍数。

🔍 思考题

1. 原子吸收光谱分析的基本原理是什么？简要说明原子吸收光谱定量分析基本关系式的应用条件。

2. 在原子吸收光谱法中为什么常选择共振线为分析线？

3. 解释下列名词：谱线的半宽度；积分吸收；峰值吸收；锐线光源。

思考题解析

4. 在原子吸收光谱法中，为何常采用峰值吸收而不应用积分吸收？

5. 原子吸收光谱仪主要由哪几部分组成，各部分的作用是什么？

6. 火焰原子化法中，火焰有哪些类型，它们分别适合哪些元素的测定？

7. 石墨炉原子化法的原理是什么？其温度程序一般包括哪几个步骤，作用分别是什么？

8. 原子吸收光谱法的干扰有哪几种类型？分别可以采用哪些方法加以抑制？

9. 简述原子荧光光谱产生的原因及类型。

10. 用原子吸收光谱法测定某食品中 Cu，采用标准加入法，在 324.8 nm 波长处测得的结果如下（附表 3-1）：

附表 3-1　　　　　　　　　　铜溶液的吸光度测定

加入 Cu 标准液/（μg/mL）	吸光度
0（样品）	0.280
2.00	0.440
4.00	0.600
6.00	0.757
8.00	0.912

试计算食品中 Cu 的浓度是多少？

(3.56 μg/mL)

11. 测定水样中 Mg 的含量，移取水样 20.00 mL 置于 50 mL 容量瓶中，加入 HCl 溶液酸化后稀释至刻度，选择原子吸收光谱法最佳条件，测得其吸光度为 0.200。另取 20.00 mL 水样于 50 mL 容量瓶中，加入 2.00 μg/mL Mg 标准溶液 1.00 mL，用 HCl 溶液酸化后稀释至刻度。在同样条件下测得吸光度 0.225，试计算水样中含镁量（mg/L）。

(0.8 mg/L)

12. 用原子吸收分光光度法分析尿样中的铜，分析线 324.8 nm。由某一份尿样（体积 9 mL）得到的吸光度为 0.282，然后在该尿样中加入 1 mL 4.0 mg/mL 的铜标准溶液，此时混合液的吸光度为 0.835，问尿样中铜的浓度是多少？

(0.194 mg/mL)

参 考 文 献

[1]叶宪增,张新祥.仪器分析[M].2 版.北京:北京大学出版社,2007.

[2]方惠群,于俊生,史坚.仪器化学[M].6 版.北京:科学出版社,2000.

[3]朱明华.仪器分析[M].3 版.北京:高等教育出版社,2000.

[4]武汉大学.分析化学[M].6 版.北京:高等教育出版社,2000.

[5]邓勃.应用原子吸收与原子荧光光谱分析[M].2 版.北京:化学工业出版社,2007.

[6]贾春晓.仪器分析[M].郑州:河南科学技术出版社,2009.

[7]卢亭,夏慧丽,陈斌斌.微波消解-石墨炉法测定罐头食品中的锡和铅[J].食品工业,2018,38(9):291-293.

[8]解丽,王松梅,李佳雯,等.云南常见动物性食材中血红素铁的含量[J].2018,40(4):381-386.

[9]刘里,杨晓丽.火焰原子吸收法测定 6 种品牌香烟中 8 种重金属含量[J].煤炭与化工,2015,38(4):80-82.

[10]张源,吴鹏,李慧,等.液液萃取–GFAAS 法测定生物样品中的 Cu(Ⅰ)[J].光谱学与光谱分析,2020,40(2):632-636.

[11]吕莉,李源,井美娇,等.氢化物发生–原子荧光光谱法测定三种鸡蛋中硒含量的研究[J].光谱学与光谱分析,2019,39(2):607-611.

[12]周乐舟,杨露,付胜.高效液相色谱–原子荧光光谱法测定人尿中 6 种形态砷[J].中国职业医学,2020,47(2):204-208.

第四章

气相色谱分析

CHAPTER

4

[学习要点]

　　通过本章内容的学习，了解色谱法的定义、发展、特点及分类；理解并掌握塔板理论、速率理论及相关计算公式；掌握气相色谱法分离分析的原理、特点以及应用；掌握气相色谱仪的基本结构及其工作原理和作用，重点掌握气相色谱柱及检测器的工作原理及特性，理解影响气相色谱分离效果的相关因素；掌握气相色谱法的定性和定量分析方法及在食品行业的应用。

第一节　色谱法概述

一、　色谱法发展

　　色谱法（chromatography）是基于不同化合物之间的分离而建立起来的一种现代仪器分析方法。"色谱"这个概念最早由俄国植物学家茨维特（Mikhail Semenovich Tswett，1872—1919，图4-1左）提出，他在研究植物叶色素成分时，将植物叶片的石油醚浸取液加载到装有碳酸钙的竖直玻璃柱管顶端，加入石油醚使其自由流下，植物色素随着石油醚流动沿玻璃管柱向下移动，结果在管内出现不同颜色的色带（图4-1右），茨维特将这种现象称为色谱。其中，装有碳酸钙颗粒的玻璃管称为色谱柱（chromatographic column），管内固定不动的填充物（如碳酸钙颗粒等）称为固定相（stationary phase），流经固定相的孔隙及表面的流体（如石油醚等）称为流动相（mobile phase）。随着技术的不断进步，色谱分离的对象早已扩展到了无色物质，但"色谱"名称却一直沿用至今。

图 4-1　茨维特和植物色素分离示意图

色谱发展至今已有 100 多年的历史，已分支出气相色谱（gas chromatography，GC）、液相色谱、薄层色谱、凝胶渗透色谱、纸色谱、毛细管电泳等系列，在食品、环境、石油、化工、刑侦等众多领域发挥着越来越重要的作用。

二、　色谱法分类

（一）按流动相和固定相状态分类

气体作为流动相的称为气相色谱，液体作为流动相的称为液相色谱，以超临界流体为流动相的色谱称为超临界流体色谱；根据固定相表层固、液状态，气相色谱又可分为气-液色谱和气-固色谱，液相色谱又可分为液-液色谱和液-固色谱。

（二）按固定相的形状分类

固定相装填于柱内的色谱法称为柱色谱；固定相呈平板状的色谱法称为平面色谱，包括纸色谱和薄层色谱等。

（三）按分离机制分类

基于吸附力强弱不同而进行分离的色谱法称为吸附色谱，基于组分在固定相中溶解度不同而实现分离的色谱法称为分配色谱，基于组分与固定相间静电力大小不同而达到分离的色谱法称为离子交换色谱，基于组分在固定相内的选择性渗透实现分离的色谱法称为尺寸排阻色谱，基于组分与固定相间高专属亲和力进行分离的色谱法称为亲和色谱，等等。

三、　色谱法基本原理

色谱分离是基于样品中各组分在固定相和流动相之间的吸附能力、分配系数或其他亲和作用性能的差异而实现的。

（一）分配系数

在一定温度和压力下，组分在固定相和流动相两相间分配达到平衡时的浓度比称为分配系数（distribution coefficient），用符号 K 表示：

$$K = \frac{\text{组分在固定相中的浓度}/(\text{g/mL})}{\text{组分在流动相中的浓度}/(\text{g/mL})} = \frac{c_s}{c_m} \tag{4-1}$$

K 值是组分保留程度的量度。K 值大的组分在固定相中溶解或吸附性强，随流动相迁移速度较慢，后流出柱子；K 值小的组分，先流出柱子。

（二）分配比

分配比又称容量因子（capacity factor, k）：在一定温度和压力下，组分在两相之间分配达到平衡时在固定相和流动相中的质量比，即

$$k = \frac{m_s}{m_m} = \frac{c_s V_s}{c_m V_m} \tag{4-2}$$

式中　m_s、m_m——组分在固定相和流动相中的质量；

　　　c_s、c_m——组分在固定相和流动相中的浓度；

　　　V_m——柱中流动相的体积，近似等于死体积；

　　　V_s——柱中固定相的体积。

四、 色谱流出曲线及相关术语

（一）色谱图

试样中各组分经色谱柱分离后，随流动相依次流出色谱柱进入检测器，基于检测器的响应信号-时间或流动相体积建立的曲线，称为色谱流出曲线，又称色谱图（chromatogram），曲线上凸起部分就是色谱峰。如图4-2所示，色谱图的纵坐标为检测器响应信号，单位为mV；横坐标最常用的是时间，单位为min或s，也可用流动相体积或距离表示。有关描述色谱流出曲线的术语有基线、保留值、峰高、峰宽、峰面积、峰容量等。

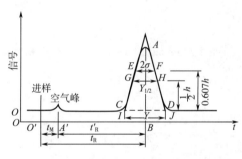

图4-2　色谱图

（二）基线 （ base line ）

在操作条件下，色谱柱仅有纯流动相进入检测器时的流出曲线称为基线。

（三）色谱峰 （ chromatographic peak ）

当目标组分随流动相进入检测器时，检测器的响应信号随时间变化在基线上形成一个突起而形成的峰形曲线称为色谱峰，如图4-2中 *CGEAFHD* 所示。

（四）峰高与峰面积 （ peak height and peak area ）

色谱峰顶点与峰底之间的垂直距离称为峰高，如图4-2中 *AB* 间的距离，用 h 表示。峰与峰底之间的面积称为峰面积，用 A 表示。

（五）区域宽度 （ peak width ）

色谱峰的区域宽度是色谱图的重要参数之一。色谱峰的区域宽度通常有3种表示方法：

（1）标准差　即0.607倍峰高处的峰宽的1/2，如图4-2中 *EF* 的一半，用 δ 表示。

（2）半峰宽　即峰高一半处的峰宽，称为半峰宽（peak width at half height），如图4-2中

的 GH，用 $Y_{1/2}$ 表示。它与标准差的关系为：$Y_{1/2} = 2\delta\sqrt{2\ln2} = 2.355\delta$。

（3）峰宽   即色谱峰两侧的转折点处的切线与基线上的截距，亦称峰底宽度（peak width at peak base），如图 4-2 中的 IJ，用 Y 表示。它与标准差的关系为：$Y = 4\delta = 1.70Y_{1/2}$。峰宽与半峰宽的单位由色谱峰横坐标单位而定，其单位可以是时间、体积或距离单位（min 或 cm）。

（六）保留值（retention value）

表示试样中某组分在色谱柱中停留的时间或将组分带出色谱柱所需流动相体积。

（1）保留时间（retention time）   目标组分从进样开始至柱后出现浓度最大值时所需的时间称为保留时间，用 t_R 表示，如图 4-2 中 $O'B$ 所示。

（2）保留体积（retention volume）   目标组分从进样开始到柱后出现浓度最大值时流动相所流出的体积称为保留体积，用 V_R 表示。

（3）死时间（dead time）   不被固定相保留的组分（气相色谱中如空气、甲烷等），从进样开始到柱后出现浓度最大值时所需时间称为死时间，用 t_M 表示，如图中 4-2 $O'A'$ 所示。

（4）死体积（dead volume）   不被固定相保留的组分，从进样开始到出现峰最大值所需流动相的体积称为死体积，用 V_M 表示，即

$$V_M = t_M F_C \tag{4-3}$$

式中 F_C——流动相流速。

（5）调整保留时间（adjusted retention time）   扣除死时间后的保留时间称为调整保留时间，用 t'_R 表示，即：

$$t'_R = t_R - t_M \tag{4-4}$$

（6）调整保留体积（adjusted retention volume）   扣除死体积（V_M）后的保留体积称为调整保留体积。用 V'_R 表示，即：

$$V'_R = V_R - V_M \tag{4-5}$$

V'_R 与 t'_R 之间的关系为：

$$V'_R = t'_R F_C \tag{4-6}$$

（七）相对保留值（relative retention value）

在相同操作条件下，目标组分与参比组分的调整保留值之比称为相对保留值，用 r_{is} 表示。

$$r_{is} = \frac{t'_{R(i)}}{t'_{R(s)}} = \frac{V'_{R(i)}}{V'_{R(s)}} \tag{4-7}$$

式中 $t'_{R(i)}$ 和 $t'_{R(s)}$——被测物质和参比物质的调整保留时间；

$V'_{R(i)}$ 和 $V'_{R(s)}$——被测物质和参比物质的调整保留体积。

只要柱温、固定相和流动相的性质保持不变，即使柱长、柱径、填充情况及流动相流速有所变化，r_{is} 值不变。

（八）峰容量（peak capacity）

在一定的色谱条件下和时间内，从色谱柱流出满足分离度要求的色谱峰的个数称作峰容量。

五、塔板理论

该理论将色谱柱比作一个精馏塔，柱内有若干个想象的塔板，在每个塔板高度间隔内，待

分离的组分在两相间进行分配。由于流动相在不停地移动，而固定相保持不动，经过多次分配平衡后，分配系数小的组分最先流出，分配系数大的组分后流出。塔板理论将一根色谱柱子分成 n 段，在每段内组分在两相间很快达到分配平衡，他们把每一段称为一块理论塔板。设柱长为 L，理论塔板高度（height equivalent to a theoretical plates，HETP）为 H，则：

$$H = \frac{L}{n} \tag{4-8}$$

式中　n——理论塔板数（number of theoretical plates）。

当理论塔板数（n）足够大时，色谱流出曲线趋近于正态分布。理论塔板数（n）可以根据色谱图上所测得的保留时间（t_R）和峰宽（Y）或半峰宽（$Y_{h/2}$）按式（4-9）计算：

$$n = 16\left(\frac{t_R}{Y}\right)^2 \qquad 或 \qquad n = 5.54\left(\frac{t_R}{Y_{h/2}}\right)^2 \tag{4-9}$$

n 或 H 是描述色谱柱效能的指标。一般而言，色谱柱的理论塔板数（n）越大，理论塔板高（H）越小，则表示色谱柱的效能越高。

若扣除死时间（t_M），则为有效塔板数（n_{eff}），即：

$$n_{eff} = 5.54\left(\frac{t'_R}{Y_{h/2}}\right)^2 = 16\left(\frac{t'_R}{Y}\right)^2 \tag{4-10}$$

n_{eff} 更能评价色谱柱的柱效能的实际情况。

由塔板理论的流出曲线方程可导出理论塔板数 n 与色谱峰底宽度的关系。当 $n>50$ 时，色谱流出曲线呈对称峰形曲线，随着 n 值继续增大，流出曲线接近正态分布，其表达式为：

$$c = \frac{\sqrt{n}\,m}{\sqrt{2\pi}\,V_R}\exp\left[-\frac{n}{2}\left(1 - \frac{V}{V_R}\right)^2\right] \tag{4-11}$$

式中　m——组分质量；

　V、V_R——载气流出体积、保留体积；

　　n——理论塔板数。

塔板理论的不足之处在于它不能解释影响塔板高度（H）的因素，也不能解释在同一色谱柱中同一组分于不同的载气流速下具有不同的理论塔板数这一实验事实。

六、速率理论

速率理论是荷兰学者范第姆特（Van Deemter）等吸收了塔板理论中的一些概念，进一步把色谱分配过程与分子扩散和在气液两相中的传质过程联系起来建立而来的色谱动力学理论。该理论指出：单个组分粒子在色谱柱内固定相和流动相间要发生千万次转移，加上分子扩散和运动途径等因素，它在柱内的运动是高度不规则的、随机的，在柱中随流动相前进的速率是不均一的。与偶然误差造成无限多次测定的结果呈现正态分布类似，无限多个随机运动的组分粒子流经色谱柱所用的时间也是正态分布的。t_R 是其平均值，即组分分子的平均行为。

速率理论更重要的贡献是提出了范第姆特方程式（Van Deemter Equation），它表示了塔板高度（H）与载气线速度（u）以及影响 H 的三项主要因素之间的关系，其简化式为：

$$H = A + \frac{B}{u} + Cu \tag{4-12}$$

式中，A、B、C 为 3 个常数：A 项称为涡流扩散项（eddy diffusion term），$\dfrac{B}{u}$ 项称为分子扩散

项（molecular diffusion term），Cu 项为传质阻力项（mass transfer resistance term），u 为载气线速度，即一定时间里载气在色谱柱中的流动距离，单位为 cm/s。由式中关系可见，当 u 一定时，只有当 A、B、C 三个常数较小时，H 才能有较小值，才能获得较高的柱效能；反之，色谱峰扩张，则柱效能较低。

（一）涡流扩散项 A（eddy diffusion term）

在色谱柱中，组分碰到填充物颗粒时，不断改变方向，形成紊乱的类似"涡流"的流动，从而导致同一组分粒子所通行路途的长短互不相同，因此它们在柱上停留的时间也不相同，而是分布在一个时间间隔内到达柱尾，引起色谱峰的扩张，称为涡流扩散（eddy diffusion）。涡流扩散项与填充物的平均颗粒直径大小和填充物的均匀性有关。

$$A = 2\lambda d_p \tag{4-13}$$

式中　λ——填充不规则因子；

　　　d_p——填充物颗粒的平均直径。

由式（4-13）可见，A 与载气性质、线速度和组分无关。

（二）分子扩散项 B/u

分子扩散项又称为纵向扩散项（longitudinal diffusion），由于组分在色谱柱中的分布存在浓度梯度，由组分浓度较大的中心部分向两侧较稀的区域扩散引起的。在气相色谱中，分子扩散系数（B）主要由组分在载气中的扩散系数所决定，即：

$$B = 2\gamma D_g \tag{4-14}$$

式中　γ——由于柱内填充物而引起气体扩散路径弯曲的因数，称为弯曲因子；

　　　D_g——组分在气相中的扩散系数。D_g 与载气相对分子质量的平方根成反比，所以对于既定的组分采用相对分子质量较大的载气可以减小分子扩散；对于选定的载气，相对分子质量较大的组分会有较小的分子扩散；D_g 随柱温的升高而加大，随柱压的增大而减小。可见，在色谱操作时，应选用相对分子质量大的载气、较高的载气流速、较低的柱温，这样才能减小 $\dfrac{B}{u}$ 项，提高柱效率。

（三）传质阻力项 Cu

影响试样组分在气液两相中溶解、扩散、分配的过程速度的阻力，称为传质阻力（mass transfer resistance）。传质阻力项主要包括两个部分，即气相传质阻力项和液相传质阻力项。传质阻力项（Cu）中的 C 为传质阻力系数，该系数实际上为气相传质阻力系数（C_g）和液相传质阻力系数（C_L）之和，即：

$$C = C_g + C_L \tag{4-15}$$

1. 气相传质过程

气相传质过程指试样组分从气相移动到固定相表面的过程。在这一过程中，试样组分将在气液两相间进行质量交换，即进行浓度分配。气相传质阻力系数为：

$$C_g = \frac{0.01k^2 d_p^2}{(1+k)^2 D_g} \tag{4-16}$$

气相传质阻力系数与固定相的平均颗粒直径平方成正比，与组分在载气中的扩散系数成反比。在实际色谱操作过程中，应采用细颗粒固定相和相对分子质量小的气体（如氢气等）作载气，可降低气相传质阻力。

2. 液相传质过程

液相传质过程指试样组分从固定相的气液界面移到液相内部，达到分配平衡后又返回到气液界面的传质过程。液相传质阻力系数为：

$$C_L = \frac{2}{3} \frac{kd_f^2}{(1+k)^2 D_L} \tag{4-17}$$

式中 d_f——固定相的液膜厚度；

D_L——组分在液相中的扩散系数。

从式（4-17）可见，C_L 与固定相的液膜厚度（d_f）的平方成正比，与组分在液相中的扩散系数（D_L）成反比。实际工作中减小 C_L 值的主要方法为：①降低液膜厚度，在能充分均匀覆盖载体表面的前提下，适当减少固定液的用量，使液膜薄而均匀；②通过提高柱温的方法，增大组分在液相中的扩散系数（D_L）。通过这两方面的努力，就可降低液相传质阻力，提高柱效。

将常数的关系式代入简化式［式（4-12）］得：

$$H = 2\lambda d_p + \frac{2\gamma D_g}{u} + \left[\frac{0.01k^2 d_p}{(1+k)^2 D_g} + \frac{2}{3} \cdot \frac{kd_f^2}{(1+k)^2 D_L} \right] u \tag{4-18}$$

由以上讨论可以看出，范第姆特方程说明了色谱柱填充的均匀程度、载体粒度的大小、载气种类和流速、柱温、固定相的液膜厚度等因素对柱效及色谱峰扩张的影响。

七、色谱分离性能指标

在色谱分析中，理论塔板数 n 可作为色谱柱性能指标，但 n 只能说明色谱柱对某一物质的柱效高低，却不能判断不同物质在柱中的分离情况；相对保留值 r_{21} 可以说明色谱柱（固定相）对难分离的物质的选择性，但又不能反映柱效高低。有必要确定一个能够衡量色谱柱总分离效能的综合性指标，即分离度。

（一）分离度 R（resolution）

分离度又称分辨率，其定义为相邻两组分色谱峰保留值之差与两峰底宽之和的平均值之比，即：

$$R = \frac{t_{R(2)} - t_{R(1)}}{\frac{1}{2}(Y_1 + Y_2)} \tag{4-19}$$

分离度 R 既能反映色谱柱的选择性又能反映柱效，故分离度可用作色谱柱的总分离效能指标（over-all resolution efficiency）。R 越大，相邻两组分分离得越好。理论证明，若色谱峰呈正态分布，当 $R = 0.8$ 时，两组分分离程度可达 89%；$R = 1$ 时，分离程度可达 98%；$R = 1.5$ 时，分离程度可达 99.7%，因而约定 $R = 1.5$ 作为相邻两峰完全分开的指标。

（二）分离度 R 与 n、r_{21} 和 k 的关系

实验证明，分离度 R 受柱效 n、选择性因子 r_{21} 和容量因子 k 三个参数控制，关系如式（4-20）。（注：公式推导参阅：D. A. Skoog et al. Principles of Instrumental Analysis. 2nd Edit. 1980：677-678。）

$$R = \frac{\sqrt{n}}{4} \times \frac{r_{21} - 1}{r_{21}} \times \frac{k}{1+k} \tag{4-20}$$

r_{21} 反映固定相的选择性。r_{21} 越大，两组分越容易分离；$r_{21}=1$ 时，无论柱效多高，分离度 R 均为零，两组分不可能分离；r_{21} 的微小增大，即可使分离度得到较大改善。

k 由色谱峰与空气峰的相对位置决定。容量因子 k 增大、分离度提高，但是会延长分析时间，引起谱带扩展；一般来说，$k>10$ 时，分离度的提高不再明显，在色谱分析中，通常将 k 控制在 2~7。

n 反映色谱柱的柱效，R 与理论塔板数平方根成正比。增大理论塔板数，可以增大分离度。若简单通过增加柱长来增加塔板数，会延长分析时间。

第二节　气相色谱法

一、气相色谱的发展

1941 年英国生物化学家马丁（A. J. P. Martin）和辛格（R. I. M. Synge）等在研究液液分配色谱的基础上提出气液色谱的设想，并做了大量的研究工作，证实了气体作为色谱流动相的可行性，预言气相色谱法的诞生，于 1952 年创立了气液色谱法，同年他们便发表了第一篇有关 GC 的论文。1954 年 N. H. Ray 把热导检测器应用于气相色谱仪，从而扩大了气相色谱法的应用范围；1956 年荷兰学者 van Deemter 等人提出了气相色谱的速率理论，即范第姆特方程，为气相色谱法奠定了理论基础；同年，美国工程师 Golay 发明了毛细管色谱柱，大幅提高了气相色谱的分离效能；1957 年 Holmes 等人首次把气相色谱与质谱联用；随后几年，澳大利亚学者 Mcwilliam 发明了火焰离子化检测器；英国学者 J. E. Lovelock 研制成功氩离子化和电子捕获等高灵敏度、高选择性检测器，从而使气相色谱法获得了较迅速的发展和更加广泛的应用。1970 年以来，电子技术，特别是计算机技术的发展，以及 1979 年弹性石英毛细管柱的出现使 GC 上了一个新台阶。

二、气相色谱分类

（一）按固定相状态

主要分为气-固色谱（gas-solid chromatography，GSC）和气-液色谱（gas-liquid chromatography，GLC）。气-固色谱法的固定相在使用温度下是固体，是利用不同物质在固体吸附剂上的物理吸附-解吸能力不同实现分离。气-液色谱法的固定相在使用温度下呈液态，是利用待测物在气体流动相和固定在惰性固体表面的固定液之间的分配特性实现分离的。

（二）按柱径粗细

主要分为填充柱色谱（packed column gas chromatography）和毛细管气相色谱法（capillary column gas chromatography）。填充柱色谱法，使用的色谱柱是将固定相填充在内径约 4 mm 的金属或玻璃管内而成；毛细管柱色谱法，使用内径为 0.1~0.5 mm 的玻璃或石英管，如将固定相涂敷在毛细管内壁上，管中心是空的。

（三）按分离机制

主要分为吸附色谱法（adsorption chromatography）和分配色谱法（partition chromatography）。

吸附色谱法是利用吸附剂对不同组分的吸附性能差异进行分离，如气-固色谱。分配色谱法是利用不同组分在两相中分配系数的差异而进行分离，如气-液色谱。

三、 气相色谱分析的特点

气相色谱法是以气体为流动相进行冲洗的柱色谱分离技术，在分离过程中，被分离组分呈气态，具有分离效率高、灵敏度高、分析速度快等特点：分离效率高，常用填充柱就拥有几千的理论塔板数，毛细管色谱柱，可达一百多万个理论塔板数；速度快，整个分离过程一般只需几十分钟至几分钟甚至几秒钟；选择性高，可实现性质相近化合物的分离，如可实现芳烃中邻、间、对位异构体等难分离组分的分离；灵敏度高，可以检出样品中含量 $10^{-12} \sim 10^{-10}$ g 的组分；样品用量较少，液体样品用量 $0.01 \sim 10$ μL，气体样品用量 $0.1 \sim 10$ mL。

四、 气相色谱仪器

（一）气相色谱仪的结构

气相色谱仪主要包括载气系统、进样系统、分离系统、检测系统、数据记录和处理系统六部分。

1. 载气系统

载气系统是一个载气连续运行的密闭管路系统，一般由钢瓶、稳压恒流装置、净化器、压力表、流量计和密闭管路组成。常用的载气（carrier gas）有氢气、氮气、氩气和氦气等，这些气体一般都由高压钢瓶供给。

2. 进样系统

进样系统包括进样器和气化室两部分。

（1）进样器　根据试样的状态不同，可采用不同的进样器。对于气体试样，一般使用旋转式或推拉式六通阀进样。一般采用微量注射器进样，常用的规格有 1、5、10、50 μL。

（2）气化室　一般由一根在管外绕有加热丝的不锈钢管制成，其作用是将液体或固体试样瞬间气化为蒸汽。对于气化室，除要求热容量大、死体积小之外，还要求气化室的内壁不发生任何催化反应。

3. 分离系统

分离系统由色谱柱和柱温箱组成，色谱柱是色谱仪的核心部分，色谱柱通常可分为填充柱和毛细管柱两类。柱温箱主要用于控制色谱柱分离时的工作温度。

4. 检测系统

检测系统将色谱柱流出各组分的浓度或质量转变成易被测量的电信号，如电压、电流等，然后经过放大器送至记录器记录下来。

5. 温度控制系统

由于气化室、色谱柱和检测器工作时都各有不同的温度要求，因此应用恒温器分别控制它们的温度。

6. 数据记录与处理系统

主要用作分析数据的记录和处理。目前，气相色谱通常由计算机通过相应的软件控制，检测器得到的信号一般较弱，经过放大器放大后，通过信号转变传递到计算机上，得到相应的色谱图，完成数据记录。

（二）气相色谱的一般流程

气相色谱的简单流程如图4-3所示：来自高压钢瓶（1）的载气经减压阀（2）减压后，进入净化干燥器（3）干燥净化，流入针形阀（4）控制载气的压力和流量，经转子流量计（5）测定载气的流速，压力表（6）指示柱前压力，再进入进样器（7）；进样器的作用是将试样（液体或固体）在进样器的气化室中瞬间转化为蒸汽，被载气携带进入色谱柱（8），其工作温度可通过温度控制器（11）调节；在柱中由于各组分在两相中分配系数不同，它们将按分配系数大小的顺序，依次将被载气带出色谱柱；分配系数小的组分先出柱，分配系数大的组分后出柱，试样各组分被分离后依次进入检测器（9），经信号放大器（10）后，送入记录仪（12）记录下来，得到相应的色谱图。

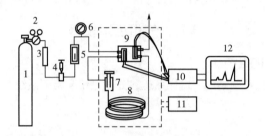

图 4-3　气相色谱流程图

1—高压钢瓶　2—减压阀　3—净化干燥器　4—针形阀　5—流量计　6—压力表
7—进样器　8—色谱柱　9—检测器　10—放大器　11—温度控制器　12—记录仪

第三节　气相色谱固定相

一、固定相的分类

（一）固体固定相（solid stationary phase）

固体固定相一般是指无机吸附剂和有机聚合物固定相，常用的有强极性硅胶、中等极性氧化铝、非极性活性炭、聚合物微球及特殊作用的分子筛。固体吸附剂的优点是吸附容量大、热稳定性好、无流失现象，主要应用于永久性气体（H_2、O_2、N_2、CH_4等）和一些低沸点物质，特别对烃类异构体的分离具有很好的选择性和较高的分离效率。

（二）液体固定相（liquid stationary phase）

液体固定相由担体（support）和固定液（stationary liquid）两部分组成，一般是把固定液均匀涂在担体上，然后装填于色谱柱内。担体亦称载体，是一类多孔性的固体颗粒，固定液以液膜状态均匀地分布在其表面，发挥支持固定液的作用，主要包块硅藻土型、玻璃微球、聚合物多孔微球等。

二、 固定液的极性及选择

固定液的特性主要是指它的极性，用它可描述和区别固定液的分离特征。

（一）相对极性

相对极性（relative polarity）P 是 1959 年由 Rohrschncideer 首先提出，表示固定液的分离特征。该方法规定非极性固定液角鲨烷的极性为 0，强极性固定液 β, β'-氧二丙腈的极性为 100；然后选择一对物质（如正丁烷-丁二烯或环己烷-苯）进行实验。分别测定它们在 β, β'-氧二丙腈、角鲨烷及某一固定液的色谱柱上的相对保留值，将其取对数后，得到：

$$q = \lg \frac{t_R'(\text{丁二烯})}{t_R'(\text{正丁烷})} \tag{4-21}$$

被测固定液的相对极性为：

$$P_x = 100 - \frac{100(q_1 - q_x)}{q_1 - q_2} \tag{4-22}$$

式（4-22）中下标 1、2 和 x 分别代表 β, β'-氧二丙腈、角鲨烷及被测固定液，由此测得的各种固定液的相对极性均在 0~100。一般将分为五级、每 20 单位为一级，相对极性在 0~+1 的为非极性固定液，+2 级为弱极性固定液，+3 级为中等极性，+4~+5 为强极性。非极性亦可用 "−" 表示。表 4-1 列出了一些常用固定液的相对极性数据。

表 4-1　　　　　　　　　　　　　　　常用固定液的相对极性

固定液	相对极性	级别	固定液	相对极性	级别
角鲨烷	0	0	XE-60	52	+3
阿皮松	7~8	+1	新戊二醇丁二酸聚酯	58	+3
SE-30, OV-1	13	+1	PEG-20M	68	+3
DC-550	29	+2	PEG-600	74	+4
己二酸二辛酯	21	+2	己二酸聚乙二醇酯	72	+4
邻苯二甲酸二壬酯	25	+2	己二酸二乙二醇酯	80	+4
邻苯二甲酸二辛酯	28	+2	双甘油	89	+5
聚苯醚 OS-124	45	+3	TCEP	98	+5
磷酸二甲酚酯	46	+3	β, β'-氧二丙腈	100	+5

（二）固定液的选择

对固定液的选择并没有规律性可循。一般可按"相似相溶"原则选择。

（1）分离非极性物质　一般选用非极性固定液，这时试样中各组分按沸点次序流出，沸点低的先流出，沸点高的后流出。

（2）分离极性物质　选用极性固定液，试样中各组分按极性次序分离，极性小的先流出，极性大的后流出。

（3）分离非极性和极性混合物　一般选用极性固定液，这时非极性组分先流出，极性组分后流出。

（4）分离能形成氢键的试样　一般选用极性或氢键型固定液。试样中各组分按与固定液分子间形成氢键能力大小先后流出，不易形成氢键的先流出，最易形成氢键的最后流出。

（5）复杂的难分离物质　可选用两种或两种以上混合固定液。

对于组分极性情况未知的样品，一般用最常用的几种固定液做实验如 SE-30、OV-17、QF-1、PEG-20M 和 DEGS 等。表 4-2 列出了几种最常用的固定液。

表 4-2　　　　　　　　　　　几种最常用的固定液

序号	固定液名称	型号	麦氏常数	最高使用温度/℃
1	角鲨烷	SQ	0	150
2	二甲基聚硅氧烷	OV-1, SE-3	230	350
3	苯基（10%）甲基聚硅氧烷	OV-3	423	350
4	苯基（20%）甲基聚硅氧烷	OV-7	592	350
5	苯基（50%）甲基聚硅氧烷	DC-710 OV-17, SP-2250	827~884	375
6	聚乙二醇-20000	Carbowax-20M	2308	225
7	聚丁二酸二乙二醇酯	DEGS	3504	200

第四节　色谱分离和操作条件的选择

色谱条件主要包括分离条件和操作条件，分离条件是指色谱柱，操作条件是指载气流速、柱温、进样条件及检测器等。

一、色谱柱的选择

（一）固定相的选择

选择固定相是指确定固定相的类型，针对气体及低沸点烃类样品，选择固体固定相分离效果较好，针对大多数有机物样品，选择液体固定相分离效果较好。固定相的粒度越小，装填越均匀，柱效就越高；但粒度也不能太小，否则，色谱柱压力过大。一般粒度控制在柱内径的 1/25~1/20 为宜。

（二）柱长的选择

在其他条件相同的情况下，增加柱长一般能改善分离效果，但分离时间会相应延长。因此，在满足一定分离度的条件下，应尽可能使用较短的色谱柱，一般的气相填充柱柱长 1~3m。

二、分离操作条件

（一）载气及其流速的选择

根据范第姆特方程 $H = A + \dfrac{B}{u} + Cu$，将塔板高度 H 对流速 u 作图得 $H-u$ 曲线（图 4-4）。从图 4-4 可以看出，在曲线的最低点，塔板高度 H 最小，此时柱效最高，该点对应的流速为最

佳流速 u_{opt}，u_{opt} 及 H_{min} 可由下式微分求得：

$$\frac{\mathrm{d}H}{\mathrm{d}u} = -\frac{B}{u^2} + C = 0 \tag{4-23}$$

$$u_{opt} = \sqrt{B/C} \tag{4-24}$$

将此式代入式（4-12）得：

$$H_{min} = A + 2\sqrt{BC} \tag{4-25}$$

因此，在实际工作中，为了缩短分析时间，常使载气流速稍高于 u_{opt}。

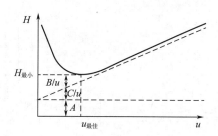

图4-4 塔板高度与载气线速度的关系

从式（4-25）和图4-4可以看出，涡流扩散项与流速无关；当载气流速较小时，分子扩散项对柱效的影响显著，此时宜采用相对分子质量较大的载气（如 N_2、Ar）来减少分子扩散；当载气流速较大时，传质阻力项对柱效的影响是主要的，宜采用相对分子质量较小的载气（ H_2、He）以减少气相传质阻力。

（二）柱温的选择原则

柱温与 D_1、D_g、K 及 k 等因素有关。理论上，提高柱温可以改善气相及液相传质阻力，提高柱效，缩短分析时间，但柱温升高使分子扩散加剧，对提高柱效不利，同时柱的选择性变坏，即 r_{21} 变小，k 变小，R 下降；降低柱温可提高柱的选择性，改善分离，但又使分析时间增长。因此，柱温的选择原则是使最难分离的组分有尽可能好的分离度，且在保留时间适宜及峰形对称的前提下尽量采用较低的柱温。在实际工作中，柱温的选择还应根据样品的沸点及固定液配比综合考虑，首先柱温不能高于固定相固定液的最高使用温度，否则固定液因挥发而流失。表4-3列出了分离各类组分的参考柱温和固定液配比。

表4-3 柱温与固定液用量参考值

混合物沸点/℃	固定液配比/%	参考柱温/℃
300~400	<3	200~230
200~300	5~10	150~180
100~200	10~15	70~120
气体	15~25	室温

（三）程序升温法

所谓程序升温（programmed temperature），即使柱温按预定的加热速度，随时间作线性或非线性的增加。例如，2、4、6 ℃/min 等，亦可采用非线性升温方式。在程序升温开始时，柱温较低，低沸点的组分可以实现分离，中高沸点的组分在色谱柱内移动较慢或仍停留在色谱柱柱口处；随着温度提高，加快中高沸点组分的移动，最终样品中的组分有低沸点到高沸点依次流出色谱柱而实现分离。图4-5是正构烷烃恒温和程序升温色谱图。由图4-5（1）可以看出，在恒温分离过程中，色谱峰容量较小，95 min 的分离时间都不能实现所有组分的流出；采用程序升温法，十五个正构烷烃在 36 min 内就全部从色谱柱中流出，且分离度完全满足色谱分离分析需要。采用程序升温法能兼顾高、低沸点组分的分离效果和分析时间，使不同沸点的组分基本上都能在其较合适的柱温下进行分离，缩短分析时间，提高单位时间内的峰容量。

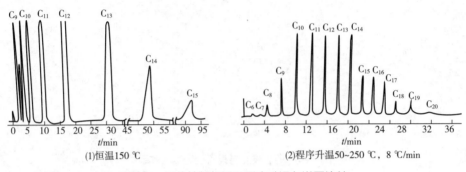

图4-5　正构烷烃恒温和程序升温色谱图比较

（四）进样量

在检测器的灵敏度达到要求的前提下，进样量越小，越有利于得到良好分离。一般来说，柱越长，管径越粗，配比越高，组分的 k 越大，则允许进样量越大。对于气相色谱填充柱，气体样品的进样量为 0.1~10 mL，液体样品的进样量为 0.1~10 μL。

（五）气化温度

要求气化温度既能保证样品迅速完全气化又不致引起样品组分分解。一般来说，气相色谱分析中进样量较小，所以气化温度比柱温高 10~50 ℃即可。

（六）进样方法

进样方法包括注射深度、位置和速度，这些直接影响峰高和峰面积。如试样易挥发，影响尤为严重，进样时间过长会造成试样扩散，使色谱峰变宽，变形甚至不出峰。

（七）检测器的选择

由于不同的检测器具有不同的灵敏度、适用范围、操作难度和稳定性，需根据分析对象和要求以及实际条件合理选择和使用。

第五节　气相色谱检测器

一、检测器分类

（一）按样品变化情况分类

1. 破坏性检测器

在检测过程中，被测物质发生了不可逆变化。如氢火焰离子化检测器、火焰光度检测器、氮磷检测器等。

2. 非破坏性检测器

在检测过程中，被测物质不发生不可逆变化。如热导池检测器、电子捕获检测器等。

（二）按响应特性分类

1. 浓度型检测器

测量信号随载气中某组分浓度的瞬间变化，即检测器的响应值与组分的浓度成正比。如热导池检测器、电子捕获检测器等。

2. 质量型检测器

测量信号随载气中某组分进入检测器的速度变化，即检测器的响应值与单位时间内进入检测器某组分的量成正比。如氢火焰离子化检测器、火焰光度检测器等。

（三）按选择性能分类

1. 通用型检测器

检测器对多类物质都具有响应信号的称多用型检测器或通用型检测器。例如热导池检测器是典型的通用性检测器；氢火焰离子化检测器只对极少数组分没有响应或响应极小，仍属通用性。

2. 专用型检测器

专用型检测器是指在相同条件下，它对两类物质的响应比至少是 10∶1，即对某类物质特别敏感，响应值很高。如电子捕获检测器、火焰光度检测器、氮磷检测器等。

二、检测器的性能指标

（一）响应时间（response time）

响应时间亦称应答时间，是指色谱柱流出组分进入检测器，通过扩散到达或离开检测器敏感区所需的时间。缩短响应时间，可以提高出峰的可靠性和准确性。气相色谱检测器的响应时间一般都小于 1 s。

（二）灵敏度（sensitivity）

灵敏度的定义是：单位量的物质通过检测器时所产生信号的大小。灵敏度表示的方法有两种：浓度型检测器以 S_c 表示，质量型检测器以 S_m 表示。

（三）检出限（detection limit）

检出限是指检测器恰能产生有别于基线噪声的信号时，所对应样品组分的量。根据最新 IUPAC 推荐，认为恰能鉴别的响应信号至少应等于检测器噪声的 3 倍（图 4-6）。检出限以 D 表示，则可定义为：

$$D = \frac{3N}{S} \tag{4-26}$$

式中　N——检测器的噪声，指由于各种因素所引起的基线在短时间内上下偏差的响应数值，mV；

　　　S——检测器的灵敏度。

（四）定量限（quantitation limit）

最小定量限是指产生 10 倍噪声峰高时所对应的样品浓度或质量。

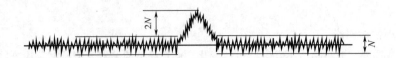

图4-6 检出限

（五）线性范围（liner range）

定量分析时要求检测器的输出信号与进样量之间呈线性关系，即成正比关系。检测器的线性范围就是在检测器呈线性时，最大和最小进样量之比。

三、 常用气相色谱检测器的工作原理和结构

（一）热导检测器（thermal conductivity detector， TCD）

热导检测器是目前应用最普遍的一种检测器，对有机物和无机气体都有响应。它结构简单、性能稳定，且不易破坏样品，多用于含量在 10 μg/mL 的组分测定。

1. 原理

TCD 是一个内装有 4 支铼钨丝的不锈钢池体，每两支为一组，其中一组只通过载气（参比池），另一组通过色谱柱流出的气体，包含载气和被测组分（测量池）。参比池和工作池的四支铼钨丝构成一个惠斯登电桥。当 4 支铼钨丝的池体只通过纯载气时，它们的电阻是相同的，故在惠斯登电桥另外两端没有输出；当工作池有被测组分流出时，由于样品的导热系数与载气不同，导致工作池中的铼钨丝电阻不同于参比池，于是在惠斯登电桥输出端有信号输出，这一信号大小与样品浓度成正比关系。

2. 结构

TCD 热敏元件是具有较大温度系数的金属丝（如铂丝、铼钨丝，目前多用铼钨丝），TCD 一般有四个通气室（在图4-7中只画出两个气室），其中金属丝的电阻完全相同（图4-8），往 A、C 室通入纯载气，而 B、D 室则通入有样品蒸气的载气，为了测量热电阻值的变化，把 A、B、C、D 四支热丝组成一个惠斯登电桥，如图4-8所示。A、C 室和 B、D 室电阻的变化造成桥路的不平衡而有输出电压，用以检测被分析物质的浓度。

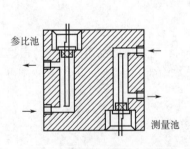

图4-7 热导检测器的示意图

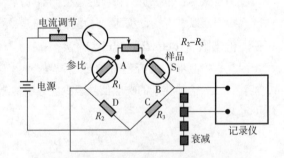

图4-8 热导检测器的桥式电路示意图

（二）氢火焰离子化检测器（flame ionization detector， FID）

氢火焰离子化检测器对大多数有机物都有响应，灵敏度高，比热导检测器灵敏度高1000倍，可检测 ng/mL 级的痕量物质，缺点是不能检测永久性气体、水、一氧化碳、二氧化碳、氮

氧化物、硫化氢等物质。

1. 原理

FID 是气相色谱中最常用的一种检测器，其工作原理是含碳有机物在氢火焰中燃烧时，产生化学电离，发生下列的反应：

$$\cdot CH + O^* \longrightarrow CHO^+ + e$$

$$CHO^+ + H_2O \longrightarrow H_3O^+ + CO$$

反应产生的正离子在电场作用下被收集到负电极上，产生微弱电流，经放大后得到色谱信号。FID 属质量检测器。

2. 结构

FID 的结构简单，如图 4-9 所示，样品组分进入以氢气和氧气燃烧的火焰，在高温下产生化学电离，在高压电场的定向作用下，形成离子流，微弱的离子流（$10^{-14} \sim 10^{-6}$ A）经过高阻（$10^8 \sim 10^{11}$ Ω）放大，产生与样品组分的量成正比的电信号。

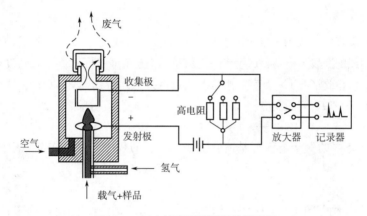

图 4-9　氢火焰离子检测器的示意图

3. 性能

FID 是气相色谱中最常用检测器的一种，因为它具有以下性能：

（1）对含碳有机物有很高的灵敏度，最低检测浓度可达 ng/mL 级。

（2）检测器耐用，噪声小，基线稳定性好。

（3）死体积小，响应快。

（4）对温度变化不敏感。

（三）氮磷检测器（nitrogen phosphorus detector，NPD）或热离子检测器（thermionic detector，TID）

1. 原理

NPD 早期也称为碱焰离子化检测器（AFID），它是在 FID 的喷嘴和收集极之间放置一个含有硅酸铷的玻璃珠。这样含氮磷化合物受热分解在铷珠的作用下产生大量电子，使信号值比没有铷珠时大幅增加，因而提高了检测器的灵敏度。这种检测器多用于微量氮磷化合物的分析。

2. 结构

NPD 结构与 FID 极为近似，不同之处只在火焰喷嘴上方有一个含碱金属盐的陶瓷珠，所用碱金属有 Na、Rb 和 Cs。

3. 性能

（1）NPD 本质上是氢火焰离子化检测器的火焰上加碱金属盐，使之产生微弱的电流，电流的大小与火焰的温度有关，火焰的温度又与氢气的流量有关，所以必须很好地选择和控制氢气的流量。

（2）NPD 的灵敏度和基流还决定于空气和载气的流量，通常它们的流量增加，灵敏度要降低。

（3）碱金属盐的种类对检测器的可靠性和灵敏度有影响，通常对可靠性的优劣次序是K>Rb>Cs，对 N 的灵敏度为 Rb>K>Cs。

（四）电子捕获检测器（electron capture detector， ECD）

电子捕获检测器是一种选择性很强的检测器，只对含有电负性元素的组分产生响应；特别适用于分析含有卤素、硫、磷、氮、氧等元素的物质，灵敏度很高，可检测到 10^{-14} g/mL 的电负性物质。

1. 原理

ECD 是一种基于 ^{63}Ni 或 ^{3}H 放射源的离子化检测器。当载气（如 N_2）通过检测器时，受放射源发射出 β 射线的激发与电离，产生出一定数量的电子和正离子，在一定强度电场作用下形成一个背景电流，在此情况下，如载气中含有电负性强的化合物（如 CCl_4），这种电负性强的物质就会捕捉电子，如下列的反应：

$$AB+e \longrightarrow (AB)^- \quad \text{或} \quad AB+e \longrightarrow A^- +B$$

从而使检测室中的背景电流（基流）减小，减小的程度与样品在载气中的浓度成正比关系。

2. 结构

常用 ECD 的结构如图 4-10 所示，检测器的池体用作阴极，圆筒内侧装有放射源（氚、^{63}Ni、^{85}Kr），阳极和阴极之间用陶瓷或聚四氟乙烯绝缘，在阴阳极之间施加恒流或脉冲电压。

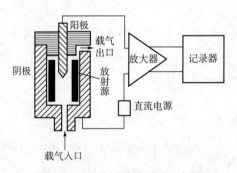

图 4-10 电子捕获检测器示意图

3. 性能

ECD 是气相色谱检测器中灵敏度最高的一种，广泛地用于含氯、氟及硝基化合物的检测，如食品、农副产品中农药残留的分析，大气、水中痕量污染物的分析等。

（五）火焰光度检测器（flame photometric detector， FPD）

火焰光度检测器对含硫、磷的有机化合物具有高选择性和高灵敏度，因此也称硫磷检测器。

1. 原理

FPD 的原理是基于样品在富氢火焰中燃烧，含硫、磷的化合物燃烧后被氢还原，产生激发态，这种受激物质返回到基态时辐射出 400 nm 和 550 nm 左右的光谱，用光电倍增管测量这一光谱的强度，光强与样品的质量流速成正比关系。

2. 结构

火焰光度检测器实际上是一台简单的火焰发射光度计，有火焰喷嘴、滤光片和光电倍增管三部分组成。

3. 性能

FPD 是灵敏度很高的选择性检测器，广泛地用于含硫、磷化合物的分析。

（六）光离子化检测器（ photo-ionization detector， PID ）

光离子化检测器是一种通用性兼选择性的检测器，对大多数有机物都有响应信号，美国环境保护署（EPA）已将其用于水、废水和土壤中数十种有机污染物的检测。

1. 原理

PID 是利用紫外光能激发解离电位较低（<10.2 eV）的化合物，使之电离。

$$R+h\nu \longrightarrow R^{+}+e$$

所用光电子的能量决定于紫外灯的类型（有能量为 11.7、10.2、9.5、8.3 eV 的紫外灯），这种检测器多用于芳香族化合物的分析，如多环芳烃，对 H_2S、PH_3、NH_3 等具有很高的灵敏度。

2. 性能

（1）PID 基于各种化合物的电离电位小于或等于紫外光的辐射能量时，可以电离产生正离子和电子，在电场作用下形成电流，光子能量决定检测器的选择性，光子强度决定检测器的灵敏度。

（2）使用最多的是 10.2 eV 的紫外灯，因为它具有较高的光子强度，足以激发多种有机和无机化合物。能量为 9.5 eV 和 8.3 eV 的灯只用于少数化合物，具有较强的选择性。

（3）不同能量的光源对不同化合物的灵敏度和选择性有影响。

第六节　气相色谱定性、 定量分析方法

一、 定性分析

（一）利用色谱数据定性

在一定的色谱条件（固定相、操作条件等）下，各种物质均有确定不变的保留值，故保留值可作为定性指标。

1. 利用标准物质定性

用已知标准物直接和未知组分对照定性，是色谱法定性分析中最简便、最可靠和最常用的定性方法。主要包括以下几种方法。

（1）保留值法　在相同的色谱条件下分别测定已知标准物和未知样品中各组分的保留值，如果未知样品色谱图中出现与已知标准物保留值相同的色谱峰，则可判定样品中可能含有此已知标准物组分，否则就不存在这种组分。

（2）加标法　在未知样品中加入已知标准物得一色谱图，与待测样品色谱图比对，若待定性组分的色谱峰比原来增大，则表示待定组分就是加入的已知标准物。

（3）相对保留值法　实验测出已知纯物质和待测物质的 r_{21}，若二者的相对保留值 r_{21} 相同，则可认为它们为同一物质。在选择基准物时应注意，基准物必须是容易得到的纯品，而且其保留值应在各待测组分的保留值之间。

（4）双柱（多柱）法　有时不同物质在同一色谱柱上可能有相同的保留值，用同一根柱难以对组分定性。可用极性相差较大的双柱（多柱）进一步验证，若待测组分和已知标准物质在两柱（多柱）上的保留值都相同，则可确认为是同一物质。

2. 利用文献数据定性

在实际工作中，分析样品往往是多种多样的，而一个实验室不可能备有各种标准物质，此时可利用文献发表的保留数据定性，其中最常用的是相对保留值 r_{21} 和保留指数 I。

（1）相对保留值法　从文献上查得有关物质的相对保留值，然后按照与文献相同的色谱条件（固定相和柱温等）进行实验，测出被测组分的相对保留值与文献值比较，若相同即为同一物质。

（2）保留指数法（retention index）　保留指数又称 Kovats 指数，是一种重现性较其他保留数据都好的定性参数。保留指数法是将正构烷烃的保留指数人为地规定为 $100Z$（Z 代表碳数），其他物质的保留指数用两个相邻正构烷烃保留指数标定得到，并以均一标度来表示。某物质的保留指数 I，由式（4-27）计算：

$$I = 100\left(\frac{\lg X_i - \lg X_Z}{\lg X_{Z+1} - \lg X_Z} + Z\right) \tag{4-27}$$

式中　　　X ——保留值（可用 t'_R、V'_R 或相应的记录纸上的距离表示）；

　　　　　i ——被测物质；

Z、$Z+1$ ——具有 Z 个和 $Z+1$ 个碳原子数的正构烷烃。

被测物质的 X 恰在两个正构烷烃的 X 之间，即 $X_Z < X_i < X_{Z+1}$。该方法过于复杂烦琐，在实际中应用较少。

（二）与其他仪器联用定性

通过与其他检测型仪器联用进行定性，如气相色谱–质谱联用、气相色谱–红外光谱联用等，复杂样品中的目标组分从色谱柱流出后直接进入质谱仪、红外光谱仪等仪器进行结构分析。

1. 气相色谱–质谱联用仪（GC–MS）

GC–MS 是最常用的一种联机方式，能准确知道未知物相对分子质量和质谱图，再与标准质谱图进行比较得出未知物的结构信息。

2. 色谱–红外光谱联用仪（GC–IR）

红外光谱具有很高的特征性，通过被色谱分离出组分的红外光谱图与标准谱库中的谱图进行比较，得出组分的定性结果。

二、定量分析

色谱分离过程中，目标组分色谱峰的峰高或峰面积大小与其含量成正比关系，因此，可根据色谱峰峰高或峰面积数据，计算样品中目标组分的含量。

（一）定量依据和校正因子

1. 定量依据

在一定的操作条件下，被测组分的质量（m_i）与检测器产生的响应信号（色谱图上表现为峰面积 A_i 或峰高 h_i 成正比），可表示为：

$$m_i = f'_i A_i \tag{4-28}$$

$$m_i = f'_{hi} h_i \tag{4-29}$$

式中　f'_i——峰面积绝对校正因子

　　　f'_{hi}——峰高绝对校正因子。

式（4-28）或式（4-29）是色谱定量分析的依据。

2. 校正因子（calibration factor）

由于同一种检测器对不同物质具有不同的响应值，即两种物质的含量相等，在检测器上得到的信号（A_i 或 h_i）却往往也是不相同的。为使峰面积（或峰高）能正确反映出物质的质量，就必须在定量计算时引入校正因子，其作用就是把混合物中的不同组分的峰面积（或峰高）校正成相当于某一标准物质的峰面积（或峰高），用于计算各组分的质量分数。

绝对校正因子（f'_i），是指某组分（i）通过检测器的量（m_i）与检测器对该组分的响应信号（峰面积或峰高）之比值，即：

$$f'_i = \frac{m_i}{A_i} \tag{4-30}$$

绝对校正因子（f'_i）主要由仪器的灵敏度所决定，并与分析的操作条件有密切关系。它不易准确测定，无法直接应用。

在定量分析中，实际采用的是相对校正因子（f_i），即某组分（i）与标准物质（s）的绝对校正因子之比值，通常称为校正因子（calibration factor），即：

$$f_{is} = \frac{f'_i}{f'_s} \tag{4-31}$$

由于被测组分（i）所使用的计量单位不同，校正因子又可分为质量校正因子（f_m）、摩尔校正因子（f_M）和体积校正因子（f_V）。

质量校正因子是一种最常用的定量校正因子，其表达式为：

$$f_m = \frac{f'_{i(m)}}{f'_{s(m)}} = \frac{A_s m_i}{A_i m_s} \tag{4-32}$$

式中　A_i 和 A_s、m_i 和 m_s——被测组分和标准物质的峰面积及质量。

摩尔校正因子的表达式为：

$$f_M = \frac{f'_{i(M)}}{f'_{i(M)}} = \frac{A_s m_i M_s}{A_i m_s M_i} = f_m \frac{M_s}{M_i} \tag{4-33}$$

式中　M_i、M_s——被测物和标准物的摩尔质量。

对于气体组分，体积校正因子在标准状态下等于摩尔校正因子，这是因为 1 mol 任何气体在标准状态下体积都是 22.4 L。

（二）峰面积测量

峰面积的测量直接关系到定量结果的准确度。常用的峰面积测量方法有以下几种。

1. 近似计算法

（1）峰高乘半峰宽法　是常用的简便的近似法，测得的峰面积（A'）为真实面积（A）的 0.94 倍：

$$A' = h \cdot Y_{\frac{1}{2}} = 0.94A, \text{ 即 } A = 1.065h \cdot Y_{\frac{1}{2}} \tag{4-34}$$

在做相对测量时，1.065 可约去，不影响定量结果。但不对称峰或很窄的峰，因测量误差大，不宜采用此法。

（2）峰高乘峰宽法　这种方法测得的峰面积（A'）为真实面积（A）的 0.98 倍：

$$A' = \frac{1}{2}h \cdot Y = 0.98A \tag{4-35}$$

对矮而宽的峰此法较准确。

（3）峰高乘平均峰宽法　所谓平均峰宽，是指在峰高 0.15 和 0.85 处分别测量的峰宽的平均值，其峰面积为：

$$A' = \frac{1}{2}h \times (Y_{0.15} + Y_{0.85}) \tag{4-36}$$

此法可用于不对称峰（前伸峰或拖尾峰）面积的测量，结果比较准确。

（4）峰高乘保留时间法　由于在一定操作条件下，色谱流出峰的保留时间和半峰宽之间有线性关系，因此可利用保留时间代替半峰宽来作相对计算。此法简便，但对操作条件敏感，很窄的峰采用此法有利。

（5）峰高定量　当操作条件严格不变时，在一定的进样量范围内，色谱峰的半峰宽是不变的，因此峰高可直接代表组分的含量。

2. 积分法

现代气相色谱仪通常与计算机连接，通过与仪器匹配的控制软件可以自动积分准确获取选定色谱峰的峰面积；该方法简单、便捷，是实际工作中最常用的峰面积计算方法。

（三）定量分析方法

1. 归一化法（normalization method）

归一化法是最常用的色谱定量计算方法。该方法的应用条件是试样中各组分均流出色谱柱，且都在检测器上产生信号，在色谱图上都显示出色谱峰。当测量参数为峰面积时，归一化法的公式为：

$$x_i = \frac{A_i f_i}{A_1 f_1 + A_2 f_2 + \cdots + A_n f_n} \times 100\% \tag{4-37}$$

式中　x_i——组分 i 在试样中的含量；

　　　A_i——任一组分的峰面积；

　　　f_i——任一组分的校正因子。

当测量参数是峰高时，归一化法的公式为：

$$x_i = \frac{h_i f_i}{h_1 f_1 + h_2 f_2 + \cdots + h_n f_n} \times 100\% \tag{4-38}$$

式中　h_i——任一组分的峰高；

　　　f_i——峰高校正因子。

归一化法简便，结果比较准确，在允许的进样量范围内，进样量的多少对结果无影响。

2. 内标法（internal standard method）

当样品中组分不能全部流出色谱柱，或检测器不能对所有组分均产生信号，或只要求对试样中某几个出现色谱峰的组分进行定量时，可采用内标法。内标法是将一定量的纯物质作内标物，加入到准确称量的试样中，根据被测试样和内标物的质量比及其相应的色谱峰面积之比，来计算被测组分的含量。由于

$$m_i = f_i \cdot A_i, \ m_s = f_s \cdot A_s \tag{4-39}$$

因为

$$\frac{m_i}{m_s} = \frac{f_i A_i}{f_s A_s} \tag{4-40}$$

所以

$$m_i = f_{is} \frac{A_i m_s}{A_s} \tag{4-41}$$

则，试样中目标组分的含量为：

$$x_i = \frac{m_i}{m} \times 100\% = f_{is} \frac{A_i m_s}{A_s m} \times 100\% \tag{4-42}$$

式中　　m_s、m_i、m——内标物、被测组分和被测试样的质量；

　　　　A_s、A_i——内标物、被测组分的 i 的峰面积；

　　　　f_{is}——组分 i 与内标物 s 的校正因子的比值；

　　　　x_i—— i 组分的含量。

内标法的优点是测定的结果较为准确，由于是通过测量内标物及被测组分的峰面积的相对值来进行定量计算的，在一定程度上消除了操作条件等的变化所引起的误差。内标法的缺点是操作程序较为麻烦，每次分析时内标物和试样都要准确称量，有时寻找合适的内标物也有困难。

内标物需满足以下几个要求：①内标物应是试样中不存在的纯物质；②内标物完全溶于试样中，并与试样中各组分的色谱峰能完全分离；③加入内标物的量应接近于被测组分的量；④内标物色谱峰的位置应与被测组分的色谱峰位置接近；⑤内标物应与被测组分的物理性质及化学性质（如挥发度、化学结构、极性以及溶解度等）相近。

3. 外标法（external standard method）

外标法又称标准曲线法。用待测组分的纯物质配制成一系列不同浓度的标准溶液，在相同条件下进样，获取色谱图，绘制峰面积（或峰高）对含量的曲线，并在相同条件下获取被测试样的色谱图，根据其峰面积（或峰高），从校准曲线计算出被测组分的含量。当试样中被测组分浓度变化范围不大时，可配制一个和被测组分含量十分接近的标准溶液，将试样和标样在完全相同的条件下进行色谱测定；然后由试样与标准溶液中待测组分峰面积比（或峰高比），再乘以标准试样的浓度，即可求出被测组分的含量。其定量计算公式为：

$$x_i = \frac{A_i}{A_E} E_i \tag{4-43}$$

式中　　　x_i——试样中被测组分 i 的含量；

　　　　E_i——标准溶液中 i 组分的含量；

　　A_i、A_E——试样中和标样中 i 组分的峰面积。

外标法简便，无须校正因子，但进样量要求十分准确，操作条件也需严格控制，适用于样

品量较大的试样分离分析。

第七节　毛细管气相色谱法

色谱动力学理论认为，气相色谱填充柱存在严重的涡流扩散，影响柱效的提高。毛细管气相色谱法（capillary gas chromatography，CGC）是采用高分离效能的毛细管柱而建立起来的色谱分离方法，也是目前应用最广泛的气相色谱法。

一、毛细管气相色谱

在毛细管气相色谱的发展过程中，一个核心的问题是高效毛细管气相色谱柱的制备工艺，20 世纪 60~70 年代主要使用玻璃毛细管气相色谱柱，经过色谱专家十多年的努力，在 20 世纪70 年代末期制备出熔融二氧化硅毛细管气相色谱柱，被习惯地称为"弹性石英毛细管柱"。这种柱的内径只有 0.2~0.5 mm，固定液的厚度 0.1~1.5 μm，而柱长达数十米至数百米，理论塔片数可达 10^6。

二、毛细管气相色谱仪

毛细管气相色谱仪的结构基本上与常规填充柱色谱仪十分相似，但由于毛细管柱内径细、液膜薄、柱容量小、出峰快，因此对色谱仪的进样、检测和记录系统等有特殊的要求。

（一）分流进样

毛细管柱内径细，固定液也仅有几十毫克，柱容量很小，进样量必须极小，进样器好坏直接影响毛细管色谱的定量结果。因此，一般采用分流进样方式，即指将液体试样注入进样器后使其气化，并与载气均匀混合，在气化室出口处分成两路：一路是将绝大部分气样放空，另一路是将极微量的气样引入毛细管色谱柱中，这两部分比例称为分流比；完成分流的装置称为分流器。

（二）检测系统

由于毛细管柱柱径很小，载气流量很低，约 1 mL/min，因此检测器以及柱后连接管道死体积都必须很小，使它们对谱带展宽的影响减至最小。由于毛细管柱载气流量很小，进入检测器后速度锐减，必造成色增峰扩张，因此在色谱柱出口加个辅助尾吹气，以加速样品通过检测器。

三、毛细管色谱柱的分类

根据毛细管柱的制备方法不同，可分类如下。

（一）开管型

1. 涂壁毛细管柱（wall coated open tubular column，WCOT）

涂壁毛细管柱是先将内壁经预处理，然后再把固定液直接涂在毛细管内壁上制得。根据毛细管材质不同分为以下两种：不锈钢毛细管柱和石英毛细管柱。经典涂壁毛细管柱由于是将固定液直接涂于光滑的毛细管内壁上，因此它有以下的不足：①柱内表面有限，可涂渍的固定液量很少，因而分离能力低；②容量因子小，最大允许进样量小，不适合痕量物质的分析；③石英表面对许多固定液是非浸润性的，特别是对具有较高表面张力的极性固定液。

2. 多孔层开管柱（porous layer open tubular column，PLOT）

在管壁上涂一层多孔性吸附剂固体微粒，实际上是气固色谱开管柱。为了增大开管柱内固定液的涂渍量，先在毛细管内壁涂一层载体，如硅藻土载体，在此载体上再涂固定液，这种毛细管柱液膜较厚，因此柱容量较涂壁开管柱大。

3. 交联型开管柱

它是采用交联引发剂，在高温处理下，把固定液交联到毛细管内壁上，这是目前发展迅速、较理想的一类毛细管柱。

4. 键合型开管柱

将固定液用化学键合的方法键合到涂覆硅胶的柱表面或表面经处理的毛细管内壁上，由于固定液是化学键合上去的，这大幅提高了热稳定性。

（二）填充型

它分为填充毛细管柱和微型毛细管柱，前者是先在玻璃管内松散地装入载体，拉成毛细管后再涂固定液，后者与一般填充柱相同，只是径细，载体颗粒在几十到几百微米之间。目前，填充型色谱柱已使用不多。这里虽然提到了填充型毛细管柱，但本节主要讨论的还是开管毛细管柱。

四、 毛细管柱的特点

毛细管柱与填充柱相比，在柱长、柱径、固定液液膜厚度、容量以及分离能力上都有较大差异（表4-4）。

表4-4 毛细管柱与填充柱的比较

色谱柱种类	WCOT	SCOT	填充柱
柱长/m	10~100	10~50	1~5
内径/mm	0.1~0.8	0.5~0.8	2~4
液膜厚度/μm	0.1~1	0.8~2	10
每个峰的容量/ng	<1	50~300	10000
分离能力	高	中等	低

注：SCOT：涂载体空心柱，英文"support-coated open tubular column"。

归纳起来，毛细管柱具有以下特点：

（1）渗透性好，可使用长的色谱柱　柱渗透性好是指载气流动阻力小。一般毛细管柱的比渗透率为填充柱的100倍，这样就有可能在同样的柱压降下，使用100 m以上的柱子，而线速仍可保持不变。

（2）毛细管柱的k值比填充柱小　加上渗透性好，故可用很高的载气流速，从而使分析时间缩短，实现快速分析。

（3）柱容量小，允许的进样量小　进样量取决于固定液含量，由于毛细管柱涂渍的固定液仅几十毫克，液膜厚度为0.35~1.5 μm，柱容量小，液体样品一般进样量为10^{-3} ~ 10^{-2} μL，故需要采用分流进样技术。

（4）总柱效高　毛细管柱柱效（指单位柱长）虽优于填充柱，但二者仍处于同一数量级；然而毛细管柱长比填充柱大 1~2 个数量级，所以总柱效远高于填充柱，这样就大幅提高了分离复杂混合物的能力。

表 4-5 列出了用三种色谱柱分离油酸甲酯和硬脂酸甲酯的比较（相对保留值=1.12）。

表 4-5　　　　　　　　　　　　　三种色谱柱的比较

	填充柱	WCOT	SCOT
柱长 L/m	2.4	100	15
流速 u/(cm·s)	8	16	20
柱效 H/mm	0.73	0.34	0.61
容量因子 k	58.6	2.7	11.2
理论塔板数 n	1.51	10.6	3.87
分离度 R	1.51	10.6	3.87
保留时间 t/min（油酸甲酯）	29.8	38.2	153

第八节　快速气相色谱

从填充柱到毛细管柱，GC 经历了一次革命，分离效率得到了大幅提高，分析速度也相应加快。20 世纪 80 年代，国外很多学者开始研究快速 GC（high-speed GC 或 fast GC）。

一、快速气相色谱概念

快速 GC 就是分析速度快的 GC。但快与慢是相对的，所以不能简单地说分析时间 3 min 是快速 GC，5 min 就不是快速 GC 了。早期有研究人员从不同的角度（如柱尺寸、载气压力等）定义快速 GC，但均未被普遍采用。后来有人从峰宽的角度重新定义快速 GC，这一定义很快就得到色谱界的广泛认可，因为它排除了样品的影响，认为分析速度等于单位时间内流出色谱峰的个数，即分析速度反比于峰宽。峰宽越窄，单位时间内可容纳的峰数量就越多，分析时间就越短。这一定义将快速 GC 分为三类：快速 GC，半峰宽<1 s；极快速 GC，半峰宽<0.1 s；超高速 GC，半峰宽<0.01 s。

二、如何实现快速气相色谱

如果单纯地追求分析速度快，我们可以采用多种措施来实现快速 GC，如表 4-6 所示。

表 4-6　　　　　　　　　　　提高 GC 分析速度可能采取的措施

改变参数	优点	缺点
加快进样速度	进样重现性更好	增加购置高档自动进样器的费用

续表

改变参数	优点	缺点
增加载气流速	无须购置新设备和附件	降低分离度，还可能影响检测器性能
改变载气种类	使用氢气可获得更快的分析速度	只能有限地提高分析速度，且有安全问题
缩短柱长	无须购置新设备和附件	降低分离度，降低柱容量，须提高柱前压
减小柱内径	柱效提高，可用短柱分析	难以分析复杂混合物，不能作柱上进样
恒温分析	无须冷却时间，缩短了分析周期	降低分离度，且大的升温速率
加快升温速率	缩短分析时间	受仪器限制，还有可能改变出峰顺序

三、 快速 GC 的操作注意事项

（1）快速 GC 方法的应用比常规毛细管柱复杂一些，这主要是由于快速 GC 采用微径柱，进样速度、分流比、载气柱前压以及进样口衬管都对分离有明显的影响，因此需要优化更多的参数。

（2）快速 GC 的明显缺点是柱容量小，影响方法的检测灵敏度。

（3）快速 GC 需要高的柱前压，容易发生载气泄漏问题，故应更经常地检漏，更频繁地更换进样口隔垫。

（4）注意调节隔垫吹扫流量，使之控制在 3 mL/min 左右。

（5）快速 GC 分析最好采用自动进样器，以保证足够快的进样速度和进样重现性，且进样速度越快越好。

（6）检测器的响应速度要快，数据采集速率要快，才能保证快速 GC 的有效性。

第九节　高温气相色谱

随着色谱技术的发展，GC 的应用范围越来越宽，其应用对象已扩展到了热不稳定化合物和高沸点化合物。相对于高效液相色谱（HPLC），GC 操作相对简便，灵敏度更高，在石油行业应用较广，为实现高沸点脂肪烃>C100 的检测，出现了高温气相色谱。

一、 高温气相色谱概念

所谓高温 GC 常指在分离过程中，色谱柱的操作温度超过了 300 ℃。从仪器功能上讲，一般的 GC 仪器柱箱操作温度均可超过 400 ℃。因此实现高温 GC 分离分析的关键问题是选择与之匹配的色谱柱。常规熔融石英毛细管柱的外面涂有聚酰亚胺保护层，其耐高温性能通常不超过 360 ℃，程序升温可达到 380 ℃。温度再高就会造成聚酰亚胺的老化降解，使柱子失去弹性，极易断裂。另一方面，常用固定液（聚硅氧烷类）在交联之后，最高使用温度也只能达到 350 ℃，恒温使用往往在 330 ℃以下。因此，高温 GC 的关键在于固定液和柱管材料。

二、 高温气相色谱法的应用

高温 GC 的应用领域主要集中在石油化工行业，如原油中含 100 个碳以上的脂肪烃、7 个环

以上的多环芳烃等。我们知道在原油中高级多环芳烃含量高时，油的黏度很高，有可能造成输油管的堵塞，还会降低炼油工艺中蒸馏塔或裂化炉的工作效率。所以，分析原油中高级多环芳烃的含量对于输油和炼油都有重要意义。高温 GC 可以分析高达 140 个碳原子的脂肪烃和 7~10 个环的多环芳烃，同样适用于食品、烟草中稠环芳烃的分析。

第十节　多维气相色谱

虽然现代毛细管 GC 是一种高效分离技术，但对于非常复杂的混合物，仅用一根色谱柱往往达不到完全分离的目的。于是有研究人员提出用多根色谱柱的组合来实现完全分离，将第一根色谱柱流出的需进一步分离的组分转移到第二根柱上进行再次分离，这就是多维气相色谱（multidimensional GC，MDGC）的基本原理。理论上多维分离技术可以从二维到多维，但目前实际研究和应用的多为二维分离技术。多维 GC 的模式大体上分为两类，即部分多维分离和全多维分离。前者指第一维 GC 图上只有部分组分进入第二维 GC 进行二次分离，即所谓"中心切割（heart-cutting）"技术；后者则是将第一维 GC 分离后的所有组分都送入第二维 GC 进行二次分离，即所谓"完全（comprehensive）GC-GC"。我们下面仅讨论二维气相色谱技术中的全二维气相色谱分离模式。

一、全二维气相色谱

全二维气相色谱（comprehensive dimensional gas chromatography，GC×GC）是用一个调制器（或称调制解调器）把两根极性不同的色谱柱以串联方式连接在一起，样品首先在一维根据沸点分离，沸点相近的组分进入二维再根据极性进行分离，软件将数据采集结果进行拟合，得到规律性很强的全二维谱图。这种技术特别适合复杂化合物的分离分析，如天然产物、香精香料、石油样品、环境样品等复杂基质样品。例如，分析咖啡样品，由于咖啡中含有的成分非常复杂，常规色谱或者二维色谱最多分离出上百个峰，而使用全二维技术则可以轻易分离出 1000 个峰，同时还可以根据组分所含碳数不同进行分族，通过这些被分离的峰可以帮助研究者分析咖啡的风味和营养成分的来源。

二、二维色谱的特点

（一）高峰容量

采用两根色谱柱，如果其固定相不同，则总的峰容量将远大于两柱单独使用时的峰容量之和，最大峰容量可以是两柱单独使用时峰容量之乘积。故 GC×GC 对非常复杂的混合物的分离是很有用的。

（二）高选择性

如果混合物中只有几种目标化合物，就采用对这几种目标化合物有特殊选择性的第二维 GC 分离，第一维 GC 只是作为预分离方法将目标化合物与其他组分分离。如异构体，特别是光学异构体的分离，第一维 GC 采用普通柱进行粗分，然后将相关组分送入第二维 GC（如手性柱）进行选择性分离。

三、 二维色谱的应用

GC×GC 适用于复杂样品的分离分析，如地表水中多氯联苯（PCBs）、多溴联苯醚（PBDEs）短链氯化石蜡等分离分析；化妆品中的过敏原、咖啡、天然产物、生物柴油、汽油族组成、燃料成分等。

如图 4-11 所示，精油样品 GC 和 GC×GC 分离分析，GC×GC 的峰定义是在整个保留时间平面上，峰容量较之 GC-MS 显著提升。由图 4-11 可以看出，GC×GC 测出精油样品中 10000 个峰，远高于 GC 法的 186 个峰。

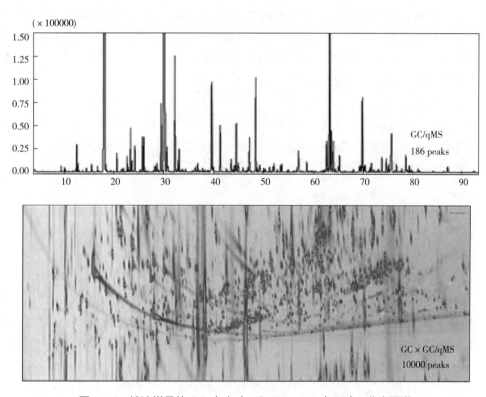

图 4-11　精油样品的 GC（上）和 GC×GC（下）分离图谱

第十一节　气相色谱法的应用实例

一、 食品中 9 种防腐剂的测定

（一）试剂

脱氢乙酸、丙酸、山梨酸、苯甲酸、富马酸二甲酯、对羟基苯甲酸甲酯、对羟基苯甲酸乙酯、对羟基苯甲酸丙酯、对羟基苯甲酸丁酯、丁二酸二甲酯、邻苯二甲酸二丁酯-D4、乙酸乙酯、乙腈、HCl、氯化钠和乙醚。

（二）仪器

Agilent 7890A/5975C 气相色谱–质谱联用仪、N-EVAP112 氮吹仪，美国 Organomation Associates 公司；CR22GⅢ高速冷却离心机、C_{18} 固相萃取柱、ENVI-Carb 固相萃取柱。

（三）测定方法

1. 样品前处理

称取混匀试样 3~5 g（精确到 0.001 g），置于 50 mL 具塞试管中，添加内标溶液（1000 μg/mL 吸取 10 μL），加入 10 mL 氯化钠饱和溶液，1 mL HCl（1+1）酸化，涡旋混匀，分别以 10、5 mL 乙酸乙酯提取，2 次，每次 2 min，于 8000 r/min 离心 3 min，合并上清液，氮气浓缩至约 2 mL，待净化。对高脂样品，应将提取液置于−20℃下冷冻 20 min 后，于 8000 r/min 离心 3 min，取上清液；对低脂样品可直接进行固相萃取净化；对于基质较为简单的样品，可省去净化步骤。

2. 样品净化

按 C_{18} 固相萃取柱在下、ENVI-Carb 固相萃取柱在上的顺序将二者串联，5 mL 乙酸乙酯活化，上样并收集，再用 8 mL 乙酸乙酯清洗样品瓶，将清洗液过固相萃取柱并收集，合并收集液，氮吹定容到 2 mL，待测。

3. 色谱条件

DB-FFAP 毛细管柱（30 m×0.32 mm×0.25 μm）；程序升温：初始温度 100℃，保持 1 min，以 15℃/min 升至 250℃，保持 4 min；进样口温度 250℃；载气：高纯 He；载气流量 1.5 mL/min；分流比 10∶1；进样量 1.0 μL。

（四）结果与讨论

（1）食品样品基质复杂，目标物含量低，需要通过前处理去除干扰并富集浓缩，并且有些防腐剂如丙酸和富马酸二甲酯具有相对分子质量小、易升华和沸点低的特点，在前处理过程中极易造成损失，影响回收率，因此本方法选择丁二酸二甲酯作为测定丙酸和富马酸二甲酯的内标物，保证实验数据的可靠性和准确性。

（2）为减少干扰，提高方法的选择性和灵敏度，本实验选择高丰度、高质量端的特征离子进行单离子监测（SIM）模式测定。

（3）利用本实验建立的方法，对酱油、果酱、糕点、果汁、酱菜、调味面制品、果冻和奶酪共 8 种类型食品样品进行防腐剂检测；抽检样品中均有防腐剂检出，但均未超过《食品安全国家标准　食品添加剂使用标准》（GB 2760—2014）中最大使用量，其中山梨酸在 7 种样品中有检出，检出率最高；苯甲酸在酱油样品中检出量最大，达到 0.49 g/kg；5 种样品中检出超过 1 种以上防腐剂（酱油、糕点、果汁、酱菜、调味面制品）。

二、　中草药鱼腥草中 121 种农药残留的测定

（一）试剂

WondaPak QuEChERS 乙酸钠提取包、WondaPak QuEChERS 15 mL C_{18}/PSA/GC-e/硅胶净化管、乙腈、丙酮、乙酸、农药对照品溶液、农药对照品。

（二）仪器

TQ8040 GC-MS/MS 联用仪、Millipore Q 超纯水器、MS3 digital 涡旋振荡器、3-30k 离心机。

（三）测定方法

1. 样品提取

样品用打粉机粉碎，过三号筛孔径（355±13）μm，称取 2 g（精确至 0.01 g）于 50 mL 聚苯乙烯离心管中，加入 1%乙酸溶液 15 mL，涡旋 30 s，使药粉充分浸润，放置 30 min，精密加入乙腈 15 mL，置涡旋振荡器上剧烈振荡（3000 r/min）5 min，−40℃放置 20 min，加入无水硫酸镁与无水乙酸钠的混合粉末（质量比 4 : 1）7.5 g，立即摇散，再置涡旋振荡器上 3000 r/min 剧烈振荡 5 min，然后 5000 r/min 离心 5 min 后待净化。

2. 样品净化

取上清液 8 mL，转移至预先装有 900 mg 无水硫酸镁、300 mg N-丙基乙二胺（primary secondary amine，PSA）、300 mg 十八烷基硅烷键合硅胶、300 mg 硅胶、90 mg 石墨化碳黑的离心管中，盖紧离心管，涡旋 5 min 使净化完全，5000 r/min 离心 5 min。

3. 浓缩及溶剂替换

准确量取上清液 3 mL，40℃氮吹至近干，用丙酮定容至 2 mL，离心，取上清液上机分析。

4. 色谱条件

色谱柱：Agilent DB-17MS（30 m×0.25 mm×0.25 μm）；升温程序：60℃保持 1 min，以 30℃/min 升至 120℃，以 10℃/min 升至 160℃，以 2℃/min 升至 230℃，以 15℃/min 升至 300℃，保持 6 min，最后以 20℃/min 升至 320℃，保持 10 min；进样量 1 μL，不分流；柱流速为线速度控制模式，初始流速 1.3 mL/min；进样口温度 240℃。

（四）定量分析

采用标准曲线法进行定量分析。

（五）结果与讨论

（1）QuEChERS[①] 在样品前处理中获得比较满意的效果，90.9%的农药回收率为 60%~140%，根据回收率添加水平分析，能较为准确地定性和定量。

（2）对来自全国主要产区 68 批样品种共检出 27 种农药。

三、　香精和烟草中 16 种致香成分的测定

（一）试剂

甲醇、乙酸苯乙酯、苯甲醇、异戊酸异戊酯、乙基麦芽酚、对甲氧基苯甲醛、异山梨醇、乙酸异龙脑酯、对甲氧基苯乙酮、丁香酚、β-石竹烯、乙基香兰素、甲基香兰素、乙酸丁香酯、二氢香豆素、柠檬酸三乙酯、肉桂酸苄酯、苯甲酸苄酯。

（二）仪器

7890A-7000B 三重串联四极杆气质联用仪、MARS 微波辅助萃取仪、XS204 电子天平、有机相过滤膜。

---

① QuEChERS：表示 quick（快速）、easy（简单）、cheap（经济）、effective（高效）、rugged（可靠）、safe（安全），是快速样品前处理技术。

（三）测定方法

1. 样品处理

香精：准确称取 0.1 mL 香精于 10 mL 容量瓶中，加入 0.1 mL 乙酸苯乙酯内标溶液，用甲醇定容至刻度，混合均匀，用 0.45 μm 有机滤膜过滤，待气相色谱-串联质谱联用（GC-MS/MS）分析。

卷烟：将烟丝样品放在恒温恒湿箱中于温度（20±1）℃、相对湿度（60±3）%条件下平衡 12~24 h 后，磨碎成末过孔径 0.42 mm（40 目）筛，混合均匀。准确称取 1.0000 g 于微波辅助萃取罐中，加入 10 mL 甲醇。在设定的条件下完成萃取：萃取功率为 800 W，萃取温度 100℃，萃取时间 20 min，萃取完成后，萃取液中加入 0.1 mL 乙酸苯乙酯内标溶液，混合均匀，静置，取上层清液用 0.45 μm 有机滤膜过滤，待 GC-MS/MS 分析。

2. 色谱条件

色谱柱：HP-5MS 毛细管柱（30 m×0.25 mm×0.25 μm）；进样口温度 300℃；载气：高纯氦气；恒定流速 1.0 mL/min；进样量 1 μL；分流比 10∶1；程序升温：60℃ 保持 2 min，以 5 K/min 升至 280℃，保持 10 min。

（四）结果与讨论

（1）由于烟用香精中主要致香成分很多是烟草中存在的致香成分，无法做到基质匹配标准溶液，而样品净化过程复杂且易造成目标化合物损失，因此我们采用乙酸苯乙酯作内标物来消除基质效应。

（2）对同一批次加香后烟丝样品，分别制备三个浓度水平的致香成分标准溶液，添加水平分别为 0.10、1.00、10.00 μg/g，每个添加水平下平行测定 6 份，以加标前后测定的含量平均值计算各致香成分的回收率。各添加水平下致香成分的平均回收率在 81.3%~107.4%，相对标准偏差（RSD）在 2.2%~10.9%，说明该方法的回收率和精密度良好，适用于烟用香精和卷烟中多种香气成分的同时检测。

四、 儿童护肤用品中 10 种合成麝香的测定

（一）试剂

萨利麝香（ADBI）、粉檀麝香（AHMI）、佳乐麝香（HHCB）、特拉斯麝香（ATII）、吐纳麝香（AHTN）、二甲苯麝香（MX）、伞花麝香（MM）、葵子麝香（MA）、西藏麝香（MT）、酮麝香（MK）、乙酸乙酯。

（二）仪器

7890B-7000D 气相色谱串联三重四极杆质谱仪、TGL-16M 高速离心机。

（三）测定方法

1. 样品制备

样品混匀后，用天平称取 0.2 g 于 10 mL 玻璃比色管中，加入乙酸乙酯，定容至刻度，使用超声波提取 15 min，涡旋混匀，静置后，用有机滤头过滤，取清液进行 GC-MS/MS 分析。如提取溶液浑浊难于过滤，取部分溶液放入离心管，在离心机中以 8000 r/min 离心 8 min，取分离清液为提取液，用有机滤头过滤，取滤液进行 GC-MS/MS 分析。

2. 色谱条件

进样口温度 280℃；进样口压力 7 psi；隔垫吹扫流量 3 mL/min；柱升温程序：起始温度 40℃，以 15℃/min 升至 185℃，保持 20 min，再以 15℃升至 260℃；载气：氦气（≥99.999%）；流量 1 mL/min；毛细管色谱柱：DB-WAXetr（30 m×0.250 mm×0.25 μm）；分流模式：不分流；进样量 1 μL；色谱-质谱接口温度 260℃。

（四）结果与讨论

（1）随机抽取市售代表性儿童护肤品 12 个，其中水剂型、乳液型、膏霜型各 4 个，按照上述方法进行测试。发现有 2 个样品含有合成麝香，分别为佳乐麝香 2352 μg/kg、吐纳麝香 1204 μg/kg。

（2）GC-MS/MS 的应用对目标化合物的检测无论从检出限还是实际操作都有着很大的优势。

五、 气相色谱指纹图谱法用于香精香料品质控制

（一）试剂

无水乙醇、ET-1 标准样品、ET-2 标准样品。

（二）仪器

GC7693 气相色谱仪、R837 折光-密度联用仪。

（三）测定方法

1. 样品处理

准确称取 1.00 g 烟用香精于锥形瓶中，加入 5 mL 无水乙醇，充分摇匀，然后加入无水硫酸钠脱水，经 0.22 μm 有机相微孔滤膜过滤后进行气相色谱仪分析。

2. 色谱条件

色谱柱：DB-5MS 毛细管柱（60 m×0.25 mm×0.25 μm）；载气：氦气；流量 2.5 mL/min；进样量 1 μL；分流比 10∶1；进样口温度 280℃；FID 检测器，氢气流量 40 mL/min，空气流量 450 mL/min；程序升温：在 60℃保持 2 min，以 4℃/min 的速度升温至 240℃，再以 15℃/min 的速度升温至 300℃，保持 20 min。

（四）注意事项

香精香料是依靠所含的多种化学成分发挥致香作用的，因此仅凭某一种化学成分的定性和定量无法对其质量进行评价，因为任何单一的致香成分或指标成分都难以有效的表征香精香料的香气特征。

六、 禽蛋中有机氯农药和多氯联苯残留量的测定

（一）试剂

乙腈、正己烷、丙酮和二氯甲烷，色谱纯；无水硫酸钠、氯化钠和浓硫酸，优级纯；纯化水自制。8 种有机氯农药混标（α-六六六、β-六六六、γ-六六六、δ-六六六、p, p'-滴滴伊、o, p'-滴滴涕、p, p'-滴滴滴、p, p'-滴滴涕）、六氯苯、七氯、艾氏剂、顺式-氯丹、反式-氯丹、氧氯丹、7 种多氯联苯混标（PCB28、PCB52、PCB101、PCB118、PCB138、PCB153、PCB180）。

（二）仪器

Aglient 7890B 气相色谱仪；电子天平，北京赛多利斯；涡旋混合器，德国 IKA 公司；超声波清洗机，宁波新芝生物科技公司；离心机，德国 Sigma 公司；氮吹仪，美国 Organomation 公司；Mili-Q 超纯水机。

（三）测定方法

1. 样品前处理

提取：称取样品 4 g（精确至 0.01 g）于 50 mL 具塞离心管中，加入 10 mL 水摇匀，加入 20 mL 乙腈涡旋 2 min，超声 15 min，再加入约 4 g 氯化钠，涡旋 2 min，8000 r/min 离心 5 min，移取 10 mL 有机层提取液于 15 mL 具塞离心管中，40℃水浴下氮吹近干，用正己烷定容至 2 mL，涡旋 2 min，待净化。

净化：上述正己烷溶液加浓硫酸 0.2 mL，振摇 1 min，9000 r/min 离心 5 min，弃去下层硫酸废液。如果硫酸层仍有颜色（表明正己烷层中杂质未除完全），再加 0.2 mL 浓硫酸，重复操作直至无色。正己烷层再加入 3 mL 20% 硫酸钠水溶液，涡旋 1 min，9000 r/min 离心 3 min，取正己烷层加入适量无水硫酸钠脱水后转移至进样瓶中供测定用。

2. 色谱条件

HP-5 毛细管柱（30 m×0.25 mm×0.25 μm）；载气：氮气（≥99.999%），恒流，柱流量 1.0 mL/min；进样口温度 260℃；不分流进样，进样量 1 μL；检测器（μECD）温度为 300℃；程序升温：初始温度 50℃，保持 1 min，15℃/min 升至 200℃，3℃/min 升至 260℃，30℃/min 升至 280℃，保持 5 min。

（四）结论

（1）21 种化合物在 5~200 μg/L 线性关系良好，相关系数均大于 0.999，检出限 0.10~0.20 μg/kg，定量限 0.3~0.7 μg/kg。

（2）鸡蛋空白样品中有机氯农药和多氯联苯加标的平均回收率为 75.1%~103.8%，相对标准偏差 1.41%~6.64%，方法的准确度与精密度较高，可满足日常检测的需要。

七、血浆中 31 种游离脂肪酸含量的测定

（一）试剂

包含 31 种脂肪酸甲酯在内的 37 种脂肪酸甲酯混合标准溶液、十九烷酸甲酯、十三烷酸、二十三烷酸、甲醇、正己烷、甲基叔丁基醚、乙酰氯、甲醇钠、三氟化硼-甲醇溶液、盐酸、硫酸、甲苯、氯仿、无水碳酸钾和氯化钠均为分析纯。

（二）仪器

岛津 QP 2010 Plus 气相色谱-质谱联用仪。

（三）测定方法

1. 样品处理

游离脂肪酸提取：

方法 1：向血浆质控样品中加入 750 μL 氯仿：甲醇（1∶2，体积比）、250 μL 氯仿和 250 μL水，涡旋 1.5 min，于 4℃下以 13000 r/min 离心 5 min；转移有机层至反应瓶，向水层中加入 250 μL 氯仿，重复提取一次，合并两次提取液，氮气吹干，得干燥脂肪酸提取物 A。

方法2：向血浆质控样品中加入750 μL 氯仿：甲醇（2∶1，体积比）和200 μL 水，涡旋1.5 min，于4℃下以13000 r/min 离心5 min。转移有机层至反应瓶，向水层中加入500 μL 氯仿：甲醇：水（86∶14∶1，体积比）重复提取一次，合并两次提取液，氮气吹干，得干燥脂肪酸提取物 B。

方法3：向血浆质控样品中加入300 μL 甲醇、600 μL MTBE 和300 μL 0.15 mmol/L 醋酸铵，涡旋1.5 min，于4℃下以13000 r/min 离心5 min。转移有机层至反应瓶，向水层中加入300 μL MTBE 重复提取一次，合并两次提取的有机层溶液，氮气吹干，得干燥脂肪酸提取物 C。

2. 游离脂肪酸衍生化

乙酰氯法：向提取物 A 中加入200 μL 乙酰氯和2 mL 甲醇：正己烷（4∶1，体积比）溶液，密封混匀后于90℃反应1.5 h。待反应瓶冷却至室温后，加入5 mL 6% 碳酸钾溶液和2 mL 正己烷，混匀后转入离心管，涡旋1 min，于4℃下以13000 r/min 离心5 min，取有机层，氮气吹干，加入20 μL IS 溶液和80 μL 正己烷复溶，待测。

硫酸法：向提取物 A 中加入1 mL 2.5%硫酸-甲醇溶液，密封混匀后于90℃反应1.5 h。待反应瓶冷却至室温后，加入3 mL 0.9% 氯化钠溶液和2 mL 正己烷，其余步骤同乙酰氯法。

盐酸法：向提取物 A 中加入1 mL 3 mol/L 盐酸-甲醇溶液，密封混匀后于90℃反应1.5 h。待反应瓶冷却至室温后，加入2 mL 正己烷，其余步骤同乙酰氯法。

三氟化硼法：向提取物 A 中加入100 μL 甲苯和500 μL 14% 三氟化硼-甲醇溶液，密封混匀后于90℃反应1.5 h。待反应瓶冷却至室温后，加入2 mL 0.9%氯化钠溶液和2 mL 正己烷，其余步骤同乙酰氯法。

甲醇钠法：向提取物 A 中加入1.25 mL 0.5 mol/L 甲醇钠溶液，密封混匀后于90℃反应1 h。待反应瓶冷却至室温后，加入1.25 mL 14% 三氟化硼-甲醇溶液，密封，混匀后于90℃反应0.5 h。待反应瓶冷却至室温后，再加入6 mL 0.9% 氯化钠溶液和2 mL 正己烷，其余步骤同乙酰氯法。

直接衍生化法：向干净反应瓶中加入200 μL 乙酰氯、50 μL 血浆质控样品和2 mL 甲醇：正己烷（4∶1，体积比）溶液，密封混匀后于90℃反应1.5 h。待反应瓶冷却至室温后，加入5 mL 6% 碳酸钾溶液和2 mL 正己烷，其余步骤同乙酰氯法。

3. 色谱条件

色谱柱：SP-2560 色谱柱（100 m×0.25 mm×0.2 μm）；升温程序：起始温度100℃，保持5 min，以4℃/min 升至240℃，保持30 min。进样口温度：230℃；分流比10∶1；载气：氦气（纯度>99.999%）；流量1.0 mL/min；进样量1.0 μL。

（四）结果与讨论

（1）31 种游离脂肪酸在其各自的浓度范围内线性良好，相关系数（r）不低于0.9990。以3 倍信噪比（$S/N \geqslant 3$）和10 倍信噪比（$S/N \geqslant 10$）计算得检出限（LOD）和定量限（LOQ）分别为0.010~0.050 μg/mL 和0.034~0.167 μg/mL。

（2）该方法应用于测定孕妇血浆中的游离脂肪酸组成和含量，从而获得较全面、准确可靠的游离脂肪酸代谢谱信息。研究结果既可反映孕妇膳食结构，又能反映其代谢情况，可为下一步制订和调整孕期膳食营养提供科学依据。

🔍 思考题

1. 气相色谱法有哪些特点？

2. 气相色谱仪的基本设备包括哪几部分？各有什么作用？

3. 气相色谱法有哪些类型？其分离的基本原理是什么？

4. 在一个特定的色谱柱上，物质 P 和 Q 的分配系数 K 分别为 490 和 460，在色谱分离时首先洗脱出哪一种化合物？

思考题解析

5. 当下述参数改变时：（1）柱长缩短；（2）固定相改变；（3）流动相流速增加；是否会引起分配系数的变化？为什么？

6. 下列变化对色谱柱的塔板高（H）有什么影响？试解释：（1）增加固定液对填充剂的相对质量；（2）减小进样速度；（3）提高气化室的温度；（4）增加载气流速；（5）减小填充物颗粒大小；（6）降低柱温。

7. 试以塔板高度 H 做指标讨论气相色谱操作条件的选择。

8. 试述速率方程式中 A、B、C 三项的物理意义。

9. 当下述参数改变时：（1）增大分配比；（2）流动相速度增加；（3）减小相比；（4）提高柱温；是否会使色谱峰变窄？为什么？

10. 为什么可用分离度 R 作为色谱柱的总分离效能指标？

11. 能否根据理论塔板数来判断分离的可能性？为什么？

12. 对担体和固定液的要求分别是什么？

13. 气相色谱的固定液选择是什么？

14. 试比较红色担体和白色担体的性能。何谓硅烷化担体？它有什么优点？

15. 如何选择固定液？

16. 试述热导池检测器的工作原理。有哪些因素影响热导池检测器的灵敏度？

17. 试述氢焰电离检测器的工作原理。如何考虑其操作条件？

18. 色谱定性的依据是什么？主要有哪些定性方法？

19. 何谓保留指数？应用保留指数作定性指标有什么优点？

20. 气相色谱法中程序升温的优点是什么？

21. 色谱定量分析中，为什么要用定量校正因子？在什么情况下可以不用校正因子？

22. 有哪些常用的色谱定量方法？试比较它们的优缺点及适用情况。

23. 毛细管柱所具有的理论塔板数为什么比普通的填充柱多？

24. 在一根 3m 长的色谱柱上，分离一样品，得如下的色谱图及数据（附图 4-1）：

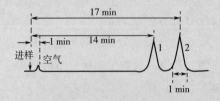

附图 4-1　色谱图及数据

（1）用组分2计算色谱柱的理论塔板数。

（2）求调整保留时间 t'_{R1} 及 t'_{R2}。

（3）若需达到分离度 $R = 1.5$，所需的最短柱长为几米？

25. 分析某种试样时，两个组分的相对保留 $r_{21} = 1.11$，柱的有效塔板高度 $H = 1$ mm，需要多长的色谱柱才能分离完全（即 $R = 1.5$）？

26. 丙烯和丁烯的混合物进入气相色谱柱得到如下数据（附表4-1）：

附表4-1　　　　　　　　　　各组分的保留时间和峰宽

组分	保留时间/min	峰底宽/min
空气	0.5	0.2
丙烯	3.5	0.8
丁烯	4.8	1.0

（1）丁烯在这色谱柱上的分配比是多少？

（2）丙烯和丁烯的分离度是多少？

27. 某一气相色谱柱，速率方程式中 A、B 和 C 的值分别是 0.15 cm、0.36 cm^2 和 4.3$\times$ 10^{-2} s，计算最佳流速和最小塔板高度。

28. 测得石油裂解气的色谱图（前面四个组分为经过衰减 1/4 而得到），经测定各组分的 f 值并从色谱图量出各组分峰面积分别为（附表4-2）：

附表4-2　　　　　　　　　　各组分的峰面积和校正因子

组分	空气	甲烷	二氧化碳	乙烯	乙烷	丙烯	丙烷
峰面积	34	214	4.5	278	77	250	47.3
校正因子 f	0.84	0.74	1.00	1.00	1.05	1.28	1.36

用归一化法定量，求各组分的质量分数各为多少？

29. 有上试样含甲酸、乙酸、丙酸及不少水、苯等物质，称取此试样 1.055 g。以环己酮作内标，称取 0.1907 环己酮，加入试样中，混合均匀后，吸取此试液 3 μL 进样，得到色谱图。从色谱图上测得的各组分峰面积及响应值如附表4-3所示：

附表4-3　　　　　　　　　　各组分峰面积及响应值

组分	甲酸	乙酸	环己酮	丙酸
峰面积	14.8	72.6	133	42.4
响应值	0.261	0.562	1.00	0.938

求甲酸、乙酸、丙酸的质量分数。

30. 在测定苯、甲苯、乙苯、邻二甲苯的峰的校正因子时，称取的各组分的纯物质质量，以及在一定色谱条件下所得色谱图上各种组分色谱峰的峰高分别如下（附表4-4）：

附表 4-4 各组分的质量和峰高

组分	苯	甲苯	乙苯	邻二甲苯
质量/g	0.5967	0.5478	0.6120	0.6680
峰高/mm	180.1	84.4	45.2	49.0

求各组分的峰高校正因子，以乙苯为标准。

31. 已知在混合酚试样中仅含有苯酚、邻甲酚、间甲酚和对甲酚四种组分，经乙酰化处理后，得到相应的色谱图，图上各组分的色谱峰的峰高、半峰宽，以及已测得各组分的校正因子分别如下（附表 4-5），求各组分的质量分数。

附表 4-5 各组分的峰高、半峰宽和校正因子

组分	苯酚	邻甲酚	间甲酚	对甲酚
峰高/mm	64.0	104.1	89.2	70.0
半峰宽/mm	1.94	2.40	2.85	3.22
校正因子 f	0.85	0.95	1.03	1.00

32. 测定氯苯中的微量杂质苯、对二氯苯、邻二氯苯时，以甲苯为内标，先用纯物质配制标准溶液，进行气相色谱分析，得如下数据，试根据这些数据绘制标准曲线。

在分析未知试样时，称取氯苯试样 5.119 g，加入内标物 0.0421 g，测得色谱图，从图上量取各色谱峰的峰高，并求得峰高比见附表 4-6。求试样中各杂质的质量分数。

附表 4-6 各组分的质量和峰高比

编号	甲苯质量/g	苯		对二氯苯		邻二氯苯	
		质量/g	峰高比	质量/g	峰高比	质量/g	峰高比
1	0.0455	0.0056	0.234	0.0325	0.080	0.0243	0.031
2	0.0460	0.0104	0.424	0.0620	0.157	0.0420	0.055
3	0.0407	0.0134	0.608	0.0848	0.247	0.0613	0.097
4	0.0413	0.0207	0.838	0.1191	0.334	0.0878	0.131

苯峰高∶甲苯峰高 = 0.341，对二氯苯峰高∶甲苯峰高 = 0.298，邻二氯苯峰高∶甲苯峰高 = 0.042。

参 考 文 献

[1]武汉大学. 分析化学(下册)[M].6版. 北京:高等教育出版社,2018.

[2]杨根元,金瑞祥,应武林. 实用仪器分析[M].2版. 北京:北京大学出版社,1997.

[3]刘虎威. 气相色谱方法及应用[M]. 北京:化学工业出版社,2000.

[4]朱明华. 仪器分析[M]. 3版. 北京:高等教育出版社,2000.

[5]曾泳淮,林树昌. 分析化学(仪器分析部分)[M]. 北京:高等教育出版社,2004.

[6]卢佩章,戴朝政,张祥民. 色谱理论基础[M]. 2版. 北京:科学出版社,1997.

[7]周申范,宋敬埔,王乃岩. 色谱理论与应用[M]. 北京:北京理工大学出版社,1994.

[8]达式禄. 色谱学导论[M]. 武汉:武汉大学出版社,1988.

[9]叶宪曾,张新祥. 仪器分析教程[M]. 2版. 北京:北京大学出版社,2006.

[10]王世平,王静,仇厚援. 现代仪器分析原理与技术[M]. 哈尔滨:哈尔滨工程大学出版社,1999.

[11]俞惟乐,欧庆瑜. 毛细管气相色谱和分离分析新技术[M]. 北京:科学出版社,1999.

[12]孙毓庆,王延琼. 现代色谱法及其在医药中的应用[M]. 北京:人民卫生出版社,1999.

[13]Jinings W G,Rapp A. 气相色谱分析样品制备[M]. 任玉有,译. 北京:石油工业出版社,1991.

[14]Grob R L. Modern practice of gas chromatography[M]. 2nd Ed. New York:John Wiley & Son,1985.

[15]Lee M L,Yang F J,Bartle K D. Open tubular column gas chromatography[M]. New York:John Wiley & Son,1984.

[16]Willet J E. Gas chromatography[M]. New York:John Wiley & Son,1987.

[17]Kolb B,Ettre. Static headspace-gas chromatography,theory and practice[M]. New York:Wiley-VCH,1997.

[18]Baugh P J. Gas chromatography[M]. Oxford:Oxford University Prses,1993.

[19]耿信笃. 现代分离科学理论引论[M]. 西安:西北大学出版社,1990.

[20]傅若农,顾峻岭. 近代色谱分析[M]. 北京:国防工业出版社,1998.

[21]Heftmann E. Chromatography[M]. 5th Ed. Amsterdam:Elsevier,1992.

[22]Heftmann E. Chromatography[M]. 6th Ed. Amsterdam:Elsevier,1996.

[23]李浩春,卢佩章. 气相色谱法[M]. 北京:科学出版社,1991.

[24]周良模. 气相色谱新技术[M]. 北京:科学出版社,1994.

[25]孙传经. 气相色谱分析原理与技术[M]. 2版. 北京:化学工业出版社,1993.

[26]王永华. 气相色谱分析[M]. 北京:海洋出版社,1990.

[27]詹益兴. 实用气相色谱[M]. 长沙:湖南科技出版社,1983.

[28]吴采想. 现代毛细管柱气相色谱法[M]. 武汉:武汉大学出版社,1991.

[29]孙传经. 毛细管色谱法[M]. 北京:化学工业出版社,1991.

[30]傅若农,刘虎威. 高分辨气相色谱及高分辨裂解气相色谱[M]. 北京:北京理工大学出版社,1992.

[31]朱世永等. 衍生物气相色谱法[M]. 北京:化学工业出版社,1993.

[32]李洁奉主编. 分析化学手册(第五分册)[M]. 2版. 北京:化学工业出版社,1999.

[33]朱良漪主编. 分析仪器手册[M]. 北京:化学工业出版社,1997.

[34]杨明,邵鹏,陈启荣,等. 固相萃取-气相色谱/质谱联用-内标法测定食品中9种防腐剂[J]. 分析试验室,2020,39(7):834-838.

［35］苟琰,高驰,邓晶晶,等. QuEChERS-气相色谱-串联质谱法检测鱼腥草中 121 种农药残留［J］. 食品科学,2020,41(16):293-299.

［36］吴若昕,肖晓明,邢立霞,等. 气相色谱-串联质谱法同时测定香精和烟草中 16 种致香成分［J］. 香精香料化妆品,2020(1):9-15.

［37］徐宁,郑增尧,杨建英,等. 气相色谱串联质谱法测定儿童护肤用品中 10 种合成麝香［J］.广东化工,2020,20(14):263-264.

［38］柳秋林,聂守杰,董全江,等. 气相色谱仪-质谱指纹图谱应用与烟用香精香料品质控制［J］. 新型工业化,2019,10(9):125-128.

［39］卢克刚,张红霞. 气相色谱法测定禽蛋中有机氯农药和多氯联苯残留量［J］. 中国饲料,2019(8):73-76.

［40］刘佩珊,牟燕,马安德,等. 气相色谱-质谱法测定血浆中 31 种游离脂肪酸含量［J］. 分析测试学报,2020,39(8):1000-1005.

高效液相色谱分析

5

[学习要点]

通过本章内容学习，要求掌握液相色谱分析的基本原理、方法分类及其分离原理；掌握高效液相色谱仪的基本结构、各部件的工作原理和定性定量分析的方法；重点掌握液相色谱固定相的结构及其与溶质分子的作用机制。了解高效液相色谱法的特点、与气相色谱法的异同及在食品行业中的应用。

第一节　概　　述

高效液相色谱（high performance liquid chromatography，HPCL）是一种以液体为流动相的分离分析技术，与气相色谱相比，高效液相色谱法的分析对象不受试样挥发度和热稳定性的限制，非常适合于分离生物大分子、离子型化合物、不稳定的天然产物以及其他各种高分子化合物等。此外，液相色谱中的流动相不仅可以运载着试样沿色谱柱移动，而且对试样具有一定的选择性相互作用，成为调控分离效果的一个重要因素。高效液相色谱法具有以下突出特点。

①高压：液体的黏度大，为使流动相迅速地通过色谱柱，采用高压泵对载液施加压力，压力可达 10~35 MPa。

②高速：流动相在色谱柱中流速可高达 10 mL/min。

③高效：高效液相色谱柱效高（理论塔板数可达 2000 块/m 以上），且可选择不同的流动相体系如单溶剂、双溶剂、多元溶剂等，通过改变流动相的组成、极性、pH 等物理化学性质，大幅改善分离效果。

④高灵敏度：高效液相色谱法采用光学、电化学等高灵敏度的检测器，大幅提高了分析能力。

⑤应用范围广：高效液相色谱法适用于高沸点、大分子、热稳定性差、强极性化合物和各

种离子型化合物的分离分析，如氨基酸、蛋白质、维生素、生物碱、糖类、农药等。

第二节 高效液相色谱法的理论基础

高效液相色谱法的基本概念及理论基础，如各种保留值、分配系数、分配比、分离度、塔板理论、速率理论等与气相色谱法基本一致，其不同之处在于液体和气体流动相的性质差异。液体是不可压缩的，其扩散系数只有气体的万分之一至十万分之一，黏度比气体大 100 倍，而密度为气体的 1000 倍。这些差别对液相色谱的扩散和传质过程影响很大，Giddings 等在范第姆特（Van Deemter）方程基础上提出了液相色谱速率方程。

一、 液相色谱速率方程

Giddings 等提出的液相色谱速率方程如下：

$$H=H_e+H_d+H_s+H_m+H_{sm} \tag{5-1}$$

式中 H——塔板高度；

H_e、H_d、H_s、H_m、H_{sm}——涡流扩散项、纵向扩散项、固定相传质阻力项、流动相传质阻力项和滞留流动相传质阻力项。

（一）涡流扩散项 H_e

$$H_e=2\lambda d_p \tag{5-2}$$

其含义与气相色谱法的涡流扩散项相同，减小 H_e 可提高液相色谱柱的柱效。可通过采用减小粒度（d_p）和提高柱内填料装填的均匀性（降低 λ），降低涡流扩散效应。目前多采用 3~5 μm 的球形固定相，柱效较高，理论塔板数可达 10^4 块/m。

（二）纵向扩散项 H_d

试样中组分在流动相带动下流经色谱柱时，由于组分分子本身运动引起的纵向扩散导致色谱峰展宽称为纵向扩散。

$$H_d = \frac{C_d D_m}{u} \tag{5-3}$$

式中 C_d——常数；

     D_m——组分分子在流动相中的扩散系数；

     u——流动相线速度。

液相色谱中流动相为液体，黏度比载气大得多，柱温多采用室温，比气相色谱的柱温低得多，因此组分在液体中的扩散系数 D_m 比在气体中的 D_g 要小 4~5 个数量级。当流动相的线速度大于 1 cm/s 时，纵向扩散项 H_d 对色谱峰展宽的影响可以忽略，而气相色谱中此项却很重要。

（三）固定相传质阻力项 H_s

组分分子从流动相进入到固定相内进行质量交换的传质阻力 H_s 可表示为：

$$H_s = \frac{C'_s d_f^2}{D_s}u \tag{5-4}$$

式中 C'_s——与容量因子 k 有关的系数；

d_f——固定液的液膜厚度；

D_s——组分在固定液内的扩散系数。

由式（5-4）可见，它与气相色谱中液相传质项含义一致。对于由固定相的传质过程引起的峰展宽，可从改善传质，加快组分分子在固定相上的解吸过程加以解决；对于液-液分配色谱，可降低固定液厚度。如采用化学键合相，"固定液"只是在载体表面的一层单分子层时，此项可忽略。对吸附、排阻和离子交换色谱法，可使用小的颗粒填料来改进。

（四）流动相传质阻力项 H_m

当流动相流过色谱柱内的填充颗粒形成流路时，靠近填充物颗粒的流动相流动得慢一些，而流路中部的流动相流动最快，即柱内流动相的流速并不是均匀的；靠近填充颗粒的组分分子流速要比流路中部的组分分子流速来得慢，这是因为处于边缘的分子与固定相的作用相对大于处于流路中心的分子而引起的。其对峰展宽的影响可表示为：

$$H_m = \frac{C'_m d_p^2}{D_m} u \tag{5-5}$$

式中 C'_m——与容量因子 k 有关的常数，其值取决于柱的直径、形状和填料颗粒的结构。

（五）滞留流动相传质阻力项 H_{sm}

由于固定相填料的多孔性，微粒的小孔内所含的流动相处于停滞不动的状态。流动相中的组分分子要与固定相进行质量交换，必须先由流动相扩散到滞留区。有些分子在滞留区内扩散较短距离又回到流动相，而向小孔深处扩散的分子则在滞留区停留时间较长，由此引起的峰展宽可表示为：

$$H_{sm} = \frac{C'_{sm} d_p^2}{D_m} u \tag{5-6}$$

式中 C'_{sm}——与颗粒中被流动相所占据部分的分数及容量因子有关的常数。

综上所述，由于柱内色谱峰展宽所引起的塔板高度的变化可归纳为：

$$H = 2\lambda d_p + \frac{C_d D_m}{u} + \left(\frac{C'_s d_f^2}{D_s} + \frac{C'_m d_p^2}{D_m} + \frac{C'_{sm} d_p^2}{D_m} \right) u \tag{5-7}$$

简化后为：

$$H = A + \frac{B}{u} + Cu$$

此式与气相色谱速率方程式在形式上一致，但因其纵向扩散项可忽略不计，影响柱效的主要因素是传质阻力项，其中 C 为传质阻力系数，可表示为：

$$C = C_s + C_m + C_{sm} \tag{5-8}$$

式中，C_s 为固定相传质阻力系数：

$$C_s = \frac{C'_s d_f^2}{D_m}$$

C_m 为流动相传质阻力系数：

$$C_m = \frac{C'_m d_p^2}{D_m}$$

C_{sm} 为滞留流动相传质阻力系数：

$$C_{sm} = \frac{C'_{sm}d_p^2}{D_s}$$

忽略纵向扩散项后，液相色谱速率方程为：

$$H = A + Cu = A + (C_s + C_m + C_{sm})\,u \tag{5-9}$$

对于化学键合相，其固定相传质阻力可以忽略，得：

$$H = A + (C_m + C_{sm})\,u \tag{5-10}$$

从以上讨论可知，要提高液相色谱分离的效率，必须减小塔板高度 H，可从液相色谱柱、流动相及流速等综合考虑。一般来说，柱填料颗粒较小、填充均匀和流动相流速较低时，H 较小；流动相黏度较低和柱温较高时，H 较小；样品分子较小时，H 较小。采用薄壳型填料，可消除滞留流动相传质阻力的影响，从而降低 H。其中，减小粒度是提高柱效的最有效途径。多孔微粒填料的 H 低且分离效率高，样品负荷量比薄壳型填料要大，成为目前广泛应用的高柱效填料。有机溶剂作流动相时，增加柱温易产生气泡，故一般均在室温下进行实验，虽然甲醇对人体有害，因其黏度是乙醇的 1/2，故常用溶剂仍选甲醇，还可达到降低柱压的作用。降低流速可降低传质阻力项的影响，但增加了分析时间；应根据液相色谱速率方程，对各影响因素予以综合考虑。

二、 峰展宽的柱外效应

速率方程研究的是柱内溶质的色谱峰展宽（谱带扩张）和板高增加（柱效降低）的影响因素。此外，在色谱柱之外存在着引起色谱峰展宽的因素，称为峰展宽的柱外效应或柱外峰展宽，可分为柱前峰展宽和柱后峰展宽。

（一）柱前峰展宽

柱前峰展宽包括由进样及进样器到色谱柱连接管引起的峰展宽。液相色谱法的进样方式，大都是将试样注入到色谱柱顶端或进样器（如六通阀）的液流中。由于进样器的死体积，进样时液流扰动引起的扩散及进样器到色谱柱连接管的死体积均会引起色谱峰的展宽和不对称，故进样时希望样品直接进在柱头的中心部位。

（二）柱后峰展宽

柱后峰展宽主要由检测器流通池体积、连接管路等所引起。如通用紫外检测器的池体积为 8 μL，微量池的体积可更小。

柱外峰展宽在液相色谱中的影响要比在气相色谱中更为显著。为了减少其不利影响，应当尽可能减小柱外死空间，即从进样器到检测池之间除去柱子本身外的所有死空间，包括进样器、检测器及连接管、接头等，如采用零死体积接头来连接各部件等方法。

第三节　高效液相色谱法的主要类型及其分离原理

根据分离机制的不同，高效液相色谱法可分为下述几种主要类型：液-液分配色谱（liquid-liquid partition chromatography, LLPC）、液-固吸附色谱（liquid-solid chromatography, LSC）、离子色谱（ion chromatography, IC）、空间排阻色谱（steric exclusion chromatography,

SEC）和亲和色谱（affinity chromatography，AC）等。

一、 液-液分配色谱及化学键合相色谱

液-液分配色谱法的流动相和固定相是互不相溶的两种液体，其中，流动相极性小于固定液的极性，这种情况称为正相液-液色谱法（normal phase liquid chromatography）；反之，若流动相的极性大于固定液的极性，则称为反相液-液色谱法（reverse phase liquid chromatography）。液-液分配色谱法与气-液分配色谱法相似，分离的顺序决定于分配系数的大小，分配系数大的组分保留强；但气相色谱法中流动相的性质对分配系数影响不大，而液相色谱法中流动相的种类对分配系数却有较大影响。

化学键合固定相色谱是将有机基团通过化学反应共价键合到硅胶（担体）表面，代替物理涂渍的液体固定相，在分离过程中更加稳定，已成为高效液相色谱法中应用最广泛的一个分支。自20世纪70年代末以来，80%左右的液相色谱分析工作是在化学键合固定相上进行的，液-液分配色谱已很少采用。

二、 液-固吸附色谱法

液-固吸附色谱的流动相为液体，固定相为固态吸附剂；其作用机制是基于试样组分溶质分子和流动相溶剂分子对吸附剂活性表面的竞争吸附不同而实现分离。分配系数大的组分，吸附剂对它的吸附力强，保留值就大。液-固色谱中流动相选择的原则是：极性大的试样选择极性大的流动相，极性小的选低极性的流动相。液-固色谱法适用于分离相对分子质量中等的油溶性试样，对具有不同官能团的化合物和异构体有较高的选择性。

三、 离子色谱法

离子色谱法出现于20世纪70年代中期，是以离子交换树脂为固定相，电解质溶液为流动相，通过静电作用实现阴、阳离子的分离。被分析物质电离后产生的离子与树脂上带相同电荷的离子（反离子）进行交换而达到平衡，其过程可用下式表示：

阳离子交换：

$$M_m^+ + R^- Y^+ \rightleftharpoons Y_m^+ + R^- M^+ \tag{5-11}$$

阴离子交换：

$$X_m^- + R^+ Y^- \rightleftharpoons Y_m^- + R^+ X^- \tag{5-12}$$

式中 下标 m——流动相；

　　　R——树脂；

　　　Y——树脂上可电离的离子；

　M^+ 和 X^-——流动相中溶质的正、负离子。

达到平衡后，对于阴离子交换的平衡常数 K_x 为：

$$K_X = \frac{[R^+X^-][Y^-]}{[R^+Y^-][X^-]} \tag{5-13}$$

分配系数 D_x 为：

$$D_X = \frac{[R^+X^-]}{[X^-]} = K_X \frac{[R^+Y^-]}{[Y^-]} \tag{5-14}$$

分配系数 D 值越大，表示溶质的离子与离子交换剂的相互作用越强。不同的溶质离子和离子交换剂具有不同的亲和力，产生不同的分配系数；亲和力高的，分配系数大，在柱中的保留值就越大，保留越强。对于阳离子交换过程，类推可得相应的 K 和 D。

长期以来，阴离子型化合物缺乏快速灵敏的方法。离子色谱法是目前唯一能获得快速、灵敏（$\mu g/L$）、准确分离的分析方法，因而受到广泛重视并得到迅速的发展。离子色谱法不仅应用于无机离子的分离，还可用于有机物的分离，可分析的离子正在增多，从无机和有机阴离子到金属阳离子，从有机阳离子到糖类、氨基酸等均可用离子色谱法进行分析。

四、 空间排阻色谱法

空间排阻色谱法也称凝胶渗透法（gel permeation chromatography，GPC）、凝胶过滤法（gel filtration）。它的分离机制与其他色谱法完全不同，它类似于分子筛的作用，但凝胶的孔径比分子筛要大得多，一般为数纳米到数百纳米。溶质在两相之间不是靠其相互作用力的不同来进行分离，而是按分子大小进行分离。试样进入色谱柱后，在随着流动相流动过程中，较大的分子不能进入胶孔而受到排阻，保留较弱，较快流出色谱柱并首先在色谱图上出现；较小的分子则可通过胶孔并渗透到颗粒中，这些组分在柱上保留较强，在色谱图上最后出现；中等大小的分子可渗透到其中某些孔穴而不能进入另一些孔穴，并以中等速度通过柱子。

空间排阻色谱法的分离机制与其他色谱法类型不同，具有一些突出的特点；如试样的组分全部在溶剂的保留时间前出峰，组分在柱内停留时间短，故柱内峰扩展就比其他分离方法小得多，所得峰通常都较窄，有利于进行检测；适用于分离相对分子质量大的化合物（为 2000 以上），在合适的条件下，也可分离相对分子质量小至 100 的化合物，故相对分子质量为 $100 \sim 8 \times 10^5$ 的任何类型化合物，只要在流动相中是可溶的，都可用排阻色谱法进行分离。然而排阻色谱法只能分离相对分子质量差别在 10% 以上的分子，不能用来分离大小相似、相对分子质量接近的分子如异构体等，这是由于方法本身所限制的。

五、 亲和色谱法

亲和色谱法是利用试样组分与固定相上配基间的特异性亲和作用而实现分离，如抗体与抗原、激素与受体、酶与抑制剂、核酸的碱基对等之间的专一的相互作用，可用于分离活体高分子、病毒和细胞等。亲和色谱中两个进行专一结合的分子互称为配基，如抗原与抗体，抗原可认为是抗体的配基，反之抗体被认为是抗原的配基。亲和色谱分离过程：首先将纯化对象的配基固定在担体上，装柱；然后上样，亲和对象被吸附在柱子上，其他物质流出色谱柱；最后利用合适的淋洗液将被吸附的组分洗脱出来。亲和色谱法具有选择性强的特点，一步就能获得纯品，是分离和纯化生物大分子的重要手段。

第四节　液相色谱固定相

色谱柱是高效液相色谱的心脏，色谱柱的核心是固定相。不同的液相色谱法所用的固定相类型和结构不同，具体如下。

一、 液-液色谱法固定相

（一）涂覆型固定相

该类型固定相出现较早，是通过将固定液涂覆在一定的担体上制得，常用的担体有氧化硅、氧化铝、硅藻土等制成的直径为 $100~\mu m$ 左右的全多孔型担体。国内产品常见型号为 YBK，国外常见型号为 Corasil、Zipax 等。然而，该类型固定相的固定液是通过物理涂布在载体表面形成的，在使用时固定液易流失，造成柱效、分离度和重现性均较差，已基本被淘汰。

（二）化学键合固定相

目前应用较多的是采取化学反应方式将官能团键合在载体表面形成的化学键合固定相。键合固定相表面的官能团一般多是单分子层，化学键合相并非只是分配作用，也有一定的吸附作用（视键合覆盖率等因素而定）。其优点是：无流失，增加了色谱柱的重现性和寿命；化学性能稳定，可在 pH $2\sim7.5$ 范围使用；传质速率快，柱效高；载样量大；适于梯度洗脱。

按固定基团与载体（硅胶表面 $\equiv$ Si—OH 基团）结合的化学键类型可分为硅氧碳键型（$\equiv$ Si—O—C）、硅氧硅碳键型（$\equiv$ Si—O—Si—C）、硅氮键型（$\equiv$ Si—N）和硅碳键型（$\equiv$ Si—C）4 种类型。Si—O—C 键型是硅胶与醇类反应产物，因易发生水解或与酯发生交换反应而损坏，现已被淘汰。Si—C 键型是硅胶与卤代烷反应的产物，虽稳定性好，但制备困难。Si—N 键型是硅胶与胺类反应产物，稳定性比 Si—O—C 键型好，但不如 Si—O—Si—C 键型。Si—O—Si—C 键型稳定性好，容易制备，是目前应用最广的键合方式。如应用最广的十八烷基键合相（ODS 或 C_{18}）由十八烷基氯硅烷试剂与硅胶表面硅醇基，经多步反应脱去 HCl 生成 ODS 键合相，反应如下：

$$\equiv Si-OH \ + \ Cl-\underset{\underset{R_2}{|}}{\overset{\overset{R_1}{|}}{Si}}-C_{18}H_{37} \ \longrightarrow \ \equiv Si-O-\underset{\underset{R_2}{|}}{\overset{\overset{R_1}{|}}{Si}}-C_{18}H_{37} + HCl$$

Si—O—Si—C 键型键合相按极性可分为非极性、中等极性和极性 3 类，见表 5-1。

表 5-1 化学键合相分类

键合相极性	键合基团	试样极性	流动相	色谱类型	常用型号
非极性	—C_{18}	低极性	甲醇-水、乙腈-水	反相	YWG-C_{18}
		中等极性	甲醇-水、乙腈-水	反相	YQG-C_{18}
		高极性	水、甲醇、乙腈	反相离子对	Nucleosil-C_{18}
	—C_8	中等极性	甲醇-水、乙腈-水	反相	YWG-C_8
		高极性	甲醇、乙腈、水	反相	Zorbox-C_8
中等极性	醚基	低极性	甲醇-水、乙腈-水	反相	YWG-ROR′
		高极性	正己烷	正相	Permaphase-ETH

续表

键合相极性	键合基团	试样极性	流动相	色谱类型	常用型号
极性	—NH$_2$	中等极性	异丙醇	正相	YWG–NH$_2$
					Nucleosil–NH$_2$
	—CN	中等极性	乙腈、正己烷	正相	YWG–CN
		中等极性	甲醇–水	反相	YQG–CN
		高极性	水、缓冲溶液	反相	Nucleosil–CN
其他	SO$_3^-$	高极性	水、缓冲溶液	阳离子交换	YWG–SO$_3$H
	NR$_3^+$	高极性	磷酸缓冲液	阴离子交换	YWG–R$_3$NCl

二、 液–固吸附色谱固定相

液–固吸附色谱固定相所用吸附剂有硅胶、氧化铝、高分子多孔微球及分子筛和聚酰胺等，仍可分为无定形全多孔、球形全多孔和薄壳型微珠等类型。目前较常使用的是粒径为 3~10 μm 的硅胶微粒（全多孔型）。

三、 离子交换色谱固定相

按键合离子交换基团，可分为阳离子键合相（强酸型和弱酸型）和阴离子键合相（强碱型和弱碱型）。强酸性（如磺酸型–SO$_3$H）和强碱性（季铵盐型–NR$_3$C1）离子交换键合相比较稳定，pH 适用范围宽，故应用较多。常用国产离子交换键合相有 YWG–SO$_3$H、YSG–SO$_3$Na、YWG–R$_3$NCl 和 YSG–R$_3$NCl；进口产品有 Zipax-SAX（薄壳强阴离子键合相）、Zipax-SCX（薄壳强阳离子键合相）和 Lichrosorb Si 100 SCX（全多孔无定型强阳离子键合相）等。

四、 空间排阻色谱固定相

空间排阻色谱固定相为具有一定孔径范围的多孔性凝胶。所谓凝胶是含有大量液体（一般是水）的柔软而富于弹性的物质，是一种经过交联而具有立体网状结构的多聚体。按强度可分为软胶、半硬胶和硬胶 3 大类。

五、 手性固定相

手性对映体的拆分是分离科学一大难题，很多药物均有手性对映体存在，其药效、代谢途径及毒副作用与其分子立体构型有密切关系，常常是一种对映异构体有效，另一种无效或有毒副作用，故需要拆分。常用手性固定相有 Prikle 型、环糊精类和冠醚等。

第五节　高效液相色谱法流动相

在高效液相色谱分离过程中，当固定相选定后，流动相的种类、配比能显著地改变分离效果。

一、　流动相选择原则

（1）流动相纯度　采用色谱纯级试剂。若溶剂不纯，杂质通过长期积累会导致色谱柱损坏、检测器噪声增加，同时也影响收集的馏分纯度。

（2）应避免使用会引起柱效损失或保留特性变化的溶剂　例如在液-固色谱中，硅胶吸附剂不能使用碱性溶剂（胺类）或含有碱性杂质的溶剂，氧化铝吸附剂不能使用酸性溶剂。

（3）对试样要有适宜的溶解度，但不能与试样发生反应，否则，在柱头易产生沉淀。

（4）溶剂的黏度不易过大　否则会降低试样组分的扩散系数，造成传质速率缓慢，柱效下降。

（5）应与检测器相匹配　例如对紫外光度检测器而言，不能用对紫外光有吸收的溶剂作为流动相。

二、　流动相极性

在高效液相色谱法分离过程中，溶剂的极性是选择的重要依据。例如在正相液-液色谱中，可先选中等极性的溶剂为流动相，若组分的保留时间太短，表示溶剂的极性太大；若组分保留时间太长，表示溶剂的极性太小，则再选极性在上述两种溶剂之间的溶剂。如此多次实验，可选得最适宜的溶剂。常用溶剂的极性顺序排列如下：

水>甲酰胺>乙腈>甲醇>乙醇>丙醇>丙酮>二氧六环>四氢呋喃>甲乙酮>正丁醇>醋酸乙酯>乙醚>异丙醚>二氯甲烷>氯仿>溴乙烷>苯>氯丙烷>甲苯>四氯化碳>二硫化碳>环己烷>己烷>庚烷>煤油。

第六节　高效液相色谱仪

典型的高效液相色谱仪至少应包括流动相输送系统、进样系统、分离系统、检测系统和数据处理系统等，结构如图 5-1 所示，贮液器中贮存的流动相经过高压泵送到色谱柱冲洗柱子，当柱子平衡而且基线平直后，试样通过注射器进入进样器，然后由流动相把试样送到色谱柱进行分离，分离后的组分由检测器检测，输出的信号通过放大器放大后用记录仪记录下来。其中高压泵、色谱柱和检测器是其关键部件。

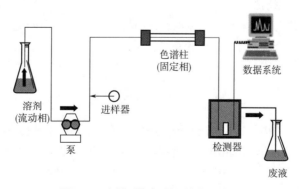

图 5-1　高效液相色谱仪结构示意图

一、 高压泵

高效液相色谱的固定相粒度小，柱阻力很大，因此要达到快速、高效的分离，必须有很高的柱前压力，才能保证较高的流动相流速。高压泵应满足以下几个要求：①流量稳定：流动相的流量不仅要稳定而且要无脉动，并有较大的调节范围。一般分析型仪器流量为 0.1~10 mL/min，制备型为 50~100 mL/min。②有较高的输出压力：泵的输出压力一般为 10~50 MPa。③抗化学腐蚀：输液泵应该能经受各种有机溶剂、水和某些缓冲液的侵蚀。④死体积小：高压泵的死体积会影响 HPLC 的分析精密度和准确度，特别是会影响梯度洗脱的效果，一般总是希望死体积越小越好。⑤操作与检修方便：输液泵的流量调节、阀的清洗和更换等须简单易行。

根据工作原理不同，高压泵可分为恒压泵和恒流泵两类。其中以恒流泵应用最为广泛。以有柱塞往复泵为例，如图 5-2 所示。马达带动凸轮，使活塞作往复运动，凸轮旋转一圈，活塞完成一次往复运动，即吸入和压出流动相，改变马达的转速可以控制活塞的往复运动速率，即可调节流量。它的优点是输出流量恒定，且与流动相的黏度及色谱柱的阻力无关，死体积小，保留值的重复性好，并适合于梯度淋洗，缺点是输出液流量有脉动，可采用阻尼器等方法减小脉动。

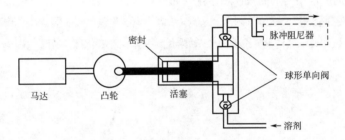

图 5-2 柱塞往复泵结构示意图

二、 梯度洗脱装置

所谓梯度洗脱（gradient elution），就是试样在一个分离周期，流动相的组成（如溶剂的极性、离子强度、pH 等）按一定程序变化，改善流动相的洗脱能力，类似于气相色谱中的程序升温技术。二者都是为了使各组分在最佳 k 值下流出柱子（不同的是程序升温通过改变柱温，而梯度洗脱是通过改变流动相）。

梯度洗脱可分为高压梯度和低压梯度两类，如图 5-3 所示。高压梯度是利用两台高压泵将溶剂增压后输入梯度混合室混合后送入色谱柱；低压梯度是在常压下先将溶剂按比例混合后，再用高压泵送入色谱柱。

三、 进样装置

进样装置的作用是将样品送入分离系统，进样方式对柱效和重现性有很大影响。进样时要求样品到达柱头前，不与流动相相混合，直接注射到柱头中心即所谓"点进样"。进样方式通常有：隔膜进样、停留进样、阀进样等，其中以六通阀进样最为常见。

六通进样阀（图 5-4）可直接向高压系统内输送样品而不必停止流动相的流动。当六通阀

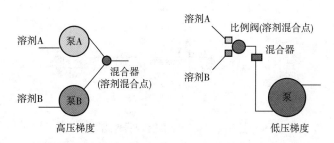

图 5-3　高压梯度和低压梯度示意图

处于装样（load）位置时，样品用注射器注射入定量管；转至进样（inject）位置时，定量管内的样品被流动相带入色谱柱进行分离。

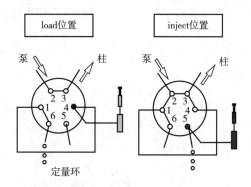

图 5-4　六通进样阀装样和进样状态

四、 色谱柱

色谱柱是色谱实现分离的核心，色谱柱按用途可以分为分析型和制备型两类，按规格尺寸又可分为常规分析柱、窄径柱、毛细管柱、半制备柱和制备柱等。目前液相色谱常用的标准柱型是内径为 4.6 mm 或 3.9 mm，长度为 15~30 cm 的不锈钢柱。填料颗粒度 5~10 μm，柱效以理论塔板数计 7000~10000。液相色谱柱发展的一个重要趋势是减小填料颗粒度（3~5 μm）以提高柱效，这样可以使用更短的柱（数厘米），更快的分析速度。

五、 检测器

（一）紫外检测器

紫外检测器是液相色谱法广泛使用的检测器，它的作用原理是基于被测组分对特定波长紫外光的吸收，组分浓度与吸光度的关系遵守 Beer 定律。图 5-5 是一种双光路结构的紫外检测器光路图。

光源（1）发出光束，透镜（2）将光源发出的光束变成平行光，经过遮光板（3）变成一对细小的平行光束，分别通过测量池（4）与参比池（5），然后用紫外滤光片（6）滤掉非单色光，根据光敏元件（7）输出信号差（即代表被测试样的浓度）进行检测。

二极管阵列检测器是紫外检测器的一个重要进展。在这类检测器中采用光电二极管阵列作检测元件，阵列由几百个甚至几千个光电二极管组成，每一个二极管宽 50 μm，各自测量一窄

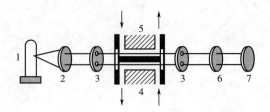

图 5-5　紫外光度检测器光路图

1—低压汞灯　2—透镜　3—遮光板　4—测量池　5—参比池　6—紫外滤光片　7—光敏元件

段的光谱，可以在一次运行中同时采集不同波长的色谱图，便于组分的定性和定量分析。由图 5-6 可见，光源发出的紫外或可见光首先通过液相色谱流通池被流动相中组分吸收，然后透过入射狭缝进行分光使得含有吸收信息的全部波长聚焦在阵列上被同时检测，并结合电子学方法及计算机技术对二极管阵列快速扫描采集数据。经计算机处理后可得到三维色谱–光谱图。

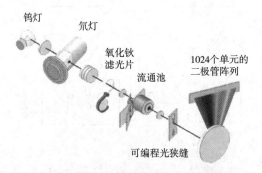

图 5-6　二极管阵列检测器光路示意图

（二）荧光检测器

荧光检测器的结构及工作原理与荧光光度计或荧光分光光度计相似，图 5-7 是直角型荧光检测器的示意图。由卤化钨灯产生 280 nm 以上的连续波长的强激发光，经透镜和激发滤光片聚焦，分为所要求的谱带宽度并聚焦在流通池上，与激发光呈 90° 的另一个透镜对流通池发射出来的荧光聚焦，透过发射滤光片照射到光电倍增管上进行检测。一般情况下，荧光检测器比紫外检测器的灵敏度高 2 个数量级，但其线性范围仅约为 10^3。

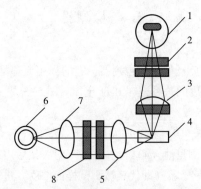

图 5-7　直角型滤色片荧光检测器光路图

1—光电倍增管　2—发射滤光片　3、5、7—透镜　4—样品流通池　6—光源　8—激发滤光片

（三）示差折光检测器

示差折光检测器按其工作原理可以分为偏转式和反射式两种类型。以偏转式为例，当流动相中的试样成分发生变化时，其折射现象随之发生变化，如入射角不变（一般选45°），则光束的偏转角是流动相中成分变化的函数。因此，通过测量折射角偏转值，便可以测定试样的浓度。图5-8是一种偏转式示差折光检测器的光路图。光源（1）射出的光线由透镜（2）聚焦后，从遮光板（4）的狭缝射出一条细窄光束，经反射镜（5）反射以后，由透镜（6）汇聚两次，透过工作池（7）和参比池（8），被平面反射镜（9）反射出来，成像于棱镜（11）的棱口上，然后光束均匀分解为两束，到达左右两个对称的光电管（12）上。如果工作池和参比池皆为纯流动相，则光束无偏转，左右两个光电管的信号相等，此时输出平衡信号。如果工作池中有试样通过，由于折射率改变，造成光束偏移，从而使到达棱镜的光束偏离棱口，左右两个光电管所接受的光束能量不等，因此输出一个代表偏转角大小的信号，该信号对应试样中某一组分的浓度。红外隔热滤光片（3）可以阻止那些容易引起流通池发热的红外光通过，以保证系统工作的热稳定性。平面细调透镜（10）用来调整光路系统的不平衡。

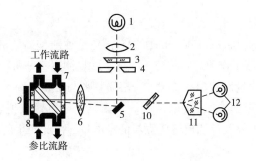

图5-8　偏转式示差折光检测器光路图

1—钨丝灯光源　2、6—透镜　3—滤光片　4—遮光板　5—反射镜　7—工作池
8—参比池　9—平面反射镜　10—平面细调透镜　11—棱镜　12—光电管

（四）电学检测器

常用电学检测器包括电导检测器和安培检测器。电导检测器主要用于离子色谱，其原理是基于不同组分流经电导池时电导率的变化来测定其含量。检测池内有一对平行的铂电极，构成电桥的一个测量臂；当待测组分通过时，其电导值和流动相电导值之差被记录获得色谱图。

安培检测器主要用于测定氧化或还原性物质，其原理是基于组分通过电极表面时，当两电极间施加大于该组分的氧化（或还原）电位的恒定电压时，组分被电解产生电流，电流大小由组分浓度决定，服从法拉第定律，记录得色谱图。

（五）蒸发光散射检测器

蒸发光散射检测器的结构如图5-9所示。从色谱柱流出的流动相进入雾化室，在雾化气作用下，样品组分生成气溶胶，经过漂移加热管，溶剂逐步蒸发、沉降液滴从废液口排出。在漂移管末端，只含溶质的微小颗粒在强光照射下产生光散射［廷德尔效应（Tyndall effect）］，用光电倍增管检测到的散射光与组分的量成正比。为避免透射光的影响，光电倍增管和入射光的角度应在 90°~160°，一般选 120°，以利于测量到衍射光的最大强度。

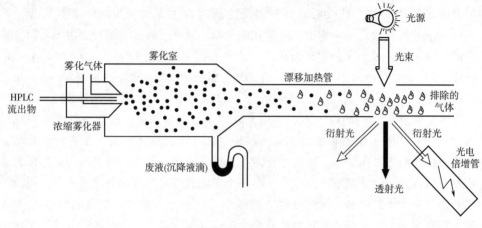

图 5-9　蒸发光散射检测器示意图

● 洗脱液的液滴　　　　ᗶ 溶质的微小颗粒

（六）电雾式检测器

电雾式检测器（charged aerosol detector，CAD）是一种新型高效液相色谱通用型检测器，如图 5-10。电雾式检测器工作原理：步骤一：电雾式检测器将分析物转化成溶质颗粒。颗粒的大小随着被分析物的含量而增加。步骤二：溶质颗粒与带正电荷的氮气颗粒相撞，电荷随之转移到颗粒上，溶质颗粒越大，带电越多。步骤三：溶质颗粒把它们的电荷转移给收集器，通过高灵敏度的静电检测计测出溶质颗粒的带电量，由此产生的信号电流与溶质的含量成正比。

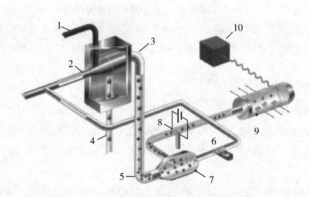

图 5-10　电雾式检测器的工作原理示意图

1—色谱柱流出液　2—雾化器　3—干燥管　4—大雾滴排放　5—干燥后的目标化合物颗粒

6—电晕放电针　7—混合腔　8—离子阱　9—收集器　10—静电计

（七）质谱检测器

质谱检测器（mass spectormetry detector，MSD）是一种通用性高、灵敏度高、选择性好，既可以定量，也可以定性的检测器，非常适用于组分的结构鉴定、样品中微量和痕量组分的分析等。质谱检测器的结构主要由离子源、质量分析器、检测器、真空系统和计算器控制及数据处理系统等构成。其工作原理是液相色谱流出组分进入质谱检测器离子源，在离子源内样品被电离为气态离子，通过质量分析器将离子按质荷比大小分离，由检测器测定每个离子的质荷比和强度，得到质谱图。根据化合物质谱数据进行定性和结构分析。

根据质量分析器不同，主要包括磁偏转质谱、四极杆质谱（Q-MS）、离子阱质谱（IT-MS）、飞行时间质谱（TOF-MS）、傅立叶变换离子回旋共振质谱（FTICR-MS）等；根据离子化方式分类，主要包括化学电离（CI）、电子轰击电离（EI）、大气压光喷雾电离（APPI）、快原子轰击电离（FAB）、电喷雾电离（ESI）、基质辅助激光解吸电离（MALDI）、大气压化学电离（APCI）、热喷雾电离（TSP）等。

第七节　毛细管电泳

毛细管电泳（capillary electrophoresis，CE）是20世纪80年代以来分析科学发展最快的分支领域之一。1981年Jorgenson等在75 μm内径的毛细管内用高电压进行分离，阐述了有关的理论，创立了现代的毛细管电泳，符合当时以生物工程为代表的生命科学各领域中对生物大分子［肽、蛋白质、脱氧核糖核酸（DNA）等］的高度分离分析的要求，迅速发展，已成为生命科学及其他领域中常用的一种分析方法。根据分离机制的不同，毛细管电泳分离模式又分为：毛细管区带电泳（capillary zone electrophoresis，CZE）、毛细管等速电泳（capillary isotachor-phoresis，CITP）、毛细管等电聚焦（capillary isoelectric focusing，CIEF）、毛细管电动色谱（capillary electrokinetic chromatography，CEC）、亲和毛细管电泳（affinity capillary e-lectrophoresis，ACE）等。

在毛细管电泳过程中，电渗流（electroosmosis flow，EOF）是毛细管电泳分离的主要驱动力。电渗是一种流体迁移现象，是毛细管中的溶剂因轴向直流电场作用而发生的定向流动。电渗起因于定位电荷。而定位电荷是指牢固结合在毛细管壁上，在电场的作用下不能迁移的离子或带电基团。毛细管是由石英硅制成的，在pH>7.5的溶液中，其内壁表面的硅羟基（—Si—OH）会电离成SiO—，SiO—就是定位电荷。定位电荷按电中性要求吸引溶液中的异性电荷，使其聚集在自己周围的溶液中，在电场的作用下，相反电荷发生电泳，同时经碰撞等作用带动溶液中的溶剂分子同向运动，形成电渗流，如图5-11所示。电渗的方向与定位电荷应有的迁移方向相反。研究表明，毛细管内的电渗流是平头塞状流形，即流速在管截面方向上不变。利用平头电渗流，可以克服机械泵推动所产生的抛物面流形（图5-12）对区带的加宽作用，是毛细管电泳高效的重要原因。

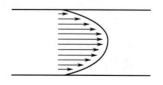

图5-11　电渗流示意图　　　　图5-12　压力驱动流形

在毛细管电泳中，荷电粒子在电场中的运动速度，不仅与电场强度和介质的特性有关，还与粒子的电荷、大小、形状有关。在微观上，用电泳淌度（迁移速度）μ_e 来描述，淌度即单位电场强度下粒子的电泳速度。

$$\mu_e = v/E \tag{5-15}$$

式中　v——粒子的电泳速度；

　　　E——电场强度。

在一定的溶液介质中，μ_e 取决于离子强度、离解度、pH 等。

待测组分在毛细管电泳中同时存在着电泳流和电渗流，在不考虑相互作用的前提下，粒子在毛细管内电场中的运动速度应当是电泳速度和电渗速度的矢量和。

正离子　　　　　　　　　$\mu_H = \mu_{eo} + \mu_{em}$ $\tag{5-16}$

中性组分　　　　　　　　$\mu_H = \mu_{eo}$ $\tag{5-17}$

负离子　　　　　　　　　$\mu_H = \mu_{eo} - \mu_{em}$ $\tag{5-18}$

式中　μ_H——合淌度；

　　　μ_{eo}——电渗的淌度；

　　　μ_{em}——电泳的淌度。

正离子的运动方向和电渗一致，它应当最先流出；中性粒子的泳流速度为"零"，将随电渗而行；负离子因其运动方向和电渗相反，将在中性粒子之后流出，正、负离子因此得到分离。

毛细管电泳的多种分离模式均可在图 5-13 所示的基本装置上实现，其仪器装置主要包括进样系统、毛细管色谱柱、检测系统等。毛细管的两端分别浸在含有同样电解质溶液（缓冲液）的电极槽中，毛细管内也充满此缓冲液，一端为进样端，另一端连接在线检测器，待分离的试样从毛细管一端进入后，在毛细管两端施加电压进行电泳分离分析，依据试样中各组分之间淌度和分配行为上的差异而实现分离。

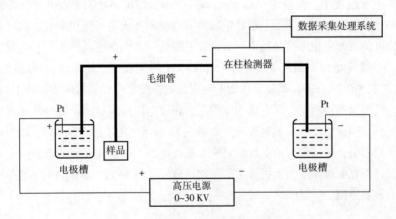

图 5-13　毛细管电泳仪的结构示意图

目前，CE 中应用最广泛的是紫外光度检测器。激光诱导荧光检测器已商品化，其检测灵敏度要比紫外检测器提高 1000 倍，解决了紫外检测器不够灵敏的难题，极大地拓展了 CE 的应用。

第八节　超高效液相色谱

2004 年，世界上第一台超高效液相色谱仪问世，超高效液相色谱（ultra performance liquid chromatography，UPLC 和 ultra high performance liquid chromatography，UHPLC）将液相色谱分析带入新的时代。

一、超高效液相色谱（UPLC）的理论基础

基于范第姆特方程 $H = A + \dfrac{B}{u} + Cu$，如果只关心理论塔板高度（$H$）与流速（线速度；$u$）及填料颗粒度（$d_{\mathrm{p}}$）之间的关系，就可以把该方程式作如下的简化：

$$H = ad_{\mathrm{p}} + b/u + cd_{\mathrm{p}}^{2}u \tag{5-19}$$

不同的填料粒度，呈现出不同的曲线规律，如图 5-14：

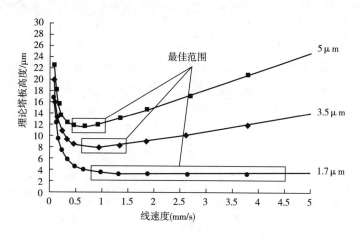

图 5-14　不同粒径填料（1.7、3.5、5 μm）的范第姆特图线对比

研究发现，颗粒度越小，柱效越高，更小的颗粒度使最高柱效点向更高流速（线速度）方向移动，而且有更宽的线速度范围。

二、超高效液相色谱（UPLC）的填料

UPLC 使用的填料是颗粒度分布范围很窄且耐压的粒度为填料颗粒。目前，常用的方法是利用双三乙氧基硅-乙烷在硅胶中形成桥式乙基基团，如图 5-15：这样合成出来填料在其内部有了更多的"交联"结构，其机械强度有了极为显著的提高，耐压超过了 13800 kPa，可保证色谱柱的超高效性能。

三、 超高效液相色谱（ UPLC ） 的性能

图 5-16 是 UPLC 和 HPLC 的分离性能对比结果。在相同的分离时间，HPLC 的峰容量为 143，UPLC 的峰容量达到 360，UPLC 的分离能力明显较高；在完成同样样品的基线分离时，UPLC 所需时间明显缩短，极大地提高了分离效率。

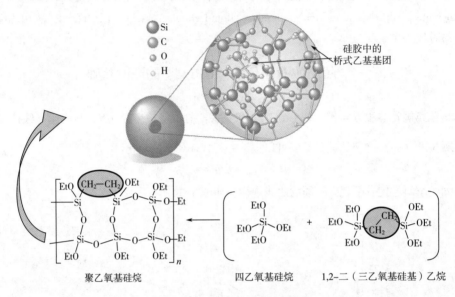

图 5-15　有机杂化硅胶结构

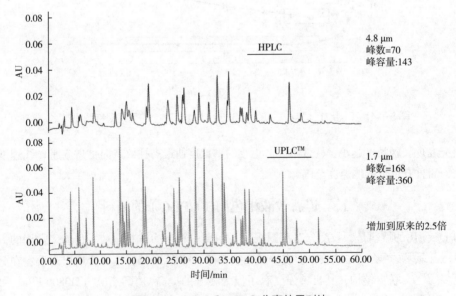

图 5-16　UPLC 和 HPLC 分离效果对比

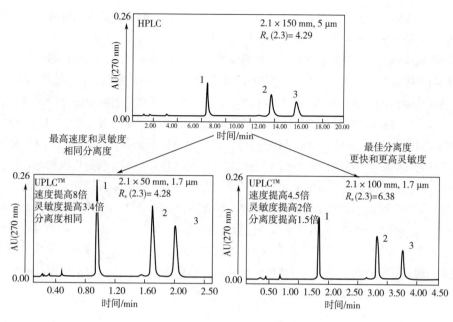

图 5-16 UPLC 和 HPLC 分离效果对比 （续）

第九节 超临界流体色谱

超临界流体色谱（supercritical fluid chromatography，SFC）技术出现于 20 世纪 80 年代，该技术采用超过临界温度（T_c）和临界压力（p_c）的超临界流体作为流动相。超临界流体密度与液体相近，黏度与气体接近，扩散系数是常规液体的 100 倍（表 5-2），因此，超临界流体的萃取效率优于传统的液液萃取。超临界流体既是温度的函数，又是压力的函数，改变温度和压力都改变其密度，而溶质的溶解度和所用的超临界流体有密切关系，这就为超临界流体萃取的过程控制提供了方便，增加过程控制的可调变量。常用的超临界流体有二氧化碳、烃类等。

表 5-2 超临界流体与气体和液体物理参数对比

物质状态	密度/（g/cm³）	黏度/（Pa·s）	扩散系数/（cm²/s）
气态	$(0.6\sim2)\times10^{-3}$	$(1\sim3)\times10^{-4}$	$0.1\sim0.4$
液态	$0.6\sim1.6$	$(0.2\sim3)\times10^{-2}$	$(0.2\sim2)\times10^{-5}$
SCF	$0.2\sim0.9$	$(1\sim9)\times10^{-4}$	$(2\sim7)\times10^{-4}$

在超临界流体色谱出现之前，气相色谱以气体为流动相，由于气体的溶解能力有限，只能分离分析那些能在载气中挥发的物质，实际上约有 80% 的物质由于挥发度不够或热不稳定等而不能用气相色谱进行分离分析；液相色谱的液体溶剂溶解能力很强，但溶质在流动相中的扩散系数比气相低几个数量级，分析速度很慢，柱效较低。超临界流体分离的分析物质沸点一般比超临界流体高得多，萃取后形成的超临界流体相中既含有超临界流体又含有被分离物质，只要

降低压力或升高温度，就可使二者完全分离。由于被分离物质中残留的溶剂量可以降到零，该方法在处理医药、食品和生物产品中显示出极大的优越性。

超临界流体色谱工作流程：超临界流体色谱仪器主要包括 4 部分，流动相输送系统、分离系统、控制系统及检测系统，图 5-17 是超临界流体色谱的一般流程图。高压二氧化碳由气源（1）流经净化器（2），净化管内装入已活化的硅胶、活性炭等吸附剂以除去杂质；净化后的气体经开关阀（3）进入高压泵（4），由高压泵压缩至所需压力，经过热平衡柱（5）到进样阀（6），样品由进样阀导入系统；一部分经分流器（7）分流，另一部分经色谱柱（8）分离后经过限流器（9）进入检测器（10），整个过程由微处理机（11）控制，微处理机控制柱温、检测器温度、流动相压力及密度，同时采集检测器数据进行定性、定量分析计算，由色谱工作站显示色谱分析结果。在以二氧化碳为流动相的超临界流体分离过程中，色谱柱温度一般为 50~200 ℃，工作压力为 7.0~50 MPa，其气源、净化管、高压泵、进样阀、柱系统、限流器以及连接件等都处于较高的工作压力，这就要求这些部件不仅能耐高压，还要有良好的气密性。限流器的作用就是实现相的瞬间转变，它一方面使色谱柱处于高压超临界状态，另一方面又要使色谱流出物变为常用的气相检测器如 FID。

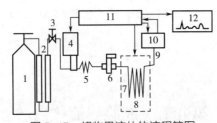

图 5-17 超临界流体的流程简图

1—气源 2—净化器 3—开关阀 4—高压泵 5—热平衡柱 6—进样阀 7—分流器
8—色谱柱 9—限流器 10—检测器 11、12—控制及处理系统

第十节 超高效逆流色谱

超高效逆流色谱（ultra performance countercurrent chromatography，UPCCC）是一种新型的、连续高效的液-液分配色谱技术，最早出现于 20 世纪 60 年代。它利用两相溶剂体系在高速旋转的螺旋管内建立起一种特殊的单向性流体动力学平衡，当其中一相作为固定相，另一相作为流动相，在连续洗脱的过程中能保留大量固定相。与其他色谱技术不同，逆流色谱不需任何固态载体，可避免固相载体表面与样品发生反应而导致样品污染、失活、变性和不可逆吸附等问题，具有快速、进样量大、回收率高等优点，适用于生物、医药、食品、材料、化妆品、环境等领域，尤其适用于天然产物活性成分的分离纯化领域。而且由于被分离物质与液态固定相之间能够充分接触，使得样品的制备量大幅提高，是一种理想的制备分离手段。

逆流色谱与一般色谱类似，也包括固定相和流动相，但固定相是液体，靠高速旋转产生的离心力稳定保持在色谱柱中；流动相则是在实验过程中不断泵入色谱柱与固定相实现液液平衡的另一种溶剂，其结构如图 5-18。当两相溶剂在色谱柱中达到平衡时，固定相体积与柱体积之比称作固定相保留率。逆流色谱中液-液分配是实现混合物分离的唯一手段，其固定相与高效液相色谱的不同之处在于逆流色谱固定相的保留率随着溶剂系统的不同差异很大。

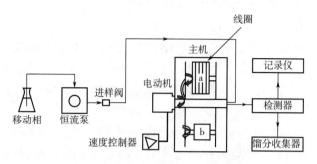

图 5-18 超高效逆流色谱结构示意图

目前，逆流色谱在天然产物已知有效成分的分离纯化、化学合成物质的分离纯化、中药一类、五类新药的开发、中药指纹图谱和质量控制研究、抗生素的分离纯化、天然产物未知有效成分的分离纯化（新化合物开发）、海洋生物活性成分的分离纯化、放射性同位素分离、多肽和蛋白质等生物大分子分离以及手性分离等领域呈现极大的应用前景。

第十一节　高效液相色谱法的应用实例

一、 食品中 8 种直接染料和 6 种合成色素的测定

（一）试剂

直接黑 38、直接蓝 1、直接黄 12、直接黄 26、直接蓝 6、直接红 23、直接红 28、直接红 81、柠檬黄、日落黄、胭脂红、苋菜红、亮蓝、诱惑红、乙腈、甲醇。

（二）仪器

Waters 2695 高效液相色谱仪。

（三）测定方法

1. 样品前处理

糖果类固体样品称取 1.0 g（精确至 0.0001 g）于烧杯中，加入一定量 50%甲醇溶解，超声 30 min，随后转移至 10 mL 容量瓶中，待其冷却后定容至刻度线，摇匀，过 0.20 μm 聚四氟乙烯（PTFE）滤膜，供高效液相色谱上机分析。葡萄酒、饮料类液体样品直接称取 1.0 g（精确至 0.0001 g）于 10 mL 容量瓶中，加入一定量 50%甲醇溶解，摇匀，过 0.20 μm PTFE 滤膜，供高效液相色谱上机分析。

2. 色谱条件

色谱柱：WondaCractODS-2 柱（150 mm×4.6 mm×5 μm）；流动相：A 为乙腈，B 为 0.02 mol/L NH₄Ac 溶液；梯度洗脱程序：0~20 min，3%~30%A；20~30 min，30%~38%A；30~35 min，38%~60%A；35~35.1 min，60%~3%A；35.1~40 min，3%A。流速 1.0 mL/min；柱温 35 ℃；

进样量 20 μL；检测波长：柠檬黄、直接黄 12、直接黄 26 选择 400 nm 作为检测波长；日落黄、胭脂红、苋菜红、诱惑红、直接黄 23、直接红 28、直接红 81 选择 508 nm 作为检测波长；亮蓝、直接蓝 6、直接蓝 1、直接黑 38 选择 613 nm 作为检测波长。

（四）结果与讨论

（1）根据相应的峰面积（Y）和对应的检测浓度（X）制作标准曲线。各化合物在它们的浓度范围内具有很好的线性关系，相关系数 r 大于 0.9993，以 3 倍信噪比（$S/N=3$）时的质量浓度作为检出限，10 倍信噪比（$S/N=10$）时的质量浓度作为定量限，各化合物的检出限均小于 1.1 mg/kg，定量限小于 3.2 mg/kg。

（2）分别取样品空白基质进行 3 个水平的加标回收实验，每个水平重复分析 6 次，计算加标回收率和相对标准偏差，平均加标回收率为 93.5%～99.6%，相对标准偏差（RSD）为 1.3%～3.9%。

（3）取空白基质样品进行 3 个水平的加标，并放置于室温条件下，分别在 0、4、8、12、24、48 h 下进行测定，计算 3 个水平加标的 RSD 分别为 4.5%、3.9%、4.2%，表明样品溶液在 48 h 内具有良好的稳定性。

二、 食品中 17 种游离氨基酸的测定

（一）试剂

天冬氨酸、苏氨酸、丝氨酸、谷氨酸、脯氨酸、甘氨酸、丙氨酸、胱氨酸、缬氨酸、甲硫氨酸、异亮氨酸、亮氨酸、酪氨酸、苯丙氨酸、赖氨酸、组氨酸、精氨酸；异硫氰酸苯酯、三乙胺、乙醇、无水乙酸钠、盐酸、三氯乙酸、水杨酸。

（二）仪器

Agilent 1260 液相色谱仪。

（三）测定方法

1. 样品处理

称取果奶、冰淇淋等各 5 mL（或 5 g），加水适量，加 240 g/L 硫酸锌溶液 5 mL 和 40g/L NaOH 溶液 6 mL，水定容至 100 mL，取上层清液用 0.45 μm 滤膜过滤，脱气，待进样；汽水、可乐等饮料，脱气、稀释 20 倍，过滤后待进样；肉制品、酱脆菜等取 5 g，于捣碎机中，加水捣碎，按果奶、冰淇淋的制备法制备。以保留时间定性，外标法峰高定量。

2. 色谱条件

色谱柱：UG120 C_{18}（4.6 mm×250 mm×5 μm）；检测波长 254 nm；柱温 40 ℃；进样量 10 μL；流动相 A：0.1 mol/L 无水乙酸钠+乙腈＝97+3（体积比），混匀后用冰乙酸调节 pH 至 6.5；流动相 B：乙腈+水＝80+20（体积比）。梯度淋洗条件如表 5-3 所示。

表 5-3　　　　　　　　　　梯度淋洗条件

时间/min	1	14	29	30	37	38	45
流动相 A/%	100	80	60	0	0	100	100
流动相 B/%	0	20	40	100	100	0	0

（四）结果与讨论

（1）对 17 种氨基酸的精密度进行评价，除胱氨酸外其他 16 种氨基酸连续进样 6 次的 *RSD* 均小于 2。

（2）在线性范围 10~100 μg/mL 内，除胱氨酸外其他 16 种氨基酸标准曲线 r^2 均大于 0.99，胱氨酸 r^2 为 0.9682。

（3）结果发现异硫氰酸苯酯与大部分氨基酸能生成比较稳定的苯胺硫甲酰基衍生物，适合作为衍生试剂，且大部分氨基酸和生成的苯胺硫甲酰基衍生物稳定性较好。

（4）由于无机盐会影响异硫氰酸苯酯与氨基酸的衍生反应，这种衍生方法不能用来分析含盐样品，而且除蛋白质不能使用蛋白质沉淀剂，建议使用 C_{18} SPE 柱对样品进行除杂，以提高测量结果的准确性。

三、　碳酸饮料中 7 种合成着色剂的测定

（一）试剂

柠檬黄、新红、苋菜红、胭脂红、日落黄、亮蓝、赤藓红、氨水、甲醇、乙酸铵。

（二）仪器

Thermo Scientific U3000 高效液相色谱仪。

（三）测定步骤

1. 样品前处理

称取 1.0 g（精确至 0.0001 g）样品于玻璃试管中，超声 10 min，待净化。poly-sery PWAX 小柱使用前依次用 5 mL 甲醇、5 mL 水活化。将全部待净化液上样至小柱，弃去流出液。依次用 5 mL 甲醇、5 mL 水淋洗小柱，并吹干。最后用 6 mL 氨水-甲醇（10+90）洗脱，收集洗脱液。洗脱液于 50 ℃水浴下氮气吹至余 0.3 mL，用初始流动相定容至 1.0 mL，涡旋均匀后，过 0.45 μm 水相滤膜上机。

2. 色谱条件

色谱柱 SunShell C_{18}（4.6 mm×250 mm×5 μm）；保护柱 SunShell Guard Cartridge Column RP；柱温 30 ℃。流动相：A 为甲醇，B 为 0.02 mol/L 的乙酸铵溶液；流速 1.0 mL/min；测定波长为 254、529、630 nm；进样量 10 μL。

（四）结果与讨论

（1）选择某品牌碳酸饮料进行 3 个不同添加水平加标实验。加标水平分别为：1、4、8 mg/kg，每个加标水平重复 6 次，方法回收率在 84.8%~96.1%，*RSD* 在 0.81%~2.50%。

（2）该实验建立了固相萃取-高效液相色谱法测定碳酸饮料中 7 种合成着色剂的测定方法，样品前处理简单快捷，有效减少样品基质对目标物的干扰，各目标化合物在各自浓度范围内线性良好，加标回收率和相对标准偏差均能符合要求。可用于碳酸饮料中人为添加合成着色剂的检测，对其质量安全进行有效控制。

四、　化妆品中 23 种香料类致敏成分的测定

（一）试剂

茴香醇、丁香酚、金合欢醇、新铃兰醛、香叶醇、芳樟醇、香茅醇、戊基肉桂醇、苯甲酸

苄酯、铃兰醛、苎烯、苯甲醇、肉桂醇、香豆素、异丁香酚、庚炔酸基甲酯、水杨酸苄酯、肉桂酸苄酯、柠檬醛、α-异甲基紫罗兰酮、肉桂醛、戊基肉桂醛、已基肉桂醛标准品、乙腈、甲醇。

（二）仪器

Agilent 1260 型高效液相色谱仪。

（三）测定方法

1. 样品前处理

称取化妆品样品 1.000 g，置于 50 mL 离心管中，加乙腈 5 mL，充分振荡混匀，加入 2 g 无水硫酸钠脱水，置于超声波清洗器中提取 15 min，以 8000 r/min 离心 5 min，上清液过 0.45 μm 微孔有机滤膜，滤液供高效液相色谱测定。

2. 色谱条件

色谱柱：Agilent ZORBAX SB-C$_{18}$（4.6 mm×250 mm×5 μm）；流动相：A 为乙腈，B 为水，梯度洗脱程序见表 5-4。进样量 20 μL；柱温 25 ℃；检测波长为 200、210、240、290 nm。

表 5-4　　　　　　　　　　　　梯度淋洗条件

时间/min	乙腈/%	水/%	流速/（mL/min）
0	42	58	0.7
8	42	58	0.7
18	60	40	1
30	60	40	1
45	85	15	1
48	42	58	0.7

（四）结果与讨论

（1）23 种化合物在 1 倍定量限至 100 倍定量限范围内线性关系良好，相关系数均在 0.99 以上；23 种化合物的测定范围分别为 1.25~125、2.5~250、5~500、10~1000 mg/kg。

（2）在霜基质中，23 种化合物 1 倍定量限的 RSD 在 0.8%~4.9%，2 倍定量限的 RSD 在 0.6%~7.0%，10 倍定量限的 RSD 在 0.9%~4.3%。在露基质中，1 倍定量限的 RSD 在 1.6%~6.9%，2 倍定量限的 RSD 在 0.9%~9.3%，10 倍定量限的 RSD 在 0.5%~5.2%。

（3）在对化妆品中 26 种香料类致敏成分建立检测方法时，其中橡苔提取物和树苔提取物两种天然香料为混合物，在检测上，尤其与其他多种化合物同时检测时，存在定性、定量方面的困难；羟基香茅醛在紫外响应下非常低，且在色谱柱上不易保留，出峰时间非常早。另外，化妆品基质复杂，对羟基香茅醛干扰非常大，导致定性定量困难。

五、　烟用香精香料中的甲醛和乙醛的测定

（一）试剂

2，4-二硝基苯肼（DNPH），分析纯；乙腈，液相色谱纯；乙醇，分析纯；去离子水（电阻率 18.22 MΩ·cm）；磷酸，色谱纯，Sigma 公司；甲醛、乙醛与 DNPH 的衍生物 2，4-二硝基

苯胺标准品（纯度≥99.0%）。

（二）仪器

Acquity™超高效液相色谱仪。

（三）测定方法

1. 样品处理

称取 1 g 试样（精确至 0.1 mg）于 50 mL 具塞三角瓶中，加入 25.0 mL 50%（质量分数）乙醇-水溶剂体系后置于超声波仪上，超声萃取处理 15 min。准确转移 5.0 mL 萃取液至离心管中，设置转速为 12000 r/min，于 20℃ 下离心 20 min。静置后，准确移取 1.0 mL 上层清液于 10 mL 容量瓶中，加入 4 mL 衍生化试剂后用乙腈定容，放置 15 min 进行衍生化。然后用有机滤膜（0.22 μm）过滤至色谱瓶中，待超高效液相色谱分析，同时做空白实验。

2. 色谱条件

色谱柱：COUITY UPLC BEH C_{18} 柱（2.1 mm×100 mm×1.7 μm）；柱温 30℃；流动相：A 为乙腈，B 为水；梯度洗脱程序（体积分数）：0~6.0 min，40% A，6.0~10.0 min，90% A 线性变化至 40% A，10.0~15.0 min，40% A；柱流量 0.2 mL/min；进样量 2 μL。采用二极管阵列检测器，以 360 nm 波长扫描。

（四）结果与讨论

（1）甲醛检出限为 0.42 mg/kg，定量限为 1.42 mg/kg；乙醛检出限为 0.62 mg/kg，定量限为 2.06 mg/kg。

（2）样品中 2 种目标化合物含量测定值的 *RSD* 均小于 3.5%，最小值为 2.28%。

（3）结果表明，该方法灵敏度和准确性高，重复性好，分析速度快，流动相消耗量仅为高效液相色谱的 20%，适合对大批量烟用香精香料中甲醛、乙醛的准确测定。

六、　烟叶中蔗糖四酯类化合物的测定

（一）试剂

6-O-乙酰基-2，3（或 2，4 或 3，4）-二-O-2-甲基丁酰基-（4 或 3 或 2）-O-异丁酰基-α-D-葡萄糖-β-D-呋喃果糖、6-O-乙酰基-2，3，4-三-O-2-甲基丁酰基-α-D-葡萄糖-β-D-呋喃果糖、6-O-乙酰基（2 或 3 或 4）-O-3-甲基戊酰基-（3，4 或 2，4 或 2，3）-二-O-2-甲基丁酰基-α-D-葡萄糖-β-D-呋喃果糖、6-O-乙酰基-（2，3 或 2，4 或 3，4）-二-O-3-三甲基戊酰基-（4 或 3 或 2）-O-2-甲基丁酰基-α-D-葡萄糖-β-D-呋喃果糖、6-O-乙酰基-2，3，4-三-O-3-甲基戊酰基-α-D-葡萄糖-β-D-呋喃果糖；蔗糖八乙酸酯（SOA）标准品、甲醇、二氯甲烷、乙腈、乙醇和乙酸乙酯（色谱纯）。

（二）仪器

Agilent 1290 型超高效液相色谱仪。

（三）测定步骤

1. 样品前处理

将烟叶在 30℃ 条件下烘烤 2 h，粉碎，过 0.425 mm（40 目）筛得样品烟末。称取 2 g 样品烟末，置于 100 mL 锥形瓶中，加入 60 mL 甲醇；在 30℃、功率 120 W 下超声萃取 30 min；过滤，用 30 mL 甲醇洗涤滤渣，重复 3 次，合并萃取液和洗涤液，旋转蒸发浓缩至干。加入 50 mL

甲醇–水（70+30，体积比）使浓缩物完全溶解，用 30 mL 正己烷萃取，重复 3 次，以除去色素等杂质；再用 70 mL 二氯甲烷–水–饱和氯化钠（40+20+10，体积比）溶液萃取，重复 3 次，收集二氯甲烷相，旋转蒸发浓缩至干。加入 10.00 mL SOA 内标溶液使其溶解，用乙腈定容至 20.00 mL；过 0.45 μm 有机相滤膜，得样品溶液。

2. 色谱条件

色谱柱：Hypersil GOLD Amino 柱（50 mm×2.1 mm×1.7 μm）；柱温 30℃；流动相水+乙腈＝ 40+60（体积比）；流速 0.3 mL/min；进样方式：自动进样；进样量 10 μL。

（四）结果与讨论

（1）由于烟叶中蔗糖四酯的质量分数低且干扰成分较多，在分离除杂过程中有所损失，回收率在 80.67%～89.35%，但能满足痕量成分的定量分析要求。

（2）该方法对烟叶中蔗糖四酯的检出限和定量限分别为 14.71～38.42、49.02～128.05 μg/kg。

七、 烟草中 131 种农药残留的含量测定

（一）试剂

乙腈、甲醇、甲酸、乙酸、乙酸铵，色谱纯。无水硫酸镁，分析纯，用前在 650 ℃ 灼烧 4 h，贮存于干燥器中备用。氯化钠、柠檬酸钠、柠檬酸氢二钠，分析纯。

（二）仪器

Waters ACQUITY UPLC 超高效液相色谱仪。

（三）测定方法

1. 样品处理

（1）提取　称取 2 g 制备好的烟叶样品于 50 mL 具盖离心管中，加入 10 mL 水，漩涡振荡后静置 10 min，再加入 10 mL 1%乙酸–乙腈溶液，置于漩涡混合振荡仪上以 2000 r/min 振荡 2 min。向离心管中分别加入 1 g 氯化钠、1 g 柠檬酸钠、0.5 g 柠檬酸氢二钠和 4 g 无水硫酸镁，立即漩涡混合振荡 2 min，然后置于高速离心机以 6000 r/min 离心 3 min。

（2）净化　移取 1 mL 上清液于 1.5 mL 离心管中，加入 25 mg N-丙基乙二胺键合固相吸附剂（PSA）和 150 mg 无水 $MgSO_4$，于漩涡混合振荡仪上 2000 r/min 振荡 3 min，6000 r/min 离心 2 min。

（3）稀释　取上清液 200 μL，加入乙腈 800 μL 后混匀，经 0.22 μm 有机相滤膜过滤后待检测分析。

2. 色谱条件

色谱柱：Waters ACQUITYUPLC HSS T3 柱（150 mm×2.1 mm×1.7 μm）；柱温 25 ℃；进样量 2 μL；流动相：A 为 0.1%甲酸水溶液（体积分数），B 为 0.1%甲酸–乙腈溶液（体积分数）。梯度洗脱程序：0～1.00 min，90% A；2.00～4.00 min，50% A；5.00 min，20% A；6.00～8.00 min，5% A；8.10～9.00 min，90% A。流速 0.25 mL/min。

（四）结果与讨论

（1）在 10、50、100 μg/kg 三个添加水平下进行加标回收实验，每个加标水平重复测定 5 次，131 种目标物的平均回收率为 65.3%～112.4%，*RSD* 为 3.2%～7.3%，检出限为 0.05～ 24.50 μg/kg。

（2）本法对国际烟草研究合作中心（CORESTA）国际共同实验组织方［通过分析实验室能力验证（FAPAS）］提供的烟草样品进行农药残留测试，spiked 烟样共检出 13 种农药，数据偏差与标准偏差的比值（Z 值）在±2 以内为良好结果的有 12 种，Z 值小于±0.5 的有 8 种，与参考值非常接近，表明该方法具有良好的适用性和有效性。

八、 地表水中 19 种磺胺类药物残留的测定

（一）试剂

正己烷、乙酸乙酯、乙腈、甲醇（色谱纯）、二氯甲烷、甲苯（色谱纯）。

（二）仪器

岛津 LC-30AD 超高效液相色谱。

（三）测定方法

1. 样品处理

移取 25.00 mL 水样于 50 mL 离心管中，分两次加入 5.0 mL 乙酸乙酯溶液（第 1 次 3.0 mL，第 2 次 2.0 mL），每次均超声 3 min，然后 8℃、8000 r/min 离心 5 min。合并上层有机相，氮吹浓缩至近干，甲醇溶液定容至 1.0 mL，过 0.22 μm 有机滤膜，进超高效液相色谱-三重四极杆质谱分析。

2. 色谱条件

色谱柱：Waters ACQUITY BEH C$_{18}$（2.1 mm×100 mm×1.7 μm）；流动相：0.1%（体积分数，下同）甲酸水溶液-甲醇；流速 0.3 mL/min。梯度洗脱程序：0~5 min，20.0%甲醇增加至 80.0%甲醇；5~6 min，80.0%甲醇增加至 90.0%甲醇；6~7 min，90.0%甲醇减少至 20.0%甲醇；7~8 min，20.0%甲醇。进样体积 10 μL；柱温 30 ℃。

（四）结果与讨论

（1）19 种磺胺类药物在 0.1~40.0 μg/L 线性良好，相关系数均大于 0.9990；以 3 倍信噪比计算检出限为 0.02~0.8 ng/L，以 10 倍信噪比计算定量限为 0.08~3.05 ng/L。

（2）该方法操作简单、灵敏度高、精密度好、准确度高、所需样品及有机溶剂少、环境友好，适用于实际的分析检验工作。

九、 生物体液中的酪氨酸及其代谢产物的测定

（一）试剂

酪氨酸（99%）、酪胺（97%）、对羟苯基丙酸（98%）、对羟苯基乙酸（98%）、对羟苯基乳酸（98%）。乙腈和甲醇（色谱纯），乙酸（色谱纯），乙酸铵（色谱纯），纯水（18.2 MΩ·cm）。

（二）仪器

岛津 S30 液相色谱仪。

（三）测定方法

1. 样品处理

取 5 周龄 SD 级别的雌性大鼠（湖南斯莱克景达实验动物有限公司），常规饲养，每周采集大鼠尿样。取一定量的尿样加入等体积超纯水，振荡摇匀，以 12000 r/min 离心 10 min。取上清液，过 0.22 μm 水系滤膜后，进样分析测定。

2. 色谱条件

色谱柱：Shim-pack GIST C$_{18}$快速分离柱（75×2.1 mm×2 μm；SHIMADZU）；流动相：20 mmol/L HAc-NK$_4$Ac 缓冲溶液（pH=5.7）+乙腈=95+5（体积比）；流速 0.2 mL/min；自动进样器样品盘控温 4℃；柱温：室温；进样量 5 μL；采样时间：正离子模式 5 min，负离子模式 10 min。

（四）结果与讨论

（1）基于该方法，酪氨酸及其代谢产物的线性关系良好，检出限在 0.0003~0.0041 mg/L；回收率在 82.0%~113.0%，RSD 小于 4.4%。

（2）大鼠尿液中共检测到酪氨酸、对羟苯基乳酸、对羟苯基乙酸和酪胺 4 种化合物，RSD 小于 3.9%，未检测到多巴和对羟苯基丙酸。这可能与多巴和对羟苯基丙酸在大鼠尿液中的含量较低有关。

🔍 **思考题**

思考题解析

1. 试比较气相色谱和液相色谱中，流动相的作用和性质。这些区别又如何影响它们？

2. 什么是化学键合固定相？它的突出优点是什么？

3. 什么是梯度洗脱？它与气相色谱中的程序升温有何异同？

4. 在液相色谱中，提高柱效的途径有哪些？其中最有效的途径是什么？

5. 试比较高效液相色谱各种检测器的测定原理和优缺点。

6. 试比较各种类型高效液相色谱法的固定相和流动相及其特点。

7. 试述制备液相色谱的方法。

8. 试述各类毛细管电泳的分离原理和 CE 的特点。

9. 指出下列各种色谱法，最适宜分离的物质。

（1）液-液分配色谱；（2）反相分配色谱；（3）离子交换色谱；（4）凝胶色谱；（5）液-固色谱；（6）离子对色谱。

10. 指出下列离子从阴离子交换柱中流出的顺序：Cl$^-$、I$^-$、F$^-$、Br$^-$。

11. 指出下列离子从阳离子交换柱中流出的顺序：K$^+$、Na$^+$、Ca^{2+}、Mg^{2+}。

12. 指出下列物质在正相色谱中的洗脱顺序。

（1）正己烷、正己醇、苯；（2）乙酸乙酯、乙醚、硝基丁烷。

13. 在液相色谱中，范第姆特方程中哪一项对柱效能的影响可以忽略不计？

14. 什么是反相色谱和正相色谱？

15. 提高液相色谱柱效的途径有哪些？

16. 在液相色谱操作过程中，流动相为什么要先脱气？通常的脱气方式有哪些？

17. 用 ODS 柱分离有机酸混合样品，以某一比例甲醇-水为流动相时，样品容量因子较小，若想使容量因子适当增大，较好的方法是什么？

18. 气相色谱、正相色谱、反相色谱、离子交换色谱和凝胶色谱最适宜分离的物质分别是什么？

19. 分离下列物质，宜用何种液相色谱方法？

(1) 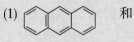 和 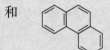 ；

(2) CH_3CH_2OH 和 $CH_3CH_2CH_2OH$；　(3) Ba^{2+} 和 Sr^{2+}；

(4) C_4H_9COOH 和 $C_5H_{11}COOH$；　(5) 高相对分子质量的葡糖苷。

20. 某色谱柱柱长 63 cm，用它分离 A、B 组分的保留时间分别为 14.4 min、16.8 min，非保留组分出峰时间为 1.0 min，组分 B 的峰宽为 1.2 min。如果要使 A、B 组分刚好达到基线分离，最短柱长应该取多少？

21. 组分 A 和 B 通过某色谱柱的保留时间分别为 16 min 和 24 min，而非保留组分只需 2.0 min 洗出，组分 A、B 的峰宽分别为 1.6 min 和 2.4 min。计算：

(1) A 和 B 的分配比；

(2) B 对 A 的相对保留值；

(3) A、B 两组分的分离度；

(4) 该色谱柱的理论塔板数 n 和有效理论塔板数 $n_{有效}$。

22. 用 20 cm 长的 ODS 柱分离两个组分，已知在实验条件下的柱效 $n = 2.98 \times 10^4 \ m^{-1}$，用苯磺酸溶液测得死时间 $t_0 = 1.5$ min、$t_{r1} = 4.1$ min，$t_{r2} = 4.4$ min。求：

(1) k_1、k_2 和 α。

(2) 若增加柱长至 30 cm，分离度能否达到 1.5？

参 考 文 献

[1]武汉大学.分析化学(下册)[M].6 版.北京:高等教育出版社,2018.

[2]于世林.图解高效液相色谱技术及应用[M].北京:科学出版社,2008.

[3]何世伟.色谱仪器[M].杭州:浙江大学出版社,2012.

[4]朱明华.仪器分析[M].3 版.北京:高等教育出版社,2000.

[5]曾泳淮,林树昌.分析化学(仪器分析部分)[M].北京:高等教育出版社,2004.

[6]叶宪曾,张新祥.仪器分析教程[M].2 版.北京:北京大学出版社,2006.

[7]欧俊杰,邹汉法.液相色谱分离材料——制备与应用[M].北京:化学工业出版社,2016.

[8]牟世芬,朱岩,刘克纳.离子色谱方法及应用[M].北京:化学工业出版社,2018.

[9]刘密新,罗国安,张新荣.仪器分析[M].2 版.北京:清华大学出版社,2002.

[10]白洋,潘城,任小英,等.高效液相色谱法检测食品中 8 种直接染料和 6 种合成色素[J].分析科学学报,2020,36(4):567-571.

[11]李发田,李岩,李先玉,等.高效液相色谱法检测食品中17种游离氨基酸[J].食品安全质量检测学报,2020,14(11):4842-4847.

[12]张敏.固相萃取_高效液相色谱法测定碳酸饮料中7种合成着色剂[J].工业微生物,2020,50(4):41-44.

[13]李兆杰,吕春莹,鞠玲燕,等.高效液相色谱法测定化妆品中23种香料类致敏成分[J].食品安全质量检测学报,2020,10(4):1026-1032.

[14]贾春晓,李博,魏涛,等.UPLC-MSn 法分析烟叶中蔗糖四酯类化合物[J].烟草科技,2017,50(10):56-61.

[15]徐淑浩,龙雨蛟,陈康宁,等.超高效液相色谱法快速测定烟用香精香料中的甲醛和乙醛[J].香精香料化妆品,2020(2):5-11.

[16]师君丽,孔光辉,逄涛,等.UPLC-MS-MS 快速测定烟草中131种农药残留量[J].中国烟草科学,2020(4):72-79.

[17]张鸣珊,李腾崖,曹小聪,等.液液萃取-超高效液相色谱-三重四极杆质谱测定地表水中19种磺胺类药物残留[J].环境污染与防治,2020,42(7):838-842.

[18]梁先玉,李斌,万益群.超高效液相色谱-串联质谱法同时测定生物体液中的酪氨酸及其代谢产物[J].分析科学学报,2019,35(4):411-416.

第六章

质谱分析及联用技术

[学习要点]

通过本章内容的学习，掌握质谱仪器的工作原理，了解不同类型质谱仪的特点；掌握质谱裂解机制及各类有机化合物的裂解特征，学会根据质谱图对化合物进行解析；了解色谱-质谱联用的特点，学会色谱条件和质谱条件的选择，掌握运用气相色谱-质谱联用（GC-MS）、液相色谱-质谱联用（LC-MS）技术对试样进行定性、定量分析。

第一节　质谱法概述

质谱法（mass spectrometry，MS）是指通过将待测样品在离子源内转化为运动的气态离子，并根据不同离子在电场或磁场中运动轨迹的不同，将离子按质荷比（mass-to-charge ratio，m/z）大小进行过滤分离并记录的分析方法。得到的图谱即为质谱图。根据质谱图提供的离子的 m/z 及离子峰强度等相关信息，可以进行相应有机物及无机物的定性与定量分析、未知化合物的结构鉴定、样品中各种同位素比的测定以及固体物质表面结构和组成的分析。

一、质谱的发展史

质谱技术发展至今已有 100 多年的历史，始于 19 世纪末对带电粒子的行为研究。自 1912 年第一台质谱仪问世以来，已有 10 位相关领域科学家获得诺贝尔奖。

1886 年，德国科学家 E. Goldstein 在气体低压放电实验中观察到阳极射线，并发现该射线在磁场中发生偏转。1898 年，W. Wein 用磁场偏转分析阳极射线，确定这些射线是带正电荷的粒子；并在用电场和磁场使正离子束发生偏转时发现，电荷相同时，质量小的离子偏转得多，质量大的离子偏转得少。这些观察结果为质谱的产生提供了基础。被誉为现代质谱学之父的英国学者 J. J. Thomson，于 1897 年发现电子，测定了电子的 m/z，于 1906 年获得诺贝尔物理学奖；并在长期研究阳极射线的过程中发明了质谱法；1912 年，他设计了第一台质谱仪，即抛物线质谱仪；1913 年，他运用磁分析器质谱法首次发现了元素的稳定同位素，即氖气是由 ^{20}Ne 和 ^{22}Ne 两种同位素组成。1921 年，F. W. Aston 利用其设计改进的第二台速度聚焦型质谱仪，第一次发现了同位素存在质量亏损，并测定了不同同位素之间的质量亏损，这是继 J. J. Thomson 发现稳定同位素之后的又一重大发现。根据同位素的研究，他还提出元素质量的整数法则，并获得 1922 年的诺贝尔化学奖。1934 年，Mattauch 和 Herzog 首先阐述了双聚焦理论，并于 1935 年制造了能量和方向双聚焦的 "Mattauch-Herzog" 型质谱仪。该质谱仪的出现堪称质谱发展史上的里程碑，开创了高分辨质谱仪的新时代。1940 年，A. Nier 设计制备了第一台 60° 偏转的单聚焦磁质谱仪。这种单聚焦磁质谱仪的设计物美价廉，是现代工业质谱仪的基础。

在 20 世纪早期，质谱工作者的注意力都集中在同位素的测定和无机元素的分析。例如用质谱法分离获得毫克级的 ^{39}K；用质谱分析核燃料铀同位素 ^{235}U 和 ^{238}U。随后，R. Conrad 将质谱法应用于有机化学领域。1942 年，美国 CEC 公司制造了用于石油分析的第一台商品质谱仪，这台用于有机分析的质谱仪标志着质谱学开始从学术研究进入到实际应用中。从此，质谱仪不仅仅是物理学家的研究工具，也成为了化学家强有力的仪器分析工具。到 20 世纪 50 年代以后，有机质谱的研究朝着两方面发展：研究有机物离子裂解机制和运用质谱推导有机分子结构。

20 世纪 70 年代，质谱仪器得到了长足的发展。1974 年出现大气压化学电离（atmospheric pressure chemical ionization，APCI）技术和傅立叶变换离子回旋共振质谱仪（fourier transform ion cyclotron resonance mass spectrometer，FTICR-MS）并实现了液相色谱-质谱联用（liquid chromatography mass spectrometer，LC-MS）技术，1975 年出现第一台商品化毛细管气相色谱-质谱联用仪（gas chromatography mass spectrometer，GC-MS），1978 年出现第一台三重四极杆质谱仪（triple quadrupole，TQ）等。

20 世纪 80 年代，进入了生物质谱时代。大气压电离（atmospheric pressure ionization，API）技术的出现是近三十年来质谱技术取得的一项重大突破，解决了 LC-MS 联用的接口问题，使得 LC-MS 联用仪得到迅速发展。电喷雾电离质谱（electrospray ionization mass spectrometry，ESI-MS）和基质辅助激光解吸电离质谱（matrix-assisted laser desorption ionization mass spectrometry，MALDI-MS）的出现突破了质谱研究应用的新领域，使得有机质谱从近代结构化学和分析化学的研究领域进入到生命科学的研究范畴。1993 年，商品化的 ESI-MS 仪器诞生。1994 年，出现了纳流电喷雾电离源。1995 年，出现了 FTICR-MS 与 MALDI 联用的技术，开创了有机质谱分析研究生物大分子的新领域。2001 年，质谱技术又取得重大突破——出现了轨道离子阱（orbitrap）高分辨质谱仪。

进入 21 世纪，GC-MS 联用仪得到了普及，LC-MS 联用仪、飞行时间质谱仪（time of flight mass spectrometer，TOF-MS）和 FTICR-MS 发展迅速。近年来，分析仪器厂商主要生产的 LC-MS 联用仪有 TQ、离子阱质量分析器（ion trap mass analyzer，IT-MS）、Orbitrap MS、三重四极杆串联质谱复合线性离子阱质谱仪（Q-Trap-MS）、四极杆-飞行时间质谱仪（Q-TOF-MS）、离子阱-飞行时间质谱仪（IT-TOF-MS）等。

我国的质谱技术发展较晚。20 世纪 50 年代末，我国开始在同位素分析方面展开工作，后来延伸到地质勘探的研究。20 世纪 70 年代，有研究单位零星地进行有机质谱常规分析。20 世纪 80 年代，主要是一些国企仪器厂商进行质谱仪器的研发，但未能批量生产。一些研究单位和高等学校纷纷从国外引进有机质谱仪，自此我国有机质谱的研究工作日益发展。1980 年创办《质谱学报》（原《质谱杂志》），它是质谱学中文专业刊物。20 世纪 90 年代后，我国有机质谱广泛地应用于化学化工、食品、天然产物、医药、地质、石油、医学、环保、国防等领域，尤其在生命科学研究方面有了长足进步。改革开放后，一大批民营企业成为国内生产质谱仪器的主力军，如北京普析通用、北京东西分析、杭州聚光科技等公司。自 2007 年，国内生产的质谱仪器开始进入市场。经过十多年的努力，国产质谱仪器得到了长足的进步。从我国近十来年质谱仪器发展的速度来看，我国研制出高精端的质谱仪器，并占据国内外质谱仪器市场指日可待。

二、　质谱分析的特点

质谱法是根据离子化的被测样品在磁场或电场中的运动行为的不同，按其 m/z 进行分离分析，从而测定样品中不同物质的质量及其强度分布的一种分析方法。广泛应用于有机化学、生物化学、食品化学、植物化学、药物代谢、临床医学、毒理学、农残兽残检测、环境保护、石油化工、地球化学、宇宙化学和国防等领域。质谱法的主要特点：①分析范围广，可以对气体、液体和固体等不同状态不同极性的物质直接进行分析检测；②可以测定样品分子的精确相对分子质量，可以根据所测数据推测样品的化学式、结构式、含量及同位素的丰度比；③分辨率高，高分辨质谱可分析测定微小的质量和微小的质量差值，测定数据能够精确到小数点后 4~5 位；④灵敏度高；⑤检测快速，数分钟内完成一次测试；⑥用样量少，待测样品一般只需 1 mg 左右，极限用样量为几微克，甚至可达到几个纳克；⑦能最有效地与各种色谱法在线联用，如 GC-MS、高效液相色谱-质谱联用（HPLC-MS）、FTICR-MS、基质辅助激光解吸电离飞行时间质谱（matrix-assisted laser desorption ionization time of flight mass spectrometry，MALDI-TOF-MS）、电感耦合等离子体-质谱联用（inductively coupled plasma mass spectrometry，ICP-MS）、毛细管电泳-质谱联用（CE-MS）等，是分析复杂体系有力的检测手段。

质谱仪器按其用途可分为：同位素质谱仪（测物质同位素丰度）、无机质谱仪（测定无机化合物）、有机质谱仪（测定有机化合物）、气体分析质谱仪（主要是呼吸质谱仪和氦质谱检漏仪）等，本章主要介绍有机质谱仪及其分析方法。

第二节　质谱仪器原理

质谱分析的基本原理是首先将所研究的样品物质进行离子化形成离子，然后将形成的样品离子按 m/z 大小进行分离测定。因此质谱仪器必须具备以下几个部分：

进样系统 → 离子源 → 质量分析器 → 检测器

此外，还需要有真空系统、计算机操作系统及数据处理软件等。

一、　质谱分析的一般流程

质谱分析的一般流程是通过合适的进样系统将样品引入到离子源（通常是气体样品或者液

体样品），样品在离子源内被离子化，样品离子经过电场或者磁场加速后进入质量分析器，在质量分析器里按 m/z 大小进行分离，从质量分析器排出到达检测器，产生不同的信号并转换为电信号而进行分析测定。

二、质谱仪的结构

根据质量分析器的不同，可把质谱仪分为双聚焦型质谱仪、四极杆质谱仪（quadrupole analyzer，Q）、飞行时间质谱仪、离子阱质谱仪、傅立叶变换质谱仪等。不同类型的质谱仪，作用原理不同。

（一）真空系统

质谱检测的是气体离子，离子从离子源经质量分析器到达检测器的过程要可控，不能使离子偏离正常运行轨道。质谱仪内部压强较大时，会导致离子与离子发生碰撞，进而改变离子的运动轨迹；加剧色散效应；会发生离子-分子反应和复合反应以及气体传导引起的高压放电现象等。因此，为了精确控制离子的运动轨迹，聚焦离子束，得到质谱仪应有的高分辨率和高灵敏度，需要限制影响离子运动过程中的各种因素。质谱仪的离子源、质量分析器和检测器都必须处于高真空状态，真空度需优于 10^{-3} Pa，其中离子源的真空度应达 $10^{-5} \sim 10^{-3}$ Pa，质量分析器应达 10^{-6} Pa。若系统真空度过低，则会造成离子源灯丝烧坏，干扰离子源的离子化，背景离子响应增高，产生离子抑制作用，副反应增加，质谱图谱复杂化，加速高压放电等。

质谱的真空系统首先由前级真空泵获得预真空，再由高真空泵抽至所需要的真空。即需要两级真空泵组成，通常机械真空泵作为前级真空泵，扩散泵（或分子涡轮泵）作为高真空泵。

（二）进样系统

质谱进样系统的主要功能是高效重复地将样品引入到离子源中并不造成真空度的降低。现代质谱仪针对不同物理状态的样品，都有相应的引入方式。常用的进样系统有：间歇式进样系统、直接探针进样系统和色谱进样系统。现代质谱仪一般都配有前两种进样系统以适应不同样品的进样需要。现对前两种进样方式进行介绍，色谱进样系统将在本章第七、第八节介绍。

1. 间歇式进样系统

间歇式进样系统适用于气体样品、可挥发性液体样品以及中等蒸气压的固体样品。该系统包括试样贮存器、贮存器的加热装置、真空连接系统以及将样品导入离子源的分子漏孔接口，详见图 6-1。工作原理：①试样（10~100 g）装入可拆装的试样管，气化后导入贮样器，由于贮存器低压强（10^{-3} Pa）及加热装置加热，试样在贮存器中依然保持气态；②由于进样系统的压强比离子源的压强大，试样离子通过分子漏隙以分子流形式渗透进入高真空的离子源中。

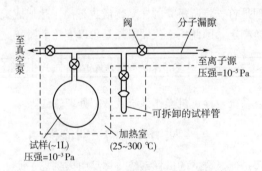

图 6-1　间歇式进样系统示意图

2. 直接探针进样系统

直接探针进样系统适用于高沸点的液体、热敏性固体及在间歇式进样系统下无法气化的固体。该系统（图6-2）通常是将试样放入样品杯中，对样品杯进行冷却或加热处理，调节加热温度，使试样气化；并用探针（probe）杆通过真空闭锁装置将样品直接引入到离子源中，探针杆中试样的温度可冷却至约 -100℃ 或在数秒钟内加热到较高温度（300℃ 左右）。该系统引入样品量较小（可达 1 ng），样品蒸气压可以很低，故可以引入蒸气压较低的物质。

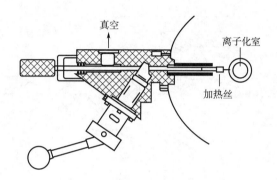

图 6-2　直接探针进样系统示意图

（三）离子源（ion source）

质谱仪中将试样原子或分子电离，转化为带有样品信息的离子，并将离子聚焦、加速进入质量分析器的装置是离子源。离子源是质谱能否分析测定样品的关键部件，离子源的结构和性能直接影响质谱仪器的灵敏度和分辨率等。不同试样原子或分子在离子化过程中所需的能量差异较大，因此，对于不同的试样原子或分子应根据样品的状态、挥发性、极性和热稳定性及欲测定的样品信息（分子结构或序列分析）选择不同的离子化方式。同一个试样分子的离子流的离子化形式及分子离子峰的响应高低等质谱参数，在很大程度上由所采用的离子化方式决定。根据在样品离子化的过程中提供的能量大小的不同，将离子化方法分为硬电离和软电离。其中能给样品提供较大能量的离子化方法为硬电离，给样品提供较小能量的离子化方法为软电离。

离子源有电子轰击（electron impact，EI）源、化学电离（chemical ionization，CI）源、场致电离（field ionization，FI）源、场解吸（field desorption，FD）源、快原子轰击（fast atom bombardment，FAB）源、电喷雾电离（electrospray ionization，ESI）源、纳流电喷雾电离（nano electrospray ionization，Nano-ESI）源、大气压化学电离（APCI）源和基质辅助激光解吸（MALDI）源等。下面介绍几种常用的离子源。

1. 电子轰击（EI）源

EI 源属于硬电离源，是 GC-MS 联用仪中最常用的离子源，适用于挥发性试样的电离，是通过高能量电子束与气体试样分子发生碰撞产生正离子。主要由灯丝、电离室、电子捕集极、一对磁极和离子聚焦透镜构成，其构造如图6-3所示。通常灯丝与接收极间的电压为 70 V，所有的标准质谱图都是在 70 eV 下测得的。电子流由灯丝（多用铼丝制成）发射，电子经加速进入电离室。电子流轰击电离室中气体试样分子时，该试样分子失去一个电子产生正离子（分子离子）：

$$M+e^- \longrightarrow M^{\cdot+} +2e^-$$

式中　　M——待测分子；

　　　　M$^{+\cdot}$——分子离子或母离子。

若分子离子继续受到电子流的轰击，则分子离子会发生化学键的断裂或重排，裂解形成碎片离子。电子捕集极收集多余的电子流。电离室中的正离子经电离室（正极）和加速电极（负极）间的加速电场（800~8000 V）加速，并在推斥极（施加正电压）的排斥作用下向前运动，在聚焦电极的作用下进行离子聚焦，聚焦后的离子束通过狭缝进入质量分析器被检测分析。

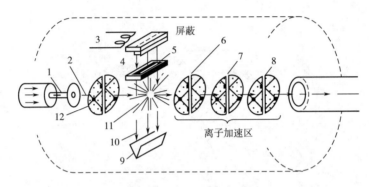

图 6-3　电子轰击源示意图

1—分子漏入孔　2—气体束　3—加热器　4—灯丝　5—电子狭缝　6—第一加速狭缝
7—聚焦狭缝　8—第二加速狭缝　9—阳极　10—电子束　11—离子化区　12—反射极

EI 源的优点：①操作简单，适用于所有能气化的试样；②离子化效率高，稳定可靠；③提供母离子和碎片离子等丰富的结构信息；④有庞大且实时更新的标准谱库可供检索，谱图重现性好。

EI 源的缺点：①不适用于难气化和热稳定性差的试样；②温度和能量过高时，分子易碎裂，难以给出完整的分子离子信息，且不能给出有些化合物的分子离子峰；③谱图复杂，分析谱图有一定的难度；④只能电离产生正离子，不能产生负离子。

2. 化学电离（CI）源

CI 源和 EI 源均适用于易气化的有机试样，都主要用于 GC-MS 联用仪。但是有些化合物稳定性差，使用 EI 源难以得到分子离子峰，从而无法得到相对分子质量，这类样品可以采用软电离技术 CI 源进行离子化。CI 源的结构和 EI 源结构大体相同，也主要是由电离室、灯丝、接收极、离子聚焦透镜和一对磁极构成。主要区别在于 CI 源不是通过电子束直接与样品进行碰撞产生离子，而是引入一种反应气体（如甲烷、异丁烷、氨气等），通过分子离子反应使气体样品进行离子化，即 CI 源离子化的核心在于质子转移。在 CI 源的气密性较好的离子化室内充满一定压强的反应气体（反应气体的量比试样分子的量大得多），灯丝发出的高能量的电子流（100 eV）对其进行轰击使之发生电离，电离后的反应气体分子再与试样分子发生碰撞，进行分子离子反应，使得试样分子发生电离，进而产生准分子离子 QM$^+$（quasi-molecular ion）和少数碎片离子。现以甲烷作反应气体，介绍化学电离的过程。

一级反应：高能量电子轰击，甲烷发生电离；

$$CH_4+e^- \longrightarrow CH_4^{+\cdot}+CH_3^++CH_2^++CH^++C^++H_2^++H^++ne^-$$

二级反应：甲烷离子与甲烷分子发生反应，生成加合离子；

$$CH_4^{\cdot+} + CH_4 \longrightarrow CH_5^+ + CH_3 \cdot$$

$$CH_3^+ + CH_4 \longrightarrow C_2H_5^+ + H_2$$

$$CH_2^+ + CH_4 \longrightarrow C_2H_4^+ + H_2$$

$$CH_2^+ + CH_4 \longrightarrow C_2H_3^+ + H_2 + H \cdot$$

$$CH^+ + CH_4 \longrightarrow C_2H_2^+ + H_2 + H \cdot$$

三级反应：加合离子与甲烷分子发生反应，生成加合离子；

$$C_2H_5^+ + CH_4 \longrightarrow C_3H_7^+ + H_2$$

$$C_2H_3^+ + CH_4 \longrightarrow C_3H_5^+ + H_2$$

$$C_2H_2^+ + CH_4 \longrightarrow 聚合体$$

上述反应中，主要的加合离子为 CH_5^+（占总量的 47%）、$C_2H_5^+$（41%）及 $C_3H_5^+$（6%）。它们再与试样分子 M 发生下述离子-分子反应：

（1）质子转移：　　　　　①$CH_5^+ + M \longrightarrow [M+H]^+ + CH_4$

②$C_2H_5^+ + M \longrightarrow [M+H]^+ + C_2H_4$

③$CH_5^+ + M \longrightarrow [M-H]^+ + CH_4 + H_2$

④$C_2H_5^+ + M \longrightarrow [M-H]^+ + C_2H_6$

①、②式产生 M+1 峰；③、④式产生 M-1 峰。

（2）复合反应：　　　　$CH_5^+ + M \longrightarrow [M+CH_5]^+$　　　产生 M+17 峰

$C_2H_5^+ + M \longrightarrow [M+C_2H_5]^+$　　　产生 M+29 峰

这样就形成了 $[M+1]^+$、$[M-1]^+$、$[M+17]^+$、$[M+29]^+$ 等一系列 QM^+ 及一些碎片离子。

CI 源的优点：①准分子离子峰很强，便于依据 QM^+ 推断相对分子质量；②碎片峰较少，谱图较简单，易于解析；③某些电负性较强的化合物，即具有较强吸电子基团的化合物，如卤素及含 N、O 的化合物，采用 CI 源电离生成负离子，灵敏度远高于 EI 源电离生成正离子，选择性较好。

CI 源的缺点：①不适于难挥发、热不稳定或极性较大的有机物；②得到的质谱图不是在标准谱图的条件下得到的，不能进行质谱库的检索；③反应气体形成本底较高，使仪器背景较高，影响检出限。

3. 场致电离（FI）源

场致电离源是应用强电场诱发气体试样电离的一种离子化方法。由一个电极和一组聚焦透镜组成，如图 6-4 所示。在间距极小（$d<1$ mm）的阳极和阴极之间，施加高达 10000 V 的稳定直流电压，在阳极尖端（曲率半径 $r=2.5$ μm）附近产生 $10^7 \sim 10^8$ V/cm 的强电场。由于强电场的作用，阳极尖端附近的气体分子中的价电子以一定的概率逸出，生成带正电的分子离子，带正电的分子离子在阳极斥力及电场力的作用下，加速通过一系列静电透镜聚集进入质量分析器。

FI 源的优点：①电离温和，产生的碎片很少，主要产生分子离子峰和 $[M+1]^+$ 的准分子离子峰，利于相对分子质量的测定；②没有反应气体形成的本低，谱图简单、干净，易于识别。

FI 源的缺点：①灵敏度低，比电子轰击源至少低一个数量级；②缺乏分子结构信息。

图 6-5 是 3，3-二甲基戊烷分别使用 EI 源和 FI 源得到的质谱图，由图可知 EI 碎片峰很多，但未明显显示出分子离子峰；FI 碎片较少，给出一定强度的分子离子峰。

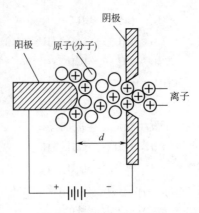

图 6-4　场致电离示意图

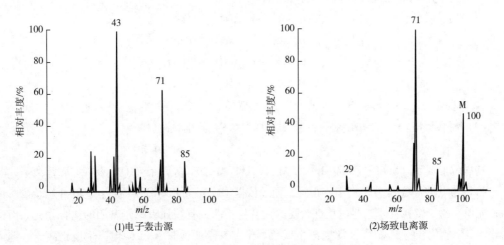

(1)电子轰击源　　　　　　　　　(2)场致电离源

图 6-5　3，3-二甲基戊烷的质谱图

4. 场解吸（FD）源

使用 FI 源，试样必须先气化，故 FI 电离源不适用于分析难气化、非挥发性、热不稳定性、高相对分子质量的化合物。针对不易挥发和热不稳定样品，可采用 FD 源。FD 源和 FI 源类似，均属于场电离源。使用 FD 源时，需先将液体或固体试样溶解在适当的溶剂中，并滴加在 FD 阳极发射器上。阳极发射器由直径约为 10 μm 的钨丝及在钨丝上用真空活化的方法制成的微针形碳刷组成，并被固定在一根可以在试样腔中来回移动的探针上。通过电流加热除去溶剂，试样分子从发射丝上解吸下来，在高压静电场（电场梯度为 $10^7 \sim 10^8$ V/cm）的作用下发生电离形成分子离子并在电场力的作用下进入质量分析器。其电离原理与场致电离相同。

由于试样解吸所需能量远低于试样气化所需能量，且采用 FD 源时，试样不需要气化可直接电离得到分子离子，因此有机试样在 FD 源内电离不会发生热裂解，故 FD 源适用于热不稳定性的试样分子。另外，在 FD 源中一般不会发生分子中 C—C 键的断裂，故使用 FD 源电离很少生成碎片离子。综上所述，FI 源和 FD 源都是对 EI 源的必要补充，使用电子轰击-场致电离复合源、电子轰击-场解吸电离复合源等复合离子源，则可同时获得完整分子和官能团信息。

5. 快原子轰击（FAB）源

FAB 源是利用高能中性原子流轰击有机试样分子，使有机试样分子发生电离的一种软电离技术，主要用于磁式双聚焦质谱仪。图 6-6 为其结构示意图。在电离室通过高能量电子轰击惰性气体氩气（或氙气），使之电离生成 Ar⁺离子，Ar⁺离子经电场加速获得很高的动能，具有高能量的 Ar⁺离子在电荷交换室发生电荷交换仍保持原来的能量，即生成高能氩原子流（高能中性原子流）。高能中性原子流轰击金属靶（不锈钢或者金属铜片）表面涂抹的甘油（或硫甘油、三乙醇胺等相对分子质量小、沸点高、对试样的质谱干扰小的底物）底物的有机试样浓缩液，与其发生能量交换，使试样分子从中电离并溅射出来生成离子流。

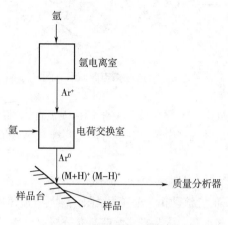

图 6-6　快原子轰击源示意图

FAB 源的优点：①产生较强的分子离子峰和准分子离子峰以及一系列与底物的加合离子，便于得到试样分子的相对分子质量；②产生相对丰富的二级碎片离子，具有相对丰富的结构信息（碎片峰比 EI 谱要少）；③由于试样分散表面层的流动性，样品离子化效率高，提高了仪器检测的灵敏度；④试样无须加热气化可直接离子化，适用于热稳定性差、蒸气压低、极性强、相对分子质量大的试样，如蛋白质、多肽类、天然抗生素、低聚糖、有机金属配合物等；⑤试样用量少并可回收。

FAB 源的缺点：试样附着在底物上，底物也会被离子化，生成一系列甘油簇离子峰 $[93n+1-(H_2O)_m]^+$ 等，导致质谱图复杂化。

6. 电喷雾电离（ESI）源

ESI 源是通过采用强静电场使试样分子发生电离的一种软电离技术。ESI 源既是试样离子化装置，又是色谱和质谱的联用装置，主要适用于 LC-MS 和 CE-MS 联用仪。它主要起作用的部分是一个由多层套管组成的电喷雾喷嘴（图 6-7）。最内层是电喷雾喷针，流动相带出的试样在喷针里发生电离。喷针内有一路喷雾气，喷雾气通常是高纯氮气，其作用是帮助液滴挥发，产生离子；喷针和喷嘴之间有一路可加热的喷雾气，其作用是帮助液滴挥发，产生离子，离子导向，聚焦离子。ESI 源工作时，喷针上加有几千伏的电压，电压可正可负，通过调节极性改变电压的正负可以生成正离子或负离子。以正离子为例来说明 ESI 源的工作过程（图 6-7），喷针上加 2~4 kV 电压，由于静电场的作用，喷针内壁聚集负电荷，流动相中剩余正电荷，喷针喷射出带正电荷的液滴；在喷雾气的作用下，溶剂挥发，带电液滴表面电荷密度逐渐增大，电荷与电荷之间的库仑力增加，当到达某一临界点，带电液滴发生库仑爆炸，形成更小的带电液滴，在喷雾气的作用下，溶剂继续挥发，最终形成带正电荷的试样离子。为了避免溶剂喷射到锥孔进入质量分析器堵塞进样孔，一般 ESI 源的喷针和锥孔不是在一条线上，而是错开一定角度。形成的样品离子是在喷针和锥孔之间的电势差的作用下，加速进入质量分析器。

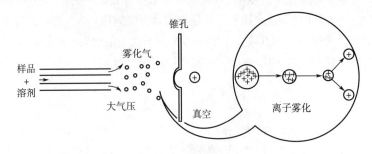

图 6-7　电喷雾电离源示意图

ESI 源的优点：①适用范围广，适合分析离子型、强极性、难挥发和热不稳定的有机物；②灵敏度高；③容易形成多电荷离子，可以分析蛋白质、糖和多肽等相对分子质量在几万、几十万的大分子试样。

ESI 源的缺点：①试样必须溶于流动相；②流动相的种类及流动相中缓冲盐的种类和浓度、pH 等对离子化过程有显著影响，流动相的选择很受限；③具有流速依赖性，流速越大，离子化效率越低；④基质抑制现象较明显；⑤易带多电荷，在分析混合物时易产生混乱，增加分析的难度。

7. 纳流电喷雾电离（Nano-ESI）源

高流速下的电喷雾离子化效率很低，通常只有 0.1% 或者更低，绝大部分样品和溶剂被浪费。为了更好地利用样品，节约溶剂，提高信噪比，提高检测的灵敏度，在电喷雾技术的基础上发展了一种新的电喷雾技术——纳流电喷雾电离（Nano-ESI）源，它是以低流量（nL/min）在高电压的作用下，完成样品的喷雾和电离过程，被认为是"纳喷雾"。由于低流量，Nano-ESI 和普通的 ESI 源最大的不同是无须鞘气①和辅助加热装置，只需要施加高电压便可产生喷雾。Nano-ESI 的流速通常为 20 nL/min。

Nano-ESI 源的优点：①在 nL/min 的流速下，带电液滴更容易形成，无须鞘气和辅助加热装置；②适用于宽成分组成（即成分组成比较复杂）的流动相，例如，含水、含盐或纯水的流动相；③获得长时间采集的平均质谱信号，利于稳定喷雾，能够改善信号质量；④通过喷针的液体更少，能够更快产生更小的气溶胶液滴，小液滴的表面积大，离子位于液滴表面，且待测离子的量有限，易脱溶剂，避免成簇，离子化概率更大，增加离子电离数量；⑤干扰基质和待分析组分均位于小液滴的表面，大量的干扰离子并不能抑制待分析组分的电离，离子抑制效应降低，故待分析组分能够发生更大程度的电离；⑥低流速喷雾以较窄的喷射分布指向后者，利于更大比例的离子被采集进入质量分析器被检测分析，提高了检测的灵敏度；⑦样品用量少，检测分析物浓度低，Nano-ESI-MS 是蛋白质质谱分析的通用方法，仪器检测的灵敏度高；⑧消耗溶剂少，减少质谱污染，环保；⑨改善并获得宽的线性和动态范围；⑩运行更长的分析时间，为质谱仪扫描提供足够多的时间，能够获得更多的结构信息。

---

① 鞘气：喷针内的喷雾气。

Nano-ESI 源的缺点：纳升液相色谱柱和纳喷雾针的连接方式仍存在一些问题：①两通连接对实验人员要求高，更换喷针操作不当对喷雾效果影响较大，喷针使用寿命低，价格昂贵；②一体柱不便于更换喷针，若出现喷雾效果不好、堵塞等问题，需整体更换，损失较大。

8. 大气压化学电离（APCI）源

APCI 源同样既是离子源又是离子化接口装置，又称热气动喷雾接口（heated pneumatic nebulizer interface），其主要结构和 ESI 源相同，且常常和液相色谱联用。不同的是 APCI 源喷针附近放了一个电晕针，通过电晕针高压放电及离子-分子反应使试样分子发生电离（图 6-8）。以正离子模式为例介绍 APCI 源电离过程：试样分子随流动相进入 APCI 源喷针内先气化成气体分子；电晕针上加有 2~4 kV 的电压，电晕针高压放电，使离子源内的 O_2 和 N_2 分子发生电离，生成 O_2^+ 和 N_2^+ 离子 ［图 6-8（1）］；O_2^+ 和 N_2^+ 离子再将电荷转移给气化的溶剂分子生成溶剂离子 ［图 6-8（2）］；溶剂离子把电荷转移给目标试样分子 ［图 6-8（3）］，通过一系列的离子-分子反应，试样就带正电了；带正电的试样离子在电晕针与锥孔形成的电场作用下加速进入质量分析器。

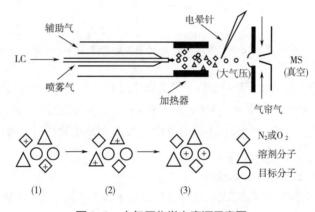

图 6-8　大气压化学电离源示意图

APCI 源的优点：①适用于具有一定挥发性的热稳定性、中等极性或弱极性的小分子化合物（从适用范围来看，APCI 源是 ESI 源的补充）；②对溶剂选择、流速和添加物的依赖性较小；③质谱图很少产生碎片离子，主要是带一个电荷的准分子离子峰，便于数据分析。

APCI 源的缺点：①离子化的过程试样可能发生热裂解；②样品需要具有一定的挥发性；③APCI源主要产生单电荷，一般只能分析分子质量小于 2000 u 的化合物。

9. 基质辅助激光解吸（MALDI）源

基质辅助激光解吸源由激光解吸（LD）源发展而来，是近年来发展起来的一种结构简单、灵敏度高的新的质谱离子化技术。通常与飞行时间质谱联用，构成 MALDI-TOF-MS。MALDI源的工作原理如图 6-9 所示，即一定波长的激光照射在滴加在固体靶面并溶于一定基质的试样上，试样分子吸收激光能量而被解吸出来，基质有机物吸收激光能量使晶格受到瞬间干扰而发生电离，发生电离的基质把质子转移给试样分子，这样就使得试样分子瞬间解吸并电离成离子。值得注意的是该电离源是通过基质传递质子而实现的软电离，必须有合适的基质才能使得试样分子得到较好的电离，且分析不同的样品应选择不同的基质。基质必须满足：①能强烈地吸收激光照射的能量；②能很好地溶解试样分子。常用的基质有 2，5-二羟基苯甲酸、烟酸、芥子酸、α-氰基-4-羟基肉桂酸。由于激光与试样分子作用时间短、温度低、区域小，MALDI源可以解决LD难挥发和热不稳定高相对分子质量样品的离子化问题。同样作为软电离技术，MALDI源和ESI源在测定蛋白质、多肽和糖等大分子有机物时质谱图不同，MALDI源主要是得到分子离子峰、准分子离子峰等单电荷的质谱信息，较少得到碎片离子和多电荷离子。

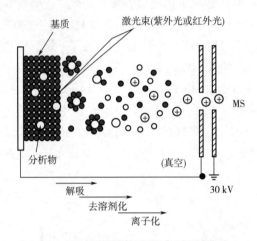

图6-9　基质辅助激光解吸离子化原理

MALDI源的优点：①灵敏度高；②适于测定极性的生物大分子，并可得到精确的相对分子质量；③测定极性生物大分子时，几乎没有碎片离子；④适于分析测定复杂的样品。

MALDI源的缺点：①分辨率低；②测定质荷比低于1000的物质时，基质干扰严重；③定量分析需要校准。

（四）质量分析器（mass analyzer）

质量分析器主要是通过电场或磁场的作用将经过离子源离子化并进入质量分析器的试样离子过滤、按m/z大小分开。常见的质量分析器有磁质量分析器（magnetic analyzer）、四极杆质量分析器、离子阱质量分析器、飞行时间质量分析器、傅立叶变换离子回旋共振质量分析器等。

1. 磁质量分析器

磁质量分析器是根据不同m/z的离子在磁场中的运动轨迹不同，将离子分开。分为单聚焦分析器（single focusing analyzer）和双聚焦分析器（double focusing analyzer）。单聚焦分析器主要是一个扇形磁场，从离子源出来的离子先经过一个加速电场进行加速，使离子获得一定的动能，并做直线运动，如图6-10所示。

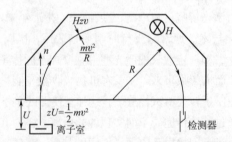

图6-10　正离子在正交磁场中的运动示意图

$$zU = \frac{1}{2}mv^2 \tag{6-1}$$

式中 z——离子所带电荷数；

U——加速电压；

m——离子的质量数；

v——离子进电场加速后获得的速度。

在磁场的作用下，经电场加速具有一定动能的离子进入质量分析器时，离子的运动轨迹发生偏转，并作圆周运动。则必有运动离心力和磁场力相当，即：

$$\frac{mv^2}{R} = Bzv \tag{6-2}$$

式中 R——离子圆周运动的轨道半径；

B——磁场强度。

由式（6-1）和式（6-2）可以得到轨道半径 R 的表达式：

$$R = \frac{\sqrt{2 \times U \times \frac{m}{z}}}{B} \tag{6-3}$$

由式（6-3）可知，在 B 和 U 一定的条件下，不同 m/z 的离子运行的轨道半径不同，故离子源产生的离子经质量分析器后可实现质量分离。一般检测器的位置固定，即 R 固定，故可以通过改变加速电场 U 或偏转磁场 B 使从离子源出来的不同 m/z 的离子按同样的运行轨迹依次进入检测器，进而得到质谱图。

单聚焦分析器结构简单，操作方便，主要用于同位素质谱仪和气体质谱仪，不适用于有机物的分析测定。但由于离子源中的离子能量遵守 Boltzmann 能量分布，故从离子源出来的离子具有不同的动能。由于磁场能量分散的作用，具有不同初始动能相同 m/z 的离子，经过质量分析器后是不能聚焦在一起的，而相邻的两种质量的离子又很难分离开，从而降低了单聚焦分析器的分辨率。为解决单聚焦分析器分辨率低的问题，进而发展了双聚焦分析器。

双聚焦分析器是在单聚焦分析器的基础上发展起来的，由一个扇形电场和一个扇形磁场串联而成（图6-11），通常是在扇形磁场前面加一个扇形电场，使得双聚焦分析器具有质量色散和能量色散的作用，能够同时实现方向聚焦和能量聚焦，并通过改变离子加速电压实现质量分析。其中，扇形静电场作为一个能量分析器，起不到对离子质量分离的作用，质量相同而能量不同的离子经过扇形静电场会被分开，即扇形静电场具有能量色散的作用。因此，如果设法使扇形静电场的能量色散作用和扇形磁场的能量色散作用大小相等，方向相反，就可以消除扇形磁场能量色散对分辨率的影响，进而可以保证质量相同的离子，经扇形电场和扇形磁场后能够聚集在一起。由双聚焦分析器的工作原理可以看出，扇形电场和扇形磁场的顺序是可以进行调整的，即扇形磁场也可以加在扇形电场前面。双聚焦分析器的电场、磁场越大，其分辨率越高，能够测定的相对分子质量范围也越大。双聚焦分析器的优点是分辨率高，缺点是操作麻烦，扫描速率慢，仪器价格昂贵。

2. 四极杆质量分析器

四极杆质量分析器又称四极滤质器，由四根截面为双曲面或者圆形的棒状电极组成，相对两组电极间施加一定的直流电压 U_{dc} 和频率在一定射频范围内的交流电压 U_{rf}，构成动态的四极电场，如图 6-12 所示。

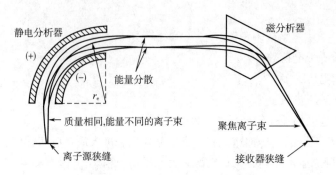

图6-11 双聚焦质量分析器原理图

四极杆质量分析器是根据 m/z 不同而把离子分开的。离子束从离子源出来进入四极电场中，离子在向前运动的同时并做横向摆动，使得离子运动轨迹呈现螺旋状，在一定的 U_{dc}、U_{rf} 和频率等条件下，只有符合一定振幅范围 m/z 的离子才能够通过四极电场，到达检测器并发出信号，符合要求的 m/z 的离子为共振离子。而其他离子由于振幅太大不能通过四极电场，最终排出四极场被真空泵抽走。因此，在保证 U_{dc}/U_{rf} 不变的情况下，U_{dc} 和 U_{rf} 同步增加，即可使不同 m/z 的离子依次通过四极电场，到达检测器被分离检测，实现质谱扫描。实际上设置扫描范围即是同步改变 U_{dc} 和 U_{rf} 的值，U_{dc} 和 U_{rf} 一个值变化到另一个值时，到达检测器的离子就从 m_1 到 m_2，即得到 m_1 到 m_2 的质谱扫描。如果 U_{rf} 的频率不变，在保证 U_{dc}/U_{rf} 不变的情况下连续改变 U_{dc} 和 U_{rf} 的值，这种扫描称电压扫描；如果 U_{dc} 和 U_{rf} 的值不变，连续改变 U_{rf} 的频率，这种扫描称频率扫描；两种扫描均可使不同 m/z 的离子依次到达检测器。另外，同步改变 U_{dc} 和 U_{rf} 的值可以是连续的也可以是跳跃式的，即可以只允许某一个或几个 m/z 的离子通过四极电场进入检测器，这种模式称单离子监测（SIM）扫描。四极杆质量分析器是一种仅依靠电场实现离子分离的质量分析器，该质量分析器体积小、质量轻、扫描速度快、分辨率较高、操作简单方便，适用于色谱质谱联用技术。但是扫描质量的准确度和精密度低于磁质量分析器。

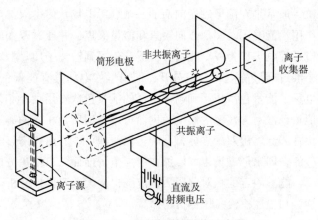

图6-12 四极滤质器结构示意图

3. 离子阱质量分析器

离子阱质量分析器主要部件离子阱腔室是由上下两个带有小孔的端盖电极（end cap

electrode）和一个位于端盖电极之间的类似于四极杆的双曲面环形电极（ring electrode）组成。其结构如图6-13所示。其中，端盖电极施加直流电压 U_{dc} 或接地，双曲面环形电极施加射频电压 U_{rf}，离子阱腔室形成了射频电场。离子阱质量分析器和四极杆质量分析器的工作原理类似，改变 U_{rf} 的大小，可以使一定 m/z 范围的离子在离子阱腔室内以一定的频率稳定的运动，由于它们的轨道振幅一定，所以符合条件的离子可以长时间地留在离子阱腔室内，而在特定的射频电场下不能稳定存在的离子振幅过大，将偏离轨道与环电极发生碰撞，被真空泵抽出去，即通过改变射频电场选择离子。然后改变 U_{rf} 进行电压扫描，使离子阱腔室内的离子轨道发生改变，使离子从低质量端依次离开离子阱，到达检测器被分析记录。值得一提的是，离子阱腔室内具有一定的高纯氦气作为碰撞气，这利于离子聚集于腔室中心，减少了离子能量和位置的分散，进而提高了仪器检测的灵敏度和分辨率。离子阱质量分析器轻便、结构简单、易于操作、灵敏度和分辨率较高，在全扫描模式下灵敏度就很高、价格相对便宜，可分析的 m/z 高达2000 u，仅依靠单个离子阱腔室就可以实现离子的捕获、离子的碰撞活化及多级质谱扫描，理论上不限级数。

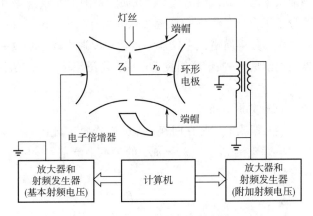

图6-13　离子阱结构示意图

4. 飞行时间质量分析器

飞行时间质量分析器主要部件是一个长 1 m 左右的无场漂移管，图6-14是其结构示意图。

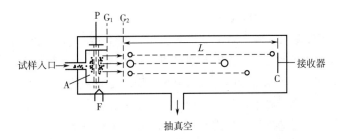

图6-14　飞行时间质量分析器结构示意图

离子源离子化的离子经加速电场加速获得相同的动能，则由式（6-1）可以推出速度 v 的公式：

$$v = \sqrt{\frac{2zU}{m}} \qquad (6-4)$$

不同离子经加速电场加速后以不同的速度进入无场漂移管，则有：

$$L = vt \text{ 则 } t = \frac{L}{v}, \text{ 即 } t = L\sqrt{\frac{m}{2zU}} \qquad (6-5)$$

式中　t——离子在无场漂移管中运动的时间；

　　　L——无场漂移管的长度。

由式（6-5）可以看出，离子在漂移管中飞行的时间与离子 m/z 的平方根成正比，即对于能量相同的离子，离子的 m/z 越大，离子到达检测器的时间越长，因此飞行时间质量分析器可以根据 m/z 的不同把离子分开。且适当增加无场漂移管的长度可增加仪器检测的分辨率。但由于试样离子进入无场漂移管前存在能量、空间、时间上的分散，即使相同质量的离子到达检测器的时间也不尽相同，从而降低了仪器的分辨率。为解决上述问题，现在主要采用离子延迟技术、激光脉冲电离技术和离子反射技术来降低分辨率下降问题。飞行时间质量分析器的优点：①扫描质量范围宽，理论上不存在质量检测的上限，适用于测定蛋白质和多肽类生物大分子、高分子聚合物等；②扫描速度快，可在 $10^{-6} \sim 10^{-5}$ s 时间内记录整段质谱图；③分辨率高，常用作高分辨质谱；④仪器结构简单，通常既不需要磁场也不需要电场。飞行时间质量分析器适用于色谱-质谱联用技术，现已广泛用于 GC-MS、LC-MS 和 MALDI-TOF-MS 等。

5. 傅立叶变换离子回旋共振分析器

傅立叶变换离子回旋共振质谱仪是在回旋共振分析器的基础上发展起来的，它是依据在固定的磁场中离子做回旋运动的频率与离子 m/z 的关系来测定离子 m/z。即符合式（6-2）的关系式，由式（6-2）可以推出：

$$\omega_c = \frac{v}{R} = \frac{Bz}{m} \qquad (6-6)$$

式中　m——离子质量；

　　　v——离子的运动速度；

　　　R——离子做圆周运动的轨道半径；

　　　B——磁场强度；

　　　z——离子电荷数；

　　　ω_c——离子运动的回旋共振频率。

由式（6-6）可以看出，离子的 m/z 与离子运动的回旋共振频率成反比，即在磁场强度固定的情况下，测出离子的回旋共振频率即可得到离子的 m/z。通常是外加一个和离子共振频率相同的辐射频率，离子就会吸收外加辐射频率而改变原来的回旋运动，做阿基米德螺旋运动，改变辐射频率，离子收集器就可以接受不同的共振离子，进而测得离子的 m/z。但传统的回旋共振分析器扫描速度慢，分辨率和灵敏度低。为解决上述问题，傅立叶变换离子回旋共振质量分析器采用线性调频脉冲激发离子，可以在较短时间内实现对很宽 m/z 范围内的离子的快速频率扫描，并使得离子几乎同时受到激发。它的核心部件是捕获离子的分析器。

傅立叶变换离子回旋共振质量分析器是一个置于高真空和超导磁体产生的强磁场中并由三对互相垂直的平行电极组成的立方体结构，图 6-15 为其结构示意图。与磁场方向垂直的那对电极是捕集极，该电极的作用是延长离子在分析器内的时间；另两对电极与磁场方向平行，其中一对电极是发射极，它的作用是发射射频脉冲；另一对电极是接收极，两个接收电极通过一个电阻与地相连，它的作用是接收离子产生的信号。离子进入分析器，发射极施加一个很快的射频电压，当射频频率与某个离子的回旋共振频率一致，该离子吸收射频能量做阿基米德螺旋运动，该质量离子运动至接收极的一极时，吸收此极表面的电子，继续运动接近另一极时，又吸收另一极的电子，外部电路中的电子受正离子的电场吸引向第二个电极集中。在离子回旋的另半周，外电路的电子向相反方向运动。这样在电阻的两端形成了一个很小的交变电流，即产生一种正弦波形式的时间域信号"象电流"。该正弦波的频率与离子原固有的回旋频率相等，正弦波的振幅与该质量的离子数目成正比。改变射频频率，分析室内所有离子都做相干运动，则测得的信号是同一时间内所有做相干运动的离子所对应的时间域信号的叠加，信号经过带有傅立叶变换程序的计算机分析，即可区分出不同相干运动离子的回旋共振频率，根据式（6-6）便可以计算得到离子的 m/z，在仪器上得到常见的质谱图。

FTICR-MS 与其他质量分析器不同的地方：①它不是像别的质量分析器让离子从质量分析器出来去碰撞检测器，而是让离子从感应板附近经过便可进行检测分析；②它不是利用时空法（时间和位置）分离测定离子，而是根据频率的不同来测定离子；③所有离子同时被激发、同时被检测分析。

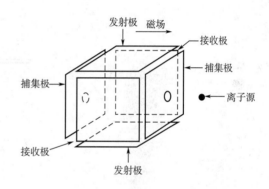

图 6-15 傅立叶变换质谱仪的分析室

FTICR-MS 的优点：①分辨率高；②灵敏度高；③扫描速度快；④可测定质量范围宽；⑤可以测定多级质谱；⑥可以和任何离子源联用；⑦性能稳定。

FTICR-MS 的缺点：①仪器售价高；②由于傅立叶变换离子回旋共振质量分析器需要很高的超导磁场，需要液氦，仪器运行费用比较高；③操作麻烦，对操作者的要求较高。

（五）检测器

质谱检测器是通过接收从质量分析器分离的离子，进行电信号放大输出，通过计算机对输出的电信号进行采集、处理，最终得到按 m/z 大小排列的质谱图，其中不同浓度的离子对应不同的离子丰度。常用的检测器包括电子倍增器（electron multiplier）、光电倍增管（photomultiplier tube）和法拉第杯（Faraday cup）等。其中，质谱最常采用电子倍增器检测离子流，电子倍增器和光电倍增管的原理类似。图 6-16 是一种电子倍增器的工作原理示意图。

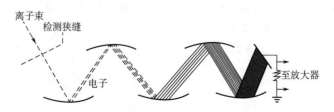

图 6-16 电子倍增器工作原理示意图

电子倍增器一般由一个阴极（铜铍合金）作为转换极，以 10~20 级的电极作为电子倍增极，以阳极作为检测极。经质量分析器分离的带有一定能量的离子束到达电子倍增器，撞击阴极的表面，产生电子，这些电子撞击下一级电极产生更多的电子，依次类推，经过多级电极碰撞使得电子倍增，一般放大倍数为 $10^5 \sim 10^8$，最后到达阳极被检测。电子倍增器可灵敏、快速地检测出低于 $10^{-17}A$ 的微弱电流。但由于产生二次电子的数量与离子的质量和能量均相关，即存在质量歧视效应，因此在进行定量分析时需加以校正。另外，电子倍增器具有一定的寿命，即随着仪器使用时间增加，电子倍增器的电极会老化，导致增益降低。

渠道式电子倍增器阵列（channel electron multiplier array）是在电子倍增器的基础上发展起来的一种新的质谱检测器。图 6-17（2）为其工作原理示意图，它由在半导体材料平板上密排的渠道构成，如图 6-17（1）所示，渠道内壁涂有可发生二次电子发射的材料，从而构成电子倍增器。为得到更高的增益，它将两块渠道板串联在一起，如图 6-17（3）所示，用于同时检测多个不同 m/z 的离子，从而大幅提高分析效率。

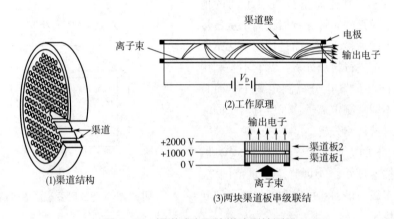

图 6-17　渠道式电子倍增阵列检测器

三、 质谱仪器的主要性能指标

（一）质量范围

质谱仪的质量范围（measurement range of mass）是指仪器能测定的离子的 m/z 范围。大部分离子只带一个电荷，仪器的质量范围实际上就是试样分子的相对分子质量或相对原子质量范围。通常采用 ^{12}C 原子质量的 1/12 来进行度量，即原子质量单位（unified atomic mass unit，符号 u）。质量范围的大小通常由质量分析器决定，四极杆质量分析器质量范围上限一般为 1000~3000，离子阱质量分析器质量范围上限一般为 2000 左右，而飞行时间质量分析器质量范围高达数十万。但即使大多质量分析器的质量范围只有几千，当配置具有易使生物大分子带多电荷特性的 ESI 源使用时，便可以测定相对分子质量高达几十万的试样物质。

（二）分辨率

质谱仪的分辨率是指质谱仪分开两个相邻质量数离子的能力。通常两峰之间的"峰谷"小于等于峰高的 10% 即认为两峰分开（图6-18）。即若某质谱仪在质量数 M 处，恰好能分开质量数为 M 和 M+ΔM 的离子，则该质谱仪的分辨率可通过式（6-7）进行计算。

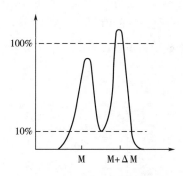

图 6-18 10%峰谷的分辨率

$$R = \frac{M}{\Delta M} \tag{6-7}$$

式中 M——某离子的 m/z；

ΔM——相邻两峰之间的质量数差或指定峰高处的峰宽（通常指半峰宽）。

例如，若某仪器能刚好分开 CO_2 和 N_2 形成的离子，它们的 m/z 分别为 27.9949 和 28.0061，则该仪器的分辨率 $R = \dfrac{27.9949}{28.0061 - 27.9949} \approx 2500$。通常四极杆质量分析器、离子阱质量分析器、飞行时间质量分析器及傅立叶回旋共振质量分析器采用该方法计算仪器的分辨率。

质谱仪的分辨率几乎决定了仪器的价格。影响质谱仪分辨率的因素：①磁式离子通道的长度或离子通道的半径；②加速器与收集器狭缝宽度或离子脉冲大小；③离子源。分辨率在 1000 以下的称低分辨率质谱仪，如单聚焦磁偏式质谱仪；分辨率在 10000~30000 的称中分辨质谱仪，如双聚焦质谱仪、四极杆质谱仪、离子阱质谱仪等；分辨率在 30000 以上的称高分辨质谱仪，如双聚焦质谱仪、飞行时间质谱仪、傅立叶变换离子回旋共振质谱仪等。

（三）灵敏度

质谱仪的灵敏度有绝对灵敏度、相对灵敏度和分析灵敏度等几种表示方法。绝对灵敏度是指仪器可以检测到的最小样品量；相对灵敏度是指仪器可以同时检测的大组分和小组分含量之比；分析灵敏度则是指输入仪器的样品量与仪器输出的信号之比。不同用途的质谱仪，灵敏度表示方法不同。有机质谱仪常采用绝对灵敏度，其灵敏度优于 10^{-10} g。

第三节 质谱图和离子的类型

一、 质谱的表示方法

质谱图中常用棒状图（高分辨质谱常用峰形）表示质谱峰，每个棒状图（峰）代表一个离子峰，横坐标表示 m/z（单位 u），纵坐标表示离子强度或者相对强度（丰度）。在质谱图中，

把指定 m/z 范围内强度最大的离子峰定义为基峰，并规定基峰的相对强度为100%，其他离子峰强度常以相对基峰强度的百分数表示。如图6-19正辛烷的质谱图所示。通过表格形式表示质谱数据，称为质谱表。质谱表中一列是 m/z 的值，另一列是相对强度的值。质谱图能够直观地看到指定 m/z 范围内的试样分子的质谱图全貌；质谱表可以给出指定 m/z 范围内的每个离子 m/z 值及其相对丰度。

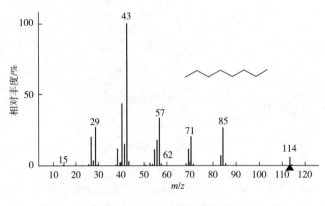

图6-19　正辛烷的 EI 质谱图

二、 质谱图中的主要离子的类型

试样分子（原子）进入离子源或质量分析器时，会发生离子化反应或电化学反应，从而形成各种类型的离子。以由 A、B、C、D 四种原子组成的有机试样分子为例，阐述 EI 源内四种离子化反应过程。

$$ABCD + e^- \longrightarrow ABCD^{+\cdot} + 2e^- \qquad\qquad \text{分子离子} \qquad (1)$$

$$ABCD^+ \longrightarrow BCD\cdot + A^+$$

$$
\begin{array}{l}
\longrightarrow CD\cdot + AB^+ \longrightarrow
\begin{cases}
B + A^+ \\
A + B^+
\end{cases} \\[4pt]
\longrightarrow AB\cdot + CD^+ \longrightarrow
\begin{cases}
D + C^+ \\
C + D^+
\end{cases}
\end{array}
\qquad\qquad \text{裂分为碎片离子} \qquad (2)
$$

$$ABCD^{+\cdot} \longrightarrow ADBC^{+\cdot} \longrightarrow
\begin{cases}
BC\cdot + AD^+ \\
AD\cdot + BC^+
\end{cases}
\qquad\qquad \text{重排后裂分} \qquad (3)$$

$$ABCD^{+\cdot} + ABCD \longrightarrow (ABCD)_2^{+\cdot}$$

$$\longrightarrow BCD\cdot + ABCDA^+ \qquad\qquad \text{离子-分子反应} \qquad (4)$$

试样分子经过 EI 电离源电离得到的质谱结果和经过软电离源电离得到的质谱结果有很大的差别。其中经 EI 源电离主要产生分子离子峰，经软电离源电离主要产生准分子离子峰。当离子源压强较高，正离子可能与中性离子发生碰撞而发生离子-分子反应，形成 m/z 大于原来分子的准分子离子。当离子源处于高真空时，不会发生此反应。在离子源或质量分析器发生离子化反应或者电化学反应形成的离子对应的质谱峰有分子离子峰、准分子离子峰、同位素离子峰、碎片离子峰、重排离子峰、亚稳离子峰等。

1. 分子离子峰

试样分子在电子轰击下按式（1）失去一个电子形成离子 $ABCD^{+\cdot}$，该离子被称为分子离子或母离子，分子离子常由硬电离源产生。分子离子的 m/z 在数值上等于试样分子的相对分子质量。质谱图中相应的峰被称为"分子离子峰"或"母离子峰"。分子离子中带电荷（或试样分子失去电子）的位置和物质的结构有关：①含杂原子 S、O、N、P 等的分子易失去杂原子上的未成键电子，正电荷位于杂原子上，如 $CH_3(CH_2)_3CH_2O^+H$；②不含杂原子而具有双键的分子易失去双键上的电子，正电荷位于双键的一个 C 上；③即无杂原子又无双键的分子易失去分支 C 上的电子。分子离子峰的强度和物质的结构有关，如环状化合物较稳定，其分子离子峰较强；支链烷烃和醇类化合物易碎裂，其分子离子峰较弱或不存在。常有芳香烃>共轭烯烃>烯烃>环状化合物>不分支烃>胺>酯>醚>酸>醇>高分支烃。

2. 准分子离子峰

试样分子得到质子（或加 NH_4^+、Na^+、K^+ 等）或失去质子（或加 $HCOO^-$、CH_3COO^-、Cl^- 等）得到的离子称准分子离子，其相对应的质谱峰为准分子离子峰。硬电离和软电离技术都可以产生分子离子峰，但软电离技术更容易形成准分子离子峰。试样分子是形成分子离子峰还是准分子离子峰和物质的结构有很大关系，主要以形成的离子稳定态为主。常见的正离子模式下的准分子离子有：$[M+H]^+$、$[M+NH_4]^+$、$[M+Na]^+$、$[M+Li]^+$、$[M+H_2O+H]^+$、$[3M+H]^+$、$[2M+Na]^+$、$[2M+NH_4]^+$ 等；常见的负离子模式下的准分子离子有：$[M-H]^-$、$[M+HCOO]^-$、$[M+CH_3COO]^-$、$[M+Cl]^-$、$[M+TFA-H]^-$、$[2M-H]^-$ 等，其中出现 $[M+TFA-H]^-$ 准分子离子峰时会伴随出现 m/z 为 113 和 227 的背景峰。值得注意的是，由于离子源内高电压环境，会使一些物质（苯醌类化合物、苯并蒽类化合物、卟啉金属类化合物、芳族胺类化合物及多环芳烃等）在离子源内发生电化学反应形成特殊的准分子离子，如 $[M+H]^-$、$[M-H]^+$、$[M-2H]^+$、$[M-3H]^+$、$[M-H+Na]^+$、$[2(M-H)+Na]^+$、$[M+I]^+$、$[M-H+O]^+$、$[M+33]^+$、$[M+47]^+$ 及二聚体离子（如 $[2M+2Na]^{2+}$）和配合物离子等。

3. 同位素离子峰

除 P、F、I 外，组成有机物的大多数元素（如 C、H、O、N、S、Cl、Br 等）都具有天然存在的稳定同位素，其同位素以一定的丰度出现在化合物中。因此，当化合物分子被电离，由于同位素质量不同，在质谱图上离子峰会成组出现。通常把重同位素形成的离子峰称同位素离子峰。在一般情况下，同位素离子峰对应 m/z 为 M+1、M+2 等。图 6-19 是正辛烷 C_8H_{18} 的质谱图，$m/z=114$ 的分子离子峰，是由最大丰度的同位素 ^{12}C 组成的分子离子 $[C_8H_{18}]^+$ 产生的。表 6-1 为常见元素同位素的精确质量及相对丰度。由表 6-1 可知，Cl、Br 的同位素丰度较高，因此含 Cl、Br 元素的化合物的 M+2 离子峰强度较大，由于同位素峰的强度比与同位素的丰度比是相当的，故可根据 M 和 M+2 离子峰的强度比判断化合物是否含有这些元素。同位素离子的强度之比可用二项式展开式各项之比来表示：

$$(a+b)^n \tag{6-8}$$

式中　a——轻同位素的相对丰度；

　　　　b——重同位素的相对丰度；

　　　　n——同位素的个数。

例如，氯有两个同位素 ^{35}Cl 和 ^{37}Cl，二者丰度比为 100∶32.5，近似为 3∶1。当某化合物分子中含有一个氯时，由 ^{35}Cl 和 ^{37}Cl 形成的离子质量分别为 M 和 M+2，离子强度之比近似为3∶1；若分子中含有两个氯，其组成方式有 $R^{35}Cl^{35}Cl$、$R^{35}Cl^{37}Cl$、$R^{37}Cl^{37}Cl$，分子离子的质量有M、M+2、M+4，其离子强度之比为 9∶6∶1，即三种同位素离子强度之比为 9∶6∶1。

表 6-1　　　　　　　　　　　常见元素同位素的精确质量及其相对丰度

元素	同位素	精确质量	相对丰度/%	峰类型
H	^1H	1.007825	100.00	M
	^2H（D）	2.014102	0.015	M+1
C	^{12}C	12.000000	100.00	M
	^{13}C	13.003355	1.08	M+1
O	^{16}O	15.994915	100.00	M
	^{17}O	16.999131	0.04	M+1
	^{18}O	17.999159	0.20	M+2
N	^{14}N	14.003074	100.00	M
	^{15}N	15.000109	0.36	M+1
S	^{32}S	31.972072	100.00	M
	^{33}S	32.971459	0.80	M+1
	^{34}S	33.967868	4.40	M+2
P	^{31}P	30.973763	100.00	M
F	^{19}F	18.998403	100.00	M
Cl	^{35}Cl	34.968853	100.00	M
	^{37}Cl	36.965903	32.5	M+2
Br	^{79}Br	78.918336	100.00	M
	^{81}Br	80.916290	98.0	M+2
I	^{127}I	126.904477	100.00	M

4. 碎片离子峰

离子源能量过高（如 EI 源），对物质进行电离除产生分子离子外，尚有足够能量使化学键发生断裂，形成碎片离子 ［过程见式（2）］，或者在质量分析器里施加碰撞气与分子离子和准分子离子发生碰撞使之发生裂解，因此除分子离子和准分子离子，质谱图上会出现许多碎片离子峰。分子离子或准分子离子化学键的断裂和碎片离子的形成均与物质分子结构有关（详见本章第四节），通常离子强度最大的质谱峰对应于最稳定的碎片离子。可以根据质谱图中主要的几个碎片离子峰推测物质结构，但是由于碎片离子并不一定都是由分子离子或准分子离子发生一次裂解形成的，有可能是通过进一步碎裂或重排形成的。所以要准确进行定性分析，最好与标准图谱进行比较。

5. 重排离子峰

分子离子或准分子离子除了通过键的断裂裂分为碎片离子，还有一种重要的裂解方式，即先通过分子内原子或基团的重排，重排后再发生裂分，经过这种方式形成的碎片离子是重排离子 [过程见式（3）]。重排的方式有很多（详见本章第四节），其中麦克拉夫悌重排（Mclafferty rearrangement，简称"麦氏重排"）是一种常见而重要的重排方式。重排能改变分子原来的结构，过程比较复杂，但大多数的重排具有一定的规律性，能够为结构分析提供有效的信息。

6. 多电荷离子峰

一些特别稳定的化合物分子在受到电子轰击时，可能失去两个或两个以上电子，而形成多电荷离子，如 M^{2+}、M^{3+}。在质谱图中，当分子离子峰的 $1/2$ 或 $1/3$ 处出现多电荷离子峰时，表明该试样分子很稳定，分子离子峰很强。其中 M^{2+} 是杂环、芳香烃环和高度共轭不饱和键化合物的特征，故可以根据质谱图中分子离子峰的 $1/2$ 处是否出现多电荷离子峰判断分子结构中是否有杂环、芳香烃环和高度共轭不饱和键。

7. 亚稳离子峰

质量为 m_1 的离子在离开离子源进入质量分析器的飞行过程中，由于发生碰撞等原因容易进一步失去中性碎片，裂解形成质量为 m_2 的离子，即：$m_1 \rightarrow m_2 + \Delta m$。根据能量守恒，由于中性碎片带走一部分能量，该过程形成的碎片离子 m_2 的能量小于离子 m_1 的能量，即该过程形成的碎片离子 m_2 的能量小于在离子源直接生成的 m_2 离子的能量，该离子在质谱图上并不出现在离子 m_2 的位置上，而是出现在 m_2 低质量端，即观察到的该离子的 m/z 较小，这种离子峰称亚稳离子峰。其表观质量用 m^* 表示，m^* 与产生它的离子 m_1 以及稳定离子 m_2 有如下关系：

$$m^* = \frac{m_2^2}{m_1} \tag{6-9}$$

亚稳离子峰由于相对丰度低、m/z 不为整数等特征，易从质谱图中被区分。如在十六烷的质谱图中有多个亚稳离子峰，其 m/z 分别为 32.9、29.5、28.8、25.7 和 21.7。因为：$41^2/57 = 29.49$，故 $m^* = 29.5$ 的亚稳离子峰是由下面的裂解过程形成的：

$$C_4H_9^+ \longrightarrow C_3H_5^+ + CH_4$$
$$m/z = 57 \qquad m/z = 41$$

这个例子说明，若由 m^* 能够找出 m_1 和 m_2，就可以证明有 $m_1 \rightarrow m_2$ 的过程。

第四节 质谱裂解机制

分子离子由于存在电荷和自由基中心（自由基在化学上也称为"游离基"），在离子源或质量分析器里经电荷或自由基中心的诱导，能够发生离子的重排和碎裂反应产生碎片离子，碎片离子还可以进一步碎裂形成更小的碎片离子，重排可以是经六元环的麦氏重排，也可以是经四元环和五元环发生的重排。离子的裂解和重排既可以是自由基中心引发的，又可以是电荷中心引发的，质谱裂解形成碎片离子主要有下面几种情况。

一、 自由基中心引发的裂解

只有奇电子离子才发生 α 裂解，因为在奇电子离子有一个未成对电子，形成自由基中心；在自由基中心的未成对电子强烈成对的诱导下，与其相邻原子的外侧键（α 键）发生断裂，该原子的一个电子发生转移（用￩表示），与自由基中心的未成对电子成对形成新键，构成较稳定的偶电子碎片离子或稳定的中性分子。这类裂解反应不引起电荷转移，又称 α 裂解。

（1）含有饱和杂原子的化合物（如醇、醚、胺等）发生 α 裂解有下式：

$$R'\!-\!CH_2 \overset{a}{\longrightarrow} R'\cdot + CH_2\!=\!\overset{+}{Y}R$$

杂原子对正电荷离子有致稳作用，随杂原子的电负性递降，致稳作用增强，致稳性有：N>S>O。故对具有多个杂原子基团的分子发生 α 裂解时，遵循杂原子对正电荷离子致稳性的规律。如下式，$CH_2\!=\!NH_2^+$ 较 $CH_2\!=\!OH^+$ 更稳定，故优先进行 a 路线的 α 裂解。

$$\left[\begin{matrix}CH_2-CH_2\\ | \quad\quad |\\ OH \quad NH_2\end{matrix}\right]^{\overset{\cdot}{+}}\begin{matrix}\overset{a}{\longrightarrow}\\ \overset{b}{\longrightarrow}\end{matrix}$$

（2）含有不饱和杂原子的化合物（如醛、酮、酯等）也易发生 α 裂解。

（3）烯丙基断裂 烯丙基中 π 键的电离能较低，电离后形成自由基中心，诱导发生 α 裂解，生成稳定的、丰度显著的偶电子烯丙基离子（$m/z=41$）。

$$R\!-\!CH_2\!-\!CH\!-\!CH_2 \overset{a}{\longrightarrow} R\cdot + CH_2\!=\!CH\!-\!\overset{+}{CH_2}$$
$$m/z=41$$

（4）苄基断裂 含烃基侧链的芳烃具有类似烯丙基的结构，易发生 α 裂解，断裂后生成苄基离子（$m/z=91$），$m/z=91$ 离子是烷基苯类化合物的特征离子。苄基离子因与草鎓离子（tropylium ions）共轭而致稳，所以生成的 $m/z=91$ 的离子响应很强。

苄基离子　　　　　　草鎓离子
$m/z=91$　　　　　　$m/z=91$

α 裂解与自由基中心给电子的趋势具有相关性，即杂原子的电负性影响 α 裂解趋势，大致遵循以下顺序：N（氨基），S > O，π 电子，R·（烷基）> Cl，Br > H，同时与杂原子周围的化学环境也有关；当存在竞争反应时，优先失去最大的烷基。

二、 电荷中心引发的裂解

电荷中心吸引一对电子，电子转移至电荷中心（用￩表示），单键断裂，电荷中心也发生转移，这类断裂反应称诱导裂解，又称 i 裂解。

（1）奇电子离子的 i 裂解　在奇电子离子中，与正电荷中心相连键的一对电子被正电荷吸引，发生单键的断裂和电荷的转移。

①含有饱和杂原子奇电子离子的 i 裂解过程如下式：

$$R \overset{\curvearrowright}{—} \overset{+\cdot}{Y} —R' \xrightarrow{\ i\ } R^+ + \dot{Y}R'$$

②含有不饱和杂原子奇电子离子的 i 裂解：

$$\begin{matrix} R \\ R' \end{matrix}\!\!> C = \overset{\cdot+}{Y} \left(\longleftrightarrow \begin{matrix} R \\ R' \end{matrix}\!\!> \overset{\curvearrowright}{C} — \dot{Y} \right) \xrightarrow{\ i\ } R^+ + R' —C \!=\! \dot{Y}$$

由于奇电子离子中既存在正电荷中心也存在自由基中心，因此存在 i 裂解与 α 裂解以及自由基中心诱导的氢重排反应的竞争。一般情况下，元素的电负性越强，诱导力越强，稳定正电荷的能力越弱，则越易发生 i 裂解。但由于 i 裂解需要电荷转移，因此，i 裂解不如 α 裂解易发生。即当同时存在 i 裂解和 α 裂解时，在质谱图上，α 裂解产生的离子峰较强，i 裂解产生的离子峰较弱。

（2）偶电子离子的 i 裂解　偶电子离子只有电荷中心，在正电荷中心的吸引下，与正电荷中心连接的键断裂，该键的一对电子全被正电荷吸引，电荷中心发生转移。通式如下：

$$R \overset{\curvearrowright}{—} \overset{+}{Y} = CH_2 \xrightarrow{\ i\ } R^+ + Y = CH_2$$

例如，醇在化学电离条件下结合一个 H^+，生成质子化醇离子。质子化醇离子在正电荷中心的吸引下，C—O 键发生断裂，失去水分子，并发生电荷转移，生成烷基离子。

$$R —OH \xrightarrow[CI]{H^+} R \overset{\curvearrowright}{—} \overset{+}{O}H_2 \xrightarrow{\ i\ } R^+ + H_2O$$

三、 自由基中心引发的重排

在键的断裂过程中，离子中的原子或基团的顺序发生改变的过程即是重排反应。质谱中往往出现一些规律性的重排反应，并产生丰度较高的特征离子，这对推测分子结构具有重要作用。最常见是麦克拉夫悌（Mclafferty）于 1956 年发现的麦式重排。麦氏重排是由自由基中心引发，是 γ-H 通过六元环过渡态转移到不饱和基团 C＝X（X 为 C、N、O、S）上，并发生 β 键的断裂，一般伴随两个及两个以上键的断裂，并在重排裂解的过程中丢失一个中性小分子，生成 m/z 为偶数的重排离子。在麦氏重排的过程中，会伴随发生 α 裂解或 i 裂解：

（1）γ-H 重排到不饱和基团 C＝X（X 为 C、N、O、S）上，发生 α 裂解，电荷保留在原来的位置上。

（2）γ-H 重排到不饱和基团 C＝X（X 为 C、N、O、S）上，发生 i 裂解，电荷发生转移。

在重排的过程中，既可发生 α 裂解，也可发生 i 裂解，主要发生哪种裂解，取决于取代基。如下式所示，当下面化合物的取代基 R＝CH_3 时，其在发生麦氏重排时，主要发生 α 裂解；当化合物的取代基 R＝C_6H_5 时，其在发生麦氏重排时，主要发生 i 裂解。

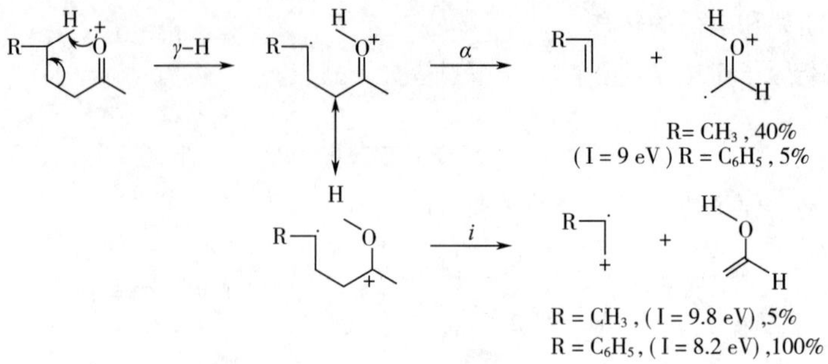

γ-H
α
i
R= CH3 , 40%
(I = 9 eV) R = C6H5 , 5%
R = CH3 , (I = 9.8 eV) ,5%
R = C6H5 , (I = 8.2 eV) ,100%

含杂原子的醛、酮、羧酸、羧酸酯、酰胺、硫酸酯、脒、肟、亚胺、磷酸酯均易发生麦氏重排并伴随裂解。例如：

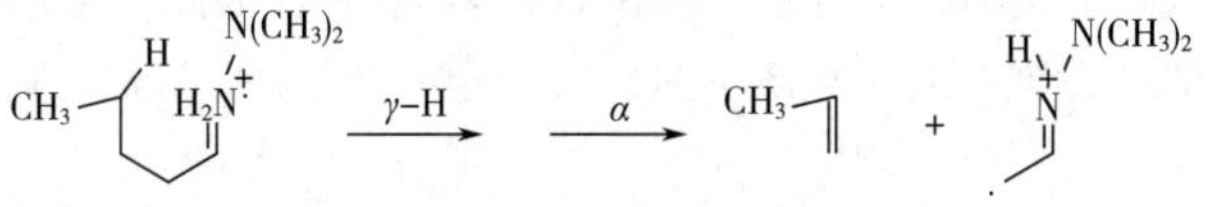

N(CH3)2
CH3
γ-H
α
N(CH3)2

脒　　　　m/z=85, 100%; m/z=86, 90%

不含杂原子的炔和烷基苯也易发生麦氏重排并伴随裂解。例如：

C4H9
γ- H
α

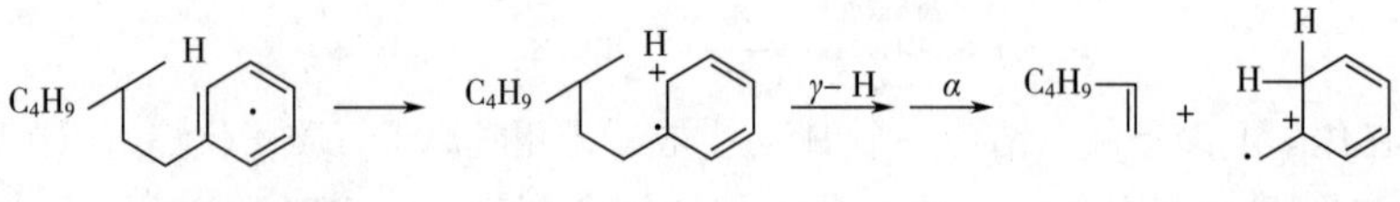

庚基苯　　　　m/z= 91, 100%　m/z =92, 60%

四、 电荷中心引发的重排

电荷中心也会引发离子的重排反应，偶电子离子中可以发生电荷诱导的重排反应；奇电子离子的电荷中心和自由基中心不在同一个原子上时，也会发生电荷诱导的重排反应。

(1) 偶电子离子电荷中心引发的重排反应　电荷中心定域于杂原子上，重排环上的氢在电荷中心的吸引下，带着一对电子转移至不饱和杂原子上，并发生 i 裂解，生成碎片离子。例如：

$$CH_3-CH_2-\dot{\overset{+}{O}}-CH_2-CH_3 \xrightarrow[-\cdot CH_3]{\alpha} CH_2=\overset{+}{O}-CH_2(-CH_2-H) \longrightarrow CH_2=\overset{+}{O}H+C_2H_4$$

(2) 奇电子离子电荷中心引发的重排反应　酯、硫酯、酰胺和磷酸酯的奇电子离子中会发生这种重排。下式以酯的电荷中心引发的重排为例：酯被电离后，电荷及自由基中心在羰基氧上，在自由基的诱导下，氢通过六元环发生重排，导致自由基中心转移到新的原子上，自由基中心和电荷中心分开；随后，由于共振作用电荷中心从羰基氧转移到酯基氧上，这时重排环上的氢在电荷中心的吸引下，带着一对电子转移到不饱和杂原子上，并发生 i 裂解，生成碎片离子。

五、 其他裂解反应

除了前面叙述的四种常见的裂解反应，σ 键裂解、γ 位置换反应（rd）和逆狄尔斯-阿尔德裂解（retro-Diels-Alder fragmentation）也值得注意。

1. σ 键裂解

分子中的 σ 键电离失去一个电子，导致分子裂解生成碎片离子和自由基，这种裂解方式称为 σ 键裂解。因为 σ 电子的电离能高于 π 电子或 N、O、S 等杂原子的 n 电子，即 σ 键断裂需要的能量大，所以若分子中有杂原子或 π 键，则 σ 裂解不是主要的裂解方式。σ 裂解多发生于烷烃的分支处，裂解后生成的离子越稳定，裂解越易发生，高取代的碳原子由于支链烃基的超共轭致稳效应，使该碳原子更易电离而发生 σ 裂解。烷烃被取代碳原子发生 σ 裂解的顺序：叔>仲>伯，且失去最大烷基的 σ 裂解最易发生。

2. γ 位置换反应（rd）

分子内部带有自由基中心的两个原子或基团能够相互作用，发生裂解反应，伴随旧键的断裂和新键的形成，该裂解反应被称为 γ 位置换反应，用 rd 表示。在 rd 裂解反应中，键角及取代基造成的空间位阻等因素影响较大。饱和脂肪酸及其甲酯化产物发生 rd 反应较为典型，饱和脂肪酸可通过 rd 反应产生 m/z 为 73、87、101、115、129 等系列环状离子。

3. 逆 Diels-Alder 裂解

逆狄尔斯-阿尔德（Diels-Alder）裂解是由一个共轭双烯和一个单烯分子通过加成反应生成的一个六元环单烯。在质谱中由一个六元环单烯断裂生成一个共轭双烯和一个单烯碎片离子的反应，即环烯的断裂，被称为逆 Diels-Alder 裂解。以下式为例说明逆 Diels-Alder 裂解反应过程：

$m/z=54$: R = H, 30%
R = C_6H_5, 0.4%

R= H, <5%
R= C_6H_5, <100%

六、 影响离子丰度的因素

质谱图上的横坐标代表离子的 m/z，纵坐标代表离子的相对丰度，碎片离子的相对丰度越高，表明生成该离子的裂解反应越易进行。通过上面介绍的裂解及重排反应往往产生相对丰度较强的离子。离子相对丰度在质谱解析中具有重要作用。在解析质谱图时，既要从可能的结构式中推测离子的 m/z，又要分析离子的相对丰度，进而才能推断出正确的结构式。下面对主要影响离子相对丰度的因素进行总结。

1. 产物离子的稳定性

产物离子的稳定性越高，该离子的丰度就越高。共轭效应是影响离子稳定性最重要的因素。因此，对具有共振结构的离子体系，因具有共轭效应，离子的稳定性高，故离子的丰度高。以下式为例：

$$\overset{+}{CH_2}-CH=CH_2 \longleftrightarrow CH_2=CH-\overset{+}{CH_2}$$

烯丙基离子

2. Stevenson 规则

奇电子离子会发生单键的断裂产生两组离子和自由基产物，如下式所示：

$$ABC\overset{+\cdot}{D} \begin{cases} A^+ + \cdot BCD \\ A\cdot + BCD^+ \end{cases}$$

上式中哪组产物为主由 A^+ 和 BCD^+ 两种离子的电离能决定，电离能低的离子更易形成，相应的离子丰度就越高，即 Stevenson 规则。

3. 最大烷基的丢失

在裂解和重排反应中丢失的烷自由基因超共轭效应致稳，故最大烷基最易丢失。即烷基越大，分支越多，致稳效果越好，裂解后产生的离子丰度就越高。以下式中的 $[C_2H_5CHCH_3C_5H_{11}]^+$ 为例，烷基自由基稳定性：$C_5H_{11}\cdot > C_2H_5\cdot > CH_3\cdot > H\cdot$，故形成的离子概率及丰度有：

$$\left[\begin{matrix} CH_3 \\ | \\ C_2H_5-CH-C_5H_{11} \end{matrix}\right]^+ : \quad \begin{matrix} CH_3 \\ | \\ C_2H_5\overset{+}{CH} \end{matrix} > \begin{matrix} CH_3 \\ | \\ \overset{+}{CH}C_5H_{11} \end{matrix} > C_2H_5\overset{+}{CH}C_5H_{11} > \begin{matrix} CH_3 \\ | \\ C_2H_5\overset{+}{C}C_5H_{11} \end{matrix}$$

4. 稳定中性分子的丢失

若裂解产生的中性自由基有共轭效应而致稳，则易丢失，如上面提到的分支烷基等。除此之外，在裂解和重排反应中还易丢失中性小分子，如 H_2、H_2O、CH_4、C_2H_4、CO、NO、CH_3OH、H_2S、HCl、$CH_2=C=O$ 和 CO_2 等。稳定中性分子丢失后形成的离子相对丰度较高。

第五节　各类化合物的裂解特征

为了运用质谱数据解析分子结构，要了解各类化合物的裂解特征。本节以化合物的 EI 质谱图为例，概况性地介绍主要类型有机化合物的质谱解析。

一、烃

（一）烷烃

烷烃只有 σ 键，因此只能发生 σ 裂解，得到的质谱有下列特征。

（1）直链烃的分子离子峰 [M]$^{+\cdot}$ 相对丰度较低，但总是能在质谱图中观察到，并且其相对丰度随相对分子质量的增加而迅速下降。直链烃的质谱图呈现典型的 $C_nH_{2n+1}$$^+$ 质谱峰群，每组峰群相应的碎片峰相差 14 u（CH_2），每组峰群的碎片为 $C_nH_{2n-1}$$^+$、$C_nH_{2n}$$^+$ 和 $C_nH_{2n+1}$$^+$，且 $C_nH_{2n+1}$$^+$ 为每组峰群中相对丰度最大的碎片离子。由于丙基离子和丁基离子很稳定，在直链烃的质谱图中 C_3（$m/z=43$）和 C_4（$m/z=57$）处的碎片离子峰总是基峰。图 6-20 是庚烷的质谱图。

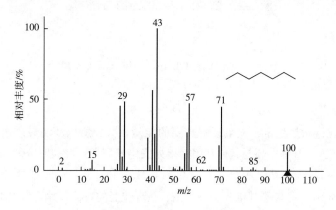

图 6-20 庚烷的 EI 质谱图

$$CH_3-CH_2-CH_2-CH_2-CH_2-CH_2-CH_3 \xrightarrow{-e} CH_3-CH_2\cdot + CH_2-CH_2-CH_2-CH_2-CH_3$$

庚烷 ⟶ 分子离子 $m/z=100$

$$CH_3-CH_2\cdot + CH_2-CH_2-CH_2-CH_2-CH_3 \xrightarrow{\sigma 裂解} CH_3-CH_2\cdot + {}^+CH_2-CH_2-CH_2-CH_3$$

分子离子 ⟶ 自由基 碎片离子 $m/z=71$

$$CH_2 + {}^+CH_2-CH_2-CH_2-CH_3$$

丁基离子 $m/z=57$

$$CH_2 + {}^+CH_2-CH_2-CH_3$$

丙基离子 $m/z=43$

（2）带有支链的饱和烃和直链烃的质谱图大致相同，但由于链的支化以及仲或叔碳正离子较稳定，导致分子离子峰的丰度降低，支链烃往往在分支处裂解形成的碎片离子峰相对丰度较强，即 $C_nH_{2n}$$^+$ 和 $C_nH_{2n+1}$$^+$ 的碎片峰相对丰度增强，且支链烃发生断裂时倾向于形成丢掉一个 H 的 $C_nH_{2n}$$^+$ 碎片离子，故在支链烃的质谱图中碎片离子 $C_nH_{2n}$$^+$ 的相对丰度有时会超过碎片离子 $C_nH_{2n+1}$$^+$ 的相对丰度，图 6-21 是 2，2-二甲基戊烷的质谱图。

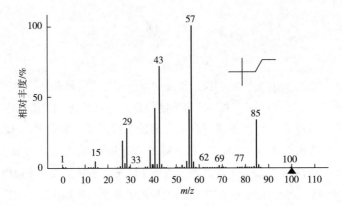

图 6-21 2，2-二甲基戊烷的 EI 质谱图

$$CH_3—CH_2—CH_2—\overset{\overset{\displaystyle CH_3}{|}}{\underset{\underset{\displaystyle CH_3}{|}}{C}}—CH_3 \xrightarrow{-e} CH_3—CH_2—CH_2 \overset{\cdot +}{\overset{\displaystyle CH_3}{\underset{\underset{\displaystyle CH_3}{|}}{C}}}—CH_3 \xrightarrow{\sigma 裂解} CH_3—CH_2—\overset{\cdot}{C}H_2 + \overset{+}{\overset{\displaystyle CH_3}{\underset{\underset{\displaystyle CH_3}{|}}{C}}}—CH_3$$

2，2-二甲基戊烷   分子离子 $m/z = 100$ 自由基   稳定离子 $m/z = 57$

（3）环烷烃比链状烃稳定，发生裂解需要的能量较大，所以环烷烃质谱图中分子离子峰 [M]‡ 相对丰度较强，且易在环与其他基团连接处发生断裂。环开裂时一般失去含两个碳的碎片，所以往往出现 $m/z = 28$（C_2H_4）$^+$，$m/z = 29$（C_2H_5）$^+$ 和 [M-28]$^+$、[M-29]$^+$ 的离子峰。环烷烃和支链烃相同，C—C 断裂伴随失去一个 H，故环烷烃的特征碎片峰为 C_nH_{2n-1} 和 $C_nH_{2n-2}{}^+$。

（二）烯烃

由于烯烃中 π 电子的电离能低于 σ 电子的电离能，因此 π 键优先发生电离，生成奇电子离子。该离子中自由基能诱导氢重排，导致自由基在分子离子中发生迁移，其结果是双键位置不同的链状单烯烃的质谱图无明显差别，即仅依靠质谱图不能判断双键的确切位置。但当双键与羰基共轭，或在环烯烃特别是多环烯烃中，由于无双键转移及烯丙基的裂解，烯烃的双键位置比较明确。烯烃质谱结果有如下特征。

（1）烯烃易失去一个 π 电子，质谱图中特别是多烯烃的分子离子峰 [M]‡ 明显，且分子离子峰的相对丰度随烯烃相对分子质量增加而减小。

（2）往往发生麦氏重排裂解，产生 $m/z = 42$、56、70、84 等（C_nH_{2n}）$^+$ 的碎片离子峰，如图 6-22 所示己烯的质谱图。下式以己烯为例进行说明：

分子离子 $m/z = 84$ $m/z = 42$ $+ C_3H_6$

（3）烯烃质谱中的基峰通常是双键位置的 C—C 键发生断裂形成带正电荷的碎片离子峰，即烯丙基型裂解，质谱图中会出现 $m/z = 41$、55、69、83 等 $C_nH_{2n-1}{}^+$ 和 $C_nH_{2n}{}^+$ 的离子峰，比相应烷烃碎片峰少 2 u，如图 6-22 所示。

（4）环己烯类会发生逆 Diels-Alder 裂解反应。

（三）炔烃

炔键是由两个 π 键和一个 σ 键组成。炔键较易发生电离，电离后构成诱导裂解反应的中

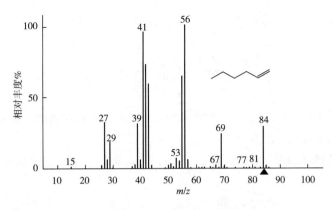

图 6-22 己烯的 EI 质谱图

心。炔烃质谱结果有如下特征。

（1）碳数≥5 的具有一个炔键的炔烃，[M-1]⁺离子的相对丰度高于分子离子峰 [M]⁺ 的相对丰度，猜测 [M-1]⁺离子是 [M]⁺通过 rd 反应生成的环状离子。

（2）有丰度显著的 $m/z=39$、53、67、81、95 等离子峰，其中 $m/z=67$ 和 $m/z=81$ 的离子分别对应较稳定的五元环离子和六元环离子，因而丰度总是最高的。$m/z=39$ 的离子（$CH_2=C=CH^+$）是由 α 裂解产生的；其余离子可能是通过 rd 反应得到。图 6-23 是 1-庚炔的质谱图。

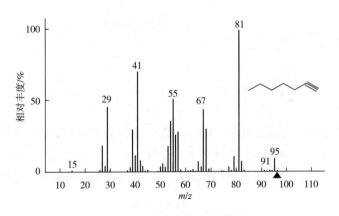

图 6-23 1-庚炔的 EI 质谱图

（3）$m/z=41$、55 等碎片离子峰较显著，相对丰度较高的 $m/z=41$ 的离子是通过两次氢重排及 i 裂解得到。

（4）i 裂解可产生 $m/z=43$、57 等碎片离子峰。

（四）芳烃

对于芳烃类化合物，首先是苯环上的 π 电子发生电离，然后在自由基的诱导下发生 α 裂解产生丰度很高的碎片离子。芳烃类化合物的质谱图有如下特征。

（1）有显著的分子离子峰，可精确测定 [M+1]⁺和 [M+2]⁺离子峰，便于推测分子式。

苯环上被烷基取代的芳烃倾向于发生苄基裂解，产生䓬鎓离子，且通常在芳烃的质谱图中 $m/z=91$ 的离子峰为基峰。䓬鎓离子有时会进一步裂解形成环丙烯基离子（$m/z=39$）和环戊烯基离子（$m/z = 65$）。若质谱图中 $m/z = 91 + n \times 14$ 的离子峰为基峰，则表明 α -C 上有支链。

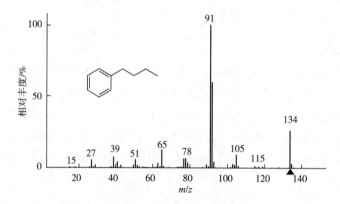

$m/z = 39$ ← $m/z = 91$ → $m/z = 65$

另外，芳烃类化合物中 $m/z = 91$ 的离子峰也可以是经过重排得到的，故不能单单因为出现 $m/z = 91$ 的离子峰就判断 α -C 不含有支链。

（2）当芳烃的侧链烷基含 γ -H 时，可经麦氏重排产生 $[C_7H_8]^+$ 离子（$m/z = 92$）。见图 6-24 及下式。

图 6-24　丁基苯的 EI 质谱图

（3）侧链裂解虽然发生机会较少，但仍有可能，在单烷基苯质谱图中会出现 $m/z = 77$（$[C_6H_5]^+$）、78（$[C_6H_6]^+$）和 79（$[C_6H_7]^+$）的一组离子峰，如图 6-24 所示。

（4）烷基化的多环芳烃和烷基化的稠环化合物与烷基苯具有相同的 β 裂解。

二、羟基化合物

（一）醇

由于羟基的存在，饱和脂肪醇的电离能低于同碳数的饱和脂肪烃，但其分子离子容易发生 H 重排失去一分子水，使其分子离子峰的相对丰度很低，甚至无分子离子峰，如叔醇根本检查不到分子离子峰。醇类物质的质谱图有如下特征。

（1）所有伯醇（甲醇例外）及高相对分子质量仲醇和叔醇易形成脱水峰，伯醇及高级醇的脱水峰相对丰度较高。

（2）直链伯醇可能发生麦氏重排，生成 $m/z = 42$、56、70 等系列同时脱水（1 位和 4 位碳上脱水）和脱烯的碎片离子峰 $[M-46]^+$，如下式所示。

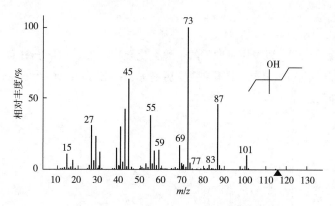

β-碳上有甲基取代的伯醇失去丙烯和水，形成 [M-60]$^+$，依次类推可形成 [M-74]$^+$、[M-88]$^+$、[M-102]$^+$等离子峰。仲醇及叔醇的分子离子裂解时以羟基 O 上的自由基诱导 α 裂解为主，并优先失去最大烷基，如图 6-25 所示。

图 6-25　3-甲基-3-己醇的 EI 质谱图

（3）羟基的 α-C 和 β-C 之间的键容易断裂，伯醇类化合物容易形成丰度较强的离子峰 [CH$_2$OH]$^+$（m/z=31），仲醇类化合物容易形成丰度较强的离子峰 [RCHOH]$^+$（m/z=45，59，73 等），叔醇类化合物容易形成丰度较强的离子峰 [R'RCOH]$^+$（m/z=59、73、87 等）。另外，与醇羟基相连的 C 的 C—H 键有时会发生断裂，质谱图上会出现 [M-1]$^+$的离子峰。这些峰对于鉴定醇类化合物至关重要。醇类化合物由于脱水而与其相应的烯烃类化合物的质谱图相似，可根据质谱图上是否存在 m/z=31、45、59 等离子峰判断样品是醇类物质还是烯类物质，如图 6-25所示。

（4）含有支链甲基的醇，如萜醇类，易失去一分子 H$_2$O 和一个 CH$_3\cdot$，使质谱图中的 [M-33]$^+$的离子峰的相对强度较高。

（5）环醇类物质的裂解比较复杂。例如环己醇（[M]$^{+\cdot}$的 m/z=100），通过 α-H 断裂形成 [C$_6$H$_{11}$O]$^+$碎片离子；通过失去一分子 H$_2$O 形成可能具有不止一种桥状双环结构的 [C$_6$H$_{10}$]$^{+\cdot}$碎片离子；通过复杂环断裂形成 m/z=57 的 [C$_6$H$_{11}$O]$^+$碎片离子。

（二）酚和芳香醇

（1）酚和芳香醇类物质的分子离子峰 [M]$^{+\cdot}$丰度很高，且酚类物质的 [M]$^{+\cdot}$峰通常是基峰。

（2）苯酚的 [M-1]$^+$离子峰丰度不高，甲苯酚和苄醇因生成较稳定的䓬鎓离子，所以其 [M-1]$^+$离子峰的丰度很高，通常高于 [M]$^{+\cdot}$峰。

（3）酚类和苄醇类物质易失去 CO 和 CHO 形成 [M-28]$^+$和 [M-29]$^+$特征离子峰，其中重排形成的䓬鎓离子失去一分子 CO 和一分子 H$_2$形成 m/z=77 的重排峰。苯酚和苄醇离子裂解过程如下式。

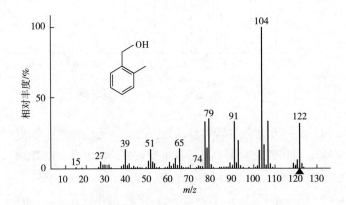

（4）甲基苯酚、二元酚以及甲基取代的苄醇类化合物可失去一分子 H_2O 形成 $[M-18]^+$ 的离子峰，特别是邻位取代的物质由于邻位效应更易失去一分子 H_2O。图 6-26 及下式是邻甲基苄醇的质谱图和裂解过程。

图 6-26　邻甲基苄醇的 EI 质谱图

三、醚

（1）脂肪醚的分子离子峰 $[M]^{\ddot{+}}$ 的丰度很弱，增加进样量可使 $[M]^{\ddot{+}}$ 或 $[M+1]^+$ 的丰度增强。

（2）脂肪醚 $R'OR$ 主要发生 α 裂解和 i 裂解以及氢重排 i 裂解反应。

①α 裂解：正电荷留在氧原子上，优先失去支链位置取代较多的基团产生 $m/z = 45$、59、73 等高丰度离子峰 $[ROCH_2]^+$。当 R 或 R′ 有一个是 CH_3 时，由于 CH_3 的给电子作用，使得脂肪醚更易发生 α 裂解。

②i 裂解：因为醚发生 i 裂解后形成的 $\cdot OR$ 比 $\cdot OH$ 稳定，故醚易发生 i 裂解使得电荷留在烷基上，即生成 $m/z = 29$、43、57、71 等烷基碎片离子。当 R 及 R′ 含 ≥3 个碳时，i 裂解更易发生，且产生的碎片离子丰度较高，有时会成为基峰。

③氢重排 i 裂解：当 R 为甲基，R′≥4 个正构烷基链时，醚可发生自由基中心诱导的氢重排反应，再发生 i 裂解生成丰度显著的烯烃离子 $[M-CH_3OH]^{+\cdot}$（$m/z=28$、42、56、70 等），裂解过程见下式。其比不发生氢重排反应的 i 裂解生成的碎片离子 m/z 少 1 u。

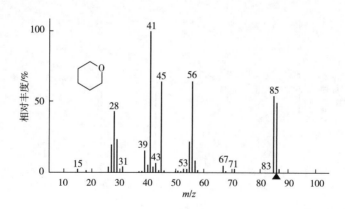

当 R 为乙基，R′≥3 个 C 的正构烷基链时，醚可先发生 α 裂解得到丰度显著的 $m/z=59$ 的碎片离子，再发生电荷中心诱导的氢重排反应，并经过 i 裂解得到丰度显著的 $m/z=31$ 的碎片离子。

（3）芳香醚的分子离子峰 $[M]^{+\cdot}$ 的丰度显著。芳香醚的初始断裂发生在环的 β 位，形成的离子可以进一步发生裂解。苯甲醚生成 $m/z=93$ 和 65 的初始碎片离子及 $m/z=78$ 和 77 的芳香族化合物的特征碎片离子；当 R 为≥2 个 C 数的烷基时，芳香醚 C_6H_5OR 只发生氧原子 α 裂解。R 的 β 碳上的 H 重排到 O 上，并发生 α 裂解得到 $m/z=94$ 的基峰 $[C_6H_6O]^{+}$。若苯环上有甲基取代，则该基峰为 $m/z=108$ 的碎片离子。基峰 $[C_6H_6O]^{+}$ 失去一分子 CO，得到低丰度的 $m/z=66$ 的碎片离子。$[M]^{+\cdot}$ 发生 i 裂解，产生 $m/z=77$ 的低丰度苯基离子。

（4）脂环醚　脂环醚的 $[M]^{+\cdot}$ 失去一分子 HCHO 得到 $[M-30]^{+}$ 的烷烃离子，继续失去乙烯或甲基可以得到碎片离子 $[M-58]^{+}$ 和 $[M-45]^{+}$。脂环醚的 $[M]^{+\cdot}$ 也可以通过 α 裂解开环，并在电荷中心诱导下发生氢重排及 i 裂解生成 $m/z=45$ 的碎片离子，如图 6-27 所示。

图 6-27　四氢吡喃的 EI 质谱图

四、醛、酮

（1）羰基氧原子易于失去其上的一个未成键电子，故醛和酮的分子离子峰 $[M]^{+\cdot}$ 相对丰度显著，且芳香醛或芳香酮的 $[M]^{+\cdot}$ 相对丰度比脂肪族醛和酮的 $[M]^{+\cdot}$ 的相对丰度更显著。

（2）在脂肪族醛和酮中，当烷基链的 C 数≥3 时，且有 γ-H，则会发生麦氏重排，并发生 α 裂解反应产生碎片离子。醛产生的主要碎片离子的 $m/z=44$、58、72，且随着烷基链 C 数的增加，主要碎片离子的丰度降低。正电荷留在不含氧的碎片上时，形成 $[M-44]^{+}$、$[M-58]^{+}$、$[M-72]^{+}$ 的互补离子。同样地，酮经过麦氏重排并发生 α 裂解产生 $m/z=58$、72、86 等碎片离子。

(3) 醛、酮也能发生 α 裂解，即与 O 相邻的 C—C 键和 C—H 键发生断裂。

脂肪醛类的分子离子发生 α 裂解失去 R· 和 H·，得到丰度显著的 $m/z=29$ 的碎片离子 $[CHO]^+$ 和 $[M-1]^+$ 离子。但随着烷基链上 C 数增加，$m/z=29$ 的离子的丰度降低，但十八醛的丰度仍达 42.0%。芳香醛因苯环共轭效应致稳，易产生 $[R]^+$ 离子，即 $[M-29]^+$ 和䓬鎓离子。

链状脂肪酮发生 α 裂解，易脱去较大的烃基，产生 $m/z=43$、57、71 等离子峰。当 R 或 R′ 为 C 数 ≥3 的烷基链时，与羰基间隔一个键易发生断裂，即相比 α 裂解，i 裂解更易进行，裂解主要生成 $m/z=15$、29、43 等烃基离子峰。

环酮的分子离子峰 $[M]^{+\cdot}$ 相对显著。环酮发生 α 裂解并进一步裂解产生碎片离子。环戊酮和环己酮的基峰都是 $m/z=55$ 的离子峰。二者裂解均是 H 发生重排，由伯自由基形成共振的仲自由基，最后形成 $m/z=55$ 的离子。

芳香酮发生 α 裂解，生成特征碎片 RCO^+，最终产生苯基离子，裂解过程如下式。由于苯甲酰基离子超强的共轭致稳性，RCO^+ 通常是基峰。当 R 为苯基时，特征碎片离子 $m/z=105$，下式及图 6-28 以苯丙酮为例进行说明。

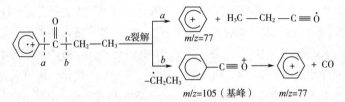

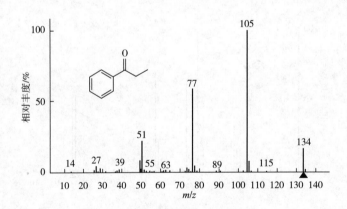

图 6-28　苯丙酮的 EI 质谱图

五、羧酸

(1) 脂肪酸 $RCH_2CH_2CHR'COOH$ 发生麦氏重排并伴随发生 i 裂解，得到特征碎片离子 $[CHR'COOH_2]^+$。该离子可提供 α-C 上支链 R′ 的信息：若 R′=H，即 α-C 上无取代，特征碎片离子 $m/z=60$；若 R′=CH_3，即 α-C 上有甲基支链，特征碎片离子 $m/z=74$；若 R′=C_2H_5，即 α-C 上有一个乙基或两个甲基支链，特征碎片离子 $m/z=88$。

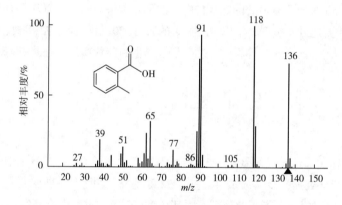

$m/z=60$(基峰)

短链脂肪酸,主要是与羧基相连的 C 上发生裂解,生成碎片离子峰 [M-OH]⁺、[M-CO₂H]⁺;长链正构饱和脂肪酸经历重排裂解反应主要生成 $m/z=45$、73、87、101 等正电荷留在 O 上的碎片离子,或 $m/z=43$、57、71、85 等正电荷留在烷基上的碎片离子。即长链酸主要形成 m/z 相差 14 u 的峰簇,且每一簇峰里的离子峰 $[C_nH_{2n-1}O_2]^+$ 的丰度较显著。另外,双键位置不同的不饱和脂肪酸的质谱图很相似,故不能依据质谱结果确定双键位置。

(2)芳香羧酸的分子离子峰 [M]⁺·的丰度相当高,其他相对显著的离子峰是 [M-OH]⁺、[M-CO₂H]⁺。且由于重排裂解反应通常会出现 [M-44]⁺ 的离子峰。若邻位取代基中含有 H,该芳香羧酸会发生重排失去一分子 H_2O,形成显著的离子峰 [M-18]⁺。图 6-29 及下式是邻甲基苯甲酸的质谱图和裂解过程。

图 6-29 邻甲基苯甲酸的 EI 质谱图

M=136   α裂解 −H₂O $m/z=118$(M-18)

六、 羧酸酯

(1)直链一元羧酸酯的分子离子峰 [M]⁺·通常可观察到,芳香羧酸酯的分子离子峰 [M]⁺·较显著。

(2)羧酸酯质谱图中丰度较显著的碎片离子通常是通过 α 裂解和 i 裂解产生的。

(3)与脂肪酸的麦氏重排裂解相同,α -C 上无取代的脂肪酸甲酯生成 $m/z=74$ 丰度显著的碎片离子,并且 $m/z=74$ 是具有 6~26 个 C 数的碳上无取代的脂肪酸甲酯的基峰;同理,α -C 上无取代的脂肪酸乙酯可形成 $m/z=88$ 的基峰。

(4)芳香酯 芳香酯 ArCOOR,当 R=CH₃ 时,芳香酯的分子离子峰 [M]⁺·丰度显著,随着 R 上 C 数的增加，芳香酯的分子离子峰的丰度降低，当 R 为具有 5 个 C 的烷烃基团时，几乎观察不到分子离子峰。

（5）苯基酯和苄基酯　乙酸苯酯和乙酸苄酯及糠醛乙酸酯等类似的酯易失去一分子中性分子烯酮（CH_2CO），生成基峰离子，如乙酸苄酯的分子离子失去一分子 CH_2CO 得到 $m/z = 108$ 的基峰离子 $[ArCH_2OH]^+$，在乙酸苄酯的质谱图中碎片离子 $[CH_3CO]^+$（$m/z = 43$）和 $[C_7H_7]^+$（$m/z = 91$）的丰度也很显著。

（6）内酯　五元环内酯的分子离子峰 $[M]^{\cdot}$ 丰度显著，若 4 号位 C 上有取代基 R 的话则 $[M]^{\cdot}$ 丰度较低，并且易失去 4 号位 C 上的取代基 R 生成丰度显著的 $[M-R]^+$ 离子。

七、胺

（1）氨基的电离能很低，但脂肪胺的分子离子 $[M]^{\cdot}$ 易发生碎裂，导致它的 $[M]^{\cdot}$ 峰很弱，或观察不到。对 α-C 上无取代的脂环胺和芳香胺的分子离子 $[M]^{\cdot}$ 峰较明显，通常是基峰。当具有奇数个 N 时，胺的 $[M]^{\cdot}$ 的 m/z 为奇数。α-C 上有取代烷基的脂肪胺、脂环胺和芳香胺的质谱图中常出现中等强度的峰 $[M-1]^+$。

（2）脂肪胺分子离子具有显著的氨基自由基诱导 α 裂解倾向，且氨基具有很强的接受重排氢的能力。故其主要通过 α 裂解，生成丰度显著的 $m/z = 30$、44、58、72 等离子峰，当 α-C 上有取代烷基时 α 裂解倾向增强，且这种通过 α 裂解产生的碎片离子往往是基峰。下式为其裂解过程。

$$\left[R \underset{|}{\overset{|}{-C}} \overset{+\cdot}{-N} \right] \longrightarrow \quad R\cdot \ + \ \underset{}{\overset{}{>}}C{=}\overset{+}{N}<$$

$m/z = 30$、44、58、72、86等

伯胺 RCH_2NH_2，通过 α 裂解形成 $m/z = 30$ 的基峰碎片离子 $CH_2{=}N^+H_2$；仲胺和叔胺根据取代烷基的 C 数，以此类推，形成 $m/z = 44$、58、72 等基峰。仲胺和叔胺主要发生 α 裂解，优先失去较大烷基，接着发生氢重排及 i 裂解，因其在重排裂解的过程中能够生成丰度较弱的 $m/z = 30$ 峰，故不能直接根据 $m/z = 30$ 的离子确定是直链伯胺。

对 α-C 上无取代烷基的芳香胺，其分子离子峰 $[M]^{\cdot}$ 是基峰，失去中性分子 HCN 产生丰度显著的碎片离子。若芳香胺 α-C 上有取代烷基，则其会发生 β 链断裂生成 $m/z = 106$ 氨基䓬鎓离子；稠环类芳香胺的质谱图中 $[M]^{\cdot}$ 和 $[M-28]^+$ 两种离子丰度显著。

八、酰胺

脂肪族酰胺的裂解方式和酰胺部分的长度以及氨基上的取代基的数目和长度有关。伯酰胺主要通过 O 上的自由基或电荷中心诱导裂解；N 上取代的烷基链 C 数大于 2，甲基或乙基与羰基相连的仲酰胺和叔酰胺，主要通过 N 上的自由基或电荷中心诱导裂解。酰胺质谱裂解过程与羧酸质谱裂解过程相似，有如下特征。

（1）酰胺分子离子峰 $[M]^{\cdot}$ 在质谱图中可以找到。

（2）酰胺通过 α 裂解生成的碎片离子通常是基峰。C 数大于 3 的具有 γ-H 的长链伯酰胺发生麦氏重排产生 $m/z = 59$ 的基峰。长链伯酰胺发生 γ 裂解，产生丰度较低的 $m/z = 72$ 的离子峰或再经过 H 重排产生丰度较低的 $m/z = 73$ 的离子峰。

（3）伯酰胺 R—CONH$_2$通过羰基上的 α 裂解或 N 上的 i 裂解产生丰度显著的 $m/z=44$ 的离子峰。

九、 腈

脂肪族腈具有很高的电离能，被电离后，处于较高的激发态，常常裂解重排产生碎片离子，由于伴随异常的骨架重排，不能用简单的裂解重排机制解释生成碎片离子的过程。

（1）除乙腈和丙腈外正构烷基腈的分子离子峰 $[M]^{\cdot+}$ 丰度较低或无法在质谱图中观察到，由于正构烷基腈失去一个 α-H 生成的离子 $[RCH\!=\!C\!=\!N]^+$ 具有共轭效应而至稳，故其可生成碎片离子 $[M-1]^+$，且丰度高于 $[M]^{\cdot+}$，可据此鉴定此类化合物。

（2）正构烷基腈可通过 rd 反应，产生 $m/z=82$、96、110、124 等系列环状离子，其中 $m/z=82$ 对应于六元环碎片离子。

（3）正构烷基腈可通过 γ-H 重排和 rd 反应，产生 $m/z=55$、69、83、97 等系列环状离子。

（4）正构烷基腈可通过 γ-H 重排及 α 裂解，产生 $m/z=41$ 的 CH_3C^+N 或 $CH_2\!=\!C\!=\!N^+H$ 离子。

十、 硝基物

（1）除短链硝基化合物，脂肪族硝基化合物的分子离子峰 $[M]^{\cdot+}$ 丰度较弱或无法观察到。

（2）在裂解的过程中易失去 NO_2 和 NO 中性小分子，生成丰度显著的 $[M-NO_2]^+$（$[M-46]^+$）和 $[M-NO]^+$（$[M-30]^+$）碎片离子。

（3）高级脂肪族硝基化合物质谱图中丰度显著的碎片离子是在裂解过程中 C—C 键断裂产生的烃基离子。

（4）芳香族硝基物的分子离子峰 $[M]^{\cdot+}$ 的丰度显著，具有奇数个 N，$[M]^{\cdot+}$ 的 m/z 为奇数，具有偶数个 N，$[M]^{\cdot+}$ 的 m/z 为偶数。$[M]^{\cdot+}$ 裂解生成 $m/z=30$ 的丰度显著的特征离子 $[NO]^+$；失去一分子 NO 生成丰度显著的特征离子 $[M-30]^+$，再失去一分子 CO 生成丰度显著的特征离子 $[M-58]^+$；失去一分子 NO_2 生成丰度显著的特征离子 $[M-46]^+$，再失去一分子 C_2H_2 生成丰度显著的特征离子 $[M-72]^+$。

十一、 脂肪族亚硝酸酯

含有一个 N 的脂肪族亚硝酸酯的分子离子峰 $[M]^{\cdot+}$ 丰度较弱或观察不到。$m/z=30$ 的碎片离子 $[NO]^+$ 丰度显著，通常是基峰。对 α-C 上不带支链的亚硝酸酯，ONO 邻近的 C—C 键断裂生成 $m/z=60$ 的丰度显著碎片离子 $[CH_2\!=\!ONO]^+$。可根据 $m/z=74$、88、102 等处丰度显著的离子峰推测 α-C 的取代基。可根据 $m/z=46$ 处无丰度显著的离子峰区别于硝基化合物。可根据丰度显著的烃类碎片离子峰的分布和丰度推测碳链的排列。

十二、 脂肪族硝酸酯

含有一个 N 的脂肪族硝酸酯的分子离子峰 $[M]^{\cdot+}$ 丰度较弱或观察不到。在脂肪族硝酸酯中，丰度显著的离子峰是由与 ONO_2 邻近的 C—C 键发生断裂及 α-C 上失去最大烷基生成的；$m/z=46$ 处的碎片离子 $[NO_2]^+$ 和烃类碎片离子的丰度显著。

十三、 含硫化合物

因为 ^{32}S 的同位素 ^{34}S 对 ［M+2］$^+$ 离子峰及相应碎片+2 离子峰的贡献，在质谱图中很容易辨认化合物是否为含硫化合物。

（1）除高级叔硫醇外，脂肪族硫醇的分子离子峰 ［M］$^{+}_{\cdot}$ 的丰度显著，并可观测到 ［M+2］$^+$ 同位素离子峰。裂解过程中键的断裂方式和醇的类似。

（2）脂肪族硫醚的分子离子峰 ［M］$^{+}_{\cdot}$ 的丰度显著，便于测定 ［M+2］$^+$ 同位素离子峰。裂解过程中键的断裂方式和醚的类似。

（3）C 数 ≤10 的脂肪族二硫醚的分子离子峰 ［M］$^{+}_{\cdot}$ 的丰度显著。主要的特征碎片离子是由其中一个 C—S 键断裂生成的烷基碎片和伴随 H 重排生成的 ［RSSH］$^+$ 碎片离子以及 ［RS］$^+$、［RS-H］$^+$、［RS-2H］$^+$ 碎片。

十四、 芳香族杂环化合物

芳香族杂环化合物和烷基取代的芳香族杂环化合物的分子离子峰 ［M］$^{+}_{\cdot}$ 丰度显著。分子离子峰 ［M］$^{+}_{\cdot}$ 的电荷定域在杂原子上，通常通过环上的 β 位的键发生断裂，断裂的难易由取代基的位置决定。

十五、 卤化物

（1）脂肪族卤化物的分子离子峰 ［M］$^{+}_{\cdot}$ 不太显著，且脂肪族卤化物中脂肪族碘化物的分子离子峰 ［M］$^{+}_{\cdot}$ 最显著，脂肪族氟化物的分子离子峰 ［M］$^{+}_{\cdot}$ 最不明显，脂肪族氯化物和脂肪族溴化物的分子离子峰 ［M］$^{+}_{\cdot}$ 只在低级一卤化物中能被观察到；苄基卤化物的分子离子峰 ［M］$^{+}_{\cdot}$ 通常可以观察到；芳香族卤化物的分子离子峰 ［M］$^{+}_{\cdot}$ 在卤化物中最为显著。

（2）氯化物和溴化物质谱图中具有特征的同位素峰，同位素峰的强度与同位素的丰度相当；氟只有一种同位素，故在多氟化物的测定中依靠分子离子峰 ［M］$^{+}_{\cdot}$ 的同位素峰进行鉴定；碘只有一种天然存在的稳定同位素 ^{127}I，故质谱图中没有同位素峰。

（3）在一卤化物中，卤原子导致分子离子 ［M］$^{+}_{\cdot}$ 的碎片，但比含 O、N、S 的化合物的碎裂程度小。直链一卤代烃中，卤原子相邻的 C—C 键发生断裂生成丰度较弱的碎片离子 ［CH$_2$＝X］$^+$；C—X 键发生断裂生成碎片离子 ［R］$^+$ 和丰度较弱的 ［X］$^+$ 碎片离子，［R］$^+$ 在低级卤化物中丰度显著，当 C 数 >5 时，丰度较弱，一般强于相应的醇、胺和硫醇的相应烷烃离子丰度；C 数 >6 的直链卤化物具有 ［C$_3$H$_6$Cl］$^+$、［C$_4$H$_8$Cl］$^+$、［C$_5$H$_{10}$Cl］$^+$ 特征碎片离子，且除碘化物外在其他直链卤化物中，因五元环结构的稳定性，［C$_4$H$_8$Cl］$^+$ 的离子丰度显著；另外也可能发生 1，3 消除生成离子峰 ［M-HX］$^+$，继续失去一个 H 生成 ［M-H$_2$X］$^+$ 离子峰。

（4）苄基卤代烃可以失去卤化物生成苄基离子，当环发生多取代时，通过 α 裂解生成的取代苯基离子显著。

（5）在芳香卤化物中，当卤素 X 与苯环直接相连时，碎片离子峰 ［M-X］$^+$ 丰度显著。

第六节　质谱法的应用

质谱法是纯物质鉴定的最有力工具之一，有机质谱可根据质谱峰、离子 m/z 及离子峰相对丰度对化合物提供以下信息：①相对分子质量；②可能的化学式；③通过裂解碎片离子推测官能团，判断化合物类型，推导化合物结构；④与标准对照品的质谱图比较或通过谱库检索分析，确定化合物。但想要通过质谱图推测未知化合物的结构，相当困难，这还需要借助其他表征技术手段，如核磁共振、红外光谱、紫外光谱、X-单晶衍射等。

一、　相对分子质量的测定

质谱法不但分析速度快，而且可以根据质谱图中分子离子峰或准分子离子峰的 m/z 给出该物质精确的相对分子质量。用单聚焦质谱仪可测到整数位，离子阱质谱仪可精确到小数点后两位，双聚焦质谱仪、飞行时间质谱仪等高分辨质谱仪可精确到小数点后四位。

显然，只要确定质谱图中分子离子峰或准分子离子峰，如质子化离子峰 ［M+1］⁺、去质子化离子峰 ［M-1］⁺、缔合离子峰 ［M+R］⁺等 （详见本章第三节），就可以得到物质精确的相对分子质量。一般来说，除同位素峰外，分子离子峰或准分子离子峰应位于质谱图的最右端，且其离子丰度在质谱图上也是最高的。

但在实际应用中每母离子的丰度与物质的结构及物质的热稳定性等有关。对热不稳定的化合物来说，在使用 EI 源等硬电离源电离时，该化合物全部发生碎裂反应，在其质谱图上只能得到碎片离子峰，而无法观察到母离子峰；有的沸点较高的化合物在气化过程就发生了热分解，这样只能得到该物质热分解产物的质谱图。因此，为了避免找错峰，得到准确可靠的物质的相对分子质量，可依据下述规律，确认母离子峰。

1. 分子离子稳定性的一般规律

分子离子的稳定性与物质的结构息息相关。如环状化合物、芳香族化合物和具有共轭双键系统的化合物较稳定，其分子离子峰较强；而支链烷烃和醇类化合物易裂解，分子离子峰较弱或不存在。且随着烷烃链碳数的增多，碳链的增长 （有例外） 及支链数目增多，支链增大，裂解反应的概率增大。分子离子稳定性的顺序为：芳香烃>共轭烯烃>烯烃>环状化合物>有机硫醚>短直链烷烃>硫醇>酮>胺>酯>醚>酸>高支链烃，醇。

2. 分子离子峰质量数应符合氮律

有机化合物主要由 C、H、O、N、S、F、Cl、Br、I 等元素组成。均以丰度最高的同位素原子质量数计算，凡不含 N 原子或含偶数个 N 原子的有机化合物，其分子离子峰一定是偶数；含奇数个 N 原子的有机化合物，其分子离子峰一定是奇数，这一规律称为氮律。这是因为组成有机化合物的元素，具有奇数价的原子，其质量数为奇数，具有偶数价的原子，其质量数为偶数；只有 N 原子的化合价为奇数，质量数为偶数。所以在质谱图中可以根据氮律寻找分子离子峰。

3. 分子离子峰与邻近峰的质量差是否合理

在 EI 质谱图中，若分子离子峰发生碎裂，则其应具有合理的质量丢失。可能发生裂解失去

H、H_2、CH_3、H_2O、C_2H_4 等碎片，出现 M-1、M-2、M-15、M-18、M-28 等碎片离子峰，不可能裂解出两个以上的 H 和其他小于一个 CH_3 的基团，因为有机分子不可能失去 4~14 个氢而不断链，故不可能出现 M-4 至 M-14 范围内的碎片峰，同样也不可能出现 M-21 至 M-24 范围内的碎片峰。若出现 M-4 至 M-14、M-21 至 M-24 范围内的碎片峰，则最高质量的峰不是分子离子峰。

4. M+1 或 M-1 峰等准分子离子峰

在 EI 质谱图中，醚、酯、胺、酰胺等化合物不但具有分子离子峰，它们的分子离子在离子源中捕获一个 H 而形成 M+1 的准分子离子峰，在质谱图中具有一定的丰度。有些化合物在 EI 源里先失去一个电子，再失去一个氢自由基生成丰度显著的准分子离子 $[M-1]^+$，而相应的质谱图中观察不到分子离子峰。醛就是这类典型的化合物。

有些化合物的电离能小，为得到丰度显著的分子离子峰或准分子离子峰，可通过降低 EI 源的电子轰击能量，也可采用化学电离、场解吸电离、电喷雾电离源等软电离技术对物质进行电离。因此在判断分子离子峰时，应根据物质的性质及离子源的特点判断 M+1 或 M-1 峰等其他的准分子离子峰的可能。

二、 分子式的测定

在质谱分析中，当确定了分子离子峰或准分子离子峰的 m/z，计算出物质精确的相对分子质量，即可确定化合物的元素组成或直接确定化合物的分子式。在质谱分析中，可以通过高分辨质谱仪确定分子式，也可以通过同位素丰度比推测分子式。

1. 用高分辨质谱仪确定分子式

利用高分辨质谱仪可以获得化合物的元素组成及分子式。通常我们说原子的质量是相对 ^{12}C 质量（12.000000）的 1/12，所以除 C 外其他元素的相对原子质量不是整数，见表 6-1。如果能精确测定化合物的相对分子质量，则可计算出物质的元素组成。高分辨质谱仪能够区分相差千分之几个质量单位的分子，因此，我们可以利用高分辨质谱仪非常精确地测定分子离子或准分子离子的 m/z 计算物质的组成。例如，质量数为 28 的分子可以是 CO、C_2H_4、N_2 三种物质，但它们的精确值分别是 27.9949、28.0313 和 28.0061，故可以通过高分辨质谱测定它们的精确质量数进行区分。对于分子式复杂的化合物同样可以通过高分辨测量精确相对分子质量，再通过计算机软件轻而易举计算得到化合物的分子式。高分辨质谱仪是目前最方便、迅速、准确地测定物质的分子式的检测方法。

拜诺（Beynon）等列出了由不同数目的 C、H、O 和 N 组成的各种分子式的精确相对分子质量表，将高分辨质谱仪测得的精确相对分子质量与拜诺表进行对比，再结合其他特征，即可快速推测得到最合理的分子式。此外，还可以从《默克索引（第 13 版）》[Merck Index（Thirteenth Edition）] 中找到所有化合物的精确相对分子质量，进一步确认。

例 1 高分辨质谱测得某化合物 $[M]^{\ddot{+}}$ 的 $m/z=150.1045$，该化合物的红外光谱表征结果显示有羰基官能团的吸收峰，试确定该物质的分子式。

解析：如果测量误差为 -0.006~+0.006，则在测量误差范围内，小数部分应为 0.0985~0.1105，查拜诺表得到相对分子质量的整数部分为 150，小数部分在该范围内的分子式有四个，如表 6-2 所示。

表6-2 符合要求的四种物质的分子式及精确相对分子质量

序号	分子式	相对分子质量
(1)	$C_3H_{12}N_5O_2$	150.099093
(2)	$C_5H_{14}N_2O_3$	150.100435
(3)	$C_8H_{12}N_3$	150.103117
(4)	$C_{10}H_{14}O$	150.104459

由拜诺表查得的结果可知，（1）号和（3）号化合物含有奇数个 N，根据氮律，它们的分子离子峰的质量数应该为奇数，故可以排除。通过计算饱和度可知（2）号化合物为饱和化合物，与物质含羰基官能团不符，也应排除。所以，该物质为（4）号化合物，分子式为 $C_{10}H_{14}O$。

2. 由同位素丰度比确定分子式

自然界中大多数元素具有天然存在的同位素，且它们的同位素丰度比是固定的（可参考本章第三节）。因此，在质谱图中，会出现含有它们同位素的分子离子峰（M+1、M+2、M+3 等）或准分子离子峰（M+1+1、M+1+2、M+1+3 等），离子峰的丰度可依据元素同位素的丰度进行估算。对不同元素组成的物质，它们的同位素的丰度比（M+1）/M 和（M+2）/M 不同，计算方式参见本章第三节。故可以利用质谱法测定分子离子峰或准分子离子峰及其同位素的相对丰度，然后根据物质同位素的丰度比来确定分子式。即使在低分辨质谱仪上，也可以采用物质离子的同位素丰度比推导物质的分子式。拜诺等计算了由 C、H、O、N 组成的各种化合物的同位素的丰度与其分子离子峰的丰度的比值，并编制成表。这为通过同位素丰度比推测物质的分子式提供了便利，表6-1 编辑了常见元素同位素的精确质量及其相对丰度可供参考。下面举例说明如何利用同位素丰度比推导分子式。

例2 根据质谱图，某化合物的 $[M]^{+\cdot}$ 的 $m/z=150$ 与同位素 $[M+1]^+$（$m/z=151$）和 $[M+2]^+$（$m/z=152$）的相对丰度分别为：100%、9.9%、0.9%。试确定该化合物的分子式。

解析：由 $[M+2]^+$ 与 $[M]^{+\cdot}$ 的相对丰度比为 0.9% 可知，该化合物不含同位素天然丰度比较高的元素 S、Br、Cl。在拜诺表中相对分子质量为 150 的分子式共 29 个，其中由 $[M+1]^+$ 与 $[M]^{+\cdot}$ 的相对丰度比在 9%~11%的分子式有 7 个，见表6-3。

表6-3 符合要求的七种物质的分子式及其同位素丰度

序号	分子式	M+1	M+2
(1)	$C_7H_{10}N_4$	9.25	0.38
(2)	$C_8H_8NO_2$	9.23	0.78
(3)	$C_8H_{10}N_2O$	9.61	0.61
(4)	$C_8H_{12}N_3$	9.98	0.45
(5)	$C_9H_{10}O_2$	9.96	0.84
(6)	$C_9H_{12}NO$	10.34	0.68
(7)	$C_9H_{14}N_2$	10.71	0.52

由表 6-3 可知，（2）号、（4）号和（6）号化合物均含有奇数个 N，根据氮律，它们的分子离子峰的质量数应该为奇数，故可以排除；剩下四个物质分子中，[M+1]$^+$ 的相对丰度与 9.9% 最接近的是（5）号化合物，该化合物的 [M+2]$^+$ 的相对丰度与 0.9% 也是最接近的，故最可能的物质是（5）号化合物，分子式是 $C_9H_{10}O_2$。可以再根据该物质的二级质谱图，或红外光谱表征结果、核磁共振谱数据等进一步确定。

由表 6-1 可知，有些元素的同位素具有较大的自然丰度，如 S、Cl、Br，故可直观根据化合物同位素离子峰的丰度比判断某些元素是否存在。因 ^{37}Cl 与 ^{35}Cl 的丰度比为 32.5%，因此若化合物含有一个 Cl，就会在质谱图上出现相对丰度比约为 3:1 的 [M]$^+$ 和 [M+2]$^+$ 离子峰。对含有一个 Br 的化合物分子，因 ^{79}Br 和 ^{81}Br 是自然界中天然存在的两种互为同位素的 Br，且丰度比 100%:98.0%，所以在该化合物的质谱图上会出现丰度比近似等于 100%:98.0% 的离子峰 [M]$^+$ 和 [M+2]$^+$，故可以根据这个特点判断化合物是否含有 Br。

例 3 图 6-30 为乙基氯（CH_3CH_2Cl）的质谱，由图 6-30 可知在 $m/z=64$ 和 $m/z=66$ 处出现强度比约为 3:1 的 [M]$^+$ 和 [M+2]$^+$ 离子峰。

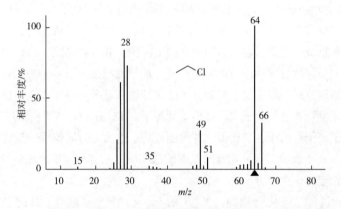

图 6-30　乙基氯的 EI 质谱图

由上图 6-30 可以看出，对含有该 Cl 的碎片离子，同样会在质谱图上出现相对丰度比为 3:1 的该碎片离子及其同位素碎片离子（$m/z=49$、$m/z=51$）。下式为乙基氯裂解的过程。

由本章第三节内容可知，碎片离子如果含两个以上的同位素，同位素离子的强度之比可用二项式 $(a+b)^n$ 的展开式的各项之比来表示，式中 a 和 b 分别为轻同位素和重同位素的相对丰度，n 为该元素的数目，以例 4 中 CCl_4（M=152）进行说明。

例 4 图 6-31 为 CCl_4 的质谱。因为 ^{35}Cl 和 ^{37}Cl 的丰度比为 $I(^{35}Cl):I(^{37}Cl)=100:32.5\approx3:1$，故对离子 CCl_3^+ 有 $a=3$，$b=1$，$n=3$，则有 $(a+b)^3=a^3+3a^2b+3ab^2+b^3=27+27+9+1$，即质谱图上会出现相对丰度比大约为 27:27:9:1 的 m/z 分别为 117、119、121、123 的四连峰；对离子 CCl_2^+，有 $a=3$，$b=1$，$n=2$，则有 $(a+b)^2=a^2+2ab+b^2=9+6+1$，即质谱图上会出现相对丰度比大约为 9:6:1 的 m/z 分别为 82、84、86 组成三连峰；同理，对离子 Cl^+ 和 CCl^+，则质谱图会出现为强度比约为 3:1 的两组二连峰。

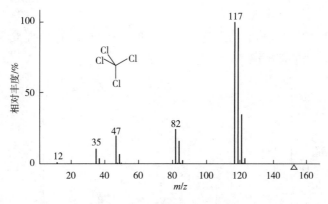

图 6-31 CCl₄ 的 EI 质谱图

三、 结构鉴定

用质谱法鉴定化合物的结构时，前面提到的相对分子质量和分子式的确定是分子结构鉴定的前提。想要确定出准确的分子结构还需要结合下面的方法进行推测。

1. 对纯物质结构的鉴定

采用和标准谱库同样的实验条件，测定待测化合物，质谱结果可与标准谱图进行对照，以核对该化合物的结构。常用的质谱库有 NIST 库、Wiley 库等，且现在大多数质谱数据处理软件配有实时更新的质谱数据库和谱库检索程序。

2. 对未知化合物的结构鉴定（参考本章第四节、第五节）

（1）先参照前面的方法，确定化合物的相对分子质量和分子式。

（2）根据分子式，用式（6-10）计算化合物的不饱和度 U：

$$U = 1 + n_4 + \frac{n_3 - n_1}{2} \tag{6-10}$$

式中，n_1、n_3、n_4 分别为一价原子数、三价原子数和四价原子数。从而可估算分子中是否有双键、三键、环、芳香环及其数目。例如，苯胺（C_6H_7N）的不饱和度 $U = 1 + 6 + \frac{1-7}{2} = 4$。

（3）根据分子离子峰 $[M]^{+}$ 或准分子离子峰的相对丰度，推测化合物可能的类型。

（4）根据分子离子峰 $[M]^{+}$ 或准分子离子峰和与丰度显著的碎片离子、质量数较大的碎片离子之间以及碎片离子和碎片离子之间的 m/z 的差值，推测从分子离子或者准分子离子上碎裂掉的离子的可能的碎片或中性小分子，推测分子的结构和裂解过程。

（5）观察质谱图上是否出现具有重要特征的离子峰和奇电子离子，以推导分子离子的类型及其可能发生的重排、消去、裂解反应。可由氮元素规则判断离子类型，即在由 C、H、O、N 组成的正离子中，当 N 元素的个数为偶数（包括零）时，偶质量数离子为奇电子离子，奇质量数离子为偶电子离子；当 N 元素的个数为奇数时，偶质量数离子为偶电子离子，奇质量数离子为奇电子离子。

（6）质谱图若存在亚稳态离子峰，利用式（6-9），找出 m_1 和 m_2，并推测 $m_1 \rightarrow m_2$ 的裂解过程。

（7）综合各种推测，提出可能的结构式。

（8）根据其他已知数据，排除不可能的结构式，筛选出最为可能的结构式，并进一步通过光谱表征及核磁数据等进行验证。

例5 图 6-32 为某化合物的质谱图，[M]$^{\cdot}$ 的 $m/z = 122$，高分辨质谱确定其分子式为 $C_7H_6O_2$，试确定该化合物的结构。

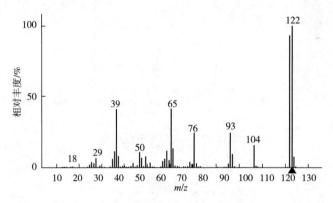

图 6-32　某化合物的 EI 质谱图

解析：根据式 6-10 计算得到不饱和度为 5；由图 6-32 可知，[M]$^{\cdot}$ 为基峰；质谱图中出现 $m/z = 76$、66、65、39 的碎片离子峰，表明该物质为含芳香族化合物；离子峰 [M-1]$^{+}$（$m/z = 121$）的丰度显著，且出现 $m/z = 29$ 的碎片离子峰，表明分子中存在醛基。由分子式为 $C_7H_6O_2$，推测该化合物的结构为：（结构式）质谱图中 $m/z = 104$ 的离子峰是由 [M]$^{\cdot}$ 失去一分子 H_2O 得到的，当 OH 为邻位取代时，物质更易脱去一分子 H_2O。再与标准图谱对比，确定该化合物为邻位取代，即水杨醛。且此物质结构能够对质谱图中 $m/z = 93$ 的碎片离子的裂解过程进行合理的解释。

例6 图 6-33 为某化合物的质谱图，[M]$^{\cdot}$ 的 $m/z = 104$，与其同位素离子 [M+1]$^{+}$ 和 [M+2]$^{+}$ 的相对丰度比为 $100:6.45:4.77$，试确定该化合物。

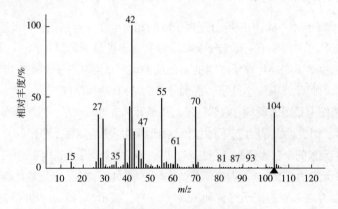

图 6-33　某化合物的 EI 质谱图

解析：因同位素离子峰 [M+2]$^{+}$ 与 [M]$^{\cdot}$ 的丰度比为 4.77%，超过 4.40%（表 6-1），故

该化合物中含有一个 S。从 $[M]^{+\cdot}$ 中扣除 S，剩余质量数为 72；分别从同位素峰 $[M+1]^+$ 和 $[M+2]^+$ 的相对丰度里扣除 ^{33}S 和 ^{34}S 的相对丰度，则 M+1 的丰度变为 5.67%，M+2 的丰度变为 0.37%。查拜诺表得到相对分子质量为 72 的分子式有 11 个，其中 $[M+1]^+$ 和 $[M]^{+\cdot}$ 的丰度比接近 5.67% 的有三个，见表 6-4。

表 6-4　　　　　　　　　符合要求的三种物质的分子式及其同位素丰度

序号	分子式	M+1	M+2
(1)	C_5H_{12}	5.60	0.13
(2)	$C_4H_{10}N$	4.86	0.09
(3)	C_4H_8O	4.49	0.28

由表 6-4 可知，(2) 号化合物具有奇数个 N，根据氮律，它的分子离子峰的质量数应该为奇数，故可以排除；剩下两个物质中，$[M+1]^+$ 的相对丰度与 5.67% 最接近的是 (1) 号化合物，故相对分子质量为 72 最可能的物质是 (1) 号化合物，推测该含 S 化合物的分子式是 $C_5H_{12}S$。

以分子式 $C_5H_{12}S$ 为出发点，对各质谱峰进行解析。通过计算不饱和度可知该化合物为饱和化合物。则可推测质谱图中 $m/z=55$、41、27 的峰是由于烷基链 $C_nH_{2n-1}^+$ 产生的系列离子碎片。由氮元素规则可知该化合物的质谱图中的 $m/z=70$ 和 $m/z=42$ 的碎片离子峰是奇电子离子峰，这说明分子中发生了重排反应或消去反应。$m/z=70$ 是 $[M]^{+\cdot}$ 失去了中性碎片 H_2S 形成的碎片离子 $[M-34]^{+\cdot}$。$m/z=42$ 是 $[M]^{+\cdot}$ 中失去一个 H_2S (34) 和 $CH_2=CH_2$ (28) 形成的碎片离子 $C_3H_6^{+\cdot}$。推测 $m/z=42$ 峰是通过六元环过渡得到，可能的过程如下式：

$$m/z=42$$

$m/z=47$ 的碎片离子峰是通过一元硫醇的 α 断裂过程产生的，而 $m/z=61$ 的碎片离子为 $CH_2CH_2SH^+$，表明 $[M]^{+\cdot}$ 的结构为 $RCH_2CH_2SH^{+\cdot}$，由 $[M]^{+\cdot}$ 裂解生成 $m/z=61$ 的离子过程如下：

$$m/z=61$$

推测 $m/z=29$ 的碎片离子是 $C_2H_5^+$，排除结构式 $CH(CH_3)_2CH_2CH_2SH$，因为该结构式的化合物必须经过复杂的重排反应后才能生成碎片离子 $C_2H_5^+$，综上所述确定该化合物为戊硫醇。

例 7　某化合物的质谱图如图 6-34 所示，高分辨质谱测得精确相对分子质量为 100.0889，其红外光谱显示有强的羰基吸收峰，试确定该化合物。

解析：由图 6-34 及高分辨质谱数据可知，$[M]^{+\cdot}$ 的 $m/z=100$，查拜诺表得到分子式为 $C_6H_{12}O$ 的化合物的精确相对分子质量为 100.0885，与该物质高分辨质谱测得的精确分子质量相比小 0.0004 u，偏差小于 4×10^{-6}，推测该物质的分子式即为 $C_6H_{12}O$。通过计算得 $C_6H_{12}O$ 的不饱和度

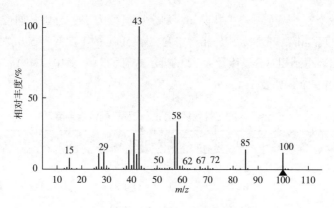

图6-34 某化合物 EI 质谱图

为1，结合红外光谱表征显示其具有羰基吸收峰，推测不饱和基团是羰基。因此推测该化合物可能为饱和脂肪醛或酮。鉴于醛类化合物的质谱图中通常出现 $[M-1]^+$ 峰，醛类化合物的特征碎片离子 $CH_2=CHOH^+$（$m/z=44$）和 CHO^+（$m/z=29$）的离子丰度显著，而该化合物的质谱图中无 $m/z=99$ 的 $[M-1]^+$ 峰，且 $m/z=44$ 和 $m/z=29$ 的离子峰不明显，故推测该化合物是脂肪酮。

由质谱图可知，基峰为 $m/z=43$ 的离子峰，且 $m/z=85$（$[M-15]^+$）的离子峰的丰度明显，推测这两种离子峰是由于 $[M]^{+\cdot}$ 发生羰基位的 α 裂解产生的：

$$
\left[CH_3 - \overset{\overset{O}{\parallel}}{C} - R' \right]^{+\cdot}
\begin{cases}
CH_3 \cdot \ + \ RCO^+ & m/z=85 \\
R' \cdot \ + \ CH_3CO^+ & m/z=43
\end{cases}
$$

所以取代基 R' 必为 C_4H_9，但 R' 可能为正、异或叔丁基。质谱图中丰度显著的 $m/z=58$ 的离子峰，可能由麦氏重排裂解生成的。因叔丁基不具有 $\gamma-H$ 无法发生麦氏重排，故 R' 肯定不是叔丁基。又因为基峰为 $m/z=43$ 的碎片离子，则 R' 为异丁基时具有支链，较 R' 为正丁基时更易发生裂解反应失去 R' 自由基生成 $m/z=43$ 的碎片离子 CH_3CO^+，而成为基峰离子，故 R' 为异丁基，确定样品为甲基异丁基酮。

例8 图6-35为某化合物的质谱图，$[M]^{+\cdot}$ 的 $m/z=170$，高分辨质谱测定其精确的相对分子质量为169.9735，试确定该化合物。

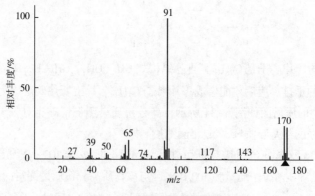

图6-35 某试样的 EI 质谱图

解析：由质谱图可知，$m/z=91$ 的离子峰为基峰，说明该化合物为具有烷基取代的苯环结构，生成䓬鎓离子（$m/z=91$）；且 $[M]^{+\cdot}$ 与 $[M+2]^+$ 的丰度接近，说明该化合物中含有一个 Br，因 $[M]^{+\cdot}$ 的 $m/z=170$，则推测该化合物的分子式为 C_7H_7Br，精确质量数为 169.9731。与该物质高分辨质谱测得的精确分子质量相比小 0.0004 u，偏差小于 3×10^{-6}，说明推测的分子式合理。因为分子离子峰的丰度明显，故推测 Br 和甲基均是直接连在苯环上，排除苄基溴化物的可能。生成䓬鎓离子的裂解过程如下：

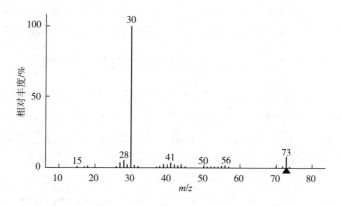

$m/z=75$ 是 $[M]^{+\cdot}$ 经过重排反应失去一个 HBr 和一个 CH_4 得到的碎片离子 $[C_6H_3]^+$，$m/z=65$ 是由䓬鎓离子失去一个乙炔生成的环戊烯基离子；$m/z=50$ 是由 $[M]^{+\cdot}$ 失去 C_3H_5Br 生成的碎片离子 $[C_4H_2]^+$；$m/z=39$ 是由䓬鎓离子生成的碎片离子环丙烯基 $[C_3H_2]^+$。$[M]^{+\cdot}$ 和 $m/z=65$ 的离子的相对丰度并不是特别的显著，说明 Br 和甲基处于对位取代。即该化合物为对甲基溴苯。

例9 图 6-36 为某化合物的质谱图，$[M]^{+\cdot}$ 的 $m/z=73$，高分辨质谱测定其精确的相对分子质量为 73.0896，试确定该化合物。

图 6-36 某试样的 EI 质谱图

解析：因为 $[M]^{+\cdot}$ 的 $m/z=73$，且相对丰度较弱，说明该化合物具有一个 N，由质谱图可知，$m/z=30$ 的离子峰为基峰，说明该化合物很可能为 α-C 上无支链的伯胺。则推测该化合物的分子式为 $C_4H_{11}N$，精确质量数为 73.0896，与高分辨质谱测得的精确相对分子质量完全一致，说明推测的分子式合理。由质谱图上的 $m/z=30$、44、58 的相对丰度逐渐减弱的同系列离子峰（相差 14），及具有 C_nH_{2n-1}、C_nH_{2n}、C_nH_{2n+1} 的离子簇，如 $m/z=27$、28、29 和 $m/z=41$、42、43 的离子，故可以进一步推测该化合物为直链伯胺。其中 $m/z=30$ 的峰为碎片离子 $CH_2NH_2^+$，44 的峰为碎片离子 $C_2H_6N^+$，58 的峰为碎片离子 $C_3H_8N^+$。即该化合物为丁胺。

第七节 气相色谱-质谱联用技术

质谱法定性、定量分析能力强，但无法对样品进行分离。样品经过分离纯化，才能最大程度发挥质谱法的特长。混合物中各组分具有互不干扰的特征离子时，可以用质谱法进行定性、定量分析。对成分过于复杂的样品，其杂质峰和碎片峰会互相重叠、干扰，导致其质谱图过于复杂，无法顺利准确地使用质谱法进行样品的定性、定量分析。色谱法对复杂的混合物具有较高的分离效率，但其定性分析的能力欠佳，定性分析的准确性较低。若取长补短，将质谱法的高鉴别能力和色谱法的高分离能力有机结合，便可实现复杂混合物的分离测定，其优势如下：

（1）色谱仪是质谱仪理想的"进样器" 样品经色谱分离后以纯物质进入质谱仪，可充分发挥质谱仪定性与结构鉴定的优势。

（2）质谱仪是色谱仪理想的"检测器" 色谱法所用的检测器如紫外检测器、蒸发光散射检测器、荧光检测器等都具有局限性。而质谱仪能检测几乎所有化合物，且具有较高的灵敏度和分辨率。

目前质谱仪器与其他技术的联用已经相当成熟，如 GC-MS、LC-MS、CE-MS、串联质谱法（mass spectrometry-mass spectrometry，MS-MS）、傅立叶变换红外-质谱联用（FTIR-MS）、ICP-MS 等。下面两节主要介绍最常用且最普遍的两种联用技术：GC-MS 和 LC-MS。

一、 GC-MS 联用仪

1957 年，J. C. Holmes 和 F. A. Morrell 首次实现气相色谱和质谱联用。GC-MS 联用技术发展迅速，在所有的联用技术中 GC-MS 联用技术发展最完善、应用最广泛。市售的磁质谱、四极杆质谱、离子阱质谱、飞行时间质谱、傅立叶变换质谱等有机质谱仪器都能和气相色谱仪进行联用。GC-MS 联用技术适用于多组分混合物中未知组分的鉴定：可以准确地测定未知组分的相对分子质量；可以推测化合物的结构；可以修正色谱分析中的错误判断；可以鉴定分离或未分离开的色谱峰的成分等。因此 GC-MS 是分析复杂有机组分的最有效的技术手段之一。

（一）仪器结构

GC-MS 联用仪发展迅速，仪器类型多、功能多样化，供选择的配置逐年增加，仪器更新换代迅速。如图 6-37 所示，GC-MS 联用仪主要包括气相色谱、接口、质谱、数据处理系统和真空系统。

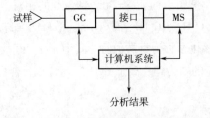

图 6-37 GC-MS 联用仪组成方框示意图

1. 气相色谱

气相色谱和一般的气相色谱仪基本相同：①不会对质谱产生干扰的载气系统，通常是纯度高、稳定性好的氦气；②带有分流/不分流的进样系统；③气化室；④色谱柱系统，配有稳定性高的色谱柱和程序升温系统、压力系统以及流量自动控制系统等。GC 作为 GC-MS 联用仪的重要组成部分，同时具备进样和样品分离的功能，因此，在使用过程中应根据接口类型和样品沸点高低选择合适的色谱柱，优化最佳的升温程序、分流比等色谱条件，以保证分离效率，进而充分发挥 GC-MS 的优势。

2. 接口

气相色谱仪是在常压下工作，而质谱仪处于高真空的环境，故在不损失样品组分的前提下，接口是实现从大气压到真空之间的转换。因此如果使用填充柱的话，必须经过分子分离器接口装置将从色谱柱流出的载气去除，只允许气体样品进入质谱仪。现在大多气相色谱仪使用毛细管色谱柱，大幅降低了载气流量，故可将毛细管直接插入质谱的离子源。样品在离子源发生电离形成离子并在电场的作用下进入质量分析器，而少量的载气因是惰性气体难以发生电离，无法进入质量分析器而被真空泵抽走，从而不会破坏质谱的真空系统。该接口属于仪器的标准配置，仅为一段传输线，即直接插入式接口。

直接插入式接口是由金属导管、加热套、温度控制和测温元件组成。毛细管色谱柱直接插入可加热的金属导管，金属导管具有一个带加热器的保温套，其能够独立调节和控制所需要的温度，以达到和色谱柱温度一致，避免样品组分发生冷凝。金属导管的另一端与离子源入口相连。

直接插入式接口的优点：①死体积小；②无吸附，无样品损失；③无催化分解效应；④不存在与化合物的相对分子质量、溶解度、蒸气压等有关的歧视效应；⑤结构简单，避免发生漏气；⑥色谱柱易装卸，操作方便。

直接插入式接口的缺点：①不适用于大流量进样方式，最大载气流量受真空泵抽速的限制；②更换色谱柱时，系统须卸真空；③固定相柱流失会污染并堵塞离子源，影响离子化效果，进而降低灵敏度；④载气和样品同时进入离子源，对基线有影响。

3. 质谱

质谱仪部分可以是磁式质谱仪、离子阱质谱仪、四极质谱仪和飞行时间质谱仪。四极质谱仪因结构简单、扫描速度快、灵敏度高而广泛应用于 GC-MS 联用仪。气相色谱峰窄，峰宽仅几秒。一个完整的色谱峰至少需要 6 个以上的数据采集点，这就需要质谱扫描速度快，才能在短时间内多次完成全质量范围的质量扫描。为满足选择离子检测模式的需求，要求质谱仪能在不同质量数之间快速进行切换。

4. 真空系统

见本章第二节。

5. 数据处理系统

GC-MS 联用仪的数据处理系统包括硬件和软件两个部分，应具备以下功能：①设置气相色谱条件和质谱参数，控制仪器运行，实时显示真空度、压力、温度、电压参数以及所运行的方法等仪器运行状态；②采集、储存数据，并实时监测数据采集过程；③查看结果并进行谱图处理、库检索、定性、定量分析、结果输出、数据传输等。

数据处理系统的硬件包括计算机、打印机和接口电路板等。其中接口电路板是数据处理系统重要的硬件，它是由模数/数模转换器（A/D、D/A）、多路切换开关、实时钟和微处理器等部件组成。它是计算机和 GC-MS 仪器连接的接口。它是通过将质谱检测器接受的离子流的电压信号通过 A/D 转换器转换成数字信号，并经微处理器采集、简化处理、储存在计算机，获得原始质谱数据。通过接口电路板的 D/A 转换器将操作员从计算机键盘输入的各种参数通过 A/D 转换器传送到相关的电路控制器，从而控制仪器的运行，并在显示屏上显示仪器运行状态。

数据处理系统的软件包括运行仪器的操作系统、各种应用程序以及质谱数据库。不同品牌的仪器及同一品牌的不同类型仪器的操作系统也不尽相同。为了方便数据处理，近年来同一品牌的不同类型仪器的操作系统逐渐统一。除控制仪器运行和数据采集功能不能通用之外，数据处理的功能都是通用的，并且可联网，实现资源共享。

质谱谱库：采用 EI 电离源，用 70 eV 电子束轰击纯有机物，并将测定的这些有机物的标准质谱图和相关数据存储在计算机的相应位置，即得到质谱谱库。最常用的质谱谱库有 NIST 库、Wiley 库、NIST/EPA/NIH 库等。谱库检索作为定性分析的辅助手段在 GC-MS 中得到广泛应用。通常 GC-MS 仪的数据处理软件都配有实时更新的质谱数据库和谱库检索程序。

（二）工作原理

总离子流色谱（totalion current，TIC）图指总离子流强度对应时间或扫描次数变化的曲线。物质经过色谱柱分离逐一通过接口进入离子源，在离子源内发生离子化，离子在进入质量分析器前，被离子源与质量分析器之间的总离子流检测器截取部分离子流信号，以获得 TIC 图。而另一种无须总离子流检测系统，直接通过质谱仪快速自动重复扫描，收集、计算并再现出离子流信号，是近年来测定 TIC 的最为常用的方法。

仪器使用的氦气的纯度应为 99.999% 以上。GC-MS 联用仪用氦气作载气的原因：①He 的电离电位为 24.6 eV（H_2 和 N_2 的电离电位为 15.8 eV），在气体中最高，难发生电离，不会因气流不稳而导致总离子流色谱图的基线波动；②He 的相对分子质量只有 4，易与其他分子分离；③He 的质谱峰简单，在 $m/z=4$ 处出现，不会干扰后面的质谱峰；④He 的相对分子质量小，易被真空泵抽走，具备富集样品的特性。

二、 GC-MS 联用法的实验技术

（一）GC-MS 分析条件的选择

在进样之前要充分了解样品的情况，并根据样品选择合适的 GC-MS 分析条件。样品的来源、样品的组分、样品的沸点范围、样品的相对分子质量范围、样品的化合物类型、样品的性质、样品的极性、样品的热稳定性等是选择分析条件的基础。

对沸点范围宽和物质性质差别大的样品，需要先进行前处理；对难挥发、热不稳定以及有极性基团的化合物可进行衍生化处理，以降低蒸气压，增加稳定性，进而可提高灵敏度，以获得相对分子质量的信息。且必要时还需对化合物进行化学修饰，以获得所需信息（如确定双键位置）。缺少样品信息时，最好先采用 GC 对样品进行分析和色谱条件的优化，掌握样品的沸点范围，成分的复杂程度及分离情况等，以确定 GC-MS 的分析方法和条件，同时避免对质谱仪器的污染。

1. 色谱条件

GC-MS 分析中的色谱条件与普通的气相色谱条件相同。需要根据样品类型选择不同极性的色谱固定相。汽化温度一般高于样品中最高沸点的 20~30 ℃。根据样品沸点进行设定柱温箱温

度，低温下，低沸点组分出峰；高温下，高沸点组分出峰；设定合适的升温速度，使各组分都达到基线分离。

2. 质谱条件

质谱条件的设置包括扫描速度、扫描范围、电子能量、灯丝电流、倍增器电压等。扫描速度依据色谱峰宽进行设定，一般设置 0.5~2 s 内扫一个完整质谱即可以保证在一个完整色谱峰的出峰时间内能进行 7~8 次的质谱扫描，进而得到圆滑的总离子流图。扫描范围即允许通过质量分析器的离子的 m/z 范围，依据待分析物的相对分子质量进行设定，应使设定的扫描范围可以检测所有需要测定的物质。例如组分中最大的相对分子质量为 260，则 m/z 扫描范围上限可设到 300。m/z 扫描下限一般从 15 开始，为了避免水、氮、氧的干扰，可以从 33 开始扫描。标准质谱图都是在 70 eV 下得到的，故电子能量一般设为 70 eV。灯丝电流通常设置为 0.20~0.25 mA，以保证仪器灵敏度不至过低并增加灯丝的使用寿命。仪器灵敏度受倍增器电压的直接影响，在能够满足仪器灵敏度要求的前提下，为了延长倍增器的使用寿命，通常设定较低的倍增器电压。

（二）GC-MS 分析技术

GC-MS 分析的关键是设置合适的色谱分离和质谱扫描条件，使得各组分得到较好的分离及最佳的总离子流图和质谱图。GC-MS 分析主要得到样品的 TIC 图或提取离子流色谱图、每个组分对应的质谱图以及每个质谱图的检索结果。对于高分辨率质谱仪，还可以得到化合物的精确相对分子质量和分子式。

1. TIC 图

在 GC-MS 分析的全扫描模式下，试样分子连续进入离子源并发生电离，并在电场的作用下进入质量分析器。质量分析器每循环扫描一次（假设用时 1 s），检测器就检测一个完整的质谱数据，并输入计算机存储。因离子流中的样品成分及浓度随时间变化，质谱图也随时间变化。一个组分的色谱峰宽为 10 s 左右，则质谱循环扫描 10 次，得到该组分不同浓度下的 10 个质谱图。计算机把得到的每个质谱相对应的所有离子相加得到随时间变化的曲线，即为该样品的TIC 图或提取离子流色谱图。色谱柱等色谱条件相同时，TIC 图和由色谱仪得到的色谱图外形上无差别，二者都是色谱图，样品出峰顺序相同，峰面积与样品浓度成正比，只是检测器不同，前者为离子流的色谱图，后者为不同光谱检测器下的色谱图。

2. 质谱图

TIC 图上的每一点都对应一个质谱图，即为这一时刻进入质谱的离子流的质谱图。为了提高信噪比，通常查看色谱峰峰顶处相对应的质谱图。对分离不完全的色谱峰，分别查看其不重叠部分的色谱峰相对应的质谱图。也可通过扣背景消除其他组分的干扰。

3. 质量色谱图

质量色谱图是由 TIC 图重新建立的特定 m/z 的离子强度随扫描时间变化的离子流图，也称提取离子流色谱图。即从每一次扫描中选择一个或几个特征 m/z 离子，即选择离子扫描。TIC图是从色谱柱流出的在离子源发生离子化的所有组分的离子流的叠加色谱图，而质量色谱图代表的是其中部分离子流（选取的特征离子流）的叠加色谱图。故可根据此特点，对不能经色谱分开的两个具有不同特征离子的化合物，选择其特征且不同质量的离子做质量色谱图，以对其分别进行定性和定量分析。例如，图 6-38（1）TIC 图中 A、B 两组未达到基线分离，无法通过 TIC 进行定量分析。如果选 A 物质的特征离子 $m/z=91$，选择 B 物质的特征离子 $m/z=136$，对两组分做选择离子扫描模式，得到相应的质谱色谱图，如图 6-38（2）和（3）所示，A、B 两组分的质谱色谱图可以得到分离，进而可以对两组分进行定性及定量分析。

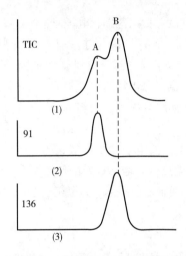

图 6-38　利用质量色谱图分开重叠峰

注：（1）总离子流色谱图；（2）$m/z=91$ A 组分的质量色谱图；（3）$m/z=136$ B 组分的质量色谱图。

全扫描能获得样品的全部质谱图结果，并能得到扫描范围内任意 m/z 的离子流色谱图，但灵敏度较低。选择离子扫描模式的灵敏度比全扫描高得多，但一次进样只允许选定的某几个离子通过质量分析器到达检测器，把离子信号转化为电信号被记录检测，无法得到样品的全部谱图。随着质谱仪扫描速度的不断提高，现在大多数仪器可以在进样时同时交替进行全扫描和选择离子扫描，甚至可以同时进行多个全扫描事件和选择离子扫描事件，同时获得 TIC 图和提取离子流图，提高了分析效率。

选择离子扫描模式提高了 GC-MS 仪的利用效率：①利用提取离子流图进行目标物质的检索，便于快速鉴别化合物类型；②可根据提取离子流图中组分的色谱峰与 TIC 图中相应的色谱峰的保留时间差判断相应色谱峰的纯度；③提取离子流色谱图比 TIC 图干净，信噪比高，消除了背景干扰。

4. GC-MS 定性分析

得到质谱图后通过计算机内的标准谱库对未知化合物进行定性分析检索。检索结果会给出可能的化合物及匹配度，并按匹配度给出可能化合物的名称、分子式、相对分子质量、结构式等。匹配度高的化合物的可能性更大，通常认为匹配度高的（90%以上）化合物就是该物质，但不是绝对的准确。最好通过标准品进行对照加以确认。

5. GC-MS 定量分析

因 GC-MS 得到的 TIC 图和质量色谱图的色谱峰面积与物质的含量成正比，故可以根据色谱分析法中的内标标准曲线法和外标标准曲线法等对物质进行定量分析。GC-MS 可以用 TIC 图和质量色谱两种结果进行定量分析，为了尽量消除组分干扰，通常利用质量色谱图进行定量分析。

（三）质谱扫描技术

质谱的扫描技术由 GC-MS 连接的质量分析器决定，不同质量分析器的扫描模式不尽相同：

四极杆质量分析器具有全扫描（scan）模式和单离子监测（SIM）模式；三重四极杆质量分析器除 scan 和 SIM 模式外，还有子离子扫描（product ion）、增强子离子扫描（enhanced product ion，EPI）、母离子扫描（precursor scan）、中性丢失扫描（neutral loss，NL）和多反应监测模式（multiple reaction monitoring，MRM）等；离子阱质量分析器除 scan 和 SIM 模式外，还有多级子离子扫描（MSn）；飞行时间质谱虽然只有 scan 模式，但是具有高分辨的功能，并具有很好的选择性；磁质谱既具有 scan 和 SIM 模式，也具有子离子扫描、母离子扫描、中性丢失扫描等串联质谱的功能，以及高分辨的功能。下面介绍 scan 扫描模式和 SIM 扫描模式的主要区别及其参数设置。

1. 全扫描（scan）模式

Scan 模式是质谱最常用最基础的一种扫描方式。扫描时应使被测物质的分子离子和碎片离子的 m/z 包含在设定的 m/z 扫描范围内，进而得到完整的化合物质谱图，以便进行谱库检索。在对未知化合物进行定性分析时，通常进行全扫描模式。进行全扫描时需要设置扫描 m/z 的起点和终点、扫描时间、倍增器工作电压、信号阈值等。为了考察色谱的分离效果，便于未知化合物的鉴定，设定扫描参数需同时兼顾以获得理想的质谱图和 TIC 图，因此要考虑影响谱图质量的各种因素。

（1）扫描 m/z 起点和终点　待测组分的相对分子质量和低质量端的特征碎片离子的 m/z 决定扫描 m/z 起点和终点的设置。设置高的扫描起点 m/z 利于提高信噪比，但会丢失低于起点 m/z 的特征碎片离子；若扫描终点 m/z 设置太小，会丢失相对分子质量超过设置终点 m/z 的物质的分子离子峰，两种情况均得不到完整的质谱信息，不利于谱图检索和定性分析。但扫描起点 m/z 设置过低和扫描终点 m/z 过高，则扫描范围太宽，这增加了扫描时间，降低了仪器的信噪比，浪费数据储存空间，增加了仪器的损耗，故在实际测试过程中，要根据样品情况设定合理的 m/z 扫描范围。

（2）扫描时间　在设定的 m/z 范围内完成一次扫描所需的时间，即一个扫描循环所需要的时间，包括从设定的起始 m/z 扫描到终点 m/z 得到质谱峰的采集处理时间、系统数据处理记录时间以及从终点返回起点的时间。一般设置 1 s 完成一个扫描循环。每个色谱峰进行的扫描循环次数，由设定的扫描 m/z 范围、扫描速度及色谱峰宽决定。若仪器的最大扫描速度是 10000 u/s，当扫描 m/z 范围为 500，以最快扫描速度则每秒可以扫描 20 次，当某物质的色谱峰宽 2 s，则该峰可以进行 40 次扫描，即该物质的质谱峰由 40 个不同浓度的该物质离子流叠加而成。

（3）倍增器工作电压　通常根据仪器的调谐结果和本底谱图的离子丰度设置倍增器工作电压。倍增器工作电压和仪器灵敏度直接相关，能直接影响全质量范围内的离子丰度，故应避免丰度大的离子信号过饱和，导致的离子丰度比不准确而影响检索结果的准确性。通常为了延长倍增器的寿命，在满足仪器灵敏度的前提下，尽量使用低的倍增器电压。

（4）阈值　在数据采集时根据本底信号响应强度设置阈值，大于等于设定阈值强度的质谱信号被记录，低于阈值强度的质谱信号被过滤掉。阈值直接影响检测到的质谱峰数及色谱图的基线和峰的分离情况。合适的阈值能够去除质谱图中的部分杂峰又不丢失有意义的小峰，使得质谱图较干净，具有较好的信噪比，便于结果分析。

2. 单离子监测（SIM）模式

SIM 模式不是连续扫描一段 m/z 范围，而是跳跃式地对选定 m/z 的离子进行扫描。当样品量较少时，且待分析试样的特征离子已知时，可以选择该扫描模式。SIM 模式不同于全扫描的参数设置，其需要设定特征离子的 m/z 和驻留时间及扫描窗口。SIM 模式得到的色谱图形式上同提取离子流图，但实际上二者不同。提取离子流图是由全扫描模式得到的，故可以得到全扫描模式下 m/z 扫描范围内的所有离子的提取离子流图；而 SIM 模式只对选定 m/z 的离子进行扫描，故只能得到该 m/z 离子的离子流色谱图。当两种模式对同一个样品选择同一个 m/z 的离子时，因 SIM 模式的高灵敏性，故得到的离子峰丰度更高。SIM 模式得到的不是化合物的全谱，检测的离子数目少，通常无法进行谱库检索，定性分析一般不采用 SIM 扫描模式。但在特殊情况下，且选择的离子数目达 8~10 个以上时，SIM 模式得到的质谱图也能进行谱库检索。由于 SIM 扫描模式只让目标离子通过四极电场并到达检测器被检测分析，其他干扰离子无法进入检测器，故这种扫描模式的灵敏度很高，适于做定量分析。

（1）化合物的特征离子　在质谱图中能够反应物质的结构特征的一些离子，即为化合物的特征离子，包括分子离子、主要的碎片离子及重排离子。在质谱分析时通常选择一个丰度较高的且相对稳定的特征碎片离子作为某化合物的定量离子，可以是基峰，但有时候要避开基峰作为定量离子，如 $m/z=43$ 的碎片离子是许多化合物的基峰，为避免不同化合物的特征峰重叠时不选择它作为定量离子。同时选择 3~5 个特征碎片离子作为该化合物的定性离子。

（2）离子组数目　在整个质谱扫描过程中，可根据不同时间段离子流中物质的质谱特征，分段选择 30~50 组特征离子，每组又选择 30~50 个特征离子。但在实际应用中，为获得最大的灵敏度和高的测量准确度，应尽量使用最小的离子组数目。

（3）驻留时间　在完成一次扫描时间内，扫描每个离子所用的时间，即驻留时间。驻留时间越长，则一次扫描时间也越长，若色谱峰较窄，则整个色谱峰的扫描循环次数较少，即色谱峰的点数不够，峰形不好，影响分析结果。而且扫描时间不只是所有峰的驻留时间之和，还包括峰的处理和记录及避免不同离子之间的交叉污染时间等。

（4）质量窗口　对某一 m/z 离子的扫描宽度即为质量窗口。由于质谱仪的质量轴的稳定性存在波动，且仪器的质量准确度存在一定的偏差，所以在测试时需要考虑质量偏差，以测得较大的离子丰度。大多数数据采集系统软件通过设定一定的质量扫描窗口进行减弱仪器本身引起的质量偏差，如特征离子的 $m/z=99$，设定质量扫描窗口 ±0.1 即 m/z 为 98.9~99.1 对 $m/z=99$ 的特征离子进行扫描。现在大多软件可以对 $m/z=99$ 的特征离子直接设置质量扫描窗口为 $m/z=$ 98.5~99.5。质量扫描窗口太窄会降低灵敏度，质量扫描窗口太宽会增加干扰。通常通过仪器调谐优化得到最佳的质量扫描窗口。

SIM 模式比全扫描模式有更高的灵敏度，离子流色谱峰峰形较好，能够减弱干扰，提高信噪比，适用于微量物质的定量分析。缺点：因无法得到全质谱图，故不利于未知物的鉴定，确切说仅适用于已知物的定量分析。SIM 模式提高检测灵敏度的原因：m/z 为 1~500 进行全扫描，扫描时间为 1 s，那么每个 m/z 的离子的驻留时间小于 $1/500=0.002$ s；当进行 SIM 模式时，假如只扫描 5 个特征离子，那么每个离子的驻留时间接近 $1/5=0.2$ s，是全扫描模式下离子驻留时间的近 100 倍；离子产生是连续的，驻留时间长，质谱接收到的离子流多，则仪器检测的信号高，从而提高了检测的灵敏度。由于 SIM 模式检测灵敏度高，选择性好，因此适用于量少且不易得到的化合物的检测，以及复杂混合物中微量成分的含量测定。

第八节 液相色谱-质谱联用技术

LC-MS 联用技术结合了液相色谱不受物质组分沸点的限制，能对热稳定性差、难挥发的试样进行分离检测的特点，并充分发挥了质谱的高灵敏性和定性能力强的优势，适用于分析极性小分子及热不稳定性、难挥发性的生物大分子，如大分子蛋白质、多肽、聚合物等生命科学研究，与 GC-MS 联用技术互补。

在 LC-MS 联用技术发展的初期主要受到液相色谱条件（流动相、流速、缓冲盐等）与质谱参数、质谱离子源与待分析试样的兼容性的影响，远不如 GC-MS 联用技术发展的迅速及应用那么广泛。全球各大仪器公司也一直致力于寻找新的突破，解决兼容性的问题。早期主要致力于去除液相色谱的溶剂，并取得一定成效，但早期的 EI、CI 等离子化技术并不适用于难挥发及热不稳定性化合物的电离。20 世纪 80 年代以后，研发新的软电离技术及液相色谱与质谱联用的接口技术取得一定的突破，出现了 ESI 源、APCI 源等大气压电离源。而液相色谱固定相 3 μm 粒径的使用，降低了流动相流速，缩短了分离时间，提高了柱效。Nano 液相的出现及与 MS 联用，加快了生命科学的研究。这些突破性的研究促进了 LC-MS 联用技术的发展，扩大了 LC-MS 联用技术的应用范围。发展至今，LC-MS 联用技术已在生命科学、医药研发、临床诊断、环境监测、食品安全、化学和化工等领域得到长足的发展。

一、 LC-MS 接口装置

LC-MS 联用仪的离子源既是试样离子化装置，又是色谱和质谱的联用装置。随着 LC-MS 联用技术的发展，几乎所有的 LC-MS 仪器都使用 API 源作为离子化接口，极少数仪器配置 EI 和离子束喷雾相结合的电离源作为离子化接口。

（一）API-MS 接口

样品在大气压条件下发生电离，电离生成的离子在电势差的作用下进入质量分析器进行质谱分析。常见的 API 离子源为 ESI 源（包括 Nano-ESI 源）和 APCI 源。这两种应用最为广泛的离子化接口技术 ESI 接口和 APCI 接口的详细介绍见本章第二节。

（二）粒子束（PB） 接口

PB 接口主要由气溶胶发生器、脱溶剂室和动量分离器三部分组成，如图 6-39 所示，主要起到试样的传输及脱溶剂作用。LC 流出液经毛细管到达气溶胶发生器，在惰性气体的喷射下形成气溶胶，气溶胶到达具有一定温度的脱溶剂室，形成溶剂气体、试样粒子和少量的溶剂粒子，试样粒子和少量的溶剂粒子在动量分析器高真空的作用下进入动量分析器，并由于动量不同，实现试样与溶剂的分离，溶剂粒子被真空泵抽走，试样粒子进入离子源，通常是 EI 源和 CI 源。

PB 接口和 EI 源联用时，可以得到完好重现的 EI 质谱图，得到的结果可以进行标准质谱谱库检索。PB 接口适用于易挥发的非极性和中等极性小分子化合物，且为了溶剂和试样物质能够得到充分分离，LC 流动相通常采用易挥发性的有机溶剂，流动相使用的含水量尽量控制在 50% 以内。

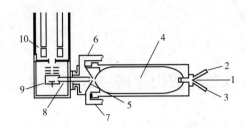

图 6-39　粒子束接口结构示意图

1—气溶胶发生器　2—LC 流出液　3—雾化用气体　4—脱溶剂室　5—动量分离器
6、7—泵排气口　8—传输管　9—离子源（EI/CI）　10—质量分析器

二、 LC-MS 中的串联质谱法

本章第二节介绍的质量分析器中的四极杆质量分析器、离子阱质量分析器、飞行时间质量分析器等常用作 LC-MS 联用技术的质量分析器。但由于 LC-MS 联用技术的离子源都是软电离源，电离试样分子几乎都是生成准分子离子，无法获得物质的特征离子碎片信息。为获得物质的结构信息，LC-MS 联用技术的质量分析器大多采用串联质谱法。

（一）串联质谱法的原理

MS-MS 法通常是将两个或两个以上的质量分析器串联使用。典型的 MS-MS 通常是由一级质量分析器、碰撞活化室、二级质量分析器三部分组成。一级质量分析器只允许设定 m/z 范围内的离子通过，主要用于分离并捕获目标化合物的母离子，并将母离子送入碰撞活化室与碰撞气碰撞发生裂解，碰撞活化室将获得的碎片离子及母离子送入二级质量分析器，由其进一步进行分离分析。由此可见 MS-MS 法首先通过一级质量分析器对待测样品进行了预分离，排除了干扰，所以采用 MS-MS 法即使检测复杂样品依然具有较高的灵敏度，并能够获得良好的物质结构信息。常用的 MS-MS 联用质谱仪有三重四极杆质谱仪、混合型串联质谱仪［如四极杆-飞行时间质谱（Q-TOF-MS）］等。

MS-MS 法可以分为两类：空间串联和时间串联。与上述介绍的空间串联型质谱法不同的是，时间串联质谱仪只有一个质量分析器，在该质量分析器里通过质谱参数的设置，前一时刻分离捕获目标离子，使目标离子能够稳定地留在质量分析器里，在质量分析器里与碰撞气碰撞发生碎裂反应，后一时刻再通过改变质谱参数，对碎片离子进行分离分析。常见的时间串联多级质量分析器有离子阱质量分析器、回旋共振质量分析器。无论是哪种方式的串联，都必须有碰撞活化室，将从前级质量分析器分离出来的特定离子，与碰撞气碰撞活化，再经过二级质量分析器进行质量分析。

（二）碰撞活化

串联质谱中常采用碰撞活化裂解（collision activated dissociation，CAD）技术在碰撞活化室把准分子离子"打碎"，又称碰撞诱导分解（CID）。即从一级质量分析器出来的具有一定动能的准分子离子进入碰撞室后，与碰撞室内的惰性气体分子或原子（通常是高纯氦气）进行碰撞，发生裂解反应，生成碎片离子。为了使离子在碰撞室能与碰撞气碰撞并发生碎裂，离子必须经过加速电压加速获得一定动能。离子加速电压超过 1000 V 的磁质谱，称为高能 CAD；离子加速电压超过 100 V 的四极杆、离子阱等质量分析器，则称为低能 CAD；二者得到的碎片离子的质谱图也是有区别的。

（三）串联质谱法的工作方式和主要信息

1. 三重四极杆质谱仪的工作方式和主要信息

三重四极杆质谱仪顾名思义具有三组四极杆质量分析器，第一组四极杆质量分析器 Q_1 用于一级质量分离（MS1），第二组四极杆（或六极杆）质量分析器 Q_2 用于碰撞活化（CAD），第三组四极杆质量分析器 Q_3 用于二级质量分离（MS2），如图 6-40 所示。

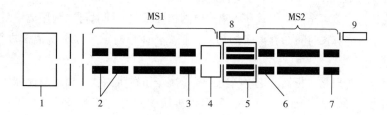

图 6-40　三重四极杆质谱仪的原理图

1—离子源　2、6—预过滤器　3、7—后过滤器　4—MS 和 MS/MS 切换电压　5—六极杆碰撞室
8—检测器 1　9—检测器 2

在实际应用中可以通过改变电压只使用其中一个质量分析器进行质谱扫描，也可以几个质量分析器同时进行质谱扫描，即通过改变电压可以组成不同的扫描模式，常规串联四极杆的主要扫描功能为子离子扫描、母离子扫描、中性丢失扫描、多反应监测模式（图 6-41）。

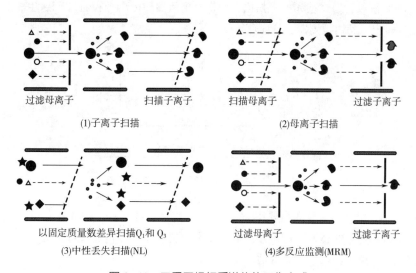

过滤母离子　　扫描子离子　　　　扫描母离子　　过滤子离子

(1)子离子扫描　　　　　　　　　　　(2)母离子扫描

以固定质量数差异扫描Q_1和 Q_3　　过滤母离子　　过滤子离子

(3)中性丢失扫描(NL)　　　　　　　　(4)多反应监测(MRM)

图 6-41　三重四极杆质谱仪的工作方式

（1）子离子扫描　固定 Q_1 的扫描电压，允许特定 m/z 的离子（通常是化合物的准分子离子峰，即母离子）通过 Q_1，进入到 Q_2，在 Q_2 与碰撞气碰撞发生裂解反应产生碎片离子，母离子产生的碎片离子及未发生碰撞的母离子进入 Q_3，Q_3 对其进行全扫描，得子离子谱。

（2）母离子扫描　固定 Q_3 的扫描电压，选择某一个特定 m/z 的碎片子离子，Q_1 进行扫描，得到能产生选定 m/z 碎片离子的母离子的质谱图，即母离子谱。

（3）中性丢失扫描　Q_1 和 Q_3 以相差固定 m/z（如 15、18、45）对所有离子同时进行扫描，得到丢失该固定 m/z 中性碎片的离子对，得到中性碎片谱。

（4）多反应监测扫描　Q_1 进行扫描，允许一个或多个特征 m/z 的母离子逐一通过，并逐一进入到 Q_2，在 Q_2 与碰撞气碰撞发生裂解反应产生碎片离子，离子到达 Q_3 对其进行扫描过滤，只允许符合特定条件的离子通过 Q_3 到达检测器被检测。该模式经过两次扫描过滤，比单四极杆质量分析器的 SIM 扫描模式的选择性及排除干扰能力更强，信噪比更高。

2. 离子阱质谱仪 MS/MS 的工作方式和主要信息

离子阱质谱仪，除了全扫描模式和单离子监测扫描模式，同时可以利用离子阱时间串联质谱的特点及离子阱能够长时间储存离子的功能，在离子阱里对选定 m/z 的离子进行碰撞裂解，实现多级质谱扫描。

离子阱只有一个质量分析器，上一瞬间选择母离子留在阱内，母离子与碰撞气碰撞裂解产生的子离子谱为二级质谱（MS2），下一瞬间可以再从 MS2 中选择特征碎片离子留在阱内与碰撞气发生碰撞碎裂，得到的子离子谱为三级质谱（MS3），以此类推可以一级一级往下进行，获得 MSn。

离子阱质量分析器的 MS/MS 法的工作原理如图 6-42 所示。在 A 阶段，打开电子门，此时基础电压置于低质量的截止值，阱集所有进入离子阱的离子，然后通过调节辅助射频电压使得所有高于母离子 m/z 的离子的振幅过大，不能稳定留在阱内，被真空泵抽走；进入 B 阶段，增加基频电压，则所有低于母离子 m/z 的离子的振幅过大，被真空泵抽走，从而使得母离子在离子阱内阱集；在 C 阶段，利用加在端电极上的辅助射频电压激发母离子，使其与阱内本底气体碰撞裂解；在 D 阶段，通过基频电压扫描，使未发生碰撞的母离子和通过 CID 生成的子离子振幅增大，逐一排出，到达检测器，从而获得子离子谱。

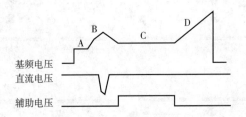

图 6-42　离子阱的 MS/MS 工作方式

MSn 扫描是获得结构信息的重要手段之一。通过 MSn 对具有结构信息（分子式）的物质进行扫描，可以对物质的裂解进行研究，了解离子的裂解途经。再通过数据处理及谱图解释可以得到母离子、子离子和中性丢失等信息。

3. 三重四极杆串联质谱复合线性离子阱质谱仪的工作方式和主要信息

从质谱信息上来看，常规的 TQ 与三维离子阱基本上相同，但性能上有差别，比如后者没有前者的 MRM 定量分析模式。二维线性离子阱的灵敏度优于四极杆质谱，且由于空间电荷影响的缩小使得低扫描速度下获得较好的分辨，这利于同位素峰与多电荷离子之间的分离。当二维线性离子阱代替 TQ 的 Q_3 时，即构成了三重四极杆串联质谱复合线性离子阱质谱。这时它也同样具有常规 TQ 的上述四个功能，同时 Q_3 具有二维线性离子阱阱集的功能，使得三重四极杆串联质谱复合线性离子阱质谱还具有一些新的功能。如增强质谱扫描（enhanced MS，EMS）、增强多电荷扫描（enhanced multi-change，EMC）、增强子离子扫描（enhanced product ion，EPI）、增强分辨率扫描（enhanced resolution，ER）等。

三重四极杆串联质谱复合线性离子阱除具有上述的一些新的扫描功能之外，还可以进行信息依赖性采集（information dependent acquisition，IDA）模式，即质谱先采集 MS 全扫描图谱，然后根据触发条件判断对哪些 m/z 的离子做 MS-MS 谱图，然后采集这些 m/z 离子的 MS-MS。因为 IDA 扫描需要根据一级 MS 的信息来触发 MS-MS 采集，所以被称为信息依赖性扫描模式。该模式仅对满足 IDA 设置参数的前体离子和碎片进行采集，无法提供足够和稳定的扫描点数，所以 IDA 采集模式只能提供一级 MS 定量分析信息和二级 MS 定性分析信息，不能提供二级 MS 定量分析信息。常用于农药残留及兽药残留定性分析、阳性及假阳性分析、药物代谢产物鉴定、杂质鉴定等。

4. Q-TOF 的工作方式和主要信息

Q 与 TOF 串联组成混合型串联质谱仪 Q-TOF。相当于是把 TQ 的 Q_3 换为 TOF 质量分析器，即 Q-Q-TOF，又称 Q-TOF。Q-TOF 在进行 MS-MS 分析时，Q_1 选择母离子；母离子加速进入四极杆（或六极杆）碰撞池 Q_2 与碰撞气发生碰撞碎裂生成子离子；未发生碰撞的母离子及碰撞生成的子离子经过聚焦和加速以平行的离子束连续进入 TOF 质量分析器的加速区，在高压脉冲的作用下离子进入 TOF 的无场漂移管，在无场漂移管里按 m/z 将离子进行分离。

Q-TOF 质谱仪除具有不同于传统的 TOF-MS 的扫描模式能够做二级质谱扫描之外，作为高分辨质谱它还有三种采集模式：IDA 采集模式、MS^{ALL} 采集模式和所有理论碎片离子的顺序窗口采集（sequential window acquisition of all theoretical mass spectra，SWATH）模式。与 IDA 模式不同的是，MS^{ALL} 和 SWATH 采集模式属于非数据依赖性扫描。

与 IDA 相比，SWATH 获得更全面化合物的 MS-MS 信息，并能够提供类 MRM 的二级定量分析信息；与 MS^{ALL} 模式相比，SWATH 在 MS-MS 扫描时，Q_1 是分段将母离子送到 Q_2，传输离子窗口小，能更大化保证离子传输效率，从而保证类 MRM 定量分析灵敏度。另一方面，因为 SWATH 所得到的 MS-MS 谱图仅仅是小质量范围内的母离子碎裂得到的，减轻了后期去卷积工作量，能提供更好质量的 MS-MS 谱图。SWATH 在蛋白质组学、代谢脂质组学、药物和生物制药、食品筛查、环境分析和毒物分析等领域成熟应用。

Q-TOF 质谱仪近年来逐渐完善并得到广泛的应用。除此之外，离子阱与 TOF、离子阱与 FTICR 的 MS-MS 联用系统也已问世。这些混合型 MS-MS 法与超高效液相色谱、Nano 液相色谱和毛细管电泳的联用是近年来发展起来的新型的强有力的分离分析工具，Q-TOF 与 Nano 液相色谱和毛细管电泳的联用促进了蛋白质鉴定、药物分析、代谢组学、脂质组学等涉及复杂基质和分析物的研究。

三、 LC-MS 联用法的实验技术

（一）LC-MS 分析条件的选择

1. LC 分析条件的选择

LC-MS 联用技术中色谱条件选择时应兼顾分析样品得到最佳的分离和经色谱分离的样品到达离子源能够进行最佳的离子化。LC 主要是对流动相的种类及比例以及流速进行选择优化。但在与 MS 联用时要考虑离子源的喷雾雾化情况和试样离子化情况，故 LC-MS 联用技术中色谱条件的选择与单独用 LC 测试样品时候色谱条件的选择不尽相同。用于 LC-MS 联用技术中的色谱

条件需要符合：①使用极性较大的溶剂做流动相，通常反相系统使用的甲醇、乙腈、水可以很好地和质谱兼容，正相系统和离子色谱使用的溶剂由于极性太小和溶剂中的离子对试剂影响离子化效果及堵塞离子源喷针而不能用于 LC-MS 联用系统；②流动相中不能使用非挥发性添加剂，磷酸盐会导致加合物产生，表面活性剂十二烷基硫酸钠引起严重的离子抑制作用，且能污染离子源；可以使用甲酸铵、乙酸铵等挥发性缓冲盐，但浓度不要超过 20 mmol；使用乙酸铵时，其浓度不能大于 10 mmol；③为避免在正离子模式下引起信号抑制作用，不能使用强碱和季铵，如三乙胺，可以使用氨水；④为避免在负离子模式下引起信号抑制作用，不能使用磺酸、硫酸、盐酸、高氯酸和浓度高于 0.5% 的三氟乙酸等强酸，可以使用甲酸、乙酸。在不影响离子化效果及损坏仪器的前提下，进行 LC-MS 联用时，需按照其对色谱条件的要求，优化流动相的种类、流动相的比例以使物质达到较好的分离。值得注意的是，现在大多与 MS 联用的液相是超高效液相色谱，物质达到最佳分离的流量和 MS 的离子源喷雾能承受的流量较匹配；对于使用高效液相色谱与 MS 联用的仪器，物质达到最佳分离的流量往往超出 MS 的离子源喷雾能承受的流量，为兼顾最好的色谱分离及最好的离子化效果，可进行柱后分流。

2. MS 分析条件的选择

质谱条件的优化选择主要是通过优化雾化器流量、干燥气流量及雾化器温度以达到最佳的雾化效果，进而得到最佳的电离化效果；通过优化喷针电压和透镜电压等条件以得到最佳的检测灵敏度。做 MSn 时，需要调节优化碰撞电压及碰撞气流量以得到最佳的碰撞效果。并且需要根据物质的极性、带电的能力及带电的性质等选择不同的离子源和质量分析器进行离子化和质谱分析。极性物质、易带多电荷的生物大分子如蛋白质等，适用于 ESI 源；弱极性和中等极性的化合物，适用于 APCI 源。碱性等易带正电荷的物质，适用于正离子扫描模式；酸性等易带负电荷的物质，适用于负离子扫描模式。由于正离子的响应比负离子响应好，通常会通过调节流动相的 pH 及添加 H^+ 使物质尽可能带正电荷。而对于未知样，正离子和负离子模式均需要进行检测分析。

在进行 LC-MS 分析时，可以通过调节六通阀通道选择是 LC 进样还是注射泵直接进样，无论哪种进样方式，样品最后都是到达离子源被电离生成离子，离子进入质量分析器进行质谱扫描。由于质谱的高灵敏性，通常 LC-MS 的进样浓度应控制在 ng/mL ~ μg/mL，未知物稀释后进样，胺类物质很容易发生电离，不易冲洗干净，会影响后面样品的测定，在做 ESI 时进样浓度要小，进样量要少。

（二）LC-MS 定性分析

LC-MS 测定样品时由于使用的是 ESI、APCI 等软电离源，得到的质谱图比较简单，通常得到准分子离子峰，很少得到碎片离子峰，定性分析比较困难，主要依靠标准对照品进行定性，即当样品的保留时间、子离子谱和标准品完全一致时，即可定性，或者利用 MS-MS 对标准样品建立子离子谱库，测试样品后直接利用建立的谱库进行检索定性，以上两种方法不适用于部分同分异构体。当缺乏标准对照品时，可以利用 MS-MS 将样品准分子离子碰撞裂解得到子离子谱，通过得到的子离子谱推测物质的裂解过程，进而推断物质的结构。对于单级质谱仪，可以通过源内 CID 得到简单的碎片信息，进行推断结构。利用高分辨质量分析器可以得到未知化合物的分子式，利于定性分析。

（三）LC-MS 定量分析

用 LC-MS 进行定量分析的基本方法与液相色谱法相同，都是靠峰面积进行定量分析。但液相色谱无法同时对无法达到基线分离的物质进行定量分析。为了避免类似情况发生，LC-MS不采用总离子流色谱图对物质进行定量分析，而是采用待测物质的特征离子得到的质量色谱图或多反应监测色谱图进行定量分析。这两种定量方式，不相关的组分不出峰，便可减少干扰组分，但对于体系复杂的样品，利用质量色谱图进行定量分析时，仍无法去除保留时间相同、相对分子质量也相同的组分的干扰。因此为了进一步避免干扰，质谱法进行定量分析时，通常是采用多反应监测色谱图进行定量分析。这样得到的色谱图进行了 3 次选择，如 LC 与 TQ 联用进行定量分析时：LC 选择组分的保留时间，Q_1 选择母离子，Q_3 选择特征子离子，这样得到的色谱图可以认为不存在任何干扰。然后，对由母离子与特征子离子构成的离子对在特定保留时间出的色谱峰进行定量分析，通常采用内标标准曲线法或外标标准曲线法进行定量分析。

第九节 气相色谱-质谱联用技术在食品检测中的应用

GC-MS 联用技术在分析检测和科学研究的许多领域占据着重要的作用，是挥发性有机化合物常规检测的必备工具。GC-MS 联用技术与我们的生活息息相关：①食品及食品安全、石油、化工等行业的生产加工及新产品的研发等方面都需要用到 GC-MS 联用技术，如大米中非法添加剂石蜡的检测、饮料中 2B 类致癌物清单中的增塑剂邻苯二甲酸酯的检测、海鲜类食品中麻醉剂的检测、茶叶特征香味成分的研究、食品生产加工过程中特征香味成分的变化研究等；②药物的研发、生产、质量监控等环节同样离不开 GC-MS 联用技术，如葛根中挥发性成分的研究、药品进出口检测；③GC-MS 联用技术为司法部门提供越来越多科学可靠的检测数据，并为体育比赛的公平公正起到督促作用，如利用 GC-MS 联用技术对案发现场可疑物的检验及对运动员体内的兴奋剂的检测等；④环保领域对有机污染物的检测更是常常用到 GC-MS 联用技术，如致癌物二噁英、苯并芘等有机污染物的检测。

一、食品风味成分的测定

（一）纯葡萄汁香气成分的测定

固相微萃取（solid-phase microextraction，SPME）是目前最好的试样前处理方法之一，具有简单、费用少、易于自动化等一系列优点。一般认为固相微萃取是在固相萃取基础上发展起来的，保留了其所有的优点，摒弃了其需要柱填充物和使用溶剂进行解吸的弊病。它只要一支类似进样器的固相微萃取装置即可完成全部前处理和进样工作，几乎克服了以往一些传统样品处理技术的所有缺点。

固相微萃取采用涂附不同化合物的微型熔融石英萃取纤维吸附水溶液中或者气体中微量有机化合物，再结合色谱技术对被吸附物质进行鉴定。SPME 法不是将待测物全部分离出来，而是通过样品与固相涂层之间的平衡来达到分离目的。

1. 原理

采用固相微萃取-气相色谱/质谱联用（SPME-GC-MS）技术对 6 种商品纯葡萄汁的香气成分进行定性、定量分析，利用主成分分析（principal components analysis，PCA）方法分析影响香气成分的主要因素。

2. 试剂和溶液

6 个品牌 100% 葡萄汁，于 2013 年 9 月获得，依次编号为 1~6。样品 1：产地为北京顺义；样品 2：产地为北京平谷；样品 3：产地为浙江省嘉兴市；样品 4：产地为浙江省嘉兴市；样品 5：产地为河南焦作；样品 6：产地为深圳。氯化钠（分析纯），国药集团化学试剂有限公司。

3. 仪器和设备

Agilent 7890A-5975C 气相色谱-质谱联用仪、HP-5MS 弹性石英毛细管柱（30 m×0.25 mm×0.25 μm），美国 Agilent 公司；固相微萃取（SPME）装置、50/30 μm DVB/CAR/PDMS（二乙烯基苯/碳分子筛/聚二甲基硅氧烷）萃取头、15 mL 顶空钳口样品瓶，美国 Supelco 公司。

4. 测定方法

（1）样品处理　SPME 提取纯葡萄汁香气成分：量取 6 mL 果汁移入 15 mL 的顶空瓶中，加入磁力搅拌子，用硅橡胶隔垫密封，于 50℃ 恒温磁力搅拌器上加热平衡 15 min 后，使用 50/30 μm DVB/CAR/PDMS 3 层复合萃取头顶空吸附 50 min，然后将萃取头插入 GC 进样口，解析 5 min。

（2）GC-MS 条件

色谱条件：HP-5MS 石英毛细管柱（30 m×0.25 mm×0.25 μm）；载气：氦气；柱流速 1 mL/min；进样口温度 250℃；脉冲无分流进样；升温程序：起始柱温 40℃ 保持 3 min，然后以 2℃/min 的升温速率升至 100℃，保持 2 min，再以 3℃/min 升至 180℃，保持 1 min，再以 10℃/min 升至 240℃。

质谱条件：接口温度 280℃；离子源温度 230℃；四极杆温度 150℃；离子化方式：EI 源；电子能量 70 eV；扫描方式：Scan；m/z 扫描范围：40~450 u。

5. 定性、定量分析

运用计算机检索并与图谱库（NIST11 和 Wiley）的标准质谱图对照进行初步分析，再结合相关文献进行人工谱图解析，确认香气物质的各个化学成分。采用峰面积归一化法对 HP-5MS 柱所得的色谱峰进行相对定量，得到各组分的相对含量。

（二）气质联用/气相色谱-嗅觉测定西湖龙井茶特征香气成分

动态顶空分析法起源于采用多孔高聚物对顶空气中的挥发性物质进行捕集和分析，动态顶空法指用连续惰性气体（一般为高纯氮气）不断通过液态的待测样品，将挥发性组分从液态的基质中"吹扫"出来，随后挥发性组分随气流进入捕集器，捕集器中含有吸附剂或者采用低温冷阱的方法进行捕集，最后将抽提物进行脱附分析。这种分析方法不仅适用于复杂基质中挥发性较高的组分，对较难挥发及浓度较低的组分也同样有效。动态顶空分析可以分为：吸附剂捕集模式和冷阱捕集模式。

吸附剂捕集模式中常用吸附剂主要有：Porapak Q 系列（苯乙烯和二乙烯基苯类聚体的多孔微球）、各种高聚物多孔微球和 Tenax-TA（2，6-二苯呋喃多孔聚合物），在这些有机吸附剂中目前 Tenax-TA 的应用最为广泛。还有一种新的低温凝集技术，是利用液氮等冷剂的低温，将挥发性组分凝集在一段毛细管中，使之成为一个狭窄的组分带，然后经过瞬间高温加热而进入色谱柱，这样对低沸点组分的分离效果能显著提高。目前这一方法在环境的检测和分析中得到应用。在冷阱捕集分析中水是对测定最大的影响因素，水在低温时很容易形成冰堵塞捕集器。

动态顶空分析是一种将样品基质中所有挥发性组分都进行完全的"气体提取"方法，这种方法较静态顶空和顶空-固相微萃取方法有更高的灵敏度。

1. 原理

采用动态顶空（微阱捕集法，Itex）提取西湖龙井茶汤的香气物质，应用气质联用/气相色谱-嗅觉测定技术同时测定其挥发性呈香成分和嗅感特征，结合检测频率分析初步确定二甲硫醚、2-甲硫基丙醛、3-乙基-2, 5-二甲基吡嗪、芳樟醇、α-松油醇、香叶醇和顺-茉莉酮为西湖龙井茶的特征香气成分。

2. 试剂和溶液

样品为 2010 年原产地的"精品""特级"和"一级"西湖龙井茶，且每个等级均在西湖龙井原产地内的杨梅岭、翁家山、马鞍山、梅家坞和龙门坎五个产地分别采样，以保证样品的代表性。

$C_8 \sim C_{20}$ 正构烷烃标样、4-萜烯醇、香叶醇、1-辛烯-3-醇、芳樟醇氧化物、橙花叔醇、α-松油醇、γ-萜品烯、β-蒎烯、柠檬烯、β-紫罗兰酮、1-己醇、庚醛、3-甲硫基丙醛、β-月桂烯、β-罗勒烯、芳樟醇、2-蒈烯（含量均大于98%），美国 Sigma-Aldrich 公司。

3. 仪器和设备

7890A-5975C 气质联用仪，美国 Agilent 公司；动态顶空进样系统（Itex 进样模块），瑞士 CTC 公司；Sniffer 9000 嗅味检测仪，瑞士 Brechbühler 公司。

4. 测定方法

（1）样品处理 取 10.0 g 西湖龙井茶样品于 150 mL 烧杯中，加入 50.0 mL 沸水（超纯水）冲泡，加盖保温 15 min。然后移取 6 mL 茶汤于已加入 1.9 g 氯化钠（分析纯）的 20 mL 顶空瓶中，压盖密封。

微阱捕集法 Itex 条件：平衡温度 80℃，平衡时间 120 s，振荡速度 500 r/min，进样针温度 85℃，抽提体积 2 mL，抽提次数 100 次，抽提速度 200 μL/s，解析温度 230℃，解析速度 20 μL/s，洗针温度 250℃，洗针时间 300 s。

（2）GC-MS 条件

色谱条件：DB-5MS 毛细管色谱柱（30 m×0.25 mm×0.25 μm）；载气：氦气；流速 1.5 mL/min；不分流进样，进样口温度 100℃；柱温：起始温度 40℃，保持 2 min，然后以 4℃/min 升温至 180℃，再以 8℃/min 升温至 245℃，保持 5 min。

质谱条件：接口温度 280℃；离子源温度 230℃；离子化方式：EI 源；电子能量 70 eV；m/z 扫描范围：45~300 u；通过 Agilent-MSD Chemstation 工作站进行数据采集和处理。

（3）西湖龙井茶特征香气成分的确定 本研究中由 5 名嗅辨员组成 GC-O 评价小组，其中 4 名女性、1 名男性，年龄在 20~32 岁，实验前均通过了 17 种香气标准样品的单体训练，识别率在 80% 以上。每个样品每个嗅辨员嗅闻 3 次，采用三点标度法，即：弱（1）、中（2）、强（3），这样就得到了 5×3＝15 份数据用于统计分析，若某一嗅感物质在这 15 次嗅闻中有 9 次以上被嗅闻到，且其嗅闻强度至少 7 次在 2 以上，即认为是西湖龙井茶的特征香味物质。

5. 定性、定量分析

采用质谱（谱库检索）、相对保留指数（retention index，RI）和嗅闻 3 种方法确定西湖龙井茶的挥发性成分。首先将总离子流图谱中的色谱峰处的质谱图减去相应基线处的质谱图得到目标化合物的质谱图，然后采用 NIST08 谱库进行谱库检索，结合匹配度、碎片离子的相对丰度和提取离子判别峰纯度综合初步判定目标化合物；采用相同的升温程序，以 $C_8 \sim C_{20}$ 正构烷烃作为标准，计算目标化合物的保留指数，并与文献报道的保留指数进行比较，进而确认目标化合物；通过嗅辨员对嗅味检测仪流出的组分进行嗅闻，记录下目标化合物的嗅闻时间和气味特征，进一步确认目标化合物。

二、 调味品和酒类检测

（一）含油调味品中 3-氯-1，2-丙二醇的测定

固相萃取（SPE）是利用固体吸附剂将液体样品中的目标化合物吸附，与样品的基体和干扰化合物分离，然后再用洗脱液洗脱或加热解吸附，达到分离和富集目标化合物的目的。固相萃取作为样品前处理技术，在实验室中得到了越来越广泛的应用。

固相萃取技术利用 SPE 小柱通过优化选择合适的 SPE 柱填料、上样液、淋洗液、洗脱液等，选择性地将目标组分吸附在柱上，而率先用淋洗液将干扰组分流出，最后用洗脱液将目标组分从柱子上洗脱下来；或率先用洗脱液将待测组分洗脱下来，使得干扰成分保留在 SPE 小柱上，以达到分离纯化样品的目的。

1. 原理

通过优化冷冻、低温离心和固相萃取等前处理过程，消除含油调味样品中的干扰物，建立气质联用同位素内标法测定样品中 3-氯-1，2-丙二醇。

2. 试剂和溶液

3-氯-1，2-丙二醇（3-MCPD）、乙酸乙酯、正己烷，Sigma 公司；D5-3-氯-1，2-丙二醇（D5-3-MCPD），CNW 公司。

3-氯-1，2-丙二醇标准溶液的配制：称取 10 mg（精确至 0.01 mg）3-MCPD 标准物质，用乙酸乙酯定容至 10 mL，作为储备液，浓度为 1.0 mg/mL；取储备液用正己烷稀释至浓度 10.0 mg/L 作为中间液；取中间液用正己烷稀释至浓度 1.0 mg/L 作为工作液。

D5-3-氯-1，2-丙二醇内标标准溶液的配制：称取 100 mg（精确至 0.01 mg）D5-3-MCPD 标准物质，用乙酸乙酯定容至 100 mL，作为储备液，浓度为 1.0 mg/mL，取储备液用正己烷稀释至 10.0 mg/L，作为中间液。

标准曲线的配制：分别移取 3-MCPD 工作液和中间液，加入 D5-3-MCPD 中间液 200 μL，用正己烷稀释至 2 mL，得到 3-MCPD 含量为 50、100、200、400、800、1600、3200 ng 的标准曲线，其中内标含量为 2 mg。

3. 仪器和设备

Agilent 6890+5975B 气相质谱联用仪，安谱 DC-24-TR 氮吹仪，Supelso SPE 固相萃取仪，Agela 3-MCD 专用固相萃取柱。

4. 测定方法

（1）样品处理 称取 1 g（精确到 0.01 g）样品，加入 3 mL 20% 氯化钠溶液和 200 μL D5-3-MCPD 中间液，超声提取 5 min。对于含有油脂的样品，超声后于 -18℃ 冷冻 30 min，在 -5℃，8000 r/min 下离心 3 min，使得油脂层和样品其他成分分离。将样品水层相转移至固相萃取小柱，静置 10 min。用 10 mL 正己烷淋洗，弃去淋洗液，再用 15 mL 乙酸乙酯洗脱，收集洗脱液。将洗脱液氮吹至近干，加入 2 mL 正己烷溶解残渣，加入 4 μL 七氟丁酰基咪唑，于70℃恒温水浴中衍生 20 min。冷却至室温，加入 2 mL 20% 氯化钠溶液，充分混匀后静置分层，取正己烷层，加入少量无水硫酸钠除水，待测。

（2）GC-MS 条件

气相色谱条件：色谱柱为 DB-5MS 毛细管柱（30 m×0.25 mm×0.25 μm）；进样口温度为 250℃，分流比为 10∶1；柱初始温度为 50℃，保持 1 min，以 2℃/min 的速率升至 90℃，然后以 40℃/min 升至 270℃，保持 5 min。

质谱条件：离子化方式：EI 源，温度 230℃，四极杆温度 150℃，接口温度 280℃，SIM 模式。

5. 定性、定量分析

同位素内标法定量。以 3-MCPD 和 D5-3-MCPD 的峰面积比值为纵坐标，以 3-MCPD 的质量为横坐标，绘制标准曲线。

（二）白酒中氨基甲酸乙酯的测定

溶剂萃取又称液-液萃取，是依据目标物与干扰成分的极性，选择不同极性的有机溶剂将待测成分萃取至某一有机相里，干扰成分留在另一极性的有机溶剂里，从而达到分离纯化的目的。

1. 原理

样品经二氯甲烷提取，用旋转蒸发仪浓缩至干，乙腈溶解，正己烷去除杂质，然后用气相色谱-质谱联用法检测。

2. 试剂和溶液

随机购买的散装白酒样品 40 个。氨基甲酸乙酯标准品（CHEM SERVICE，浓度 1 g/L，纯度 99.5%）；乙二胺-N-丙基（PSA）填料（颗粒 40~63 μm）；氯化钠，国药集团化学试剂有限公司。

氨基甲酸乙酯标准溶液：取 1 mL 的氨基甲酸乙酯标品（1 g/L）移入 100 mL 容量瓶中，加超纯水定容至刻度，摇匀，得到 10 mg/L 的氨基甲酸乙酯标准储备液，再逐级稀释至 1、0.1、0.01 mg/L 浓度的氨基甲酸乙酯标准溶液。

3. 仪器和设备

GC-MS-QP2010Plus 气相色谱/质谱联用仪带 NIST 谱库，日本岛津公司；M37610-33CN 型 MAXIMIXII 涡旋振荡器，美国赛默飞世尔科技公司。

4. 测定方法

（1）样品处理 取 5 g 试样（精确到 0.0001 g）于 50 mL 离心管中，加 12.5 mL 水调节样品中的乙醚含量至 20% 以下（乙醇含量低于 20% 的样品不再稀释）。加入适量氯化钠振荡摇匀 1 min，使其过饱和。加入 12.5 mL 二氯甲烷，涡旋混匀 1 min，以 4000 r/min 离心 5 min，将下层有机相转移至浓缩瓶中。水相中再加入 12.5 mL 二氯甲烷，重复提取 1 次。合并下层有机相，在（40±5）℃ 水浴减压浓缩至近干。加 2 mL 乙腈至浓缩瓶中，溶解浓缩物并转移到 10 mL 离心管中，加入 2 mL 正己烷，涡旋混匀 1 min，以 4000 r/min 离心 5 min，弃去正己烷相。在乙腈相中加入 0.05 g PSA 填料，振荡摇匀，移至进样瓶待测。

（2）GC-MS 条件

色谱条件：ZB-WAX 石英毛细管柱（30 m×0.25 mm×0.25 μm）；柱箱温度 60℃；进样口温度 200℃；进样方式：不分流；进样时间 1 min；载气：He；流量控制方式：线速度；压力 94.1 kPa；总流量 47.4 mL/min；柱流量 1.52 mL/min；线速度 44.9 mL/min；吹扫流量 8.0 mL/min。

质谱条件：气相色谱-质谱接口温度 220℃；离子源温度 230℃；电离方式：EI 源；电离能

70 eV；溶剂延迟 8 min；采集方式：全离子扫描；m/z 扫描范围：50~100 u；SIM 模式：$m/z=$ 62、74、89；定量离子：$m/z=74$。

5. 定性、定量分析

进行 NIST 谱库检索，通过保留时间及离子对定性。通过外标标准曲线法进行定量。

三、 油脂及脂肪酸的测定

11 种食用植物油中脂肪酸组成的 GC-MS 分析

1. 原理

以花生油、玉米油、大豆油、茶油等 11 种常见食用植物油为研究对象，运用 GC-MS 对其脂肪酸组成进行分析，并对各脂肪酸含量进行了对比研究。

2. 试剂和溶液

花生油、玉米油、大豆油、菜籽油、葵花子油、芝麻油、葡萄籽油、棕榈油、橄榄油均为市售；核桃油、茶油为自制。甲醇、甲醇钠、无水硫酸钠、氯化钠、二氯甲烷等试剂，均为分析纯。

3. 仪器和设备

气相色谱-质谱联用仪（TRACE DSQII），美国热电。

4. 测定方法

（1）样品处理　植物油中主要为甘油和脂肪酸组成的酯类，一般为甘油三酯，占总油量的 98% 左右，其他还有少量的固醇、维生素等。甘油三酯的沸点常压下超过 600℃，不能直接进 GC-MS 检测。因此，进行脂肪酸成分分析测定时，一般要进行甲酯化处理，使甘油三酯反应为沸点较低的脂肪酸甲酯或乙酯，再进行 GC-MS 检测确定具体脂肪酸组成。

准确称取植物油 5 g 于圆底烧瓶中，加 30 mL 浓度为 0.5 mol/L 的甲醇钠-甲醇溶液，80℃水浴，冷凝回流 4 h。待反应液冷却后，分别加入 50 mL 二氯甲烷和饱和氯化钠水溶液，充分振摇使两相混合均匀，静置分层后取下层清液，并加过量无水硫酸钠除水，备用。稀释 10 倍后进GC-MS 分析。

（2）GC-MS 条件　色谱条件：色谱柱：弹性石英毛细管柱 DB-5MS（30 m×0.25 mm×0.25 μm）；载气：高纯氦气（99.999%）；柱流量 1.0 mL/min；程序升温：140℃（2 min），以5℃/min 升至 200℃，以 10℃/min 升至 300℃（5 min）；进样口温度 250℃；辅助器温度250℃；手动进样，不分流，进样量 0.2 μL。

质谱条件：离子化方式：EI 源，离子源温度 250℃；电离电压 70 eV；全扫描；m/z 扫描范围：33~450 u。

5. 定性、定量分析

通过与标准谱库对比进行定性分析；通过面积归一化法进行定量分析。

四、 农药残留的测定

梨中 21 种有机磷农药残留的测定

QuEChERS（quick、easy、cheap、effective、rugged、safe），是近年来国际上最新发展起来的一种用于农产品检测的快速样品前处理技术，由美国农业部 Anastassiades 教授等于 2003 年开发的。其原理与高效液相色谱和固相萃取相似，都是利用吸附剂填料与基质中的杂质相互作用，吸附杂质从而达到除杂净化的目的。QuEChERS 方法的步骤可以简单归纳为：①样品粉碎；②单一溶剂乙腈提取分离；③加入 MgSO$_4$ 等盐类除水；④加入乙二胺-N-丙基硅烷（PSA）等吸附剂除杂；⑤上清液进行 GC-MS、LC-MS 检测。

1. 原理

利用 QuEChERS 法结合气相色谱-质谱联用（GC-MS）建立了同时检测梨中 21 种有机磷农药残留的分析方法。样品经乙腈提取，氯化钠盐析后，采用 N-丙基乙二胺（PSA）净化，用气相色谱-串联质谱联用仪通过单离子监测模式进行检测，外标法定量。

2. 试剂和溶液

乙酰甲胺磷、灭线磷、治螟磷、甲拌磷、内吸磷、地虫硫磷、氯唑磷、磷胺、甲拌磷亚砜、马拉硫磷、甲拌磷砜、倍硫磷、对硫磷、水胺硫磷、甲基异柳磷、硫环磷、杀扑磷、苯线磷、丙溴磷、亚胺硫磷、蝇毒磷共 21 种有机磷农药混合标准溶液，质量浓度为 10 μg/mL，农业农村部环境保护科研监测所（天津）。

3. 仪器和设备

Agilent 5977B-7890A 气质联用仪，美国 Agilent 公司；T25D 均质机，德国 IKA 公司。

4. 测定方法

（1）样品处理 将鲜梨样品去柄匀浆。准确称取 10 g 样品，加入 20.0 mL 乙腈，在匀浆机中高速匀浆 3 min，加入 5 g 氯化钠，涡旋 3 min，静置分层，在离心机中 12000 r/min 离心 5 min，吸取 10 mL 上清液于 PSA 净化管，摇匀，以 12000 r/min 离心 5 min，取 5 mL 上清液于 250 mL 圆底烧瓶中，在旋转蒸发仪中旋蒸至干，用 2.5 mL 正己烷定容，取 1 mL 于进样小瓶，上机测定。

（2）GC-MS 条件

色谱条件：DB-5MS（30 m×0.25 mm×0.25 μm）。色谱柱温度程序：40℃ 保持 1 min，以 30℃/min 升至 130℃，再以 5℃/min 升温至 250℃，最后以 10℃/min 升温至 300℃，保持 5 min。载气：氦气，纯度≥99.999%；流速 1.2 mL/min；进样口温度 280℃；不分流进样，进样量 1 μL。

质谱条件：离子化方式：EI 源（70 eV）；离子源温度 230℃；接口温度 280℃；SIM 模式；溶剂延迟 6 min。

5. 定性、定量分析

对比数据库中的特征离子信息，以确认各目标化合物的保留时间进行定性分析。根据全扫结果，每种农药选择 3~4 个特征离子，选择一个丰度高、m/z 较大的离子作为定量离子，进行 SIM 模式。并通过外标标准曲线法进行定量分析。

五、 添加剂、 新生成的成分的测定

传统中式香肠中的 9 种挥发性亚硝胺的检测

1. 原理

采用水蒸气蒸馏提取肉制品，利用气相色谱-质谱联用检测肉制品中的 9 种挥发性亚硝胺。

2. 试剂和溶液

传统中式香肠自然发酵样品，采自南京地区 6 个农家自制香肠，室外悬挂风干样品。工业化生产香肠采集自南京苏果等超市，分别是 6 种不同品牌包装的传统中式香肠。

亚硝胺混标（2 mg/mL）含有 N-二甲基亚硝胺（NDMA）、N-二乙基亚硝胺（NDEA）、N-甲基乙基亚硝胺（NMEA）、N-二丁基亚硝胺（NDBA）、N-二丙基亚硝胺（NDPA）、N-亚硝基哌啶（NPIP）、N-亚硝基吡咯烷（NPYR）、N-亚硝基吗啉（NMOR）、N-亚硝基二苯胺（NDPheA），美国 Sigma 公司。

3. 仪器和设备

Thermo DSQⅡ 气相色谱质谱联用仪（配 Triplus 自动进样器），美国 Thermo 公司；HP-INNOWax 石英毛细管柱，美国 Agilent 公司；氮吹仪，上海安谱科学仪器公司；K-D 浓缩器、Milli-Q 超纯水机，法国 Millipore 公司；GRINDOMIX GM 200 刀式混合研磨仪，德国 Retsch 公司。

4. 测定方法

（1）样品处理　称取 50 g 绞碎的样品，加入 50 mL 超纯水和 60 g 氯化钠匀浆后转移到全玻璃蒸馏瓶中进行水蒸气蒸馏。接收瓶中加入 40 mL 二氯甲烷，收集 300 mL 馏分。馏分中加入 4 mL 37% 的盐酸，摇匀，转移到分液漏斗中。用 120 mL 二氯甲烷分 3 次萃取，收集二氯甲烷溶液，用无水硫酸钠干燥处理后，转移到 K-D 浓缩器中，56℃ 水浴浓缩至 10 mL 左右，氮吹浓缩至 100 μL，进行 GC-MS 分析。

（2）GC-MS 条件

色谱条件：HP-INNOWax 石英毛细管柱；程序升温：初始温度 70℃，保持 3 min，以 15℃/min 升至 140℃，再以 5℃/min 升至 180℃，然后以 20℃/min 升至 250℃，保持 3 min；载气：高纯氦气，纯度≥99.999%，恒流模式，1 mL/min；进样口温度 230℃；进样量 1 μL；不分流进样，不分流时间 1 min。

质谱条件：离子化方式：EI 源，电子能量 70 eV；离子源温度 220℃，传输线温度 250℃；溶剂延迟时间 4 min；采集方式为全扫描和 SIM 模式。m/z 扫描范围：40~200 u。

5. 定性、定量分析

以待测组分的保留时间和离子对作为定性依据；以相对丰度较高的离子作为定量离子。外标法定量。

六、 烟草中的应用

薄荷型卷烟烟丝及滤嘴中薄荷醇含量的测定

1. 原理

将 2 支剪碎的滤嘴（或 1.000 g 卷烟烟丝）放入 100 mL 锥形瓶中，加入 40 mL 甲醇和 80 μL 50 g/L 苯甲酸正丙酯内标溶液，80% 超声功率条件下提取 30 min。取上清液，经 0.45 μm 滤膜过滤后，以 HP-INNOWAX 色谱柱（30 m×0.25 mm×0.25 μm）为固定相，采用气相色谱-质谱法测定其中薄荷醇的含量。

2. 试剂和溶液

薄荷醇标准储备溶液：2.00 g/L，称取 200 mg 薄荷醇标准品（纯度>99%），用甲醇溶解后定容于 100 mL 容量瓶中。使用时用甲醇稀释至所需质量浓度。苯甲酸正丙酯内标溶液：50 g/L。苯甲酸正丙酯的纯度>99%；甲醇、乙醇、丙酮、异丙醇、石油醚为色谱纯；10 个牌号薄荷型卷烟购自当地市场。

3. 仪器和设备

Clarus 680-SQ8 型气相色谱-质谱联用仪。

4. 测定方法

（1）样品处理　采集的薄荷型卷烟样品密封后在−4℃条件下保存。实验开始前，卷烟样品在不拆小盒包装薄膜的状态下平衡至室温。随机从每盒中取 6 支卷烟，分成 3 组，将烟支剥开、滤嘴剪碎后，将 2 支剪碎的滤嘴和 1.000 g 卷烟烟丝分别装入 100 mL 锥形瓶中，加入 40 mL 甲醇和 80 μL 质量浓度为 50 g/L 苯甲酸正丙酯内标溶液，80% 超声功率条件下提取 30 min 后，取上清液，经 0.45 μm 滤膜过滤后，按仪器工作条件进行测定。

（2）GC−MS 条件

色谱条件：HP−INNOWAX 色谱柱（30 m×0.25 mm×0.25 μm）；进样口温度 250℃；载气：氮气，流量 1 mL/min；进样量 1 μL；分流进样，分流比 200∶1。柱升温程序：初始温度 160℃，保持 2 min；以 5℃/min 速率升温至 175℃；再以 20℃/min 速率升温至 240℃，保持 5 min。

质谱条件：离子化方式：EI 源，正离子模式；电离能量 70 eV；离子源温度 230℃，传输线温度 250℃；电子倍增器电压 1800 V；四极杆质量分析器；全扫描和 SIM 模式，全扫描 m/z 范围：40~200 u。

5. 定性、定量分析

通过以下方面对薄荷型卷烟样品中的薄荷醇进行定性：① 保留时间对照，比较薄荷醇标准溶液与薄荷型卷烟样品提取液中薄荷醇的保留时间，均为 2.89 min；② 单标加入法，将薄荷醇标准溶液和内标加入到卷烟样品提取液中，薄荷醇色谱峰显著增高，而内标物的峰高基本没有变化，从而进一步对薄荷醇定性；③ 为排除有杂质峰干扰，选择 SIM 模式，将薄荷醇标准溶液和卷烟样品提取液中目标化合物的分子离子峰与薄荷醇特征子离子峰 m/z=138、71 同时对应比较，从而对薄荷醇进行定性；④ 比较薄荷醇标准溶液和卷烟样品提取液中薄荷醇的分子离子峰与主要特征碎片离子峰的丰度比，它们是一致的。

内标法定量。以薄荷醇与内标物的峰面积比值对相应的薄荷醇的质量浓度作标准曲线。

第十节　液相色谱−质谱联用技术在食品检测中的应用

一、　电喷雾电离技术

液相色谱−四极杆−飞行时间质谱法快速筛查苹果与生菜中农药残留

1. 原理

样品经 10 mL 乙腈和 5 mL 0.1% 乙酸水溶液提取，改进 QuEChERS 法净化，电喷雾电离，正离子扫描，SWATH−MS 扫描模式检测，基质匹配外标法定量；建立了一级精确质量数据库、色谱保留时间和二级质谱库，实现了苹果、生菜中 248 种目标农药的快速筛查和确证。

2. 试剂和溶液

N−丙基乙二胺吸附剂（PSA）、十八烷基键合硅胶吸附剂（C_{18}），美国 Supelco 公司。248 种农药标准品纯度≥95%，德国 Dr.E 公司。根据标准品的溶解度选用乙腈或丙酮等溶剂配制质量浓度为 1000 mg/L 的各农药标准储备液，再以乙腈配成 1.00 mg/L 的混合标准溶液（−18℃ 避光存放）。采用空白样品基质液稀释混合标准工作液，配制 0.010、0.025、0.050、0.100、

0.200 mg/L的标准曲线系列溶液。

3. 仪器和设备

Sciex X500R Q TOF 液相色谱-四极杆飞行时间质谱仪，美国 AB Sciex 公司；均质仪，美国 Omni 公司；涡旋振荡仪，德国 Heidolph 公司；高速冷冻离心机，德国 Sigma 公司；0.22 μm 有机滤膜。

4. 测定方法

（1）样品处理

提取：准确称取 10 g（精确至 0.01 g）新鲜苹果、生菜样品于 50 mL 塑料离心管中，加入 10 mL 乙腈和 5 mL 0.1%乙酸水溶液，涡旋振荡 1 min，9500 r/min 离心 10 min。吸取上清液至干净的 50 mL 离心管中，加入 2 g 氯化钠，涡旋振荡 1 min，9500 r/min 离心 10 min。

净化：移取 3 mL 上清液置于装有净化粉末的离心管中（500 mg $MgSO_4$，90 mg PSA，90 mg C_{18}），振荡混匀 3 min，9500 r/min 离心 10 min，过有机滤膜后，LC-Q-TOF/MS 检测。

（2）LC-MS 条件

色谱条件：色谱柱：Accucore AQ（150 mm×2.1 mm×2.6 μm），美国 Thermo Fisher 公司。流动相：A 为 0.005 mol/L 甲酸铵水溶液；B 为 0.005 mol/L 甲酸铵甲醇溶液。梯度洗脱程序：0~1.0 min，5% B；1.0~3.0 min，5%~40% B；3.0~20.0 min，40%~80% B；20.0~24.0 min，80%~95% B；24.0~28.0 min，95% B；28.0~28.1 min，95%~5% B；28.1~33.0 min，5% B。流速 0.4 mL/min。进样量 10 μL。

质谱条件：离子源和气体参数：采用 HESI 离子化方式；喷雾电压 5500 V；毛细管温度 325℃；加热器温度 550℃；Gas1 379 kPa；Gas2 414 kPa；气帘气 Curtain Gas 35 unit；CAD Gas 7 unit；扫描模式：SWATH/TOF-MS/TOF-MS/MS；正离子采集模式。TOF-MS 参数：采集范围 80~900 u；去簇电压（DP）电压：75 V；碰撞能量 CE 5 eV；累积时间 0.16 s。TOF-MS/MS 参数：采集范围 80~900 u；累积时间 0.06 s；电荷数 1。

5. 定性、定量分析

一级精确质量数据库、色谱保留时间和二级质谱库进行定性，基质匹配外标法定量。

本实验一级质谱和二级质谱均采用 ≥35000 的分辨率，得到的谱图既有母离子的精确质量数，又有二级质谱全扫描信息，完全满足定性和定量要求。以多菌灵为例，采用 SWATH 扫描方式得到全扫描色谱图、TOF-MS 和 TOF-MS/MS 质谱图，在扣除背景干扰后，母离子、二级谱图匹配度 ≥80%，则显示确证通过。如母离子、二级谱图匹配度 ≥60%（<80%），则需再通过保留时间、同位素匹配度等因素进一步确证。

二、 大气压化学电离技术

二十碳四烯酸（ARA）和二十二碳六烯酸（DHA）微胶囊粉剂中苯并（a）芘含量的检测

1. 原理

建立高效液相色谱-串联质谱法检测二十二碳六烯酸（DHA）和二十碳四烯酸（ARA）微胶囊粉剂中苯并（a）芘的分析方法，样品经正己烷提取，经苯并（a）芘分子印迹柱净化，采用 APCI 源，正离子扫描，MRM 模式检测，通过外标法定量。

2. 试剂和溶液

苯并（a）芘标准品；安捷伦 ZORBAX SB-C$_{18}$ 色谱柱（100 mm×2.1 mm×3.5 μm）；多不饱和脂肪酸微胶囊 ARA、DHA 粉剂，武汉嘉必优生物工程有限公司。

标准溶液的配制：精确称取 10 mg 苯并（a）芘标准品于 100 mL 容量瓶中，乙腈溶解并定容。置于 -20℃ 下保存。取 100 μL 标准储备液于 100 mL 容量瓶，用甲醇溶解并定容至 100 mL，作为标准中间液。使用时将标准中间溶液稀释为合适浓度。

3. 仪器和设备

Agilent 1260 高效液相色谱仪，美国 Agilent 公司；QTRAP 4500 质谱仪，美国 Sciex 公司；冷冻离心机，美国 Sigma 公司；氮吹仪，上海安谱科学仪器有限公司；超声波清洗机，宁波新芝有限公司。

4. 测定方法

（1）样品处理

样品提取：称取 1.0 g（精确至 0.0001 g）微胶囊粉剂产品于 40 mL 塑料离心管中，加入 10 mL 正己烷，涡旋 30 s，超声 10 min，以 7000 r/min 离心 5 min，取上清液，再加入 10 mL 正己烷，重复上述步骤再提 1 次，合并 2 次上清液，待净化。

分子印迹小柱净化：加入 5 mL 正己烷活化小柱；将待净化样品液上样到小柱子上；用 6 mL 正己烷淋洗小柱，淋洗后接入泵抽干；用 10 mL 二氯甲烷洗脱，收集洗脱液；将收集液在 30℃ 下氮气吹至近干，用甲醇定容至 1 mL，混合涡旋 10 s，过 0.22 μm 有机膜，装入 1.5 mL 进样小瓶中，供液相色谱-串联质谱仪分析。

冷冻离心净化：将待净化样品 30℃ 下氮气吹至近干，用甲醇定容至 1 mL，装入 1 mL 离心管中，于 -10℃，以 12000 r/min 离心 15 min，取上清液，装入 1.5 mL 进样小瓶中，供液相色谱-串联质谱仪分析。

（2）LC-MS 条件

色谱条件：流动相：甲醇-纯水梯度洗脱。流动相 A 为纯水，流动相 B 为甲醇；进样量 2 μL；流速 0.4 mL/min，柱温（30±1）℃。

质谱条件：APCI 源，正离子扫描，加热温度 600℃，喷雾气 345 kPa，辅助加热 379 kPa。采用 MRM 模式。

5. 定性、定量分析

选择 APCI 正离子模式下进行一级质谱扫描，得到苯并（a）芘的分子离子峰 $m/z=253.0$，对 253.0 作二级质谱，以丰度较高的 $m/z=226.1$ 离子作为定量离子，丰度较低 $m/z=202.1$ 的离子作为定性离子。外标法定量。

🔍 思考题

1. 比较 GC-MS 联用技术和 LC-MS 联用技术的区别和联系。

2. 描述电喷雾电离源和大气压化学电离源的工作原理及其适用范围。

3. 描述液质联用中的三重四极杆串联质谱仪（QQQ）的各个组成

思考题解析

单元及其作用。

4. 空间串联多级质谱 QQQ 有哪些工作方式同时用到全扫描模式和选择离子检测模式？

5. 三癸基苯、苯基十一基酮、1，2-二甲基-4-苯甲酰萘和 2，2-萘基苯并噻吩的精确相对分子质量分别为 260.2504、260.2140、260.1201 和 260.0922，若基于分子离子峰对它们作定量分析，试计算需要多大的分辨率？

6. 分析用总离子流色谱图、提取离子流色谱图和多反应检测模式离子流色谱图进行定量分析，各有什么特点？

7. 有机化合物使用 EI 源电离时，可能产生哪些类型的离子？从这些离子峰可以得到什么信息？

8. GC-MS 联用技术和 LC-MS 联用技术做农残兽残检测时，各有哪些优缺点？

9. 某一胺类化合物的质谱图上，基峰为 $m/z = 30$ 的离子峰，试分析下列结构中，与此相符的是哪个化合物？为什么？

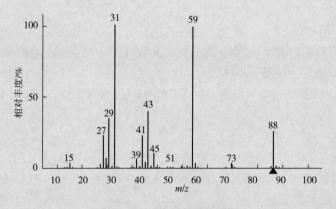

（1）　　　　　　　　　　　　（2）

10. 未知物质谱图见附图 6-1，红外光谱显示该未知物在 1150~1070 cm^{-1} 有强吸收，试确定其结构。

附图 6-1　某未知物的 EI 谱图

11. 由元素分析测得某化合物的组成式为 $C_8H_8O_2$，其质谱图见附图 6-2，确定化合物结构。

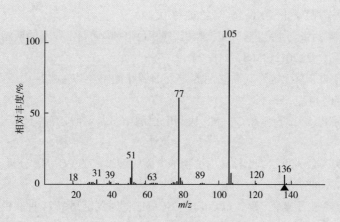

附图 6-2 某未知物的 EI 谱图

12. 附图 6-3 为某未知物的 EI 谱图，试确定物质的分子式。$[M]^+$ 的 $m/z = 126$，高分辨质谱测定其精确的相对分子质量为 126.0237，试确定该物质的结构。

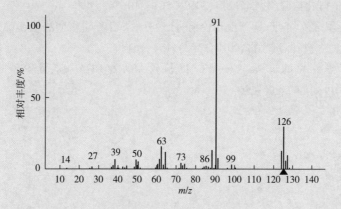

附图 6-3 某未知物的 EI 谱图

13. 什么是基质效应？如何消除基质效应？

14. 举例说明 GC-MS 联用法和 LC-MS 联用法在食品分析中的应用。

参 考 文 献

［1］武汉大学. 分析化学(下册)［M］. 5 版. 北京:高等教育出版社,2007.

［2］陈耀祖,涂亚平. 有机质谱原理及应用［M］. 北京:科学出版社,2001.

［3］Robert M. Silverstein,Francis X. Webster,David J. Kiemle. 有机化合物的波谱分析［M］. 药明康德新药开发有限公司分析部,译. 上海:华东理工大学出版社,2007.

［4］朱明华. 仪器分析［M］. 3 版. 北京:高等教育出版社,2000.

［5］陈培榕,邓勃. 现代仪器分析实验与技术［M］. 北京:清华大学出版社,1999.

［6］李宝丽,邓建玲,蔡欣,等．顶空固相微萃取-气质联用结合主成分分析研究纯葡萄汁的香气成分［J］.中国食品学报,2016,16(4):258-270.

［7］汪厚银,李志,张剑,等．基于气质联用/气相色谱-嗅觉测定技术的西湖龙井茶特征香气成分分析［J］.食品科学,2012,33(8):248-251.

［8］谷小凤,于宙,苏涛,等．气质联用测定含油调味品中 3-氯-1,2-丙二醇［J］.中国调味品,2019,44(2):146-147,155.

［9］周韵,寸宇智,李长寿,等．GC-MS 法测定白酒中氨基甲酸乙酯［J］.云南化工,2018,45(8):68-70.

［10］江燕,黎贵卿,张思敏．11 种食用植物油中脂肪酸组成的 GC-MS 分析［J］.广西林业科学,2018,47(4):487-489.

［11］张艳,李慧冬,丁蕊艳,等．QuEChERS-GC-MS 同时测定梨中 21 种有机磷农药残留［J］.食品工业,2019,40(11):323-327.

［12］李玲,徐幸莲,周光宏．气质联用检测传统中式香肠中的 9 种挥发性亚硝胺［J］.食品科学,2013,34(14):241-244.

［13］蒋成勇,严莉红,芦楠,等．超声提取-气相色谱-质谱法测定薄荷型卷烟烟丝及滤嘴中薄荷醇的含量［J］.理化检验(化学分册),2019,55(1):10-16.

［14］张建莹,罗耀,宫本宁,等．液相色谱-四极杆-飞行时间质谱法快速筛查苹果与生菜中 248 种农药残留［J］.分析测试学报,2018,37(2):154-164.

［15］李翔宇,舒敏,陆姝欢,等．LC-MS/MS 检测 ARA & DHA 微胶囊粉剂中苯并(a)芘含量［J］.食品工业,2019,40(6):290-293.

第七章

核磁共振波谱分析

[学习要点]

通过本章内容的学习，要求掌握核磁共振波谱法的基本原理与特点，了解核磁共振谱仪基本结构；掌握一维和二维核磁共振谱图基本特点，能够识别谱图中各种官能团的化学位移，并准确描述氢谱吸收峰的裂分与偶合，从而对谱图进行信号归属，达到解析化合物结构的要求。

早在 1924 年 Pauli 就预言了核磁共振（nuclear magnetic resonance，NMR）的基本理论：有些核同时具有自旋和磁量子数，这些核在磁场中会发生能级分裂。但直到 1946 年才由斯坦福大学的 Bloch 和哈佛大学的 Purcell 在各自的实验中观察到核磁共振现象，为此他们分享了 1952 年诺贝尔物理学奖。随后，Knight 第一次发现了化学环境对核磁共振信号的影响，并发现这些信号与化合物的结构有一定关系。1956 年 Varian 公司制造出第一台高分辨核磁共振商品仪器，使有关核磁共振的研究迅速扩展，逐步应用到生物化学研究中。进入 20 世纪 90 年代以来，随着高场谱仪的问世，极大提高了 NMR 仪器的灵敏度和分辨率，加上 NMR 技术与计算机科学的完美结合，以及二维、异核多维等 NMR 新技术的不断出现，使得 NMR 成为发展最迅猛、理论最严密、技术最先进、结果最可靠的一门独立系统的分析科学，已广泛应用于有机化合物结构测定、蛋白质的三维结构研究、医学疾病诊断等领域。

第一节　核磁共振原理

在磁场的激励下，一些具有磁性的原子核存在着不同的能级，如果此时外加一个能量，使其恰等于相邻 2 个能级之差，则该核就可能吸收能量（称为共振吸收），从低能态跃迁至高能态，而所吸收能量的数量级相当于射频率范围的电磁波。因此，所谓核磁共振就是研究磁性原子核对射频能的吸收。

一、 原子核的自旋

由于原子核是带电荷的粒子，若有自旋现象，即产生磁矩。物理学的研究证明，各种不同的原子核，自旋的情况不同，原子核自旋的情况可用自旋量子数 I 表征。实验证明，自旋量子数 I 与原子的质量数（A）及原子序数（Z）有关，如表7-1所示。

表7-1　　　　　　　　　　　自旋量子数与原子的质量数及原子序数关系

质量数 A	原子序数 Z	自旋量子数 I	自旋核电荷分布	NMR信号	原子核
偶数	偶数	0	—	无	$^{12}C, ^{16}O, ^{32}S$
奇数	奇或偶数	$\frac{1}{2}$	呈球形	有	$^{1}H, ^{13}C, ^{19}F, ^{15}N, ^{31}P$
奇数	奇或偶数	$\frac{3}{2}, \frac{5}{2}, \cdots\cdots$	扁平椭圆形	有	$^{11}B, ^{35}Cl, ^{79}Br, ^{17}O, ^{27}Al$
偶数	奇数	1, 2, 3	伸长椭圆形	有	$^{2}H, ^{14}N$

由表7-1可知，自旋量子数 I 等于零的原子核没有自旋现象，因而没有磁矩，不产生共振吸收谱，故不能用核磁共振来研究。

自旋量子数 I 等于1或大于1的原子核：$I=3/2$ 的有 $^{11}B, ^{35}Cl, ^{79}Br$ 等；$I=5/2$ 的有 $^{17}O, ^{27}Al$；$I=1$ 的有 $^{2}H, ^{14}N$ 等。这类原子核核电荷分布可看作是一个椭圆体，电荷分布不均匀。它们的共振吸收常会产生复杂情况，目前在核磁共振的研究上应用还很少。

自旋量子数 I 等于1/2的原子核有 $^{1}H, ^{19}F, ^{31}P, ^{13}C$ 等。这些核可当作一个电荷均匀分布的球体，并像陀螺一样地自旋，故有磁矩形成。这些核特别适用于核磁共振实验。前面三种原子在自然界的丰度接近100%，核磁共振容易测定。尤其是氢核（质子），不但易于测定，而且它又是组成有机化合物的主要元素之一，因此对于氢核核磁共振谱的测定，在有机分析中十分重要。对于 ^{13}C 的核磁共振的研究也有重大进展，并已成为有机化合物结构分析的重要手段。

二、 自旋核在磁场中的行为

（一）核自旋产生磁场

已如前述，自旋量子数 I 为1/2的原子核（如氢核），可当作电荷均匀分布的球体。当氢核围绕着它的自旋轴转动时就产生磁场。由于氢核带正电荷，转动时产生的磁场方向可由右手螺旋定则确定，如图7-1（1）所示。由此可将旋转的核看作是一个小的磁铁棒［图7-1（2）］。

（二）核磁矩在外加磁场中的取向

如果将氢核置于外加磁场 B_0 中，由于磁矩与磁场相互作用，核磁矩相对外加磁场有不同的取向。按照量子力学原理，它们在外磁场方向的投影是量子化的，可用磁量子数 m 来描述。m 可取下列数值：

$$m=I, I-1, I-2, \cdots, -I$$

自旋量子为 I 的核在外磁场中可有（$2I+1$）个取向，每种取向各对应有一定的能量。对于

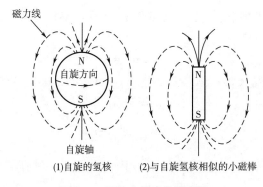

图 7-1 氢核自旋产生的磁场

具有自旋量子数 I 和磁量子数 m 的核，量子能级的能量可用下式确定：

$$E = -\frac{m\mu}{I}B_0 \tag{7-1}$$

式中 B_0——以 T（Tesla）为单位的外加磁场强度；

μ——以核磁子为单位表示的核的磁矩，质子的磁矩为 2.792 7β , β 是一个常数，称为核磁子，等于 5.049×10^{-27} J/T。

由于氢核的 $I=1/2$，因此它只能有两种取向：一种与外磁场平行，这时能量较低，以磁量子数 $m = +\frac{1}{2}$ 表征；一种与外磁场逆平行，这时氢核的能量稍高，以 $m = -\frac{1}{2}$ 表征，这两种状态的能量分别为：

当 $m = +\frac{1}{2}$ 　　$E_{+\frac{1}{2}} = -\frac{m\mu}{I}B_0 = -\frac{\frac{1}{2}(\mu B_0)}{\frac{1}{2}} = -\mu B_0$

当 $m = -\frac{1}{2}$ 　　$E_{-\frac{1}{2}} = -\frac{m\mu}{I}B_0 = -\frac{\left(-\frac{1}{2}\right)(\mu B_0)}{\frac{1}{2}} = +\mu B_0$

其高低能态的能量差应由式（7-2）确定：

$$\Delta E = E_{-\frac{1}{2}} - E_{+\frac{1}{2}} = 2\mu B_0 \tag{7-2}$$

一般来说，自旋量子为 I 的核，其相临两能级之差为：

$$\Delta E = \mu \frac{B_0}{I} \tag{7-3}$$

（三）核的回旋

在低能态（或高能态）的氢核中，如果有些氢核的磁场与外磁场不完全平行，外磁场就要使它取向于外磁场的方向。也就是说，当具有磁矩的核置于外磁场中，它在外磁场的作用下，核自旋产生的磁场与外磁场发生相互作用，因而原子核的运动状态除自旋之外，还要附加一个以外磁场方向为轴线的回旋，它一面自旋，一面围绕着磁场方向发生回旋，这种回旋运动称进动（precession）或拉摩尔进动（Larmor precession）。它类似于陀螺的运动，陀螺旋转时，当陀螺的旋转轴与重力的作用方向有偏差时，就产生摇头运动，这就是进动。进动时有一定的频率，称拉摩尔频率。自旋核的角速度 ω_0，进动频率（拉摩尔频率）ν_0 与外加磁场强度 B_0 的关系可用拉摩尔公式表示：

$$\omega_0 = 2\pi\nu_0 = \gamma B_0 \tag{7-4}$$

式中 γ ——各种核的特征常数，称磁旋比（magnetogyric ratio），有时也称为旋磁比（gyromagnetic ratio），各种核有它的固定值。

三、 核磁共振

自旋核（氢核）在外磁场中的两种取向可用图 7-2 表示，斜箭头表示氢核自旋轴的取向。在这种情况下，$m = -\dfrac{1}{2}$ 的取向由于与外磁场方向相反，能量较 $m = +\dfrac{1}{2}$ 者为高。显然，在磁场中核倾向于具有 $m = +\dfrac{1}{2}$ 的低能态。而两种进动取向不同的氢核，其能量差 ΔE 等于：

$$\Delta E = 2\mu B_0$$

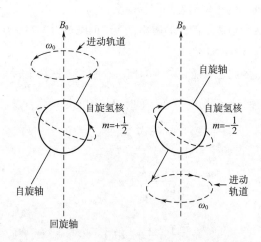

图 7-2 自旋核在外磁场中的两种取向示意图

在外磁场作用下，自旋核能级的裂分可用图 7-3 示意。由图可见，当磁场不存在时，$I = 1/2$ 的原子核对两种可能的磁量子数并不优先选择任何一个，此时具有简并的能级；若置于外加磁场中，则能级发生裂分，其能量差与核磁矩 μ 有关（由核的性质决定），也和外磁场强度有关〔式（7-3）〕。因此在磁场中，一个核要从低能态向高能态跃迁，就必须吸收 $2\mu B_0$ 的能量。换言之，核吸收 $2\mu B_0$ 的能量后，便产生共振，此时核由 $m = +\dfrac{1}{2}$ 的取向跃迁至 $m = -\dfrac{1}{2}$ 的取向。所以，与吸收光谱相似，为了产生共振，可以用具有一定能量的电磁波照射核。当电磁波的能量符合式（7-5）时：

$$\Delta E = 2\mu B_0 = h\nu_0 \tag{7-5}$$

进动核便与辐射光子相互作用（共振），体系吸收能量，核由低能态跃迁至高能态。式（7-5）中 ν_0=光子频率=进动频率；h（普朗克常数）= 6.63×10^{-34} J·s。在核磁共振中，此频率相当于射频范围。如果与外磁场垂直方向，放置一个射频振荡线圈，产生射电频率的电磁波，使之照射原子核，当磁场强度为某一数值时，核进动频率与振荡器所产生的旋转磁场频率相等，则

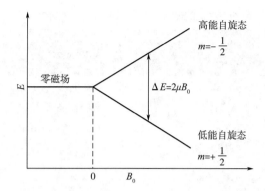

图 7-3　在外磁场作用下，核自旋能级的裂分示意图

原子核与电磁波发生共振，此时将吸收电磁波的能量而使核跃迁到较高能态（$m = -\dfrac{1}{2}$）上，如图 7-4 所示。

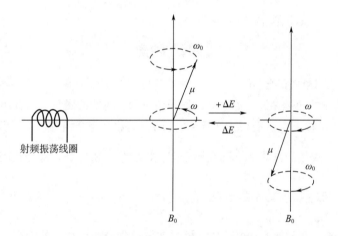

图 7-4　在外加磁场中电磁辐射（射频）与进动核的相互作用

改写式（7-4）可得：

$$\nu_0 = \frac{\gamma B_0}{2\pi} \tag{7-6}$$

式（7-6）或式（7-4）是发生核磁共振时的条件，即发生共振时射电频率 ν_0 与磁场强度 B_0 之间的关系。此式还说明下述两点。

（1）对于不同的原子核，由于 γ（磁旋比）不同，发生共振的条件不同；即发生共振时 ν_0 和 B_0 的相对值不同。表 7-2 列举了数种磁性核的磁旋比和它们发生共振时 ν_0 和 B_0 的相对值。即在相同的磁场中，不同原子核发生共振时的频率各不相同，根据这一点可以鉴别各种元素及同位素。例如，用核磁共振方法测定重水中的 H_2O 的含量，D_2O 和 H_2O 的化学性质十分相似，但二者的核磁共振频率却相差极大。因此核磁共振法是一种十分敏感而准确的方法。

表 7-2   数种磁性核的磁旋比及共振时 γ_0 和 B_0 的相对值

核	γ (ω_0 / B_0)	ν_0 / MHz	
	10^6 rad/ (T·s)	$B_0 = 1.409$ T	$B_0 = 2.350$ T
^1H	2.68	60.0	100
^2H	0.411	9.21	15.4
^{13}C	0.675	15.1	25.2
^{19}F	2.52	56.4	94.2
^{31}P	1.086	24.3	40.5
^{203}Tl	1.528	34.2	57.1

（2）对于同一种核，γ 值一定。当外加磁场一定时，共振频率也一定；当磁场强度改变时，共振频率也随着改变。例如，氢核在 1.409 T 的磁场中，共振频率为：

$$\nu_0 = \frac{2\mu B_0}{h} = \frac{2 \times 2.793 \times 5.05 \times 10^{-27} \times 1.409}{6.63 \times 10^{-34}} = 60 \times 10^6 \, s^{-1} = 60 \, MHz$$

而在 2.350 T 时，共振频率为 100 MHz。

四、 弛豫

（一）氢核在磁场中的分布

前已述及，当磁场不存在时，$I = 1/2$ 的原子核对两种可能的磁量子数并不优先选择任何一个。在一大集的这类核中，m 等于 $+1/2$ 及 $-1/2$ 的核的数目完全相等。在磁场中，核则倾向于具有 $m = +\frac{1}{2}$，此种核的进动是与磁场定向有序排列的（图 7-2），即如指南针在地球磁场内定向排列的情况相似。所以在有磁场存在下，$m = +\frac{1}{2}$ 比 $m = -\frac{1}{2}$ 的能态更为有利，然而核处于 $m = +\frac{1}{2}$ 的趋向，可被热运动所破坏。根据波尔兹曼分布定律，处于高、低能态核数的比例为：

$$\frac{N_j}{N_0} = e^{-(\Delta E / kT)} \tag{7-7}$$

式中 N_j 和 N_0——处于高能态和低能态的氢核数；

           ΔE——两种能态的能级差；

           k——玻尔兹曼常数；

           T——绝对温度。

若将 10^6 个质子放入温度为 25 ℃磁场强度为 4.69 T 的磁场中，则处于高能态的核与处于低能态的核的比为：

$$\frac{N_j}{N_0} = e^{\frac{\gamma h B_0}{2\pi kT}} = e^{-3.27 \times 10^{-5}} = 0.999967$$

则处于高、低能级的核分别为：

$$N_j \approx 499992$$
$$N_0 \approx 500008$$

即处于低能级的核比处于高能级的核只多16个。

若以合适的射频照射处于磁场的核，核吸收外界能量后，由低能态跃迁到高能态，其净效应是吸收，产生共振信号。此时，^1H核的玻尔兹曼分布被破坏。当数目稍多的低能级核跃迁至高能态后，从 $+\frac{1}{2} \rightarrow -\frac{1}{2}$ 的速率等于从 $-\frac{1}{2} \rightarrow +\frac{1}{2}$ 的速率时，试样达到"饱和"，能量的净吸收逐渐减少，共振吸收峰渐渐降低，甚至消失，使吸收无法测量。但是，若较高能态的核能够及时回复到较低能态，就可以保持稳定信号。

（二）弛豫过程

由于核磁共振中氢核发生共振时吸收的能量 ΔE 是很小的，因而跃迁到高能态的氢核不可能通过发射谱线的形式失去能量而返回到低能态（如发射光谱那样），这种由高能态回复到低能态而不发射原来所吸收的能量的过程称为弛豫（relaxation）过程。被激发到高能态的核必须通过适当的途径将其获得的能量释放到周围环境中去，使核从高能态降回到原来的低能态，产生弛豫过程。就是说，弛豫过程是核磁共振现象发生后得以保持的必要条件。否则，信号一旦产生，将很快达到饱和而消失。在 NMR 中有两种重要的弛豫过程，即自旋-晶格弛豫和自旋-自旋弛豫。

（1）自旋-晶格弛豫（spin-lattice relaxation） 处于高能态的氢核，把能量转移给周围的分子（固体为晶格，液体则为周围的溶剂分子或同类分子）变成热运动，氢核就回到低能态。于是对于全体的氢核而言，总的能量是下降了，故又称纵向弛豫（longitudinal relaxation）。

由于原子核外有电子云包围着，因而氢核能量的转移不可能和分子一样由热运动的碰撞来实现。自旋晶格弛豫的能量交换可以描述如下：当一群氢核处于外磁场中时，每个氢核不但受到外磁场的作用，也受到其余氢核所产生的局部场的作用。局部场的强度及方向取决于核磁矩、核间距及相对于外磁场的取向。在液体中分子在快速运动，各个氢核对外磁场的取向一直在变动，于是就引起局部场的快速波动，即产生波动场。如果某个氢核的进动频率与某个波动场的频率刚好相符，则这个自旋的氢核就会与波动场发生能量弛豫，即高能态的自旋核把能量转移给波动场变成动能，这就是自旋-晶格弛豫。

在一群核的自旋体系中，经过共振吸收能量以后，处于高能态的核增多，不同能级核的相对数目就不符合玻尔兹曼分布定律。通过自旋-晶格弛豫，高能态的自旋核渐渐减少，低能态的渐渐增多，直到符合玻尔兹曼分布定律（平衡态）。

自旋晶格弛豫时间以 T_1 表示，气体、液体的 T_1 约为 1 s，固体和高黏度的液体 T_1 较大，有的甚至可达数小时。

（2）自旋-自旋弛豫（spin-spin relaxation） 两个进动频率相同、进动取向不同的磁性核，即两个能态不同的相同核，在一定距离内时，它们会互相交换能量，改变进动方向，这就是自旋-自旋弛豫。通过自旋-自旋弛豫，磁性核的总能量未变，因而又称横向弛豫（transverse relaxation）。

自旋-自旋弛豫时间以 T_2 表示，一般气体、液体的 T_2 也是 1 s 左右。固体及高黏度试样中由于各个核的相互位置比较固定，有利于相互间能量的转移，故 T_2 极小。即在固体中各个磁性核在单位时间内迅速往返于高能态与低能态之间。其结果是使共振吸收峰的宽度增大，分辨率降低。因此在核磁共振分析中固体试样宜先配成溶液。

第二节　核磁共振波谱仪

按工作方式，可将高分辨核磁共振波谱仪分为两种类型：连续波（continuous wave）核磁共振谱仪和脉冲傅立叶变换核磁共振谱仪（PFT-NMR）。

一、连续波核磁共振谱仪（CW-NMR）

图7-5是连续波核磁共振谱仪的示意图。它主要由下列部件组成：①磁体；②探头；③射频和音频发射单元；④频率和磁场扫描单元；⑤信号放大、接受和显示单元。后三个部件装在波谱仪内。

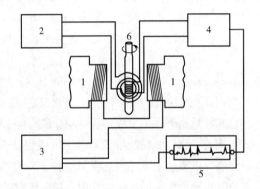

图7-5　核磁共振波谱仪示意图

1—磁铁　2—射频振荡器　3—扫描发生器　4—检测器　5—记录器　6—试样提升和旋转装置

（一）磁体

磁体是核磁共振仪最基本的组成部分。它要求磁体能提供强而稳定、均匀的磁场。当磁场强度为1.409 T时，其不均匀性应小于六千万分之一。这个要求很高，即便细心加工也极难达到。因此在磁铁上备有特殊的绕组，以抵消磁场的不均匀性。核磁共振仪磁体使用的磁铁有三种：永久磁铁、电磁铁和超导磁铁。由永久磁铁和电磁铁获得的磁场一般不能超过2.5 T。而超导磁体可使磁场高达10 T以上，并且磁场稳定、均匀。超导磁铁是装有铌钛合金螺线管，放在液氦杜瓦瓶中（液氦温度：4 K），导线电阻接近零，导线很细，匝数很多，可产生很强的磁场。因温度恒定，磁场很稳定，但超导核磁仪器昂贵，保养费用很高，仪器不工作也必须用液氦及液氮维持低温。目前国内外所使用的超导核磁共振仪一般在400~800 MHz，最高可达950 MHz乃至1.2 GHz。

图7-6显示了超导核磁共振波谱仪磁体结构，可以看出，提供磁场的超导磁铁（线圈）浸没于液氦中，为了减少液氦的挥发，在其外周还有液氮层。

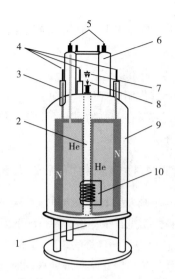

图 7-6　超导核磁共振波谱仪磁体结构

1—探头进入处　2—空腔　3—液氮塔　4—液氮注入口　5—液氮注入口　6—液氮塔

7—金属头　8—进样处　9—真空腔　10—磁铁（线圈）

（二）探头

探头装在磁极间隙内，用来检测核磁共振信号，是仪器的心脏部分。探头除包括试样管外，还有发射线圈、接受线圈以及预放大器等元件。待测试样放在试样管内，再置于绕有接受线圈和发射线圈的套管内。磁场和频率源通过探头作用于试样。

为了使磁场的不均匀性产生的影响平均化，试样探头还装有一个气动涡轮机，以使试样管能沿其纵轴以每分钟几百转的速度旋转。

除常规的在室温下使用的探头之外，现在的核磁共振谱仪也越来越多地配置超低温探头，超低温探头通过降低前放和探头线圈温度，线圈的功效得到了极大的改善，前置放大器和探头线圈的温度噪声大幅降低，提高了 S/N 信噪比。比较传统的探头，超低温探头 S/N 信噪比可以提高 4 倍，扫描时间可以减少 16 倍或者样品浓度减少 4 倍。因此，对于量比较少的小分子化合物，以及蛋白质、多糖等大分子物质，使用超低温探头测试可获得令人满意的谱图。

（三）波谱仪

（1）射频源和音频调制　高分辨波谱仪要求有稳定的射频频率和功率。为此，仪器通常采用恒温下的石英晶体振荡器得到基频，再经过倍频、调谐和功率放大得到所需的射频信号源。

为了提高基线的稳定性和磁场锁定能力，必须用音频调制磁场。为此，从石英晶体振荡器中得到音频调制信号，经功率放大后输入到探头调制线圈。

（2）扫描单元　核磁共振仪的扫描方式有两种：一种是保持频率恒定，线性地改变磁场，称为扫场；另一种是保持磁场恒定，线性地改变频率，称为扫频。许多仪器同时具有这两种扫描方式。扫描速度的大小会影响信号峰的显示。速度太慢，不仅增加了实验时间，而且信号容易饱和；相反，扫描速度太快，会造成峰形变宽，分辨率降低。

（3）接收单元　从探头预放大器得到的载有核磁共振信号的射频输出，经一系列检波、放大后，显示在示波器和记录仪上，得到核磁共振谱。

（4）信号累加　若将试样重复扫描数次，并使各点信号在计算机中进行累加，则可提高连续波核磁共振仪的灵敏度。当扫描次数为 N 时，则信号强度正比于 N，而噪声强度正比于 $\sqrt{N}$，因此，信噪比扩大了 $\sqrt{N}$ 倍。

核磁共振波谱仪一般还备有以下配套装置：

（1）去偶器　可进行双照射，其作用原理见本章第五节。

（2）温度可变装置　黏稠的试液可在较高的温度下分析，使试液流动性较好，否则黏稠的试样会使共振吸收峰变宽，影响分辨率。

二、 脉冲傅立叶变换核磁共振谱仪（ PFT–NMR ）

连续波核磁共振仪采用的是单频发射和接收方式，在某一时刻内，只能记录谱图中的很窄一部分信号，即单位时间内获得的信息很少。在这种情况下，对那些核磁共振信号很弱的核，如 ^{13}C、^{15}N 等，即使采用累加技术，也得不到良好的效果。为了提高单位时间的信息量，可采用多道发射机同时发射多种频率，使处于不同化学环境的核同时共振，再采用多道接收装置同时得到所有的共振信息。例如，在 100 MHz 共振仪中，质子共振信号化学位移范围为 10 时，相当于 1000 Hz；若扫描速度为 2 Hz/s，则连续波核磁共振仪需 500 s 才能扫完全谱。而在具有 1000 个频率间隔 1 Hz 的发射机和接收机同时工作时，只要 1 s 即可扫完全谱。显然，后者可大幅提高分析速度和灵敏度。傅立叶变换 NMR 谱仪是以适当宽度的射频脉冲作为"多频道发射机"，样品受到短而强的射频脉冲辐射，射频脉冲包含着一系列的谐波分量，其频率范围和强度取决于脉冲周期 T 及脉冲宽度 T_P。图 7–7（1）是射频 ν_0 构成的一射频脉冲，包含的谐波分量由图 7–7（2）表示。中心处 ν_0 强度最大，其他各谐波分量以 $1/T$ 为间隔向两边扩展，强度逐渐减小，在 $1/T_P$ 处为零，然后谐波反相。调节 T_P 及 T 使谐波分布包括整个共振区。这样的射频脉冲就相当于一多频道发射机，核的共振谱线瞬即全部被激发。接收到的信号是复杂的频率干涉图，强度随时间逐渐衰减，这样信号称作自由感应衰减（free induction decay，FID）信号 ［图 7–7（3）］。它是时间域的函数。由于通常的核磁共振谱是频率域的函数，所以必须由计算机进行傅立叶变换。

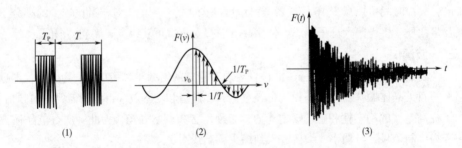

图 7–7　射频脉冲（1）、谐波分量（2）以及自由感应衰减信号（3）

图 7–8 为脉冲傅立叶变换 NMR 仪框图。该类仪器所用磁铁与连续波谱仪相同，主要差别在谱仪部分。仪器工作时，振荡器产生 100 MHz 的射频，脉冲程序发生器控制脉冲门开关。发射脉冲时，接收器关闭，停止发射脉冲时，打开接收器，接收自由感应衰减信号，经过放大，计算机将其进行傅立叶变换，由示波器或记录仪获得 NMR 谱图。

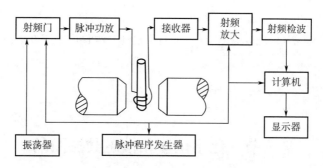

图 7-8 PFT-NMR 仪示意图

由于脉冲傅立叶变换仪每发射一次脉冲，相当于连续波的一次测量，因而每次测量时间大幅缩短，便于作多次累加。因此，PFT-NMR 的问世，使 NMR 测量的核从 ^1H、^{19}F 扩展到 ^{13}C、^{15}N 等核。

三、 核磁共振谱仪的主要性能指标

核磁共振（NMR）谱仪的主要性能指标有三项：分辨率、灵敏度和稳定性。

（一）分辨率

分辨率是指频率轴方向上分辨或区分谱峰的能力。分辨率越高，谱线越窄，能分开两峰间距就越小。测试样品时用乙醛作标准样品，乙醛的醛基是一四重峰，取其最左边峰的半高宽为仪器的分辨率。通常简易型仪器分辨率为 0.6~1 Hz，研究型仪器为 0.1~0.3 Hz，影响分辨率主要是磁场的非均匀性。

（二）灵敏度

灵敏度是衡量仪器检测最少样品的能力。用 1% 乙苯 CCl_4 溶液，测其亚甲基四重峰最高峰的高度 S 和最大噪声高度 N（图 7-9），则灵敏度为 3 倍信噪比，即 $3 \times S/N$。简易型仪器灵敏度为 20~30，研究型仪器均在 50 以上。提高信噪比的最有效方式是增加样品中的自旋数，即增加样品浓度，增加扫描次数以及降低探头温度同样也可以提高信噪比。信噪比 S/N 的增加与样品浓度线性关系，但却仅与采样次数的平方根成正比，降低探头温度主要是通过降低探头上相关原件的热噪声来提高信噪比。

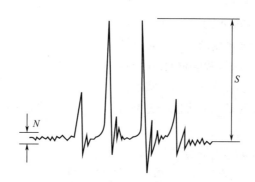

图 7-9 乙苯的 $-CH_2-$ NMR 谱线及信噪比的测量

（三）稳定性

一般用信号的漂移衡量仪器的稳定性。短期稳定性，漂移应小于 0.2 Hz/h，长期稳定性，漂移要小于 0.6 Hz/12h。

第三节　化学位移和核磁共振图谱

一、　化学位移（ chemical shift ）

（一）化学位移的产生

在上面的讨论中是假定所研究的氢核受到磁场的全部作用，当频率 ν_0 和磁场强度 B_0 符合式（7-6）时，试样中的氢核发生共振，产生一个单一的峰。实际上并不是这样，每个原子核都被不断运动着的电子云所包围。按照楞次定律，在外磁场作用下，核外电子会产生环电流，并感应产生一个与外磁场方向相反的次级磁场，如图7-10所示。这种对抗外磁场的作用称为电子的屏蔽效应（shielding effect）。

由于电子的屏蔽效应，使某一个质子实际上受到的磁场强度，不完全与外磁场强度相同。此外，分子中处于不同化学环境中的质子，核外电子云的分布情况也各异，因此，不同化学环境中的质子，受到不同程度的屏蔽作用。在这种情况下，质子实际上受到的磁场强度 B，等于外加磁场 B_0 减去其外围电子云产生的次级磁场 B'，其关系可用式（7-8）表示：

$$B = B_0 - B' \qquad (7-8)$$

由于次级磁场的大小正比于所加的外磁场强度，即 $B' \propto B_0$，故式（7-8）可写成：

$$B = B_0 - \sigma B_0 = B_0(1 - \sigma) \qquad (7-9)$$

式中　σ——屏蔽常数（shielding constant）。

它与原子核外的电子云密度及所处的化学环境有关。电子云密度越大，屏蔽程度越大，σ 值也越大。反之，则小。而电子云密度又和氢核所处的化学环境有关，与相邻的基团是推电子还是吸电子等因素有关。

当氢核发生核磁共振时，由式（7-5）可知：

$$\nu_0 = \mu \frac{2B}{h} = \mu \frac{2B_0(1 - \sigma)}{h}$$

或

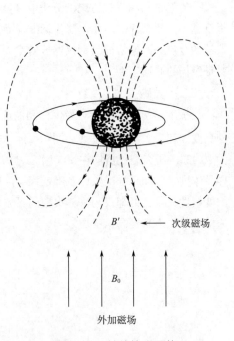

图 7-10　核的抗磁屏蔽

$$B_0 = \frac{\nu_0 h}{2\mu(1 - \sigma)} \tag{7-10}$$

由式（7-10）可知，屏蔽常数 σ 不同的质子，其共振峰将分别出现在核磁共振谱的不同频率区域或不同磁场强度区域。因此由屏蔽作用所引起的共振时频率或磁场强度的移动现象称为化学位移。若固定照射频率，σ 大的质子出现在高磁场处，而 σ 小的质子出现在低磁场处，由于化学位移的大小与氢核所处化学环境密切有关，因此就有可能根据化学位移的大小来考虑氢核所处的化学环境，也就是有机物的分子结构情况。

（二）化学位移的表示方法

化学位移 δ 在扫场时可用磁场强度的改变来表示；在扫频时也可用频率的改变来表示。由于我们不可能用一个赤裸裸的氢核来进行核磁共振测定，因此化学位移没有一个绝对标准。于是就必须找一个人为的标准，一般用四甲基硅烷 [tetramethylsilane，$Si(CH_3)_4$，TMS] 作内标，即在试样中加入少许 TMS，以 TMS 中氢核共振时的磁场强度作为标准，人为地把它的 δ 定为零。用 TMS 作标准是由于下列几个原因：①TMS 中的 12 个氢核处于完全相同的化学环境中，它们的共振条件完全一样，因此只有一个尖峰；②它们外围的电子云密度和一般有机物相比是最密的，因此这些氢核都是最强烈地被屏蔽着，共振时需要的外加磁场强度最强，δ 值最大，不会和其他化合物的峰重叠；③TMS 是化学惰性，不会和试样反应；④易溶于有机溶剂，且沸点低（27 ℃），因此回收试样较容易。而在较高温度测定时可使用较不易挥发的六甲基二硅醚 [HMDS，$(CH_3)_3SiOSi(CH_3)_3$，δ 0.055]；水溶液中则可改用 3-三甲基硅丙烷磺酸钠 [DSS，$(CH_3)_3Si(CH_2)_3SO_3Na$，δ 0.015] 作内标。

对于 NMR，因为 TMS 共振时的磁场强度 B 最高，现在人为地把它的化学位移定为零作为标准，因而一般有机物中氢核的 δ 都是负值。为了方便起见，δ 取绝对值，不加负号。凡是 δ 值较大的氢核，就称为低场，位于图谱中的左面，δ 较小的氢核是高场，位于图谱的右面，TMS 峰位于图谱的最右面。

为了应用方便，δ 一般都用相对值来表示，是量纲为 1 的单位。又因氢核的 δ 值数量级为百万分之几到十几，因此常在相对值上乘以 10^6，即：

$$\delta = \frac{B_{TMS} - B}{B_{TMS}} \times 10^6 \approx \frac{\nu - \nu_{TMS}}{\nu_{TMS}} \times 10^6 \tag{7-11}$$

由于现在的核磁仪器主要是 PFT-NMR，谱的横坐标是频率，且式（7-11）右端分子相对分母小几个数量级，ν_{TMS} 也很接近仪器的公称频率 ν_0，故式（7-11）可写作：

$$\delta \approx \frac{\nu_{sample} - \nu_{TMS}}{\nu_0} \times 10^6 \tag{7-12}$$

二、核磁共振谱

图 7-11 是用 60 MHz 仪器测定乙醚的核磁共振谱。图中横坐标是化学位移，用 δ 表示。图谱的左边为低磁场，右边为高磁场（如图 7-11 中下半部分所示）。谱图中有两条曲线，下面一条是乙醚中质子的共振线，其中右边的三重峰为乙基中化学环境相同的甲基质子的吸收峰，左边的四重峰为乙基中化学环境相同的亚甲基质子的峰。图谱中 $\delta = 0$ 的吸收峰是标准试样 TMS 的吸收峰。图 7-11 中上面的阶梯式曲线是积分线，它用来确定各基团的质子比。

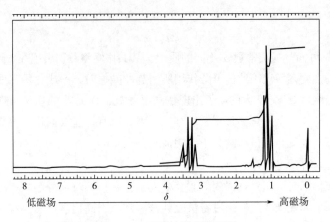

图7-11　乙醚的核磁共振谱

从质子共振谱图上，可以得到如下信息：

（1）吸收峰的组数，说明分子中化学环境不同的质子有几组。例如，图7-11中有两组峰，说明分子中有两组化学环境不同的质子，即甲基质子和亚甲基质子。当然，对高级图谱来说，情况复杂，不能简单地用上述方法说明。

（2）质子吸收峰出现的频率，即化学位移，说明分子中的基团情况。

（3）峰的分裂个数及偶合常数，说明基团间的连接关系。

（4）阶梯式积分曲线高度，说明各基团的质子比。

例1　某化合物分子式为 C_4H_8O，核磁共振谱上共有三组峰，化学位移 δ 分别为 1.05、2.13、2.47；积分曲线高度分别为 3、3、2 格，试问各组氢核数为多少？

解析：积分曲线总高度 = 3+3+2 = 8

因分子中有 8 个氢，每一格相当一个氢。

故：δ = 1.05 峰示有 3 个氢；

δ = 2.13 峰示有 3 个氢；

δ = 2.47 峰示有 2 个氢。

另外，还可以根据不重叠的单峰为标准进行计算。例如，当分子中有甲氧基时，在 δ = 3.22~4.40 出现甲氧基的信号，因此，用 3 除相应阶梯曲线的格数，就知道每一个质子相当于多少格。

三、　影响化学位移的因素

化学位移是由核外电子云密度决定的，因此影响电子云密度的各种因素都将影响化学位移。影响因素有内部的，如诱导效应、共轭效应和磁的各向异性效应等；外部的如溶剂效应、氢键的形成等。

（一）诱导效应

一些电负性基团如卤素、硝基、氰基等，具有强烈的吸电子能力，它们通过诱导作用使与之邻接的核的外围电子云密度降低，从而减少电子云对该核的屏蔽，使核的共振频率向低场移动。一般来说，在没有其他影响因素存在时，屏蔽作用将随相邻基团的电负性的增加而减小，而化学位移 δ 则随之增加。例如，F 的电负性（4.0）远大于 Si 的电负性（1.8），在 CH_3F 中质子化学位移为 4.26，而在 $(CH_3)_4Si$ 中质子化学位移为 0。

（二）共轭效应

共轭效应同诱导效应一样，也会使电子云的密度发生变化。例如在化合物乙烯醚、乙烯及 α，β-不饱和酮中，若乙烯为标准（$\delta = 5.28$）来进行比较，则可以清楚地看到，乙烯醚上由于存在 p-π 共轭，氧原子上未共享的 p 电子对向双键方向推移，使 β-H 的电子云密度增加，造成 β-H 化学位移移至高场（$\delta = 3.57$ 和 $\delta = 3.99$）。另一方面，在 α，β-不饱和酮中，由于存在 π-π 共轭，电负性强的氧原子把电子拉向自己一边，使 β-H 的电子云密度降低，因而化学位移移向低场（$\delta = 5.50$ 和 $\delta = 5.87$）。

有时诱导和共轭作用可能同时出现在同一个分子中。质子位移的方向要由两种作用总的结果是使该基团的电子云密度增加还是减少来决定。如苯环上的硝基取代基，既有诱导效应，又有共轭作用，综合作用的结果使苯环上硝基的邻、对位质子的电子云密度降低，在低场共振。

（三）磁各向异性效应

在分子中，质子与某一官能团的空间关系，有时会影响质子的化学位移。这种效应称磁各向异性效应（magnetic anisotropy）。磁各向异性效应是通过空间而起作用的，它与通过化学键而起作用的效应（如上述诱导效应和共轭效应）是不一样的。

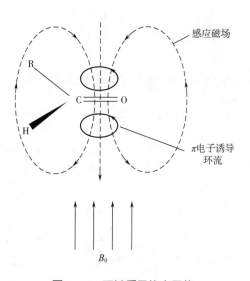

图 7-12 双键质子的去屏蔽

例如，C＝C 或 C＝O 双键中的 π 电子云垂直于双键平面，它在外磁场作用下产生环流。由图 7-12 可见，在双键平面上的质子周围，感应磁场的方向与外磁场相同而产生去屏蔽，吸收峰位于低场。然而在双键上下方向则是屏蔽区域，因而处在此区域的质子共振信号将在高场出现。

乙炔基具有相反的效应。由于碳碳三键的 π 电子以键轴为中心呈对称分布（圆柱体），在外磁场诱导下形成绕键轴的电子环流。此环流所产生的感应磁场，使处在键轴方向上下的质子受屏蔽，因此吸收峰位于较高场，而在键上方的质子信号则在较低场出现（图 7-13）。

芳环有三个共轭双键，它的电子云可看作是上下两个面包圈似的 π 电子环流，环流半径与芳环半径相同，如图 7-14 所示。在芳环中心是屏蔽区，而四周则是去屏蔽区。因此芳环质子共振吸收峰位于显著低场（δ 在 7 左右）。

由上述可见，磁各向异性效应对化学位移的影响，可以是反磁屏蔽（感应磁场与外磁场反方向），也可能是顺磁屏蔽（去屏蔽）。它们使化学位移变化的方向可用图 7-15 表示。

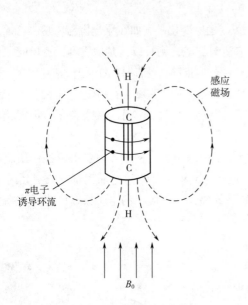

图 7-13 乙炔质子的屏蔽作用

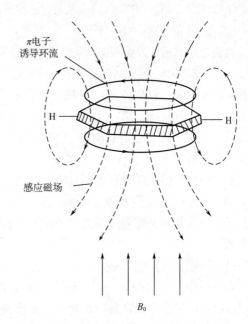

图 7-14 芳环中由 π 电子诱导环流产生的磁场

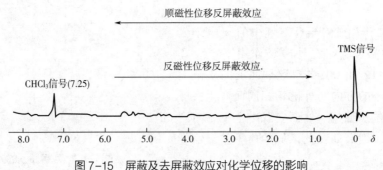

图 7-15 屏蔽及去屏蔽效应对化学位移的影响

（四）氢键

当分子形成氢键时，氢键中质子的信号明显地移向低场，化学位移 δ 变大。一般认为这是由于形成氢键时，质子周围的电子云密度降低所致。

对于分子间形成的氢键，化学位移的改变与溶剂的性质以及浓度有关。在惰性溶剂的稀溶液中，可以不考虑氢键的影响。这时各种羟基显示它们固有的化学位移。但是，随着浓度的增加，它们会形成氢键。例如，正丁烯-2-醇的质量分数从 1% 增至纯液体时，羟基的化学位移 δ 从 1 增至 5，变化了 4 个单位。对于分子内形成的氢键，其化学位移的变化与溶液浓度无关，只取决于它自身的结构。

化学位移在确定化合物的结构方面起很大作用。关于化学位移与结构的关系，前人已做了大量的实验，并已总结成表。表 7-3 列出了一些典型基团的化学位移，应该指出，化学位移范围只是大致的，因为它还与其他许多因素有关。

表 7-3　　　　　　　　　　各种含氢官能团的 δ 值范围

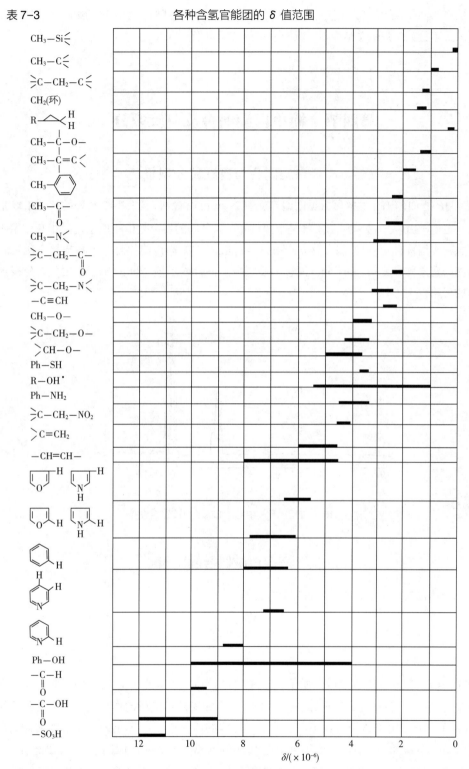

虽然影响质子化学位移的因素较多，但化学位移和这些因素之间存在着一定的规律性，而且在每一系列给定的条件下，化学位移数值可以重复出现，因此根据化学位移来推测质子的化学环境是很有价值的。现在某些基团或化合物（如次甲基、烯氢、取代苯、稠环芳烃等）的质

子化学位移 δ_H 可用经验式予以估算，这些经验式是根据取代基对化学位移的影响具有加和性的原理由大量实验数据归纳总结而得，具有一定的实用价值。

第四节　简单自旋偶合及自旋裂分

一、自旋偶合与自旋裂分现象

图 7-16 是 CH_3CH_2I 的核磁共振图谱，从图 7-16 可以看到 $\delta = 1.6 \sim 2.0$ 处的 —CH_3 峰是个三重峰，在 $\delta = 3.0 \sim 3.4$ 处的—CH_2 峰是个四重峰，这种峰的裂分是由于质子之间相互作用所引起的，这种作用称自旋-自旋偶合（spin-spin coupling），简称自旋偶合。由自旋偶合所引起的谱线增多的现象称自旋-自旋裂分，简称自旋裂分。偶合表示质子间的相互作用，裂分表示谱线增多的现象。

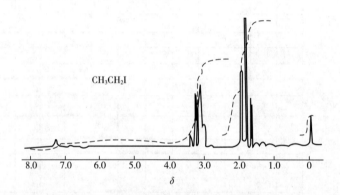

图 7-16　$CDCl_3$ 溶液中 CH_3CH_2I 的核磁共振谱

二、产生自旋偶合的原因

下面以碘乙烷为例来说明产生自旋偶合的原因。

$$H_d-\underset{\underset{H_d}{|}}{\overset{\overset{H_d}{|}}{C}}-\underset{\underset{H_c}{|}}{\overset{\overset{H_c}{|}}{C}}-I$$

在 CH_3CH_2I 分子中存在着两组质子，即 H_d（结合在一个碳原子上，组成甲基）和 H_c（组成次甲基）。在进行核磁共振分析时，在甲基中的 H_d 除受外界磁场的作用之外，还受到相邻碳原子上 H_c 的影响。由于质子是在不断自旋的，自旋的质子产生一个小磁矩，已如前述。对于 H_d 来说，在相邻碳原子上有两个 H_c，也就是在 H_d 的近旁存在着两个小磁铁，通过成键的价电子的传递，就必然要对 H_d 产生影响，使 H_d 受到的磁场强度发生改变。由于质子的自旋有两种取向，两个 H_c 的自旋就可能有三种不同的组合，即（1）$\underset{\Longrightarrow}{}$，（2）$\underset{\Longleftarrow}{}$，（3）$\longrightarrow\ \longleftarrow$。假使（1）这种情况产生的核磁场与外界磁场方向一致，使 H_d 受到的磁场力增强，于是 H_d 的共振信号将出现在比原来稍低的磁场强度处；（2）与外磁场方向相反，使 H_d 受到的磁场力降低，于是使 H_d 的共振信号出现在比原来稍高的磁场强度处；（3）对于 H_d 的共振不产生影响，共振峰仍在原处出现。由于 H_c 的影响，H_d 的共振峰将要一分为三，形成三重峰。又由于（3）这种组合出现的概率二倍于（1）或（2），于是中间的共振峰的强度也将二倍于（1）或（2），如图 7-16 所示，其强度比为 $1:2:1$。

同样情况，H_d 也影响 H_c 的共振，3 个 H_d 的自旋取向有 8 种，但这 8 种只有 4 个组合是有影响的，故 3 个 H_d 质子使 H_c 的共振峰裂分为四重峰，各个峰的强度比为 $1:3:3:1$（图 7-17）。

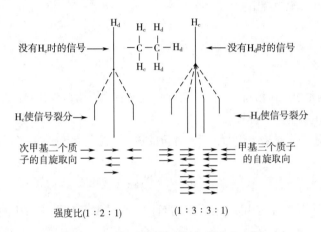

图 7-17　碘乙烷的核磁共振裂分示意图

三、　偶合常数

由自旋偶合产生的裂分谱线间距即为偶合常数（coupling constant）用 J 表示。它具有下述规律：

（1）偶合裂分是质子之间相互作用所引起的，因此 J 值的大小表示了相邻质子间相互作用力的大小，与外部磁场强度无关。这种相互作用的力是通过成键的价电子传递的，当质子间相隔 3 个键时，这种力比较显著，随着结构的不同，J 值在 1~20 Hz；如果相隔四个单键或四个以上单键，相互间作用力已很小，J 值减小至 1 Hz 左右或等于零。根据相互偶合的氢核之间相隔键数，可将偶合作用分为：同碳偶合（相隔两个键）、邻碳偶合（相隔 3 个键）和远程偶合（相隔 3 个键以上），并用 ^2J、^3J……分别表示同碳和邻碳偶合。

（2）由于偶合是质子相互之间彼此作用的，因此互相偶合的两组质子，其偶合常数 J 值相等。

（3）J 值与取代基团、分子结构等因素有关。

四、　产生自旋偶合的条件

（一）　核的化学等价和磁等价

在核磁共振谱中，有相同化学环境的核具有相同的化学位移。这种有相同化学位移的核称为化学等价。例如，在对硝基苯甲醚中：

$$\begin{array}{c} NO_2 \\ H_{a'} \quad\quad H_a \\ H_{b'} \quad\quad H_b \\ OCH_3 \end{array}$$

H_a 和 $H_{a'}$（或 H_b 和 $H_{b'}$）质子的化学环境相同，化学位移相同，它们是化学等价的。又如，在苯环上 6 个氢的化学位移相同，它们是化学等价的。

所谓磁等价是指分子中的一组氢核，其化学位移相同，且对组外任何一个原子核的偶合常数也相同。例如，在二氟甲烷中：

$$\begin{array}{c} F_1 \\ H_1-C-F_2 \\ H_2 \end{array}$$

H_1 和 H_2 质子的化学位移相同，并且它们对 F_1 或 F_2 的偶合常数也相同；即 $J_{H_1F_1}=J_{H_2F_1}$，$J_{H_1F_2}=J_{H_2F_2}$，因此，H_1 和 H_2 称为磁等价核。

化学等价的核不一定是磁等价的，而磁等价的核一定是化学等价的。例如，在二氟乙烯中：

$$\begin{array}{c} H_1 \quad\quad F_1 \\ C=C \\ H_2 \quad\quad F_2 \end{array}$$

两个 H 和两个 F 虽然环境相同，是化学等价的，但是由于 H_1 与 F_1 是顺式偶合，与 F_2 是反式偶合。同理 H_2 与 F_2 是顺式偶合，与 F_1 是反式偶合。所以 H_1 和 H_2 是磁不等价的。

（二）自旋裂分的产生

一般有机物中，相互之间的自旋偶合作用，主要是由分子中不同氢核之间引起的。在分子中，那些磁等价核，虽然也有自旋干扰，但不产生峰的裂分。例如，$CH_3—CH_3$ 中的 6 个氢核都是磁等价的，虽然相互之间有自旋干扰，但综合表现为一个单峰，所以只有磁不等价的氢核之间才产生峰裂分的偶合作用。哪些氢核是磁不等价的呢？

（1）化学环境不同的氢核，如 $CH_3—CH_2—OH$ 中的 3 种氢。

（2）与不对称碳相连的 CH_2 上的氢，如 $CH_3O^*CHCl—CH_2Cl$ 中，不对称碳（打 * 号者）相连的 CH_2 上的 2 个氢（或该碳上的 2 个甲基上的氢）。

（3）环上 CH_2 中的 2 个氢。

（4）具有双键性质的单键上面的氢（或甲基），如 $RCONH_2$ 或 $HCON(CH_3)_2$，由于 $p-\pi$ 共轭，使 C—N 键有些双键性质，故 NH_2 的 2 个氢和 $N(CH_3)_2$ 中的 2 个甲基成为磁不等价的。

$$\begin{array}{cc} O \quad H & O \quad CH_3 \\ C=N & C=N \\ R \quad H & H \quad CH_3 \end{array}$$

（5）磁不等价的氢核，相隔 3 个单键以后便不再引起自旋偶合作用。如：

$$\begin{array}{c} H \quad\quad H \\ H-C \quad\quad Cl \\ C-C-R \\ H \quad\quad H \\ H \quad\quad Cl \end{array}$$

甲基上的氢不再与 CH_2 上的氢发生偶合作用。

五、 自旋体系的分类

通常，规定$\Delta\nu/J>10$为弱偶合，$\Delta\nu/J<10$为强偶合。前者属一级图谱，后者属高级图谱，根据偶合的强弱，可以把核磁共振谱分为若干体系。其命名规则如下：强偶合的核以ABC……KLM……或XYZ等相连的英文字母表示，并称为ABC……多旋体系；弱偶合的核则以AMX……等不相连的英文字母表示，并称为AMX……多旋体系；磁等价的核可以用完全相同的字母表示，如A_2、B_3等。只是化学等价而不是磁等价的核则以AA′、BB′等符号表示。下面举例说明之。

例2 在邻二氯苯（Ⅰ）中，H_a、$H_{a'}$及H_b、$H_{b'}$为两组化学等价的核，但它们不是磁等价核。因为H_a与H_b为邻位偶合，而H_a与$H_{b'}$为间位偶合，不符合磁等价定义。同理，H_b与$H_{b'}$也为磁不等价。因此邻二氯苯属于AA′BB′四旋体系。

（Ⅰ）　　　　　（Ⅱ）

例3 在2，6-二氯吡啶（Ⅱ）中，H_a和$H_{a'}$核不仅是化学等价，而且是磁等价，显然，H_a与H_b及$H_{a'}$与H_b的偶合作用均为邻位偶合，即两个磁等价核（B_2）与第三个核之间的偶合。它们的偶合常数为7.6 Hz，其$\Delta\delta$小于0.5，当使用60 MHz的共振仪时，则$\Delta\nu/J<4$，为强偶合。因此该化合物属于AB_2三旋体系。

表7-4列出的自旋体系中，AX、AX_2属于一级图谱，这类图谱解析比较简单；ABC、AA′、BB′、AB等体系属于高级图谱，其化学位移δ和偶合常数J不能从图谱上直接得到，而必须通过烦琐的计算后才能求得。

表7-4　　　　　　　　　　　　一些典型的自旋体系

化合物	自旋体系	化合物	自旋体系
$CH_2=CCl_2$	A_2	$CH_2=CFCl$	ABX
	AB	CH_2FCl	AX_2
		$CH_2=CHBr$	ABC
	AX		AA′BB′
	AB_2	$CH_2=CF_2$	AA′XX′

六、 一级图谱

一般来说，一级分裂图谱的吸收峰数目、相对强度和排列次序遵守下列规则：

（1）一个峰被分裂成多重峰时，多重峰的数目将由相邻原子中磁等价的核数 n 来确定，多重峰的数目符合 $N=2nI+1$。式中 N 为多重峰的数目，n 为邻近干扰核子数，I 为该干扰核子的 I 值。对于氢核，有所谓 $n+1$ 规则，即 $N=n+1$。例如在乙醇分子中，亚甲基峰的裂分数由邻近的甲基质子数目确定，即（3+1）= 4，为四重峰；甲基质子峰的裂分数由邻接的亚甲基质子数确定，即（2+1）= 3，为三重峰。

（2）若一组氢核 B 同时受两组氢核 A 和 C（A、B、C 三组氢核均非磁等价的）偶合，则 B 峰裂分的小峰数符合 $N=（n_A+1）\cdot（n_C+1）$，n_A、n_C 分别为氢核 A 和 C 的数目。例如，化合物 $CH_3CH_2CH_2I$ 中间亚甲基上氢核裂分的小峰数 $N=（3+1）×（2+1）= 12$。

（3）裂分峰的面积之比，为二项式 $(a+b)^n$ 展开式中各项系数之比。多重峰通过其中点呈对称分布，其中心位置即为化学位移。

例如，在化合物 $CH_3CH_2OCH_3$ 中，右侧的甲基质子与其他质子被 3 个以上的键分开，因此只能观察到一个峰。中间的—CH_2—质子则具有四重峰，其面积之比为 $1:3:3:1$。左侧甲基质子则具有 3 重峰，其面积之比为 $1:2:1$。

第五节　复杂图谱的简化方法

高级图谱比一级图谱复杂得多，具体表现在如下几方面：

（1）由于发生了附加裂分，谱线裂分的数目不再像一级图谱那样符合（$2nI+1$）规律；

（2）吸收峰的强度（面积）比不能用二项展开式系数来预测；

（3）峰间的裂距不一定等于偶合常数；多重峰的中心位置不等于化学位移值。因此，一般无法从共振谱图上直接读取 J 和 δ 值。

由于高级图谱的解析比较复杂，在此不作介绍。

对于高级图谱，通常可以采用加大仪器的磁场强度、双照射法、加入位移试剂等实验手段进行简化，下面将分别加以叙述。

一、 加大磁场强度

偶合常数 J 是不随外磁场强度的改变而变化的。但是，共振频率的差值 $\Delta\nu$ 却随外磁场强度的增大而逐渐变大。因此，加大外磁场强度，可以增加 $\Delta\nu/J$ 的值，直到 $\Delta\nu/J>10$，即可获得一级图谱，便于解析。这就是为什么人们设法造出尽可能大磁场强度的核磁共振仪的原因。

二、 双照射法（又称双共振法， double irradiation 或 double resonance）

（一）双照射去偶器

所谓双照射去偶器，实质上是一个辅助振荡器，它能产生可变频率的电磁波。假定 H_a 和

H_b为一对相互偶合的质子，如果用第一个振荡器扫描至所产生的频率刚好与H_a发生共振，使辅助振荡器刚好照射到H_b，即使辅助振荡器产生的频率与H_b发生共振。如果辅助振荡器对H_b的照射足够强烈，则可以发现H_b的共振吸收峰消失不见，同时H_a由于与H_b偶合所产生的多重谱线将消失，而剩下一个单一的尖峰，即发生去偶现象。发生去偶的原因，是由于在辅助振荡器的强烈照射下使高能态的H_b达到饱和，不再产生净吸收，H_b峰消失；同时使H_b质子在两种自旋状态进动取向之间迅速发生变化，于是对于H_a的两种不同磁场强度影响相互抵消，H_a就只剩下一个单峰。

也可以将两个振荡器的频率ν_1、ν_2固定为一定的差值，然后改变磁场强度进行扫场，以进行去偶。

利用双照射法去偶不但可使图谱简化易于解释，而且还可以测得哪些质子之间是相互偶合的，从而获得有关结构的信息，有助于确定分子结构。

穿心莲内酯乙酰化物的谱图如图7-18所示。其结构式根据化学反应及核磁共振图谱可能是式（Ⅰ），但也不能排除式（Ⅱ），两种可能结构中的烯氢（以Ⓗ标示），都与旁边的CH_2的两个氢（以◯标示）偶合，因而在共振谱中$\delta = 7.0$处出现三重峰。若利用双照射去偶，使两个振荡器的频率差：$\nu_1 - \nu_2 = 455$ Hz，当扫描至第一个振荡器所发生的射频场与Ⓗ发生共振时，即射频ν_1在$\delta = 7.0$处时，辅助振荡器所发生的射频ν_2应照射在$\delta = 2.45$左右。如果ν_2强射，则发现$\delta = 7.0$左右的三重峰去偶变为单峰，$\delta = 2.45$处的峰消失。这就确证$\delta = 7.0$的质子，与$\delta = 2.45$的CH_2中的质子偶合。但式（Ⅱ）中◯标示的—CH_2中的质子在氧的旁边，它的δ不可能是2.45，而应大于4.0，可见式（Ⅱ）不合理。式（Ⅰ）中◯标示的—CH_2中的质子在$\delta = 2.45$处出现是完全合理的，从而否定了式（Ⅱ），肯定了式（Ⅰ）为正确的结构式。但是采用这一技术时，两组互相偶合的质子间化学位移差距要较大，否则互相有干扰。

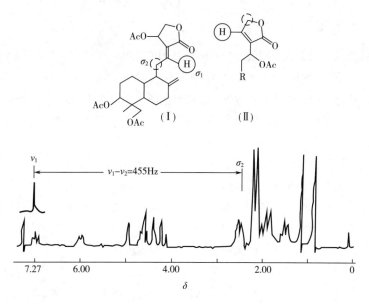

图7-18　穿心莲内酯乙酰化物谱图　（100 MHz，$CDCl_3$）

（二）核 Overhauser 效应（nuclear Overhauser effect）

核 Overhauser 效应（NOE），这也是双照射法的一种。当分子内有在空间位置上互相靠近的两个质子 H_a 和 H_b 时，如果用双照射法照射其中的一个质子 H_b，使之饱和，则另一个靠近的质子 H_a 的共振信号就会增加，这种现象称 NOE。这一效应的大小与质子间距离的六次方成反比，当质子间距离在 0.3 nm 以上时，就观察不到这一现象。例如：

照射 H_a 时，H_b 的信号面积增加 45%。照射 H_b 时，H_a 的信号面积也增加 45%。这表示 H_a 和 H_b 虽相距五个键，但在空间位置上却十分接近。

这一现象对于决定有机物分子的空间构型十分有用。产生这一现象的原因可以解释如下：两个质子空间位置十分靠近，相互弛豫较强，因此当 H_b 受到照射达饱和时，它要把能量转移给 H_a，于是 H_a 能量的吸收增多，共振吸收峰的峰面积明显增大。

三、位移试剂（shift reagents）

位移试剂是指在不增加外磁场强度的情况下，使试样质子的信号发生位移的试剂，位移试剂主要是镧系金属离子的有机配合物。其中铕（Eu）和镨（Pr）的配合物能产生较大的化学位移。如下 RE 配合物：

它们对谱线宽度的增加也不明显，是目前最常用的试剂。在试样中加入配合物 Pr（DPM）$_3$ 或 Eu（DPM）$_3$ 后，配合物中的 Pr^{3+} 或 Eu^{3+} 也可能再与含有 —NH_2、—OH、—C=O 基团等的化合物进行配位。此时，中心离子 Eu^{3+} 或 Pr^{3+} 的孤对电子的磁场将强烈地改变相应一些化合物的质子的化学位移，而且离配位键越近的质子改变越大。这样，原来重叠的共振信号，便有可能展开。

图 7-19 是氧化苯乙烯加入位移试剂 Pr（DPM）$_3$ 前后的共振谱图。从图中可以看出，加入位移试剂后，整个谱图大为展开。这是由于位移试剂中的 Pr^{3+} 与氧化乙烯中的氧原子配位，引起化学位移的变化所致。此时，苯环上邻位质子离中心离子的距离较间位和对位近，所以邻位质子化学位移的变化比间位和对位大。而靠近配位中心的 H_1、H_2 和 H_3 的化学位移改变更大。由于整个图谱变得十分清晰简单，因此可以按一级图谱近似处理。

应该指出，在使用 Pr^{3+} 或 Eu^{3+} 配合物测定核磁共振谱时，为了避免溶剂与被分析试样之间对金属离子的配位竞争，一般采用非极性溶剂，如 CCl_4、$CDCl_3$、C_6D_6 等。

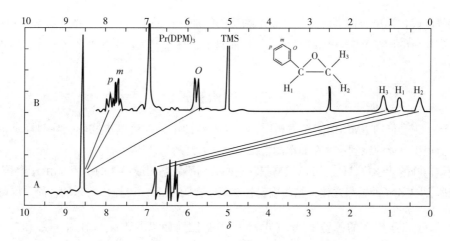

图 7-19　氧化苯乙烯加入位移试剂前后的共振谱

注：A—CCl₄溶液　B—在 A 中加入 0.25 mol 的 Pr（DPM）₃；扫描范围：$\delta = -10 \sim 10$。

第六节　实验技术

一、样品的制备

对于液体核磁来说，无论样品是固体还是液体，都应该先溶解在合适的溶剂中。合适的溶剂应黏度小，对试样溶解性能好，不与样品发生化学反应或缔合，且其谱峰不与样品峰发生重叠。由于氢谱谱宽较窄，溶剂中¹H会掩盖样品信号，因此所用溶剂应为氘代溶剂（含氘 99.5%以上），尽管在¹H谱中仍会出现残存的¹H的信号，但不会影响样品信号的识别，并可粗略地作为化学位移的相对标准。常用的氘代溶剂有 CDCl₃、D₂O、（CD₃）₂CO、（CD₃）₂SO、C₆D₆、C₅D₅N、CD₃OD 等，通常根据样品在不同溶剂中的溶解度选用合适的氘代试剂，有时也应考虑氘代溶剂的¹H残留对样品信号的影响。欲观察位于高场的甲基、亚甲基等基团，应尽量避免用丙酮、乙醇、二甲亚砜等。对含芳香族质子的样品应尽量避免用氯仿及芳香族化合物的溶剂。不同溶剂由于其极性、溶剂化作用、氢键的形成等具有不同的溶剂效应。例如苯作溶剂时，因其各向异性的屏蔽现象，常引起高场位移，而当用丙酮、二甲亚砜等溶剂时，因易形成分子间氢键，导致试样的低场位移。CF₃COOH 是极强的极性溶剂，它对含多羟基的化合物易引起脱水反应。

需要注意，样品溶液浓度也应适中，尽管样品浓度越大测量时间越短，但浓度过大会造成谱图的旋转边带或卫星峰过大，且谱图分辨率变差，尤其是氢谱谱图。另外，样品溶液中不应含有未溶的固体微粒、灰尘或顺磁性杂质，否则，会导致谱线变宽，甚至失去应有的精细结构。为此，样品应在测试前预过滤，除去杂质。必要时，应通氮气逐出溶解在试样中的顺磁性的氧气。

为测定化学位移值，需要加入一定的基准物质。基准物质加在样品溶液中称为内标。若出于溶解度或化学反应性等的考虑，基准物质不能加在样品溶液中，可将液态基准物质（或固态基准物质的溶液）封入毛细管再插到样品管中，称为外标。最常用的基准物质是四甲基硅烷。

二、 图谱解析

对于一张合格的 NMR 谱图作解析时，先应判断图中的参考基准物峰、溶剂峰及杂质峰。利用峰面积积分值的比例不存在简单的整数比关系来判断是杂质峰。

根据谱峰的化学位移值，可以粗略判断它们分别所属基团或可能的基团。由 ^{1}H 谱积分值求出各峰所含 ^{1}H 原子的数目之比，初步确定各基团所含 ^{1}H 数目。可先从特殊的、简单的峰入手。如先寻找无偶合关系的孤立信号（单峰）的基团，如 $CH_3O—$、$CH_3\overset{|}{N}—$ 、$CH_3—$、$CH_3CO—$ 等。

当积分 H 总数与已知条件矛盾时，要考虑分子内的对称性，否则应考虑低场质子或活泼氢，如 OH、NH_2、NH、SH、COOH 等是否可能会遗漏，或者有杂质混入。

已知化学分子式，应计算其不饱和度，了解可能存在的环及双键数目。

对复杂谱，或用常规谱分析不能确定分子结构，或为特殊研究目的的，有必要采用各种相应的简化手段或采取特殊的脉冲序列作进一步实验，以便寻找分子内各基团之间的相互关联。这些实验包括：改变溶剂、加位移试剂、改变磁场强度、各种双共振法等。

综合每个峰组的 δ、J、积分值，合理地对各峰组的氢原子数进行分配，确定各基团。再由各原子间的偶合关系推断相应的分子片断或若干结构单元，最后将它们组合成可能的一个或数个完整的分子。并从可能的分子结构推出各基团的峰位与峰形，验证结构式的合理性，剔除不合理的结构式。

总的来说，从一张核磁共振图谱上主要可以获得三方面的信息，即化学位移、偶合裂分和积分线。下面举例说明如何用这些信息来解释图谱。

例 4 图 7–20 中所示 NMR 谱，化合物分子式为 $C_5H_{10}O_2$，试确定其结构。

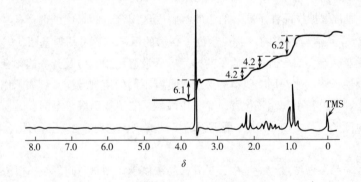

图 7–20 $C_5H_{10}O_2$ 的核磁共振谱

解析：不饱和度 $U=1$，考查 $\delta=3.6$ 的单峰，可知只能是 $CH_3—O—CO—$ 中孤立甲基所引起的。从分子式中扣除这一部分，余下饱和的 C_3H_7。由积分面积看出，10 个氢为 3：2：2：3，C_3H_7 中 7 个氢比例是 2：2：3，它肯定是 $—CH_2—CH_2—CH_3$ 这种结构，故化合物的结构应是

CH$_3$—O—CO—CH$_2$—CH$_2$—CH$_3$。注意靠右边的 CH$_2$ 吸收峰本应裂分成 (3+1) × (2+1) = 12 重峰，图上只看到六重峰，这是仪器分辨率低的缘故。

例 5 一未知液体，分子式 C$_6$H$_{10}$O$_2$，IR 指出在 1715 cm^{-1} 有强烈吸收，NMR 谱如图 7-21 所示，试确定其结构。

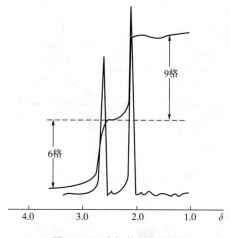

图 7-21 未知物 NMR 谱

解析：不饱和度 $U=2$，从 IR 数据可知有 -CO- 基，又从积分面积之比及 2 个单峰，可见两种质子，比例为 2∶3，查 $\delta = 2.1$，应为 CH$_3$—CO—，$\delta = 2.6$ 应为 —CH$_2$—CO—，因而不难得出化合物结构：CH$_3$—CO—CH$_2$—CH$_2$—CO—CH$_3$。

例 6 图 7-22 是 C$_4$H$_6$O 的 CCl$_4$ 溶液 NMR 谱，试确定其结构。

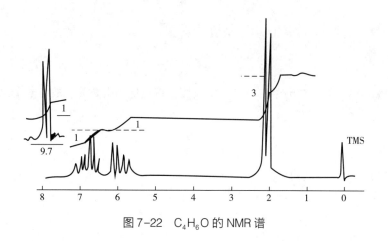

图 7-22 C$_4$H$_6$O 的 NMR 谱

解析：不饱和度 $U=2$，在 $\delta = 9.7$ 处的峰指示有醛基，且是二重峰，暗示与醛基碳相邻碳上只有一个氢，两个不饱和度单位，用了一个还应有一个，必为烯醛，从积分面积比值和 $\delta = 2.0$ 处的二重峰，不难得出 CH$_3$—CH =CH—CHO 的结构。

例 7 一无色液体，仅含碳和氢，其核磁共振谱如图 7-23 所示，试确定其结构。

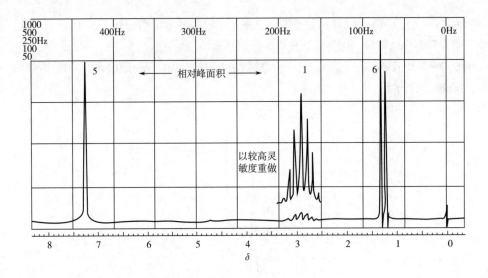

图 7-23　某无色液体的 NMR 谱

解析：从核磁共振谱图上可得到三组峰的数据如下：

δ	重峰数	氢原子数
7.2	1	5
2.9	7	1
1.2	2	6

化学位移 $\delta = 7.2$ 处峰，说明有苯环存在。其氢原子数 5，故为苯的单取代衍生物。

化学位移 $\delta = 1.2$ 处峰，指出有—CH_3 存在，其氢原子数为 6，说明有两个化学环境相同的

—CH_3。该组峰为二重峰，故有 $\begin{array}{c} CH_3 \\ | \\ —CH \\ | \\ CH_3 \end{array}$ 结构存在。

化学位移 $\delta = 2.9$ 峰，指出存在 $\begin{array}{c} \\ Ar—CH \\ | \end{array}$ 基团。该组峰为七重峰，故有 6 个磁等价氢与其

偶合。

综上所述，该化合物结构为：$\begin{array}{c} CH_3 \\ | \\ Ar—CH \\ | \\ CH_3 \end{array}$ 。

第七节　其他核磁共振谱

虽然自然界中具有磁矩的同位素有 100 多种，但迄今为止，只研究了其中一部分核的共振行为。除 ^1H 谱外，目前研究多、应用最广的是 ^{13}C 谱，其次是 ^{19}F 谱、^{31}P 谱和 ^{15}N 谱。

一、^{13}C NMR

^{13}C 核的共振现象早在 1957 年就开始研究，但由于^{13}C 的天然丰度很低（1.1%），且^{13}C 的磁旋比约为质子的 1/4，^{13}C 的相对灵敏度仅为质子的 1/5600，所以早期研究得并不多。直至 1970 年后，发展了 PFT-NMR 应用技术，有关^{13}C 研究才开始增加。而且通过双照射技术的质子去偶作用，大幅提高了其灵敏度，使之逐步成为常规 NMR 方法。

与质子 NMR 相比，^{13}C NMR 在测定有机及生化分子结构中具有很大的优越性：①^{13}C NMR 提供的是分子骨架的信息，而不是外围质子的信息；②对大多数有机分子来说，^{13}C NMR 谱的化学位移范围达 200 以上，与质子 NMR 的化学位移范围相比要宽得多，意味着在^{13}C NMR 中复杂化合物的峰重叠比质子 NMR 要小得多；③在一般样品中，由于^{13}C 丰度很低，一般在一个分子中出现 2 个或 2 个以上的^{13}C 可能性很小，同核偶合及自旋-自旋分裂会发生，但观测不出，加上^{13}C 与相邻的^{12}C 不会发生自旋偶合，有效地降低了图谱的复杂性。

（一）质子去偶

在有机化合物中，C—C 及 C—H 都是直接相连的。由于^{13}C 的天然丰度仅为 1.1%，^{13}C—^{13}C 自旋偶合通常可以忽略。而^{13}C—^{1}H 之间的偶合常数很大，常达到几百赫兹。对于结构复杂的化合物，因偶合裂分峰太多，导致图谱复杂，难以解析，同时随着分裂峰数目的增多使信噪比降低。为了克服这一缺点，最大限度地得到^{13}C -NMR 谱的信息，一般选用三种质子去偶法：^{1}H 宽带去偶法（broad band decoupling method）；偏共振去偶法（off-resonance decoupling method）；选择性质子去偶法（selective decoupling method）。

^{1}H 宽带去偶法是在测定^{13}C 核的同时，用在质子共振范围内的另一强频率照射质子，以除掉^{1}H 对^{13}C 的偶合。质子去偶法使每个磁性等价的^{13}C 核成为单峰，这样不仅图谱大为简化，容易对信号进行分别鉴定并确定其归属，同时去偶时伴随有核 Overhauser 效应也使吸收强度增大。需要注意的是，宽带去偶得到的碳谱仅是去掉^{13}C—^{1}H 偶合的去偶谱，但是如果分子中含有氟、磷时，由于^{19}F 和^{31}P 丰度很高，会出现二者对^{13}C 的偶合裂分。质子去偶法的缺点是完全除去了^{13}C 核直接相连的^{1}H 的偶合信息，因而也失去了对结构解析有用的有关碳原子类型的信息，这对分析图谱是不利的。为此，又发展了偏共振去偶法，以作为宽带去偶法的补充。

偏共振去偶法是使用弱射频能照射^{1}H 核，使与^{13}C 核直接相连的^{1}H 和^{13}C 核之间还留下部分自旋偶合作用。通常从偏共振去偶法测得的分裂峰数，可以得到与碳原子直接相连的质子数。如对 sp^{3}碳原子有下列分裂峰数：

—CH$_3$	四重峰
—CH$_2$—	三重峰
—CH<	二重峰
—C<	单峰

通常^{13}C 谱为宽带去偶谱图，为区分碳原子的级数，需再作偏共振去偶谱。如图 7-24 所示。

选择性质子去偶法是用某一特定质子共振频率的射频照射该质子，以去掉被照射质子对^{13}C 的偶合，^{13}C 成为单峰，从而确定相应^{13}C 信号的归属。

由于偏共振去偶谱中保留着氢核的偶合影响，故^{13}C 信号的灵敏度将会降低，同时信号裂分可能会造成谱线的重叠，给信号识别带来一定困难，近年来已基本让位于无畸变极化转移增

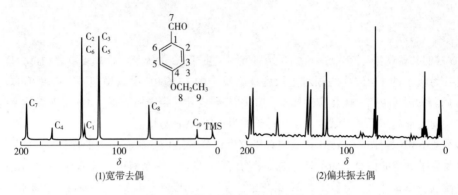

图 7-24　宽带去偶和偏共振去偶的比较

强（DEPT）技术。DEPT 法通过改变氢核的脉冲宽度 θ，使不同类型的 ^{13}C 信号在谱图上呈单峰形式分别向上或向下伸出，故灵敏度高，信号之间很少重叠，配合全去偶谱可清楚鉴别各个碳原子的级数。脉冲宽度 θ 可以设置为 45°、90°、135°，其中 DEPT135 和 DEPT90 两种谱图比较有实用意义。在 DEPT135 谱图中，甲基、次甲基的峰向上（即信号为正），亚甲基向下（即信号为负），季碳不出峰；在 DEPT90 谱图，只有次甲基向上出峰。

　　图 7-25 为 β-紫罗兰酮的 DEPT90、DEPT135 与 ^{13}C NMR 谱图。在 DEPT90 谱中，只有碳碳双键次甲基出峰，朝向为上；在 DEPT135 谱中，3 个甲基与 2 个次甲基朝向为上，3 个亚甲基朝向为下；通过与 ^{13}C NMR 全碳谱对比，可以确认剩余季碳。

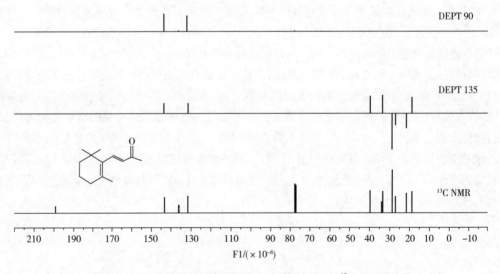

图 7-25　β-紫罗兰酮的 DEPT90、 DEPT135 与 ^{13}C NMR 谱图

（二）化学位移

　　^{13}C 化学位移所使用的内标化合物的要求与质子相同，也采用 TMS 作为 ^{13}C 化学位移的零点。绝大多数有机化合物的碳核化学位移都出现在 TMS 低场，因而它们的化学位移都为正值。表 7-5 列出了几种不同碳原子的化学位移范围。

　　结构因素对 ^{13}C 谱化学位移的影响规律与 ^{1}H 谱类似。碳上缺电子，使碳核显著去屏蔽，处于低场。化学位移和碳原子的杂化类型有关，sp^3 杂化的碳在高场共振，sp^2 杂化的碳在低场共振（表 7-5）。此外，^{13}C 谱的化学位移还受溶剂、pH、温度等影响。

表 7-5　　　　　　　　　　　　几种不同碳原子的化学位移范围

化合物类型	碳	δ	化合物	碳	δ
链烷	R_4C	$0\sim82$	氰	$R-C\equiv N$	$117\sim126$
炔烃	$R-C\equiv C-R$	$65\sim100$	酮和醛	$R_2'-C=O$	$174\sim225$
链烯	$R_2C=CR_2$	$82\sim160$	羧酸衍生物	$R'-COX$	$150\sim186$
醇	$C-OH$	$40\sim90$	芳香环		$82\sim160$
醚	$C-O-C$	$55\sim90$			
硝基	$C-NO_2$	$60\sim80$			

注：R=烷基或 H；R′=烷基、芳基或 H；X=OR、NR_2、卤素。

（三）^{13}C NMR 在结构测定中的应用

与 ^1H NMR 一样，^{13}C NMR 最重要和最广泛的应用是确定有机化合物和生物化学物质的结构。与 ^1H-NMR 不同的是，^{13}C NMR 主要应用化学位移确定结构，而较少用自旋-自旋数据。

二、^{31}P NMR 和 ^{19}F NMR

^{31}P 也有一些锐的共振峰，其化学位移范围一般从 $+1000\times10^{-6}$ 到 -1000×10^{-6}，其零点的校正一般使用 85% 的磷酸溶液。当外磁场强度为 4.7 T 时，^{31}P 的共振频率为 81.0 MHz。磷核化学位移和结构相关性的研究，已有大量的报道。以 ^{31}P 共振谱为基础的应用，进行了大量的工作，特别是在生物化学领域中。

^{19}F 核的磁旋比十分接近 ^1H。因此，若将它们都放在 4.69 T 的磁场中，氟核发生共振需要的频率为 188 MHz。比 ^1H 核（200 MHz）略微低一点。因此，将质子共振仪作一些小的变动，就可用来研究 ^{19}F 谱。实验证明，^{19}F 核的化学位移范围可达 300，在测定 ^{19}F 的峰位时，溶剂起着重要的作用。当然，与 ^1H 峰比较，氟的化学位移与结构关系信息，还有待进一步研究。

三、 二维核磁共振

尽管通过一维核磁共振谱图能够获得化合物结构的一些基本信息，甚至有些时候可以据此进行结构解析，但对于复杂的天然产物以及大分子物质，需要了解原子之间更多的关联信息才能够确定结构。二维核磁共振谱（two-dimensional NMR spectra, 2D NMR），对两个时间函数 FID 的两次傅立叶变换，把通常挤在一维 NMR 谱中的一个频率轴上的 NMR 谱在二维空间展开，得到的两个独立的频率变量的谱图，从而较清晰地提供更多的信息。一般把第二个时间变量表示采样时间，第一个时间变量是与第二个时间变量无关的独立变量。由于 2D NMR 简化了谱图的解析，使 NMR 技术成为研究生物大分子在溶液中结构和动力学性质的有效而重要的手段。

2D NMR 的出现和发展，是近代核磁共振波谱学的最重要里程碑。二维核磁共振的思想是 1971 年提出的，1976 年 R. R. Ernst 用密度矩阵方法对二维核磁共振实验进行了详细的理论阐述，自此二维核磁共振技术得到了非常迅猛的发展。核磁共振的最重要用途为鉴定有机化合物结构，二维核磁共振谱的应用，使鉴定结构更客观、可靠，而且大幅提高了所能解决问题的难度，并增加了解决问题途径。

二维核磁共振主要有 ^{1}H—^{1}H 相关和 ^{13}C—^{1}H 相关两种类型，前者包括反映相邻氢相关的同核位移相关谱（COSY）以及反应空间位置上氢相关的二维 NOE 谱（NOESY）［旋转坐标系 NOE 谱（或 ROESY）］，后者包括反映碳氢直接相关的异核单量子相干谱（HSQC）以及反应碳氢远程相关的异核多键相关谱（HMBC）。

COSY 谱本身为正方形，当 F1 和 F2 谱宽不等时则为矩形。正方形中有一条左下右上对角线，对角线上的峰称为对角峰（diagonal peak），对角线外的峰称为交叉峰（cross peaks）或相关峰（correlated peaks），每个相关峰或交叉峰反映两峰组之间的偶合关系。COSY 谱的解谱方式为，取任一交叉峰作为出发点，通过它作垂线，会与某对角线峰及上方的氢谱中的某峰组相交，此峰组构成交叉峰的一个峰组。再通过该交叉峰作水平线，与另一对角线峰组相交，通过后者作垂线，会与氢谱中的某峰组相交，此即构成该交叉峰的另一峰组。因此，从任一交叉峰即可确定相应的两峰组之间的偶合关系。COSY 一般反映 ^3J 的偶合关系，但有时也会反映长程偶合的相关峰。如果 ^3J 的偶合常数比较小，其偶合交叉峰会比较弱甚至缺失。通过 COSY 谱，可以了解质子间偶合的情况，从而确定相邻质子的位置。

图 7-26 为 β-紫罗兰酮 ^{1}H—^{1}H COSY 谱图，共有 3 组相关峰，反映了 H-2 和 H-3、H-3 和 H-4、H-7 和 H-8 之间的偶合。

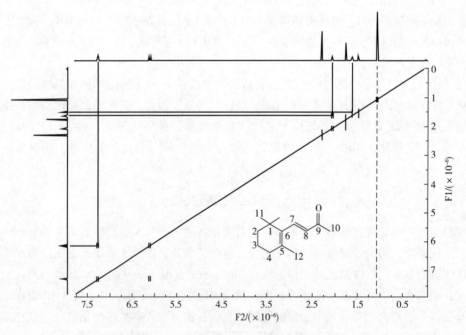

图 7-26　β-紫罗兰酮 ^{1}H-^{1}H COSY 谱图

NOESY 谱和 ROESY 谱都属于 NOE 类相关谱。这两种二维谱的原理和效果有一些差别，主要根据所研究的有机化合物选择，但是这两种二维谱的外形和解析方法是一样的。在测定常规核磁共振氢谱之后，如果化合物的结构中有两个氢原子，它们之间的空间距离比较近（小于 5×

10^{-10} m），照射其中一个氢原子的峰组时测定氢谱，与该氢原子相近的另外一个氢原子的峰组面积会变化，这就是 NOE 效应。做 NOE 差谱：把后面测得的氢谱减去原来的（常规）氢谱，面积有变化的地方就会出峰，这就可以发现 NOE 效应。上述的方法是用一维谱的方式测定 NOE 效应。如果一个化合物中有若干成对的氢原子空间距离相近，需要照射若干次，这样显然不方便。NOE 类的二维谱则是通过一张 NOE 类的二维谱找到一个化合物内所有空间距离相近的氢原子对。NOESY 谱或 ROESY 谱的外观与 COSY 谱相同，只是 NOE 类相关谱中的相关峰反映的是有 NOE 效应的氢原子对。当然由于具有 ^3J 偶合的两个氢原子的距离也不远，因此在 NOE 类相关谱中也常出现相关峰（作图时采取措施尽量去除，但是难以完全除掉）。所以，在分析 NOE 类相关谱时要特别注意不是 ^3J 偶合的相关峰。某个相关峰所对应的两个氢原子跨越的化学键数目越多，从 NOE 效应的角度来看意义越大。

图 7-27 是 L-色氨酸甲酯与乙二醛反应时意外得到的一个多环化合物，具有多个手性中心，其绝对构型可由 ROESY 确定。比如 L-色氨酸甲酯 H-3 朝向为里，在 ROESY 谱图上，H-3 与 H-9a′相关，说明 H-9a′空间与 H-3 接近，H-9a′朝向也为里；H-1 与 H-3、H-9a′均无相关，说明 H-1 朝向为外，同时 H-1 与 H-1′相关，说明 H-1′朝向也为外，依次类推，可以确定所有手性氢的构型。

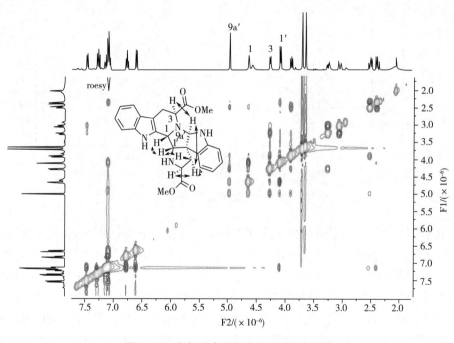

图 7-27　色氨酸多环衍生物 ROESY 谱图

异核位移相关谱把同一个官能团不同核的峰组关联起来，最常用的是把碳谱和氢谱的峰组关联起来。最早的异核位移相关谱是 H，C-COSY 谱，也写作 C，H-COSY 谱。这样的二维谱呈矩形。F2（横坐标）方向是碳谱的化学位移。F1（纵坐标）方向是氢谱的化学位移。这样的二维谱上方为碳谱，侧面为氢谱。在这个矩形中间有若干相关峰。有相关峰的地方必然对应一条碳谱的谱线和一个氢谱的峰组，说明这个基团碳谱的峰和这个基团氢谱的峰组的相关性。由于 H，C-COSY 谱测定的是碳核 （^{13}C），灵敏度低，因此后来发展了反转模式 （inverse mode），在这种模式下，异核位移相关谱测定的是氢核，灵敏度大幅提高。由于采用反转模式，F2 （横坐标）方向是氢谱的化学位移，F1 （纵坐标）方向是碳谱的化学位移。这样的二维谱上方是氢谱，侧面是碳谱。常用反转模式的异核位移相关谱有反应 C—H 直接相连的异核多量子相关谱 （HMQC） 或 HSQC 谱，以及反应远程相关的 HMBC 谱。

HMQC 在 F1 维 （C 方向） 分辨率差，而且还会显示出 ^{1}H，^{1}H 之间的偶合裂分，进一步降低 F1 维的分辨，也使灵敏度降低，近年来常由 HSQC 所代替。图 7-28 为 β-紫罗兰酮 HSQC 谱图，从图中可以找到所有碳与其直接相连的氢的偶合相关峰。

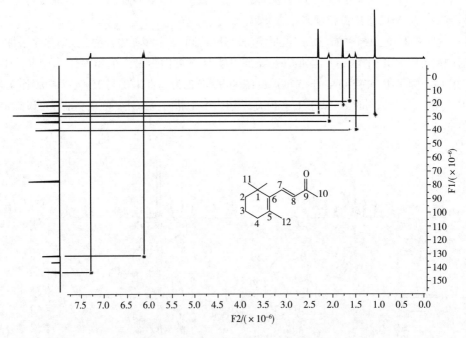

图 7-28　β-紫罗兰酮 HSQC 谱图

与 HSQC 谱类似，长程异核位移相关谱 HMBC 一般情况下也采用反转模式。在 HMBC 谱中 F2 （横坐标） 方向仍然是氢谱的化学位移，而 F1 （纵坐标） 方向则是碳谱的化学位移。与 HSQC 谱不同的是，HMBC 把跨越 3 根化学键的碳原子和氢原子关联起来，但是也可能关联跨越 2 根化学键或者跨越 4 根化学键的碳原子和氢原子。在芳环体系中，可能出现跨越 5 根化学键的碳原子和氢原子的相关峰。与前述二维谱图相比，HMBC 谱最大的优点是找到跨越几根化学键的碳原子和氢原子的连接关系，这一点对于推断未知物结构极为重要。用 COSY 谱结合异核位移相关谱 （如 HSQC 谱） 可以找到氢与碳原子的连接关系，由此可以逐步推导出未知物的结构，但是这样的步骤终止于季碳原子或杂原子。因此上述的方法只能得到一个个的结构片断，这些片断最终需要依靠 HMBC 谱连接起来。图 7-29 为 β-紫罗兰酮 HMBC 谱图，从图 7-29 中看出跨越 2 至 4 键的相关，如 9 位羰基碳和 7、8、10 位氢存在相关。

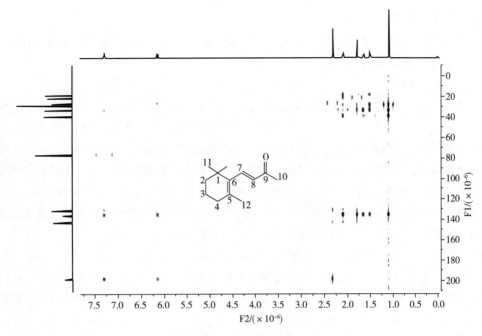

图 7-29 β-紫罗兰酮 HMBC 谱图

第八节 核磁共振波谱法在食品检测中的应用

本节主要介绍了核磁共振在复杂有机化合物、多肽、多糖等物质结构解析中的应用，以及在食品成分检测中的应用。

一、 喜树碱衍生物的结构鉴定

以 20（S）-喜树碱为起始原料，对喜树碱的 20 位碳进行结构修饰，得到一个新的喜树碱衍生物 CPT-A，见图 7-30，并利用 1D（^{1}H、^{13}C 和 DEPT135）和 2D（HSQC 和 HMBC）NMR 技术对其进行结构鉴定，对 CPT-A 的 ^{1}H 和 ^{13}C 谱进行了详细的指认归属。在谱图解析中发现，喜树碱骨架 6 位碳与取代基苯环 3′位碳的化学位移相同，谱峰完全重叠。

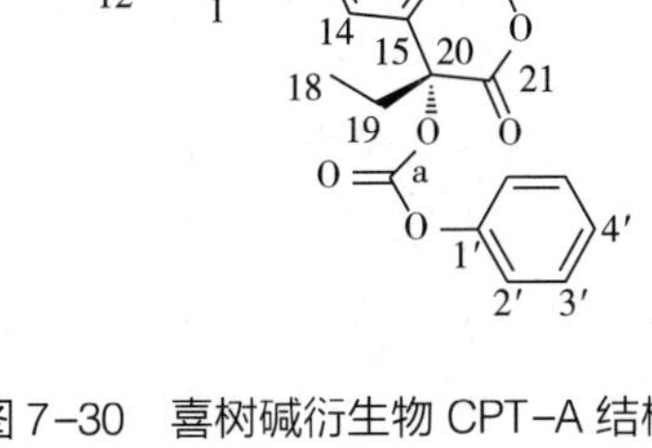

图 7-30 喜树碱衍生物 CPT-A 结构

（一）实验方法

喜树碱衍生物 CPT-A 在 Bruker AVANCE III HD 400 MHz 超导核磁共振谱仪上进行测试，溶剂为 DMSO-$d6$，TMS 为内标。

（二）结构解析

图 7-31 为喜树碱衍生物 CPT-A 的 ^1H NMR。谱图中有 13 种不同的氢，从左到右，积分面积比为 1:1:1:1:1:2:1:1:2:2:2:2:3，喜树碱衍生物 CPT-A 中共有 20 个氢，不同氢之间的比例代表了氢的个数。从高场到低场，化学位移在 $\delta=0.96$ 处的三重峰为 18 位甲基氢，$\delta=2.26$ 处的四重峰为 19 位亚甲基氢。化学位移在 $\delta=5.29$ 处的单峰和 $\delta=5.55$ 处的四重峰分别为 5 位连氮的亚甲基氢和 17 位连氧的亚甲基氢。17 位亚甲基氢出现四重峰是因为 17 位碳在六元环上，两个质子是磁不等价质子，两个质子相互偶合。对于芳香区的指认，最低场化学位移在 $\delta=8.70$ 的 7 位单峰氢比较容易识别，$\delta=7.22$ 处的单峰为 14 位碳原子的氢。此外，根据偶合裂分情况，化学位移在 $\delta=8.20$ 和 $\delta=8.14$ 的氢为 12 位或 9 位氢，$\delta=7.88$ 和 $\delta=7.73$ 处的氢为 11 位或 10 位氢，这两组氢的详细归属需要结合二维 HSQC 和 HMBC 谱进行指认。化学位移在 $\delta=7.20$ 处的双峰、$\delta=7.41$ 处的 dd 峰和 $\delta=7.28$ 处的三重峰分别为 2′、3′ 和 4′ 位的氢。化学位移在 $\delta=2.50$ 处的峰为 DMSO 溶剂峰，$\delta=3.33$ 处的峰为水峰，$\delta=3.08$ 处的峰为杂质峰。

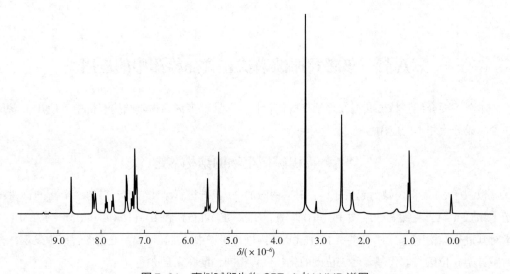

图 7-31　喜树碱衍生物 CPT-A ^1H NMR 谱图

图 7-32 为喜树碱衍生物 CPT-A 的 ^{13}C/DEPT135 谱。从 ^{13}C NMR 谱中可以看出，共有 24 个碳峰，而化合物结构中总共有 27 个碳原子，说明有化学位移相同的碳原子重叠在一起。DEPT135 表明，有 1 个甲基、3 个亚甲基和 9 个次甲基，其余为季碳。甲基和亚甲基很容易指认（表 7-6），在 $\delta=121.2$ 和 $\delta=130.3$ 处有两个强度明显高于其他峰的碳原子，这很明显为衍生化结构中苯环上 2′ 和 3′ 位的碳原子。其余次甲基的指认需要结合 HSQC 谱进行。季碳原子中，化学位移在最低场 $\delta=167.4$ 处的峰为 21 位酯基碳，$\delta=156.9$ 处的峰为 16a 位碳原子，化学位移在 $\delta=79.3$ 处的峰为 20 位碳原子。其余碳原子的指认需要结合 HMBC 谱进行。

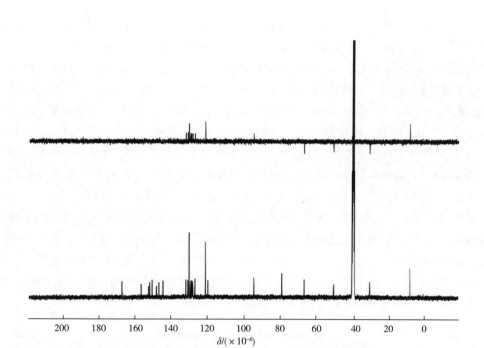

图 7-32 喜树碱衍生物 CPT-A ^{13}C NMR 谱图

图 7-33（1）为喜树碱衍生物 CPT-A 的 HSQC 谱，利用 HSQC 谱图所提供的一键相关的碳氢信息，很容易指认尚未指认的一些氢和碳信息，如化学位移在 δ =7.22 的 14 位氢原子所对应的 14 位碳原子 δ =94.6，化学位移在 δ =7.28 处的 4′位氢所对应的 4′位碳原子 δ =127.1 等。从 HSQC 谱仍然无法确定 12、9 和 10、11 位氢的具体位置，暂且指认化学位移在 δ =8.20 处的双峰为 12 位氢，则化学位移在 δ =8.14 处的双峰为 9 位氢；指认 δ =7.73 处的三重峰为 10 位氢，则 δ =7.88 处的峰为 11 位氢。这样通过 HSQC 谱也就暂时指认了 9、10、11、12 位碳原子的峰。指认结果需要 HMBC 的进一步确认。

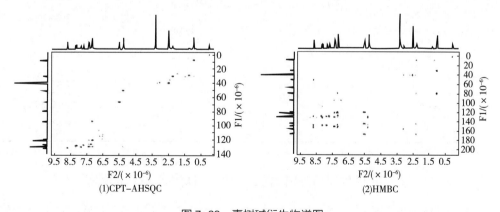

(1)CPT-AHSQC　　　　　　　　(2)HMBC

图 7-33 喜树碱衍生物谱图

通过以上 HSQC 谱初步指认了次甲基的碳原子，结合 HMBC 所提供的二键及三键相关的碳氢信息，归属季碳和尚未完全指认的其他氢碳的信息。图 7-33（1）为喜树碱衍生物 CPT-A 的

HMBC 谱，从谱图中可以看出，化学位移在 $\delta = 152.7$ 处的碳与 7、14 和 5 位氢都有相关，这说明此处的峰为 2 位碳原子。而化学位移在 $\delta = 152.0$ 处的峰与任何氢都没有相关，说明为衍生化结构中的 a 位碳原子。以此类推，通过 HMBC 谱图，可以确定 1′、3、15、16 位季碳原子的位置。对于碳原子的归属，只剩下 6 位碳原子以及与 9、10、11、12 位氢相关的 8 和 13 位碳原子。13 位碳的化学位移大于 8 位碳原子，所以化学位移在 $\delta = 148.4$ 的峰为 13 位碳原子，与它相关的氢为 7、9、11、12 位，10 位氢不与 13 位碳原子相关，可以确定化学位移在 $\delta = 7.73$ 处的三重峰为 10 位氢，$\delta = 7.88$ 处的峰为 11 位氢。从 HMBC 谱中还可以发现，化学位移在 $\delta = 132.1$ 处的 7 位碳与 $\delta = 8.14$ 处的氢有相关，说明此处的氢为 9 位氢，则 $\delta = 8.20$ 处的峰为 12 位氢。化学位移在 $\delta = 128.5$ 处的季碳与 7、12 以及 10 位氢有相关，说明此碳为 8 位碳原子。

通过对 ^1H NMR、^{13}C NMR、DEPT135 以及二维 HSQC 和 HMBC 的分析，归属了所有氢和碳的峰以及对应的化学位移。但是在谱图中没有 6 位季碳的峰，在 HMBC 谱图中，化学位移在 $\delta = 130.3$ 处的 3′位碳原子与 5 位氢原子有相关，观察 ^{13}C NMR 谱图发现，3′碳原子峰高于 2′碳原子，这些现象说明 6 位碳原子与 3′位碳原子完全重合了，6 位碳原子的化学位移（$\delta = 130.3$）与文献值（$\delta = 130.74/\ \delta = 129.7$）基本一致。

表 7-6　　　　　　　喜树碱衍生物 CPT-A 核磁数据归属

NO.	$\delta_C/\ (\times 10^{-6})$	$\delta_H/\ (\times 10^{-6})$	NO.	$\delta_C/\ (\times 10^{-6})$	$\delta_H/\ (\times 10^{-6})$
2	152.7		16	119.7	
3	147.0		16a	156.9	
5	50.8	5.29, s	17	67.0	5.55（ABq, d, $J = 16.8$ Hz）
6	130.3		18	8.0	0.96（t, $J = 7.2$ Hz）
7	132.1	8.70, s	19	30.7	2.26（q, $J = 7.2$ Hz）
8	128.5		20	79.3	
9	128.8	8.14（d, $J = 8.4$ Hz）	21	167.4	
10	130.9	7.88（t, $J = 7.6$ Hz）	a	152.0	
11	128.3	7.73（t, d, $J = 8.4$ Hz）	1′	150.8	
12	129.5	8.20（d, $J = 8.4$ Hz）	2′	121.2	7.20（d, $J = 8.4$ Hz）
13	148.4		3′	130.3	7.41（dd, $J = 8.4, 7.6$ Hz）
14	94.6	7.22, s	4′	127.1	7.28（t, $J = 7.2$ Hz）
15	144.9				

二、　贯叶金丝桃中 1 个 2，3-二氧代黄酮结构解析

贯叶金丝桃（*Hypericum perforatum* L.）为藤黄科金丝桃属多年生草本植物，其化学成分主要包括黄酮类、间苯三酚类及萘骈二蒽酮类等，具有抗乙肝病毒、抗 AIDS、抗菌、伤口愈合及治疗轻中度抑郁等广泛活性。采用硅胶柱色谱、凝胶色谱及制备液相色谱等多种分离技术从贯叶金丝桃地上部分的 95% 乙醇提取物中分离得到 1 个新的较罕见的 2，3-二氧代黄酮类化合物

（图 7-34），通过核磁共振等波谱技术对其结构进行了鉴定。

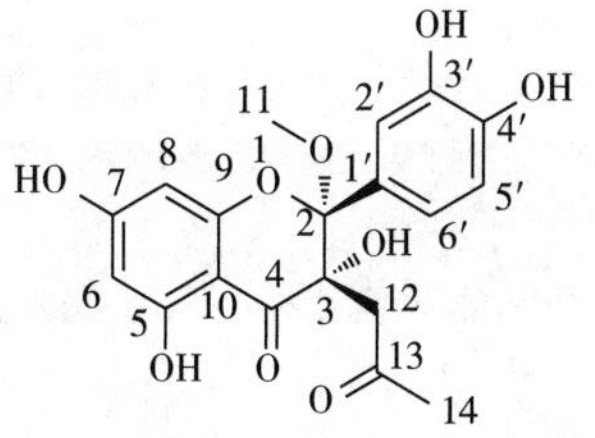

图 7-34　新的 2，3-二氧代黄酮结构

（一）实验方法

干燥的贯叶金丝桃地上部分 95% 乙醇加热回流提取，浸膏分散于 10 L 水中混悬，过滤后得到水溶和水不溶部分。水不溶部位经硅胶柱色谱、Sephadex LH-20 柱色谱、制备 HPLC 分离得到目标化合物。Mercury-300、Mercury-400 和 SYS-600 核磁共振仪（美国 Varian 公司）测定 NMR；测定温度 297 K，以氘代丙酮为溶剂，以溶剂峰信号作为内标。

（二）结构解析

HR-ESI-MS 给出了准分子离子峰 m/z：413.0838 ［M+Na］$^+$（计算值为 413.0843，$C_{19}H_{18}NaO_9$），确定分子式为 $C_{19}H_{18}O_9$，不饱和度为 11。IR 光谱给出了羰基（1637、1701 cm^{-1}），苯环（1511、1471 cm^{-1}）的特征吸收峰。紫外光谱显示 UV（MeOH）λmax（lgε）：209（3.75）、290（3.47）、331（2.94）nm。提示该化合物属于黄酮类结构骨架。

在 ^{1}H NMR 谱中，低场区显示一组 ABX 系统质子信号［δ = 7.22（1H，d，J = 2.0 Hz，H-2'）、7.12（1H，dd，J = 8.4，2.0 Hz，H-6'）、6.91（1H，d，J = 8.4 Hz，H-5'）］，一组 AB 自旋质子信号［δ = 6.13（1H，d，J = 2.1 Hz，H-8）、6.05（1H，d，J = 2.1 Hz，H-6）］，4 个活泼羟基信号（δ = 11.17、9.92、8.27、8.11），一个羟基信号 δ = 4.93，2 个甲基信号 δ = 2.98（3H，s，H3-11）、1.99（3H，s，H3-14），两个偕偶 AB 偶合特征质子信号［δ = 2.63（1H，d，J = 13.8 Hz，12-Ha）和 2.47（1H，d，J = 13.8 Hz，12-Hb）］。^{13}C NMR 谱中，显示了 18 个碳信号，DEPT 谱将这些碳信号区分为 2 个甲基（1 个连氧甲基碳，1 个与酮羰基相连碳）、1 个亚甲基、5 个次甲基（均为 sp^2 杂化碳）和 11 个季碳（包括 7 个 sp^2 杂化碳，1 个羰基碳）。根据以上数据，推断该化合物为黄酮类化合物。

^{1}H NMR 谱中特征的 AB 自旋质子信号说明 A 环为 5，7-二羟基取代，ABX 系统质子信号提示 B 环为 3'，4'-二取代。AB 自旋质子信号准确归属［δ = 6.13（H-8）、6.05（H-6）］。并且在 HMBC 图谱中，H-6 与 C-8、C-10，H-8 与 C-6、C-10 相关，H-2'与 C-4'、C-6'，H-5'与 C-1'、C-3'，H-6'与 C-2'、C-5'的远程相关进一步得到证实。H$_3$-14 与 C-13 相关，同时结合化学位移说明 C-14 连在 C-13 上；H$_2$-12 与 C-13、H$_3$-14 与 C-12 相关表明 C-13 所在的乙酰基与 C-12 相连；同时 H$_2$-12 还与 C-2、C-4、C-13 相关，3-OH 与 C-2、C-3、C-4、C-12 相关提示 C-12 连在季碳 C-3 上；甲氧基 H$_3$-11 仅与 C-2 相关说明 C-11 所在的甲氧基与 C-2 相连；最后通过 H-2'与 C-2 相关确定了 B 环芳香环连接在 C-2 上。由此确定化合物的平面结构。在化合物的 NOESY 谱中，H$_2$-12 与 H-2'、H-6'相关，表明 H$_2$-12 和 B 环处于母核结构的同侧，推测连在 C-2 的甲氧基和连在 C-3 位的羟基处于母核结构的另外一侧，由此确定其

相对构型。

根据以上分析，2，3-二氧代黄酮类化合物核磁数据归属如表7-7所示。

表7-7   2，3-二氧代黄酮类化合物核磁数据归属

NO.	$\delta_C/$ ($\times 10^{-6}$)	$\delta_H/$ ($\times 10^{-6}$)	NO.	$\delta_C/$ ($\times 10^{-6}$)	$\delta_H/$ ($\times 10^{-6}$)
1	—	—	12	48.4 CH$_2$	2.63（1H, d, J=13.8 Hz, Ha） 2.47（1H, d, J=13.8 Hz, Hb）
2	109.1 C		13	206.2 C	
3	79.5 C		14	32.2 CH$_3$	1.99（3H, s）
4	198.8 C		1′	126.1 C	
5	164.0 C		2′	115.4 CH	7.22（1H, d, J=2.0 Hz）
6	97.7 CH	6.05（1H, d, J=2.1 Hz）	3′	147.0 C	
7	167.4 C		4′	145.3 C	
8	96.9 CH	6.13（1H, d, J=2.1 Hz）	5′	116.8 CH	6.91（1H, d, J=8.4 Hz）
9	158.5 C		6′	121.4 CH	7.12（dd, 1H, d, J=8.4, 2.0 Hz）
10	101.6 C		5-OH		11.17
11	51.2 CH$_3$	2.98（3H, s）	3-OH		4.93

三、 灵芝菌丝体中1个三萜类化合物的核磁归属

三萜类化合物是灵芝的次生代谢产物，也是其中最主要的活性成分之一。目前液态发酵技术正逐渐成为获取灵芝三萜类化合物的有效途径，相比于人工栽培，该法具有生产周期短、产品质量稳定、产量大等优势。此外，液态发酵所得灵芝菌丝体与人工栽培所得灵芝子实体中三萜类化合物在种类及活性方面有所差异。

以液体振荡-静置两阶段培养法获得灵芝菌丝体，通过硅胶柱色谱层析、反相柱层析与甲醇重结晶的方法，从中获得一个化合物 lanosta-7，9（11），24-trien-3α-acetoxy-26-oic acid，结构见图7-35，对该化合物进行了一维和二维核磁分析，对其氢谱、碳谱及相关关系做了全面的归属。

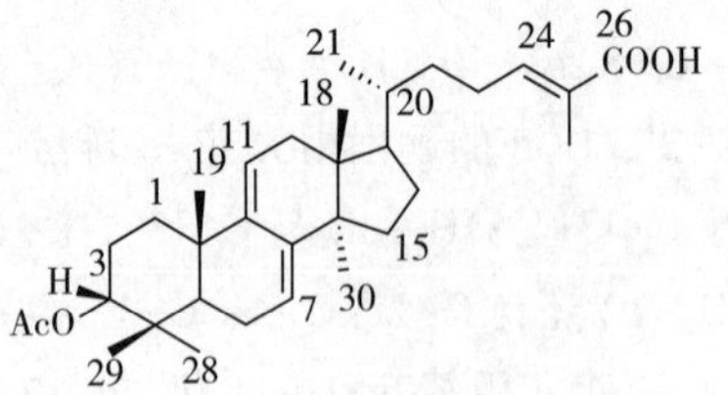

图7-35 lanosta-7，9（11），24-trien-3α-acetoxy-26-oic acid 结构式

（一）实验方法

赤芝 G0023 菌种进行接种发酵，所得上层菌丝体乙醇提取后，依次用石油醚、氯仿、乙酸乙酯和正丁醇各萃取 3 次。氯仿部分萃取物常压蒸除溶剂，所得浸膏经硅胶柱层析分离，并经甲醇重结晶获得目标化合物。Varian Inova-500 型核磁共振波谱仪测定，$CDCl_3$ 为溶剂。

（二）核磁解析

化合物 lanosta-7, 9（11），24-trien-3α-acetoxy-26-oic acid，白色固体，易溶于氯仿。负离子 ESI-MS m/z：495.4 ［M－H］$^-$，HRMS（EI）m/z：496.3551（理论值 496.3553，$C_{32}H_{48}O_4$）。^{13}C NMR、^1H NMR 和 HMBC 数据见表 7-8。

根据化合物的 ESI-MS 和 HR-MS 信息，结合 ^{13}C NMR、^1H NMR 数据可推断出化合物分子式为 $C_{32}H_{48}O_4$。从 ^{13}C NMR 谱和 DEPT 谱可以看出，化合物含有 2 个羰基碳信号（$\delta = 171.4$、171.0）、6 个烯碳信号（$\delta = 145.9$、144.9、142.6、126.8、120.1、115.9）、1 个连氧碳信号（$\delta = 78.3$）和 8 个亚甲基碳信号（$\delta = 37.8$、34.8、31.5、30.6、27.9、25.9、23.2、22.9）。根据 ^1H NMR 谱和 HSQC 谱，推断化合物中有 8 个甲基信号 ［$\delta = 27.8, \delta = 0.87$（3H，s）］、［$\delta = 25.7, \delta = 0.92$（3H，s）］、［$\delta = 22.5, \delta = 1.00$（3H，s）］、［$\delta = 22.4, \delta = 0.98$（3H，s）］、［$\delta = 21.3, \delta = 2.03$（3H，s）］、［$\delta = 18.3, \delta = 0.94$（3H，d，$J = 8$ Hz）］、［$\delta = 15.7, \delta = 0.57$（3H，s）］、［$\delta = 12.1, \delta = 1.83$（3H，s）］，且与烯碳相连的质子信号为 ［$\delta = 144.9, \delta = 6.85$（1H，t，$J = 7.5$ Hz）］、［$\delta = 120.1, \delta = 5.46$（1H，s）］、［$\delta = 115.9, \delta = 5.32$（1H，d，$J = 6$ Hz）］。再由 HMBC 谱可以确认该化合物的母核结构和各官能团的连接位点。查阅相似化合物文献后，通过比较多对在 C-3 位上连接有乙酰氧基的差向异构化合物的 ^{13}C NMR 及 ^1H NMR 数据，可以总结出：四环三萜的 C-3 位上连接的 OAc 为 α 型时，C-3 的 δ 约为 78.0（$\times 10^{-6}$），与 C-3 相连的 H-3β δ 约为 4.65（$\times 10^{-6}$）；C-3 位上连接的 OAc 为 β 构型时，C-3 的 δ 约 80.7（$\times 10^{-6}$），与 C-3 相连的 H-3α δ 约为 4.48（$\times 10^{-6}$），且 H-3α 通常为 dd 峰，具有较大的偶合常数值（$J = 4.5$，11.3 Hz）。由此确定化合物为 lanosta-7, 9（11），24-trien-3α-acetoxy-26-oic acid，其 C-3 位上连接的 OAc 为 α 构型。数据归属见表 7-8。

表 7-8　　lanosta-7, 9（11），24-trien-3 α -acetoxy-26-oic acid 的 ^1H NMR、^{13}C NMR 和 HMBC 数据

No.	δ_H/（$\times 10^{-6}$）	HMBC	δ_C/（$\times 10^{-6}$）
1	1.64（1H，m），1.71（1H，m）		30.6
2	1.74（1H，m），1.93（1H，m）		23.2
3	4.66（1H，s）	C-1，C-4，C-5，C-29，C-31	78.3
4	—		36.5
5	1.49（1H，t，$J=8$Hz）		44.2
6	1.24（1H，s），2.03（1H，m）		22.9
7	5.46（1H，brs）	C-5，C-6，C-9，C-14	120.1
8	—		142.6
9	—		145.9
10	—		37.2

续表

No.	δ_H/（$\times 10^{-6}$）	HMBC	δ_C/（$\times 10^{-6}$）
11	5.32（1H, d, J=6 Hz）	C-8, C-10, C-13	115.9
12	2.08（1H, m）, 2.20（1H, s）		37.8
13	—		43.9
14	—		50.4
15	1.40（1H, m）, 1.61（1H, m）		31.5
16	1.32（1H, m）, 1.96（1H, m）		27.9
17	1.59（1H, m）		50.9
18	0.57（3H, s）	C-12, C-13, C-14	15.7
19	1.00（3H, s）		22.5
20	1.42（1H, s）		36.2
21	0.94（3H, d, J=8 Hz）	C-17, C-22	18.3
22	1.17（1H, m）, 1.57（1H, m）		34.8
23	2.11（1H, m）, 2.24（1H, s）		25.9
24	6.85（1H, t, J=7.5 Hz）	C-22, C-23, C-25, C-26, C-27	144.9
25	—		126.8
26	—		171.4
27	1.83（3H, s）	C-24, C-25, C-26	12.1
28	0.87（3H, s）	C-3, C-4, C-5, C-29	27.8
29	0.98（3H, s）	C-3, C-4, C-5, C-28	22.4
30	0.92（3H, s）	C-8, C-13, C-14, C-15	25.7
OCOCH3	—		171.0
OCOCH3	2.03（3H, s）	C-31	21.3

注：s—单峰，m—多重峰，d—二重峰，t—三重峰，brs—宽峰。

四、 烟草中 1 个开环西松烷二萜的结构解析

从烟叶 95% 乙醇提取物中分离得到 1 个新的西松烷二萜类化合物，鉴定为（1*S*，2*E*，4*R*，6*R*，7*E*）-4，6，11-trihydroxy-1-isopropyl-4，8-dimethylpentadeca-2，7-dien-12-one，命名为烟草二萜 A（图 7-36）。

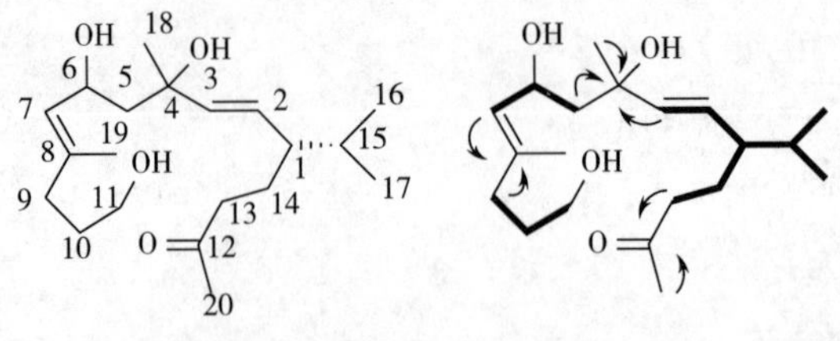

图 7-36　烟草二萜 A 的结构及 ^{1}H-^{1}H COSY、 HMBC 中的偶合关系

—— COSY　　→ HMBC

（一）实验方法

新鲜烟叶经真空冷冻干燥后打粉，得烟叶粉末干品，乙醇回流提取 3 次，浸膏分散于水中，依次用石油醚、氯仿、醋酸乙酯萃取，得到烟叶石油醚萃取物、氯仿萃取物和醋酸乙酯萃取物。氯仿萃取物采用硅胶柱色谱分离后，经高效液相制备色谱分离，得到目标化合物，在 Bruker AVIII 600 型核磁共振波谱仪上测试。

（二）结构解析

化合物为白色粉末，10%硫酸-乙醇溶液显紫红色。$[\alpha]_D$+38.0（c 0.06，MeOH）；IR 光谱给出羟基（3423 cm^{-1}）和羰基（1702 cm^{-1}）特征吸收峰。HR-ESI-MS 给出准分子离子峰 m/z：363.25107 $[M+Na]^+$（计算值 $C_{20}H_{36}O_4Na$，363.25113），结合 NMR 数据，确定其分子式为 $C_{20}H_{36}O_4$，不饱和度为 3。

^{1}H NMR（CDCl$_3$）谱（表 7-9）低场区给出 3 个烯氢质子信号 δ=5.47（1H，d，J=15.6 Hz）、5.31（1H，dd，J=9.6，15.6 Hz）、5.23（1H，d，J=9.6 Hz），1 个连氧次甲基质子信号 δ=4.76（1H，td，J=1.8，9.6 Hz）和 1 个连氧亚甲基信号 δ=3.59（2H，t，J=6.6 Hz）；高场区给出 5 个甲基信号 δ=0.80（3H，d，J=6.6 Hz）、0.85（3H，d，J=6.6 Hz）、1.38（3H，s）、1.67（3H，s）、2.10（3H，s）。^{13}C NMR（150 MHz，CDCl$_3$）谱给出 20 个碳信号，高场区给出 5 个甲基信号 δ=16.6、19.4、21.2、30.2、31.2；5 个亚甲基信号 δ=26.7、30.7、35.8、42.2、47.4；2 个次甲基信号 δ=32.3、49.0；2 个连氧次甲基信号 δ=74.0、67.6；1 个连氧亚甲基信号 δ=62.7。低场区给出 2 组烯碳信号 δ=137.9、137.8、130.0、127.9；1 个羰基信号 δ=209.9。根据以上数据，推测化合物 1 为二萜类化合物。

在 ^{1}H-^{1}H COSY 谱中，δ=0.80（3H，d，J=6.6 Hz）与 δ=1.55（1H，m）存在相关，δ=0.85（3H，d，J=6.6 Hz）与 δ=1.55（1H，m）存在相关，δ=1.55（1H，m）与 δ=1.76（1H，m）存在相关，δ=1.76（1H，m）与 δ=5.31（1H，dd，J=9.6，15.6 Hz）存在相关，δ=5.31（1H，dd，J=9.6，15.6 Hz）与 δ=5.47（1H，d，J=15.6 Hz）存在相关，同时 δ=1.76（1H，m）与 δ=1.75（2H，m）存在相关，δ=1.75（2H，m）与 δ=2.35（2H，m）存在相关，以上关键 COSY 相关确定化合物 1 中存在着一个含异丙基的 5 碳脂肪链结构片段，指定该结构为片段 A（图 7-37）。

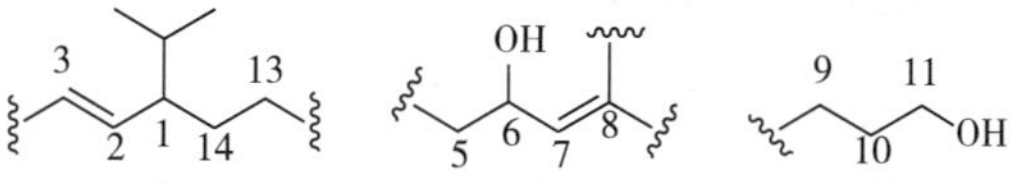

图 7-37　烟草二萜 A 的结构片段

进一步分析 ^{1}H-^{1}H COSY 谱，发现 δ=1.80（1H，d，J=9.6 Hz）、2.04（1H，d，J=1.8 Hz）与 δ=4.76（1H，td，J=1.8，9.6 Hz）存在相关，δ=4.76（1H，td，J=1.8，9.6 Hz）与 δ=5.23（1H，d，J=9.6 Hz）存在相关，提示化合物中存在一个含羟基的 3 碳脂肪链，即 C-5-C-6（OH）-C-7，指定该结构为片段 B。另外，^{1}H-^{1}H COSY 谱中，δ=3.59（2H，t，J=6.6 Hz）与 δ=1.74（2H，m）相关，δ=1.74（2H，m）与 δ=1.55（1H，m）、2.30（1H，m）相关，提示化合物中存在另外 1 个含羟基的 3 碳脂肪链，即 C-9-C-10-C-11（OH），指定该结构为片段 C。

在 HMBC 谱中，$\delta = 5.47$（1H，d，$J = 15.6$ Hz）与 $\delta = 74.0$ 存在相关，$\delta = 1.80$（1H，d，$J = 9.6$ Hz）、2.04（1H，d，$J = 1.8$ Hz）与 $\delta = 74.0$ 存在相关，提示片段 A 和片段 B 通过 C-4 相连。同时，在 HMBC 谱中，$\delta = 2.35$（2H，m）与 $\delta = 209.9$ 存在相关，提示羰基与 C-13 连接。通过以上 HMBC 相关，确定化合物为 1 个开环西松烷类二萜化合物。此外，在 HMBC 谱中，$\delta = 1.38$（3H，s）与 $\delta = 74.0$ 存在相关，$\delta = 1.67$（3H，s）与 $\delta = 137.9$ 存在相关，$\delta = 2.10$（3H，s）与 $\delta = 209.9$ 存在相关，提示 C-4、C-8 和 C-12 位上均连有甲基。通过以上分析，确定了化合物的平面结构。然后依据 C-2（$\delta = 127.9$），C-7（$\delta = 130.0$）和 C-18（$\delta = 31.2$）的化学位移，确定 C-4 位为 R 型。

表 7-9　　　　烟草二萜 A 的 ^{1}H NMR、^{13}C NMR 和 HMBC 数据

NO.	δ_H / ($\times 10^{-6}$)	HMBC（H→C）	δ_C / ($\times 10^{-6}$)
1	1.76（1H，m）	C-2、C-14、C-15	49.0（CH）
2	5.31（1H，dd，$J = 9.6$，15.6 Hz）	C-1、C-3、C-4	127.9（CH）
3	5.47（1H，d，$J = 15.6$ Hz）	C-2、C-4	137.8（CH）
4	—		74.0（C）
5	1.80（1H，d，$J = 9.6$ Hz），2.04（1H，d，$J = 1.8$ Hz）	C-4、C-6	47.4（CH$_2$）
6	4.76（1H，td，$J = 1.8$，9.6 Hz）	C-5、C-7、C-8	67.6（CH）
7	5.23（1H，d，$J = 9.6$ Hz）	C-6、C-8	130.0（CH）
8	—	—	137.9（C）
9	1.55（1H，m），2.30（1H，m）	C-8、C-10	30.7（CH$_2$）
10	1.74（2H，m）	C-9、C-11	35.8（CH$_2$）
11	3.59（2H，t，$J = 6.6$ Hz）	C-10、C-9	62.7（CH$_2$）
12	—		209.9（C）
13	2.35（2H，m）	C-12、C-14	42.2（CH$_2$）
14	1.75（2H，m）	C-1、C-13	26.7（CH$_2$）
15	1.55（1H，m）	C-17、C-18、C-1	32.3（CH）
16	0.80（3H，d，$J = 6.6$ Hz）	C-15	19.4（CH$_3$）
17	0.85（3H，d，$J = 6.6$ Hz）	C-15	21.2（CH$_3$）
18	1.38（3H，s）	C-4	31.2（CH$_3$）
19	1.67（3H，s）	C-8	16.6（CH$_3$）
20	2.10（3H，s）	C-12	30.2（CH$_3$）

注：s—单峰，m—多重峰，d—二重峰，t—三重峰，dd—双二重峰，td—三重二重峰。

五、 乳清蛋白肽的结构解析

乳清蛋白是从牛乳中沉淀酪蛋白后分离出的一种混合球蛋白，经酶解可释放出多种具有生物活性的肽段，常被作为食品原料、营养补充剂、功能性增强剂等应用于食品、药品等领域。随着蛋白质及肽的相关研究发展，采用核磁共振技术解析蛋白质及多肽结构，已成为该领域必

不可少的研究工具。

对食品级乳清浓缩蛋白粉，采用碱性蛋白酶对其进行酶解，对酶解产物经超滤、凝胶柱层析、反相超高效液相制备等处理，获得了纯度较高的新型多肽（图7-38）。通过核磁共振波谱技术，对其结构进行了解析与信号归属。

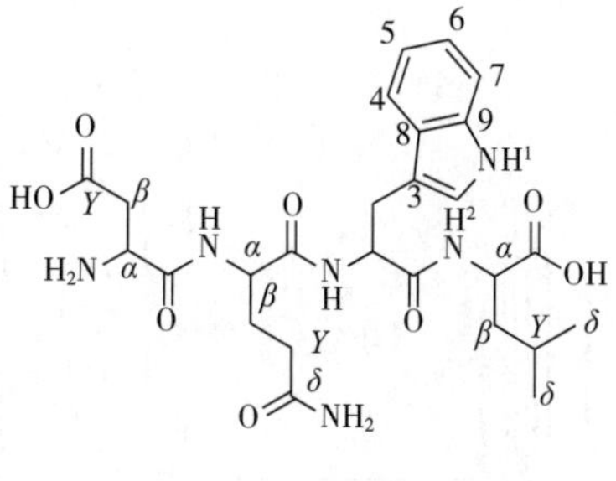

图7-38 乳清蛋白肽结构

（一）实验方法

乳清蛋白经过酶解、超滤、G-250凝胶分离以及RP-HPLC纯化得到乳清蛋白肽，样品浓度15 mg/mL（DMSO-$d6$）。

核磁条件：质子共振频率600.13 MHz；主磁场14.09 T；扫场范围为^{1}H：$-1\times10^{-6}\sim13\times10^{-6}$，^{13}C：$-12\times10^{-6}\sim230\times10^{-6}$；磁场漂移<6.0 Hz/h；频率分辨率<0.005 Hz；变温范围：$0\sim80\,℃$，Z-梯度场强度≥60 G/cm；采集样品的^{1}H NMR谱、^{13}C NMR谱、^{1}H-^{1}H COSY谱、HMBC谱、HMQC谱、总相关谱（TOCSY）、NOESY谱，并进行解析。

（二）核磁解析

纯化得到的多肽经UPLC-Q-TOF-MS分析，确定其精确相对分子质量为561.2651（计算值561.2673），推断其分子式为$C_{26}H_{36}N_6O_8$。根据氨基酸的精确质量数可初步推断该多肽中含有4种氨基酸残基，即Asp、Gln、Trp、Leu。

在多肽的^{1}H NMR谱中（图7-39），$\delta=10.9$处有一个活泼氢信号，$\delta=6.7\sim8.6$范围内主要有3个酰胺NH信号，2个NH$_2$及一组芳环的质子信号，$\delta=3.9\sim4.6$内主要是各氨基酸残基的α-H信号，$\delta=0.8\sim3.2$则为各氨基酸残基的β-H、γ-H、δ-H信号。^{1}H NMR经重水交换实验后进一步确证了5个活泼氢信号的存在。在^{13}C NMR谱中（图7-40），$\delta=169\sim174$范围内是6个羰基信号，$\delta=109\sim137$为典型的吲哚环碳信号，$\delta=49\sim54$主要为各氨基酸残基的α-C信号，$\delta=20\sim40$则为各氨基酸残基的β-C、γ-C、δ-C信号。通过对多肽的^{1}H和^{13}C NMR谱图的解析，可以确定该多肽为一含4种氨基酸残基的四肽。

利用TOCSY和COSY技术识别各个自旋体系。多肽的TOCSY谱显示了3个NH的全相关信号，COSY谱辅助TOCSY谱可进一步确定各自旋体系内部各质子信号的位置关系，从而获知化合物中存在以下3个残基片段。Gln残基：从酰胺质子$\delta=8.50$（1H, d, $J=7.2$ Hz）出发，依次能找到$\delta=4.25$（α-H）、1.84（β-H）、1.71（β-H）、2.06（γ-H），结合COSY显示的邻位质子相关信号，推断此片段为Gln残基；Trp残基：TOCSY谱中，酰胺质子$\delta=8.15$（1H, d, $J=8.4$ Hz）与$\delta=4.56$（α-H）、3.13（β-H）、2.93（β-H）相关。NH $\delta=10.90$（1H, d, $J=1.8$ Hz）与一孤立的芳香氢$\delta=7.14$（1H, brs）相关，以及4个相关的芳香氢信号$\delta=$

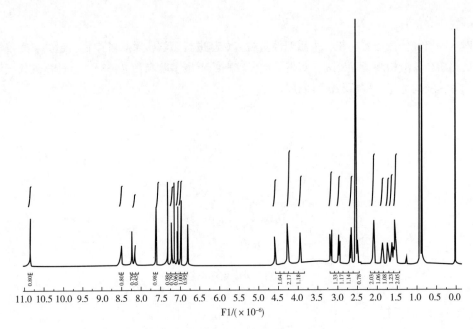

图 7-39 乳清蛋白肽的 ^{1}H NMR 谱图

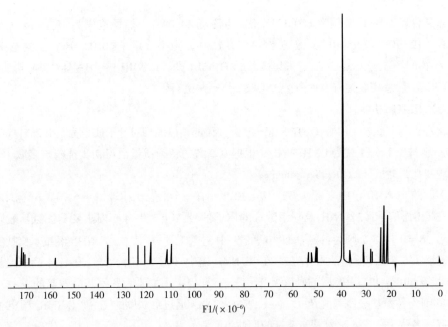

图 7-40 乳清蛋白肽的 ^{13}C NMR 谱图

7.31（1H，d，$J=7.8$ Hz）、6.97（1H，d，$J=7.8$ Hz）、7.05（1H，d，$J=7.8$ Hz）、7.60（1H，d，$J=7.8$ Hz）。结合 COSY 显示的邻位质子相关信号可推出此片段为 Trp 残基；Leu 残基：从酰胺质子 $\delta=8.22$（1H，d，$J=7.8$ Hz）出发，依次能找到 $\delta=4.22$（α-H）、1.52（β-H）、1.60（γ-H）、0.88（δ-H）、0.83（δ-H），结合 COSY 显示的邻位质子相关信号，推断此片段为 Leu 残基。除上述 3 个片段外，在 TOCSY 谱中，还可以观察到 $\delta=3.92$（α-H）、2.64（β-H）、2.47（β-H）的片段。上述 3 个质子在 HMBC 谱中均与羧基碳 $\delta=169.1$ 和 $\delta=$

173.8 相关，可以推断此片段为 Asp 残基。至此，完成了多肽中各氨基酸残基自旋体系的识别，进一步确认了该多肽中含 4 种氨基酸残基，即 Asp、Gln、Tr、Leu。

在多肽的 HMBC 谱中很容易观察到 Gln 的 NH（$\delta = 8.50$）与 Asp 的羰基信号（$\delta = 169.1$）有相关信号，从而可推出 Asp 片段的羰基与 Gln 片段的 NH 相连。此外，Trp 的 NH（$\delta = 8.15$）与 Gln 的羰基信号（$\delta = 170.5$）有相关信号，Leu 的 NH（$\delta = 8.22$）与 Trp 的羰基信号（$\delta = 171.3$）有相关信号；可分别推导出 Gln 片段的羰基与 Trp 片段的 NH 相连，Trp 片段的羰基与 Leu 片段的 NH 相连。由此根据 HMBC 谱中的重要相关信号，可获得多肽中各氨基酸残基的连接顺序。从多肽的 NOESY 谱可观察到 Gln 的 NH（$\delta = 8.50$）与 Asp 的 α-H（$\delta = 3.92$）有相关信号，可知 Gln 和 Asp 相连。同时，还可以看到 Trp 的 NH（$\delta = 8.15$）与 Gln 的 α-H（$\delta = 4.25$）有相关信号，Leu 的 NH（$\delta = 8.22$）与 Trp 的 α-H（$\delta = 4.56$）有相关信号，由此可以推测出 Trp 和 Gln 相连，Leu 和 Trp 相连。从而可推得多肽中各氨基酸残基的连接顺序，其在 NOESY 谱中显示的序列相关信息与 HMBC 谱推出的序列一致。至此，多肽的一级结构可以确证为如图所示的四肽（图7-38），其碳氢信号归属见表7-10。由此也说明多种核磁共振波谱技术的联用在多肽结构解析中可达到相互补充和相互验证的作用，其中 TOCSY 谱、HMBC 谱和 NOESY 谱分别在各氨基酸自旋系统内氢信号的归属和氨基酸残基连接顺序的确认中发挥了极其关键的作用。

表 7-10　　　　　　　　　　　　乳清蛋白肽核磁数据归属

NO.		δ_C/ ($\times 10^{-6}$)	δ_H/ ($\times 10^{-6}$)	NO.	δ_C/ ($\times 10^{-6}$)	δ_H/ ($\times 10^{-6}$)
Asp	NH$_2$		7.21 (2H, s)	1		10.9 (1H, d, $J=1.8$ Hz)
	α CH	49.7	3.92 (1H, dd, $J=9.0$, 3.6 Hz)	2	123.7	7.14 (1H, brs)
	β CH$_2$	36.5	2.64 (1H, dd, $J=16.8$, 3.6 Hz)	3	109.9	
			2.47 (1H, dd, $J=16.8$, 9.0 Hz)	4	111.3	7.31 (1H, d, $J=7.8$ Hz)
	γ CO	173.8		5	118.2	6.97 (1H, t, $J=7.8$ Hz)
	CO	169.1		6	120.8	7.05 (1H, t, $J=7.8$ Hz)
Gln	NH$_2$		6.79 (2H, s)	7	118.4	7.60 (1H, d, $J=7.8$ Hz)
	NH		8.50 (1H, d, $J=7.2$ Hz)	8	127.3	
	α CH	52.4	4.25 (1H, m)	9	136.0	
	β CH$_2$	28.3	1.84 (1H, m)	CO	171.3	
			1.71 (1H, m)	Leu NH		8.22 (1H, d, $J=7.8$ Hz)
	γ CH$_2$	31.3	2.06 (2H, m)	α CH	50.6	4.22 (1H, m)
	γ CO	171.9		β CH$_2$	39.5	1.52 (2H, m)
	δ CO	170.5		γ CH$_2$	31.3	2.06 (2H, m)
Trp	NH		8.15 (1H, d, $J=8.4$ Hz)	δ CH$_3$	22.9	0.88 (3H, d, $J=6.6$ Hz)
	α CH	53.4	4.56 (1H, m)	δ CH$_3$	21.5	0.83 (3H, d, $J=6.6$ Hz)
	β CH$_2$	32.7	3.13 (1H, dd, $J=14.4$, 4.8 Hz)	CO	173.9	
			2.93 (1H, dd, $J=15.0$, 9.0 Hz)			

注：s—单峰，m—多重峰，d—二重峰，t—三重峰，dd—双二重峰，brs—宽峰。

六、 铁皮石斛多糖的初级结构解析

铁皮石斛药用历史悠久，现代药理学研究显示，铁皮石斛对非特异性及特异性免疫均有增强作用，在抗肿瘤、抗氧化、降低血糖以及白内障的治疗等方面药理作用显著。多糖类成分是铁皮石斛发挥免疫活性作用的重要物质基础。关于铁皮石斛多糖的报道主要集中在单糖组成分析，对铁皮石斛多糖的结构研究还不够深入。利用核磁共振波谱方法可以对铁皮石斛多糖（SDOP）的初级结构进行表征。

（一）实验方法

铁皮石斛多糖制备：新鲜铁皮石斛水提醇沉，沉淀冻干后得到粗多糖。粗多糖利用 α-淀粉酶除淀粉后上 DEAE-Sepharose Fast Flow 阴离子交换柱，得到中性多糖。中性多糖上 Sephacryl-400 聚丙烯胺葡聚糖凝胶柱，得到白色絮状均一铁皮石斛多糖（SDOP）。

核磁共振分析：由于 SDOP 样品的相对分子质量较大，在水中溶解度较低，核磁信号较弱，因此用甘露聚糖酶对样品进行部分降解后再测定其核磁共振波谱。酶解产物 35 mg 用 0.5 mL D_2O 溶解，加入 0.1 mL 3-（三甲基硅基）氘代丙酸钠（TSP），于 25℃ 测定其氢核磁共振波谱（^1H NMR）、碳核磁共振波谱（^{13}C NMR）、氢同核位移相关谱（COSY）、异核单量子相关谱（HSQC）、异核多键相关谱（HMBC）、二维核奥弗豪塞尔谱（NOESY）和总相关谱（TOCSY）。核磁共振波谱仪为美国 Agilent 400MR 型。

（二）结构解析

凝胶色谱分析结果表明，SDOP 经甘露聚糖酶水解所得产物的相对分子质量范围为 1000~5000，即聚合度为 6~30 的糖链片段。对酶解产物进行了 ^1H NMR、^{13}C NMR、COSY、HSQC、TOCSY、NOESY 和 HMBC 分析，主要的二维核磁分析结果如图 7-41 所示。

SDOP 的 ^{13}C NMR 谱异头碳区分为三簇，共有 9 个信号峰。低场区化学位移为 $\delta = 102.98$、101.95、102.39、101.33 处的异头碳信号分别为 4 种不同乙酰基取代的甘露糖残基的信号，分别命名为 M、M_2、M_3、M_{23}；$\delta = 105.33$、105.42 处是 2 种葡萄糖残基的信号，分别命名为 G 和 G_n；$\delta = 96.71$、96.60 处的 2 个信号是由 α 和 β 构型的末端甘露糖残基产生的，分别命名为 M_α 和 M_β。

在 ^1H NMR 谱中，异头质子信号通常位于 $\delta = 4.3~5.9$，可在二维核磁 HSQC 谱中由异头碳信号确认对应的异头质子。$\delta = 4.77$、4.94、4.84、5.05 处的异头氢信号可归属于 4 种乙酰基取代的甘露糖残基的信号，分别是 M、M_2、M_3、M_{23}；$\delta = 4.52$ 处为 G 和 G_n 2 种葡萄糖残基信号重合在一起；$\delta = 96.71$、5.19 以及 $\delta = 96.60$、4.92 处分别为 α 和 β 构型的末端甘露糖残基产生的 2 个信号，以上结果均与文献结果相符。

乙酰基结构可以在核磁共振谱中得到确认。在 ^{13}C NMR 谱中，$\delta = 176.2$、23.1 附近的信号分别由乙酰基上羰基及其甲基上的碳原子产生。^1H NMR 谱中，$\delta = 2.11~2.20$ 的信号可归属于乙酰基中甲基上的氢原子，此结果可以由 HSQC 谱中 $\delta = 23.1/2.11$（C/H）交叉峰确认。

在异头碳和异头氢的基础上，利用 COSY 谱对糖残基中所有 H 的信号进行归属，根据 H 的化学位移在 HSQC 谱中确认所有糖残基中 C 的信号。难以确认的信号结合 TOCSY 谱和 NOESY 谱进行验证和补充，NOESY 还可以对糖残基的构型进行推断。结合 HMBC 谱对糖残基间的链接

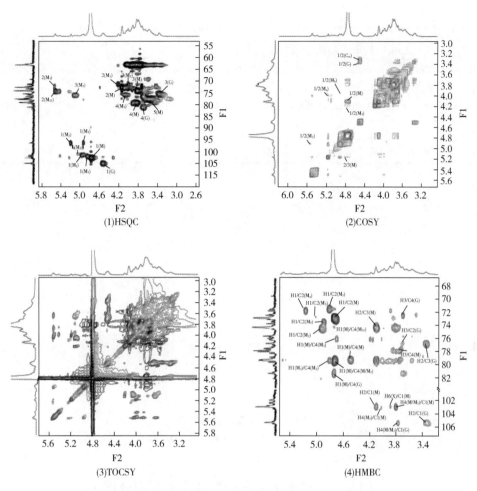

图7-41　石斛多糖（SDOP）酶解产物谱图

位点和链接次序进行分析。综合解析二维核磁谱图，对SDOP中葡萄糖残基和甘露糖残基上的C和H的化学位移进行了归属，结果如表7-11所示。结合SDOP的单糖组成、单糖残基结构、连接方式和顺序以及分支情况，推测SDOP糖链主体的链接次序如图7-42所示。SDOP中多位点连接的糖残基含量不高，因此SDOP是一种以1，4-链接为主，分支结构较少的长链乙酰化葡甘露聚糖。乙酰化主要发生在2号和3号位，仅有少数甘露糖残基会在2，3位同时被O-乙酰基取代。

表7-11　　　　　　　　　　　SDOP的^{1}H NMR和^{13}C NMR归属

位置	M (δ_H, δ_C)	M_2 (δ_H, δ_C)	M_3 (δ_H, δ_C)	M_{23} (δ_H, δ_C)	G (δ_H, δ_C)	M_α (δ_H, δ_C)	M_β (δ_H, δ_C)
1	4.77, 102.94	4.96, 101.95	4.84, 102.39	5.05, 101.33	4.52, 105.33	5.19, 96.71	4.92, 96.60
2	4.13, 72.81	5.52, 74.50	4.20, 71.54	5.53, 72.38	3.38, 76.72	4.01, 71.74	4.00, 73.49
3	3.82, 74.28	4.00, 73.09	5.11, 76.24	5.19, 74.63	3.72, 76.78	3.91	3.91
4	3.79, 79.30	3.84, 79.36	4.05, 75.97	4.10, 74.65	3.70, 81.30	4.05	

续表

位置	M (δ_H, δ_C)	M_2 (δ_H, δ_C)	M_3 (δ_H, δ_C)	M_{23} (δ_H, δ_C)	G (δ_H, δ_C)	M_α (δ_H, δ_C)	M_β (δ_H, δ_C)
5	3.57, 77.84	3.59, 77.91	3.62, 75.65	3.72, 72.47	3.66, 72.49	3.62	3.54
6	3.92, 63.31	3.89, 63.18	3.90, 63.34	3.94	3.91, 63.12	3.94	3.88
6′	3.76	3.79	3.75	3.78			
连接	G/M/M_2/M_3/M_{23}/M_α	G/M	G/M	M/M_2/M_3	G/M/M_2/M_3/M_β		

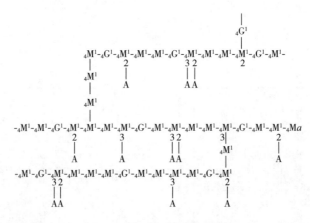

图 7-42　SODP 的推测结构

M—β-D-Man　G—β-D-Gle　A—O-acetyl

七、 油菜蜜中果葡糖浆掺假的判别分析

市场上蜂蜜掺假现象屡禁不止，掺假的主要手段是在蜂蜜中加入外源植物糖浆，例如玉米糖浆、甜菜糖浆、大米糖浆等。利用¹H NMR 技术结合正交偏最小二乘（OPLS）法可对蜂蜜掺假进行鉴别研究。首先采集油菜蜜样品和糖浆掺假蜂蜜样品的¹H NMR 谱图，对谱图进行分析，归属特征信号。然后利用 OPLS 对谱图的分段积分数据矩阵进行分析，建立真假蜂蜜鉴别模型。最后对训练集和测试集样品进行鉴别，验证模型的可靠性。

（一）实验方法

材料：实验所用的蜂蜜品种为油菜花蜜，直接从蜂箱中的巢脾取样，选取自然酿造成熟的封盖蜂蜜采集。共收集了 303 个样品，贮藏在 4~8℃冰箱中备用。将果葡糖浆按质量比（$m_{糖浆}/m_{蜂蜜}$）5%、10%、30%、50%、70% 加入到油菜蜜中，共配制糖浆掺假蜂蜜样品 180 份。

核磁样品配制：称取蜂蜜样品 50.00 mg，置于离心管中，加入 600 μL 磷酸盐缓冲溶液，涡旋振荡 10 min，实现均匀混合。混合物离心 10 min，取 550 μL 上清液转移到 5 mm NMR 管中。共配制 303 个油菜蜜的 NMR 样品待检。对于糖浆掺假蜂蜜，按上面所述方法。

NMR 测试及数据处理：Bruker AVANCE 500 MHz 核磁共振波谱仪，使用宽带反检测探头，温度 298 K。采用 noesypr1d 脉冲序列（90°-t_1—90°-t_m—90°-采样）采集 1D ¹H NMR 谱。序列

中 90°脉冲的脉宽为 10.2 μs，t_1 和 t_m（混合时间）分别设为 4 μs 和 100 ms，延迟等待时间为 2.0 s。采用预饱和方法进行水峰压制，即施加强度约为 50 Hz 的低功率连续波脉冲照射水峰，持续时间 2.0 s。^{1}H NMR 的谱宽设为 $\delta=20$，采样点数为 32768，信号累加次数为 64 次。

（二）结果分析

图 7-43 显示了油菜蜜样品的 ^{1}H NMR 谱图，大致可以分成 3 个区域，包括脂肪区（$\delta=0.00\sim3.00$）、糖类化合物区（$\delta=3.00\sim6.00$）和芳香区（$\delta=6.00\sim9.50$）。通过化学位移、J 偶合常数、文献数据对照以及 ^{13}C NMR 谱、^{1}H—^{1}H 化学位移相关谱、^{1}H—^{13}C 异核单量子相干谱可以对其中大部分信号进行归属，鉴定出多个化合物。

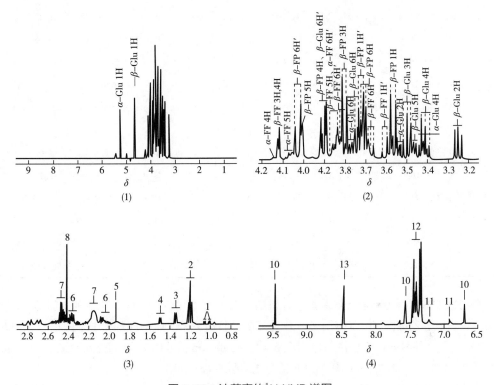

图 7-43　油菜蜜的 ^{1}H NMR 谱图

糖类化合物区主要是蜂蜜中葡萄糖和果糖的信号。蜂蜜中存在 α-吡喃葡萄糖（α-Glu）和 β-吡喃葡萄糖（β-Glu）两种葡萄糖构型。$\delta=5.243$ 的双峰信号归属为来自 α-吡喃葡萄糖的 C（1）H，受到 C（2）H 的偶合而裂分，偶合常数为 3.75 Hz；β-吡喃葡萄糖 C（1）H 的化学位移为 $\delta=4.654$，受 C（2）H 的偶合而裂分成双峰，偶合常数为 7.95 Hz。β-吡喃葡萄糖 C（2）H 的化学位移为 $\delta=3.252$，分别受到 C（1）H 和 C（3）H 的偶合，为双二重峰形。果糖在蜂蜜中主要以 β-吡喃果糖（β-FP）、α-呋喃果糖（α-FF）和 β-呋喃果糖（β-FF）3 种构型存在。β-FP 的含量最高，β-FF 次之，α-FF 最少。果糖的信号主要集中在 $\delta=3.5\sim4.2$，可以观察到 β-FP 的 C（6）H′为 dd 峰形，其中一个双重峰的化学位移为 $\delta=4.041$，另一个双重峰与 α-FF4（C）H、β-FPC（5）H 的信号重叠（$\delta=4.028\sim3.983$）；$\delta=4.088\sim4.15$ 的信号来自 α-FFC（4）H 和 β-FFC（3）H、C（4）H。葡萄糖、果糖的详细 ^{1}H NMR 数据见表 7-12。

表 7-12　　　　　　　　　　　油菜花蜜中糖类化合物 ¹H NMR 数据

化合物	NO.	δ_H/（J/Hz）	化合物	NO.	δ_H/（J/Hz）
α – Glu	C（1）H	5.243 (d, 3.75)		C（4）H	3.899 (dd, 3.45、10.00)
	C（2）H	3.543 (dd, 3.80、9.85)		C（5）H	3.998 (m)
	C（3）H	3.716 (dd, 9.20、10.40)		C（6）H	3.709 (dd, 2.00、12.85)
	C（4）H	3.421 (dd, 9.20、9.85)		C（6）H'	4.031 (dd, 1.35、12.80)
	C（5）H	3.840 (m)	β –FF	C（1）H	3.552 (d, 12.15)
	C（6）H	3.764 (dd, 5.5、12.40)		C（1）H'	3.597 (d, 12.15)
	C（6）H'	3.853 (dd, 2.25、12.70)		C（3）H	4.111 (d, 5.2)
β – Glu	C（1）H	4.654 (d, 7.95)		C（4）H	4.116 (dd, 0.70、3.65)
	C（2）H	3.252 (dd, 8.00、9.30)		C（5）H	3.834 (m)
	C（3）H	3.499 (dd, 9.00、9.30)		C（6）H	3.676 (dd, 6.02、12.18)
	C（4）H	3.410 (dd, 9.10、9.75)		C（6）H'	3.806 (dd, 3.15、12.19)
	C（5）H	3.472 (m)	α –FF		3.643 (d, 12.06)
	C（6）H	3.734 (dd, 5.75、12.33)		C（1）H'	3.672 (d, 12.06)
	C（6）H'	3.905 (dd, 2.20、12.30)			4.005 (d, 12.29)
β – FP	C（1）H	4.654 (d, 7.95)		C（4）H	4.116 (dd, 3.80、17.25)
	C（1）H	3.564 (d, 11.75)		C（5）H	4.064 (m)
	C（1）H'	3.714 (d, 11.70)		C（6）H	3.700 (dd, 5.43、12.43)
	C（3）H	3.798 (d, 10.10)		C（6）H'	3.822 (dd, 3.06、12.48)

　　脂肪区的共振峰主要来自氨基酸、有机酸以及乙醇等化合物。可以观察到缬氨酸、乙醇、乳酸、丙氨酸和乙酸的 CH_3 基团信号以及脯氨酸、谷氨酰胺、琥珀酸的 CH_2 基团信号，如 $\delta =$ 1.188 的三重峰信号来自乙醇的 CH_3 基团；$\delta = 1.483$ 的双峰信号归属为丙氨酸的 CH_3 基团，偶合常数为 7.34 Hz；$\delta = 2.408$ 的单峰信号归属为琥珀酸的 CH_2 基团。

　　芳香区处于谱图的低场区，可以鉴定出 5-羟甲基糠醛、酪氨酸、苯丙氨酸以及苯甲酸。例如，可以观测到酪氨酸苯环上的 C（3）、C（5）H 和 C（2）H、C（6）H 两组质子的双重峰信号，化学位移分别为 $\delta = 6.906$、7.197。以上化合物的共振峰都较弱，反映出其在蜂蜜中的含量较少。各化合物在油菜蜜 ¹H NMR 中出现的特征峰归属见表 7–13。

表 7-13　　　　　　　　　　　油菜花蜜中低含量化合物 ¹H NMR 数据

化合物	NO.	δ_H/（$\times 10^{-6}$）	化合物	NO.	δ_H/（$\times 10^{-6}$）
缬氨酸	$\gamma – CH_3$	0.992 (d, 7.09)	蔗糖	C（1）H	5.413 (d, 3.90)
	$\gamma' – CH_3$	1.043 (d, 7.09)			
乙醇	CH_3	1.188 (t, 7.07)	羟甲基	C（9）H	4.224 (d, 8.80)
			糖醛	C（4）H	6.689 (d, 3.65)
乳酸	CH_3	1.333 (d, 6.87)		C（3）H	7.548 (d, 3.62)
丙氨酸	CH_3	1.483 (d, 7.34)		C（1）H	9.464 (s)

续表

化合物	NO.	$\delta_{H}/$ （ $\times 10^{-6}$ ）	化合物	NO.	$\delta_{H}/$ （ $\times 10^{-6}$ ）
乙酸	CH_3	1.924（s）	酪氨酸	Ar-C（3）	
脯氨酸	$\gamma - CH_2$	1.986（m），2.039（m）		HC（5）H	6.906（d，8.4）
	$\beta - CH_2$	2.072（m），2.352（m）		Ar-C（2）	7.197（d，8.4）
				HC（6）H	
谷氨	$\beta - CH_2$	2.142（m）	苯丙氨酸	Ar-C（2）	
酰胺	$\gamma - CH_2$	2.458（m）		HC（6）H	7.333（d，7.2）
琥珀酸	CH_2	2.408（s）		Ar-C（3）	7.427（d，7.2）
				HC（5）H	
			苯甲酸	Ar-C（4）H	7.303~7.461（m）
				HC	8.459（s）

果葡糖浆的 ^1H NMR 谱中，糖类化合物区强的共振峰主要是葡萄糖和果糖的信号，与油菜蜜的 ^1H NMR 谱一致；在脂肪区可以观察到乳酸、乙酸以及苯甲酸的共振峰，其他信号较少；而在芳香区，油菜蜜含有的丙氨酸、脯氨酸等 5 种氨基酸的特征峰并未在果葡糖浆样品的 ^1H NMR 谱中观察到。果葡糖浆成分单一，油菜蜜成分复杂。对于油菜蜜含有而果葡糖浆不含有的化合物，糖浆的掺入起着一种"稀释"作用。随着糖浆掺入量的增加，这些化合物的含量在降低，在 ^1H NMR 谱上其相应的共振峰亦随之下降。对于果葡糖浆掺入量样品（5%），稀释效应不明显，其 ^1H NMR 谱与油菜蜜样品的 ^1H NMR 谱极为相似，很难区分。而果葡糖浆掺入量样品（50%）时，丙氨酸、脯氨酸等 5 种氨基酸，其特征峰的强度都明显下降。如图 7-44 所示。

OPLS 模型建立方面的内容限于篇幅，不再详细介绍，读者可根据文献自行了解。经分析，包含 313 个样品的训练集建立的 OPLS 判别模型对训练集和测试集样品的判别正确率分别达到了 98.40% 和 98.24%。发生误判的样品的果葡糖浆掺入量都较低，其中 5% 糖浆掺入量的样品有 4 个，10% 糖浆掺入量样品有 2 个，糖浆掺入量在 30% 以上的样品都得到正确判断，表明模型对蜂蜜果葡糖浆掺假具有较高的判别能力。

八、 食品中的 3 种合成色素的快速检测

柠檬黄、苋菜红及诱惑红是广泛应用于食品中的添加剂，对于改善食品外观具有重要作用，国家对其使用范围及最大使用量均有明确规定。利用核磁共振法可对食品中人工合成色素进行快速检测，且无须复杂样品前处理的。

（一）实验方法

样品处理：待测样品甲醇超声萃取，萃取液减压蒸干，准确加入 1 mL 含 0.03%（体积分数）TMS 的氘代 DMSO，混匀后作为供试样品溶液。

核磁条件：测定温度 25℃；环境湿度 30%；观察频率 300.13 MHz；谱宽 7485.030 Hz；脉冲宽度 12.2 μs；采样时间 4 s；弛豫延迟时间 12 s；采样次数：16。

定量方法：将柠檬黄、诱惑红及苋菜红 3 种标准品在氘代 DMSO 中的核磁氢谱与饼干、果干及软糖核磁氢谱比较（图 7-45），柠檬黄、诱惑红及苋菜红分别在 $\delta = 19.1$、$\delta = 16.5$ 及 $\delta =$

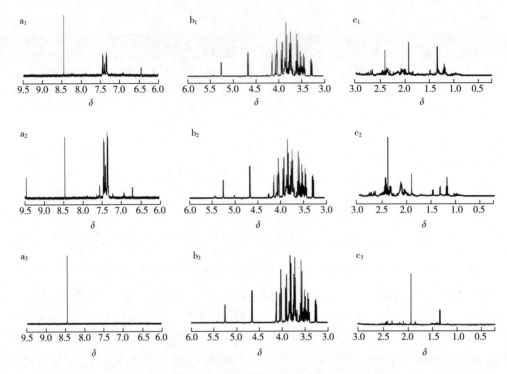

图7-44 果葡糖浆和果葡糖浆掺假蜂蜜的^{1}H NMR 谱图

注：a. 芳香区；b. 糖类化合物区；c. 脂肪区。下标1~3分别为50%果葡糖浆掺入量样品、

5%果葡糖浆掺入量样品、果葡糖浆。

17.4 处有明显单峰，对应分子结构中与氮氮键相连的一个氢原子，且食品样品在 $\delta = 15 \sim 20$ 处无明显峰，因此可将 $\delta = 19.1$、$\delta = 16.5$ 及 $\delta = 17.4$ 三处峰作为定量峰。定量时以 TMS 为内标。

溶液中 TMS 化学位移在 $\delta = 0$，对应分子中 12 个氢原子。溶液中 TMS 含量已知，则待测色素目标物的量根据式（7-13）计算：

$$n = 12 \times n_{TMS} \times \frac{S}{S_{TMS}} \tag{7-13}$$

式中　n——待测目标色素物质的量；

n_{TMS}——1 mL DMSO 中 TMS 物质的量；

S——目标色素定量峰的积分面积；

S_{TMS}——TMS 定量峰积分面积。

按照前处理方法，待测溶液中 n_{TMS} 为 2.204×10^{-6} mol。

（二）定量分析结果

目标物氢原子吸收峰面积应与其对应的氢原子数成正比，为进一步考察方法适用范围，将适量色素标准品加入 1 mL DMSO 混匀，使溶液浓度为 0.02、0.1、1.0、5.0 mg/L，按照上述最优条件测试氢谱，以定量峰与内标峰积分面积比值为纵坐标，色素溶液浓度为横坐标，得到回归方程为：柠檬黄 $Y = 0.0678X + 0.0002$，$R^2 = 1$；诱惑红 $Y = 0.0730X + 0.0003$，$R^2 = 0.996$；苋菜红：$Y = 0.0599X - 0.0002$，$R^2 = 0.995$。结果表明本方法得到的样品信号与样品含量具有良好线性。将浓度为 1.0 mg/L 的色素样品在上述最优条件下连续测定 6 次，分别计算色度定量峰与内标峰的峰面积比值，柠檬黄、诱惑红和苋菜红的 *RSD* 分别为 0.089%、0.074%和 0.091%，表明该方法的精密度较好。

如图 7-45 所示，利用建立方法分别对包括饼干、杞果干和软糖在内的 3 种食品进行检测，实验发现杞果干中含 0.036 mg/g 柠檬黄，其他 2 种样品未发现上述 3 种人工合成色素。实验同时按照《食品安全国家标准 食品中合成着色剂的测定》（GB 5009.35—2016）检测方法对上述 3 种食品样进行检测，发现杞果干中含 0.034 mg/g 柠檬黄，其他 2 种样品未检出，检测结果与[1]H NMR 方法一致，表明该方法准确度较高，可用于食品中人工合成色素检测。

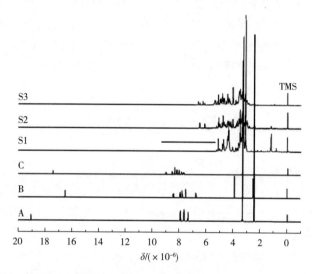

图 7-45 3 种色素标样与 3 种样品的[1]H NMR 谱对比图

A—柠檬黄 B—诱惑红 C—苋菜红 S1—饼干 S2—杞果干 S3—软糖

九、 甜型葡萄酒中主要糖类、 柠檬酸和乙醇的 NMR 定量研究

葡萄酒中的总糖含量是影响葡萄酒质量和区分葡萄酒类别的重要指标之一，传统的测定方法不但步骤多、操作烦琐，而且有时误差较大，给葡萄酒标准制定带来诸多不便。采用核磁共振技术，先确定 3 种主要糖、柠檬酸和乙醇的质子特征峰，选用邻苯二甲酸氢钾作内标，通过相关质子特征峰的积分值，可以一次性同时测出甜型葡萄酒中葡萄糖、果糖、蔗糖、柠檬酸和乙醇的含量。

（一）实验方法

材料：A、B、C 3 种甜型正品葡萄酒市购。葡萄糖、果糖、蔗糖、柠檬酸、乙醇和邻苯二甲酸氢钾均为分析纯；重水（氘代度：99.8%，中科院武汉分院）。AVANCE 500 MHz 超导傅立叶变换核磁共振仪。

样品制备：

1[#]样品：量取约 5 mL 葡萄酒 A 样品冷冻干燥，除去水和乙醇，用 0.6 mL 重水溶解，转移至 5 mm 的核磁共振样品管中。用于测定[1]H NMR 谱、H-H COSY 谱、^{13}C NMR 谱、DEPT 谱、HSQC 谱、HMBC 谱。

2[#]样品：准确称取约 0.5g B 样品及约 10 mg 邻苯二甲酸氢钾于核磁共振样品管中，加 0.2

mL 重水，用于制作 ^{1}H NMR 谱。

3# 样品：准确称取约 0.5 g B 样品及约 10 mg 邻苯二甲酸氢钾于离心试管中，加 0.2 mL 重水，摇匀，分别加入与样品相当量的葡萄糖、果糖、蔗糖、柠檬酸和乙醇，用于回收率测试。

4#、5#、6# 样品：分别准确称取约 0.5 g A、B、C 样品及约 10 mg 邻苯二甲酸氢钾于核磁共振样品管中，加 0.2 mL 重水，摇匀，用于测定 ^{1}H NMR 谱。以上准确称取的标准和样品都精确到 0.1 mg。

核磁条件：样品配制好后，放置 15 min，待溶液稳定后进行测定。每次测定都对探头进行调谐、匀场。^{1}H NMR 谱测定条件为温度（T）：300 K，质子频率（SF）：500.13 MHz，谱宽（SWH）：5376.344，采样次数（NS）：128，空扫次数（DS）：2，每个核磁样品管测量 5 次。1# 样品测试完后加极微量的 DSS 作内标，确定 α-D-吡喃葡萄糖 1-H 的 δ 值为 5.219，其他样品均不加内标物，而以 α-D-吡喃葡萄糖 1-H 的 δ = 5.219 为二次内标定位。

定量计算公式：

$$W_S = \frac{A_S/n_S}{A_R/n_R} \times \frac{M_S}{M_R} \times W_R \tag{7-14}$$

式中　W——质量；

　　　A——质子吸收峰面积；

　　　n——质子数；

　　　M——摩尔质量，其中 S 为葡萄糖、果糖和蔗糖，R 为邻苯二甲酸氢钾。

（二）结果与分析

葡萄酒中三种主糖、柠檬酸和乙醇的指纹归属如下：

^{1}H NMR 谱中，δ = 5.22 为 α-D-吡喃葡萄糖 1-H，受 2-H 的偶合而裂分为双峰，偶合常数 J = 3.8 Hz；δ = 4.63 为 β-D-吡喃葡萄糖 1-H，受 2-H 的偶合而裂分为双峰，偶合常数 J = 8.0 Hz。δ = 5.40 为蔗糖 1-H，受蔗糖 2-H 的偶合而裂分为双峰，偶合常数 J = 3.8 Hz；δ = 4.207 归属为蔗糖 6'-H，受蔗糖 5'-H 的偶合而裂分为双峰，偶合常数 J = 8.8 Hz。δ = 2.81、2.96 为柠檬酸的 2 个亚甲基吸收峰，由于与手性碳原子相连，导致 CH$_2$ 上的 2 个质子为磁不等价核，具有不同的化学位移值并产生同碳偶合，偶合常数 J = 15.6 Hz。同样，通过冷冻干燥的葡萄酒 ^{1}H NMR 谱可以归属出果糖构型。在未冷冻干燥的葡萄酒的 ^{1}H NMR 谱中，δ = 1.17 为乙醇的甲基峰，受亚甲基的氢偶合为三重峰，偶合常数 J = 7.1 Hz，δ = 3.65 为乙醇的亚甲基峰，受甲基的氢偶合为四重峰，J = 7.0 Hz。冷冻干燥的葡萄酒的 ^{13}C-NMR 谱中，给出 12 个葡萄糖碳信号，其中，δ = 94.7 为 α-D-吡喃葡萄糖的 1-C，δ = 98.5 为 β-D-吡喃葡萄糖的 1-C。冷冻干燥的葡萄酒的 ^{13}C NMR 谱中，给出 12 个蔗糖碳信号，δ = 94.8 为 1-C，δ = 106.33 为 1'-C。冷冻干燥的葡萄酒的 ^{13}C NMR 谱中，给出 18 个果糖碳信号，其中，δ = 107.1 为 α-D-呋喃果糖的 2-C，δ = 104.1 为 β-D-呋喃果糖的 2-C，δ = 100.1 为 β-D-吡喃果糖 2-C。冷冻干燥的葡萄酒的 ^{13}C NMR 谱中，给出 6 个柠檬酸碳信号，其中，δ = 176.5 为 1-C 和 6-C 的羧基碳，δ = 180.5 为 4-C 的羧基碳，δ = 46.4 为 2-C 和 5-C 的亚甲基碳。各化合物的核磁信号归属见表 7-14 和表 7-15。

表 7-14　　　　　葡萄酒中 3 种主糖、 柠檬酸和乙醇的 ^{1}H NMR 归属

成分	$\delta_H / (\times 10^{-6})$					
	1	2	3	4	5	6
蔗糖	5.401	3.535~3.569 3.650~3.678 (2')	3.779~3.720 3.871~3.898 (3')	3.441~3.476 3.779~3.829 (4')	3.829~3.850 4.028~4.057 (5')	3.779~3.829 4.207 (6')
α-D-吡喃葡萄糖	5.219	3.507~3.559	3.678~3.772	3.367~3.416	3.804~3.843	3.804~3.843 3.678~3.772
β-D-吡喃葡萄糖	4.663	3.2320	3.436~3.476	3.367~3.416	3.436~3.476	3.871~3.898 3.678~3.772
α-D-呋喃果糖	3.635~3.649	—	4.090~4.105	3.979~4.002	4.028~4.090	3.794~3.843 3.663~3.714
β-D-呋喃果糖	3.527~3.593	—	4.090~4.105	4.090~4.105	3.804~3.843	3.772~3.804 3.635~3.687
β-D-吡喃果糖	3.535~3.559	—	3.767~3.792	3.871~3.898	3.983	4.000~4.028 3.678~3.714
柠檬酸	—	2.811 2.965	—	—	2.811 2.965	—
乙醇	1.171	3.645	—	—	—	—

表 7-15　　　　　葡萄酒中 3 种主糖、 柠檬酸和乙醇的 ^{13}C NMR 归属

成分	$\delta_C / (\times 10^{-6})$					
	1	2	3	4	5	6
蔗糖	94.825 106.329 (1')	73.712 63.991 (2')	75.210 84.012 (3')	71.861 65.024 (4')	75.048 76.636 (5')	62.773 79.060 (6')
α-D-吡喃葡萄糖	94.670	74.015	75.347	72.225	74.066	63.163
β-D-吡喃葡萄糖	98.492	76.720	78.537	72.167	78.620	63.318
α-D-呋喃果糖	65.482	107.053	84.542	78.620	83.896	63.660
β-D-呋喃果糖	65.230	104.072	77.960	77.030	83.249	64.952
β-D-吡喃果糖	66.457	100.067	70.126	72.270	83.280	65.934
柠檬酸	176.540	46.402	76.214	180.507	46.402	176.540
乙醇	19.539	60.195	—	—	—	—

葡萄酒中 3 种主糖、柠檬酸、乙醇和内标的质子特征峰确认如下：

葡萄酒的 ^{1}H NMR 谱中，$\delta = 5.40$ 为蔗糖 1-H，与其他峰不重叠，利用其作为质子特征峰对蔗糖进行定量。$\delta = 5.22$ 为 α-D-吡喃葡萄糖的 1-H，$\delta = 4.67$ 归属为 β-D-吡喃葡萄糖的 1-H，二者之和即为葡萄糖的总积分值。$\delta = 4.09 \sim 4.11$ 为 α-D-呋喃果糖 3-H 和 β-D-呋喃果糖 3-H、4-H，$\delta = 3.98 \sim 4.04$ 为 α-D-呋喃果糖 4-H 和 β-D-吡喃果糖 6-H、5-H，这些积分值之和包含

了果糖 3 种构型每种构型 2 个质子，计算果糖含量时应除以 2。$\delta = 2.81$ 两重峰和 $\delta = 2.96$ 两重峰皆为柠檬酸 2 个质子，任选一组积分值除以 2，即可对柠檬酸进行定量。$\delta = 1.17$ 为乙醇甲基峰，包含 3 个质子，因此对乙醇进行定量时除以 3。$\delta = 7.59 \sim 7.77$ 为邻苯二甲酸氢钾的 2 组多重峰，任选一组峰进行积分都为 2 个质子。

　　3 种葡萄酒每种取样 2 次，测试时，每个样测 6 次，取其均值，根据公式计算各成分含量，结果见表 7-16。3 种葡萄酒测定结果接近葡萄糖、果糖、蔗糖、柠檬酸和乙醇的实际含量，其中 A 样未检测到柠檬酸。

表 7-16　　　　　　　　　　　　　葡萄酒中各成分含量

样品	平行样	葡萄糖/%	果糖/%	蔗糖/%	乙醇/%	柠檬酸/%
A	A1	4.5	4.05	1.66	8.92	—
	A2	4.38	4.13	1.58	9.23	—
B	B1	2.37	2.28	0.012	7.67	0.25
	B2	4.38	2.17	0.011	7.95	0.23
C	C1	0.495	0.79	0.053	10.41	0.508
	C2	0.472	0.83	0.049	11.12	0.476

🔍 思考题

1. 指出下列原子核中，哪些核没有自旋角动量？
$_3^7 Li, _6^{12}C, _9^{19}F, _2^4He, _8^{16}O, _{15}^{31}P, _1^1H, _7^{14}N$。

2. 某核的自旋量子数为 5/2，试指出该核在磁场中有多少种磁能级？并指出每种磁能级的磁量子数。

3. 若将 ^{13}C 核放入温度为 25 ℃磁场强度为 2.4 T 的磁场中，试计算高能态核与低能态核的比。

思考题解析

4. 使用 60.00 MHz 核磁共振仪时，TMS 的吸收与化合物中某质子间的频率差为 180 Hz。如果使用 40.00 MHz 仪器时，它们之间的频率差应是多少？

5. 在下面化合物中，哪个质子具有较大的 δ 值？为什么？

6. 在 $CH_3—CH_2—COOH$ 的氢核磁共振谱图中可观察到其中有四重峰及三重峰各一组。
（1）说明这些峰的产生原因；
（2）哪一组峰处于较低场？为什么？

7. 根据 NMR 波谱中的什么特征，可以鉴定下面两种异构体（1）和（2）？

$$CH_3—CH=C\begin{smallmatrix}CH_2CN\\CN\end{smallmatrix} \qquad NC—CH=C\begin{smallmatrix}CH_2CN\\CH_3\end{smallmatrix}$$

          （1）   （2）

8. Ficst's 酸的钠盐在 D_2O 溶液中的 NMR 图谱中发现有两个相等强度的峰，试述其属于下列何种结构？

$$HOOC—\underset{\underset{CH_3}{\overset{|}{C}}}{C}=CH—COOH \qquad 或 \qquad HOOC—CH—\underset{\underset{CH_2}{\overset{||}{C}}}{CH}—COOH$$

          （1）   （2）

9. 某化合物的 NMR 波谱中有三个单峰，分别在 $\delta=7.27$、$\delta=3.07$ 和 $\delta=1.57$ 处，它的经验式是 $C_{10}H_{13}Cl$，推论该化合物的结构。

10. 下图是乙酸乙酯的 NMR 谱图，试解释各峰的归属。

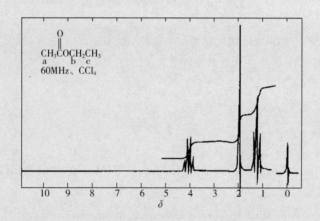

附图 7-1 乙酸乙酯的 NMR 谱图

11. 下图示出分子式为 $C_4H_{10}O$ 的化合物的 NMR 谱图，试推断其结构。

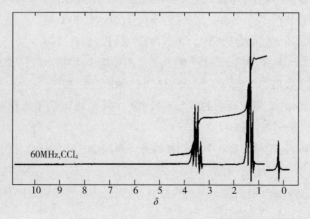

附图 7-2 $C_4H_{10}O$ 的 NMR 谱图

12. 某化合物的分子式为 $C_9H_{13}N$，其 NMR 谱图如下图所示，试推断其结构。

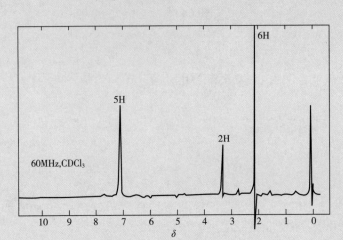

附图 7-3　$C_9H_{13}N$ 的 NMR 谱图

13. 简要讨论 ^{13}C NMR 在有机化合物结构分析上的作用。

14. 举例说明 NMR 波谱法在食品分析中的应用。

参 考 文 献

[1]梁晓天. 核磁共振——高分辨氢谱的解析和应用[M]. 北京:科学出版社,1982.

[2]赵天增. 核磁共振氢谱[M]. 北京:北京大学出版社,1983.

[3]D. H. Williams,I. Fleming. Spectroscopic methods in organic chemistry[M]. 5th ed. McGraw-Hill Book Co,1998.

[4]陈培榕,邓勃. 现代仪器分析实验与技术[M]. 北京:清华大学出版社,1999.

[5]叶宪曾. 仪器分析教程[M]. 2版. 北京:北京大学出版社,2007.

[6]朱明华. 仪器分析[M]. 2版. 北京:高等教育出版社,2000.

[7]武汉大学化学系. 仪器分析[M]. 北京:高等教育出版社,2001.

[8]孔令义. 复杂天然产物波谱解析[M]. 北京:中国医药科技出版社,2012.

[9]赵天增. 核磁共振二维谱[M]. 北京:化学工业出版社,2018.

[10]R M. Silverstein. 有机化合物的波谱解析(第八版)[M]. 药明康德新药开发有限公司,译. 上海:华东理工大学出版社,2017.

[11]郑庆霞,马国需,翟妞. 烟叶中 1 个新的开环西松烷二萜类化合物[J]. 中草药,2015,46(14):2040-2044.

[12]朱晓璐,岳亚文,张劲松,等. 灵芝菌丝体中 1 个三萜类化合物的核磁归属及活性初探[J]. 菌物学报,2020,39(4):1-8.

[13]阎政礼,杨明生. 甜型葡萄酒中主要糖类、柠檬酸和乙醇的 NMR 定量研究[J]. 中国酿

造,2009(11):145-148.

[14]马烨,刘洁,史海明. 一种新型乳清蛋白肽的核磁共振研究[J]. 上海交通大学学报(农业科学版),2016,34(4):52-56.

[15]陈 雷,刘红兵,罗立廷. 氢核磁共振结合正交偏最小二乘法对油菜蜜中果葡糖浆掺假的判别分析[J]. 食品科学,2017,38(4):275-282.

[16]黄文氢,刘静. 液体核磁共振法快速检测食品中的3种食用合成色素[J]. 分析试验室,2018,37(7):848-851.

[17]马洁,吉腾飞,田晋,等. 贯叶金丝桃中一个新的2,3-二氧代黄酮[J]. 药学学报,2019,54(12):2286-2288.

[18]高旭东,赵晓博,胡玥,等. 新喜树碱衍生物的核磁共振谱分析与结构鉴定[J]. 分析测试技术与仪器,2017,23(4):208-213.

[19]高云霄,胡小龙,王月荣,等. 铁皮石斛多糖的初级结构分析[J]. 高等学校化学学报,2018,39(5):934-940.

第八章

CHAPTER

X 射线衍射分析

8

[学习要点]

　　通过本章的学习，理解 X 射线的本质、X 射线谱的特点、X 射线与物质相互作用时所产生的现象及其实际应用；在对晶体 X 射线衍射分析原理理解的基础上，了解 X 射线衍射仪的结构特点及其工作原理，掌握 X 射线衍射物相定性分析、定量分析的原理与方法。

　　1895 年，德国物理学家 W. C. Röntgen 在研究阴极射线时偶然发现，黑色厚纸包裹的阴极射线管会使一米以外涂有氰亚铂酸钡晶体的硬纸板发出荧光，而且这种辐射具有很强的穿透力，可穿透上千页的书本、几厘米厚的木板等不透明物质。伦琴当时就断言，这种现象必定与一种不可见的未知射线作用有关。由于当时对它的本质和特性并不了解，故称这种辐射为 X 射线（又称伦琴射线）。1912 年，德国物理学家 M. V. Laue 利用 X 射线照射 $CuSO_4 \cdot 5H_2O$ 晶体时，发现了 X 射线在晶体中的衍射现象。X 射线衍射实验的成功，既证实了 X 射线的电磁波本质，同时又证明了晶体结构内部原子排列的规则性，并推导出衍射线空间方位与晶体结构关系的衍射方程。几乎同时，英国物理学家布拉格父子（W. H. Bragg、W. L. Bragg）从反射的观点，首次利用 X 射线衍射方法测定了氯化钠的晶体结构，开创了 X 射线晶体结构分析的历史，同时推导出 X 射线在晶体中产生衍射时所需满足的必要条件——布拉格方程。自此，X 射线衍射（X-ray diffraction，XRD）分析不但用于确定众多无机和有机晶体的微观结构，还发展成为一门应用极广的实用科学，在凝聚态物理、材料科学、生命医学、食品科学、化学化工、矿物学、环境科学等众多领域都具有重要的应用，已成为近代晶体微观结构与缺陷分析必不可少的重要手段之一。

第一节 X 射线与 X 射线谱

一、X 射线的本质

X 射线本质上和无线电波、可见光、紫外线等一样，是一种电磁波，同时具有波动性和粒子性，其波动性主要表现为以一定频率和波长在空间传播，而其粒子性主要表现为以光子形式辐射和吸收时具有一定的质量、能量和动量。X 射线的波长与晶体的晶格常数在同一数量级，为 0.001~10 nm，介于紫外线和 γ 射线之间，其中用于衍射分析的波长一般在 0.05~0.25 nm。

X 射线的频率 ν、波长 λ 和光子的能量 E、动量 P 之间存在下述关系：

$$E = h\nu = hc/\lambda \tag{8-1}$$

$$P = h/\lambda = h\nu/c \tag{8-2}$$

式中　h——普朗克常数，等于 6.626×10^{-34} J·s；

　　　c——光在真空中的传播速度，等于 2.998×10^{8} m/s。

X 射线与可见光一样会产生干涉、衍射、吸收、光电效应等现象，但由于波长短、能量高而显示出一些独特性质：①穿透能力强：可穿透如生物软组织、木板、玻璃，甚至除重金属外的金属板等物质，还能使气体电离；②折射率略小于 1：X 射线穿过不同媒质时几乎不折射、不反射，仍可视为直线传播；③通过晶体时发生衍射：晶体相当于衍射光栅的作用，因而可用 X 射线研究晶体内部结构。

二、X 射线的产生与 X 射线谱

（一）X 射线的产生

研究证明，凡是高速运动的电子流或其他高能辐射（如 γ 射线、中子流）突然减速时均可产生 X 射线。实验室用 X 射线通常由 X 射线机产生，其最核心部件为 X 射线管。图 8-1 为常用 X 射线管的结构示意图，主要由产生电子并将电子束聚焦的电子枪（阴极）和发射 X 射线的金属靶（阳极）两大部分组成；阴极一般采用螺旋状钨丝，阳极通常为传热性能好、熔点高的板状金属材料（如铜、钴等），二者被密封在一个真空状态的玻璃-金属管内。给阴极通电加热至炽热状态，使其产生热辐射电子；在阴极和阳极间加直流高压（约数千伏至数十千伏），使阴极产生的大量热电子在高压电场下向阳极加速运动，在热电子与阳极碰撞的瞬间产生 X 射线；这些 X 射线通过金属铍窗口射出，即可供实验用。此外，利用同步辐射或放射性同位素 X 射线源也可获得 X 射线。

（二）X 射线谱

X 射线管产生的波谱根据其波长特性可分为两种类型：一是具有连续波长的 X 射线，构成连续 X 射线谱；另一是在连续谱上叠加若干条具有一定波长的谱线，该谱线波长与阳极靶材有关，是某种元素存在的标志，称为标识 X 射线谱（或特征 X 射线谱）。

1. 连续 X 射线谱

在 X 射线管两极间施加高压并维持一定的管电流，所得 X 射线强度与波长关系如图 8-2 所

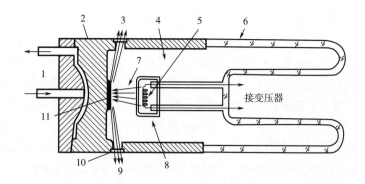

图 8-1　X射线管的结构示意

1—冷却水　2—铜　3—X射线　4—真空室　5—钨灯丝　6—玻璃

7—电子　8—金属聚焦罩　9—X射线　10—铍窗口　11—靶

示。可以看出，X射线波长从一最小值 λ_{SWL} 向长波方向伸展，强度在 λ_m 处达到峰值。这种强度随波长连续变化的谱线称为连续X射线谱，由于它和可见光中的白光相似，故又称白色X射线谱。λ_{SWL} 称为该管电压下产生的X射线短波限。连续谱与管电压、管电流和阳极靶材的原子序数有关，其相互关系的实验规律为：

（1）对于同一阳极靶材，若保持X射线管电流不变、提高X射线管电压，则各波长X射线的强度均提高，但短波限 λ_{SWL} 和强度最大值对应的 λ_m 均减小 ［图 8-2（1）］。

（2）对于同一阳极靶材，若保持X射线管电压不变、提高X射线管电流，则各波长X射线的强度均提高，但 λ_{SWL} 和 λ_m 均不变 ［图 8-2（2）］。

（3）保持相同的X射线管电压和管电流，阳极靶材的原子序数越高，连续谱的强度越大，但 λ_{SWL} 和 λ_m 均不变 ［图 8-2（3）］。

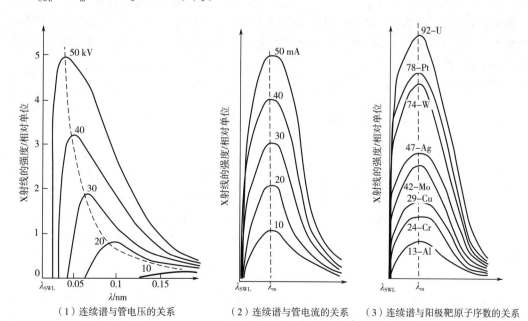

（1）连续谱与管电压的关系　　（2）连续谱与管电流的关系　（3）连续谱与阳极靶原子序数的关系

图 8-2　X射线连续谱随管电压、管电流和阳极靶材原子序数的变化

根据经典的物理学和量子理论可以解释连续谱的形成以及短波限存在的原因。在一定的管电压作用下，阴极灯丝所发射的电子经电场加速后与阳极靶材碰撞，加速电子的大部分能量转化为热能而损耗，一部分能量以光子形式辐射，这样的光子流即为 X 射线。单位时间内到达阳极靶面的电子数目极多，在这些电子中，有的可能只经过一次碰撞就耗尽全部能量，但绝大多数电子要经历多次碰撞而逐渐损耗自己的能量。每个电子每经历一次碰撞就产生一个光子，多次碰撞产生多次辐射。因每次辐射产生光子的能量不同，故产生一个连续 X 射线谱。但在这些光子中，光子能量的最大值不可能大于电子的能量。若电子将其在电场中加速得到的全部动能给予一个光子，则这个光子的能量最大，该光子对应波长即为短波限。X 光子的最大能量与短波限关系为：

$$E = \frac{1}{2}mv^2 = eU = h\nu_{max} = \frac{hc}{\lambda_{SWL}} \tag{8-3}$$

式中　E——电子在加速电场中获得的全部动能；

　　　m——电子质量；

　　　v——电子运动速度；

　　　e——电子电荷；

　　　U——X 射线管的管电压；

　　　h——普朗克常数；

　　ν_{max}——最大辐射频率；

　　　c——光速；

　λ_{SWL}——短波限。

　　X 射线强度是指垂直于 X 射线传播方向的单位面积、单位时间内所通过光子能量的总和，即 X 射线强度由光子的能量和光子的数目决定（$I = n \cdot h\nu$）。因为一定动能的电子在与阳极靶碰撞时，把全部能量给予一个光子的概率很小，所以连续 X 射线谱中强度最大值并不在光子能量最大的 λ_{SWL} 处，而是在其约 1.5 倍处。连续 X 射线谱中每条曲线下的面积表示连续 X 射线的总强度（$I_{连}$），即阳极靶发射出的 X 射线的总能量。实验证明，它与管电流 i、管电压 U、阳极靶原子序数 Z 的关系为：

$$I_{连} = \int I(\lambda)d\lambda = K_1 \cdot i \cdot Z \cdot U^2 \tag{8-4}$$

积分范围从 $\lambda_{SWL} \sim \lambda_{\infty}$，$K_1$ 为常数。当 X 射线管只产生连续谱时，其效率 η 为：

$$\eta = \frac{I_{连}}{iU} = K_1 \cdot Z \cdot U \tag{8-5}$$

　　由式（8-5）可知，管电压越高，阳极靶材原子序数越大，X 射线管的效率越高；由于常数 K_1 非常小 [为 $(1.1 \sim 1.4) \times 10^{-9}$ V^{-1}]，所以即使采用钨阳极（$Z = 74$）、100 kV 的管电压，其效率 η 也只有 1% 左右，碰撞阳极靶的电子束的大部分能量都转化为热能而使其发热。因此，阳极靶多采用高熔点金属，如 W、Mo、Cu、Ni、Co 等，而且 X 射线管在工作时需要一直通水使靶冷却。

　　2. 特征 X 射线谱

　　当加在 X 射线管两端的电压增高到与阳极靶材相应的某一特定值 U_K 时，在连续谱的某些特征波长位置会产生一系列强度很高、波长范围很窄的线状光谱；对于特定材料的靶，它们的波长有严格恒定的数值，可作为阳极靶材的标识或特征，故称为标识 X 射线谱或特征 X 射线谱

（图8-3）。特征谱的波长不受管电压、管电流的影响，只和阳极靶材元素的原子序数有关；阳极靶材原子序数越大，相应于同一系的特征谱波长越短。

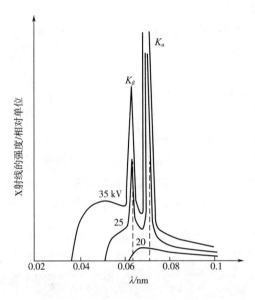

图8-3　钼靶K系标识X射线谱

从原子结构的观点可以解释特征谱的产生。根据经典的原子模型，原子核外电子分布在一系列量子化的壳层上，稳定状态下每一壳层都分布有一定数量、一定能量的电子，其中最内层（K层）电子的能量最低，然后按K、L、M、N……依次递增；而且原子核外电子优先占满能量最低的壳层。当冲向阳极靶的电子具有足够的能量而将靶原子的内层电子击出成为自由电子（二次电子）时，原子就处于高能的不稳定激发态，它必然自发向稳态过渡。当K层电子被击出后，则在K层出现空位，原子处于K激发态；这时，若较外层的L层电子跃迁到K层，原子将转变为L激发态，其能量差若以X射线光子的形式辐射，这就是特征X射线。L层→K层的电子跃迁发射K_α谱线；由于L层内还有能量差别很小的亚能级，不同亚能级上的电子跃迁所辐射的能量稍有差别而形成波长不同的$K_{\alpha1}$谱线和$K_{\alpha2}$谱线。M层、N层……电子跃入K层空位将产生波长更短的K_β、K_γ……谱线；K_α、K_β、K_γ……谱线共同构成K系特征X射线。类似K层电子被激发，L层、M层……电子被激发时，会产生L系、M系……特征X射线。特征X射线波长为：

$$h\nu_{n2\to n1} = \frac{hc}{\lambda} = E_{n2} - E_{n1} \tag{8-6}$$

式中　E_n——给定原子中主量子数为n的壳层内电子的能量；

　　　n——主量子数；

其他符号如前所述。

由电子的能级分布可知，$h\nu_{K_\alpha} < h\nu_{K_\beta}$，即$\lambda_{K_\alpha} > \lambda_{K_\beta}$；但在K激发态下，L层电子向K层跃迁的概率远大于M层电子向K层跃迁的概率。因此，尽管K_β光子本身能量比K_α高，但产生的K_β光子的数量却很少。故K_α谱线的强度大于K_β谱线，约为K_β谱线强度的5倍。L层内不同亚能级电子向K层跃迁所发射的$K_{\alpha1}$和$K_{\alpha2}$的关系为：

$$\lambda_{K_{\alpha1}} < \lambda_{K_{\alpha2}}, \quad I_{K_{\alpha1}} \approx 2I_{K_{\alpha2}}$$

由于 L 系、M 系特征 X 射线的波长较长、强度较弱，在衍射分析工作中应用较少，用于衍射分析的主要为 K 系特征 X 射线。

特征 X 射线的强度随管电压和管电流的提高而增大，其关系的实验公式如下：

$$I_{特} = K_2 \cdot i \cdot (U_{工作} - U_n)^m \tag{8-7}$$

式中　K_2——常数；

$\quad\quad U_n$——特征谱的激发电压，对于 K 系 $U_n = U_K$；

$\quad\quad U_{工作}$——工作电压；

$\quad\quad m$——常数（K 系 $m = 1.5$，L 系 $m = 2$）。

多晶材料的衍射分析中，总希望采用以特征谱为主的单色光源，即尽可能高的 $I_{特}/I_{连}$。为了使 K 系谱线突出，X 射线管适宜的工作电压一般比 K 系激发电压高 3~5 倍，即 $U_{工作} \approx (3 \sim 5)U_K$。常用 X 射线管适宜工作电压及特征谱波长等数据如表 8-1 所示。

表 8-1　　　　　　　　　常用阳极靶材料的特征谱参数

靶元素	原子序数	K 系谱线波长/Å				U_K/kV	$U_{工作}$/kV
		$K_{\alpha1}$	$K_{\alpha2}$	K_α	K_β		
Cr	24	2.28970	2.293606	2.29100	2.08487	5.98	20~25
Fe	26	1.9397	1.93991	1.9373	1.75653	7.10	25~30
Co	27	1.78892	1.79278	1.7902	1.62075	7.71	30
Ni	28	1.65784	1.66169	1.6591	1.50010	8.29	30~35
Cu	29	1.54051	1.54433	1.5418	1.39217	8.86	35~40
Mo	42	0.70926	0.71354	0.7107	0.63225	20.0	50~55

注：$K_\alpha = 2K_{\alpha1}/3 + K_{\alpha2}/3$。

三、　X 射线与物质的相互作用

当 X 射线与物质相遇时会产生一系列的物理、化学及生化效应，这就是 X 射线应用的基础。就其能量转换而言，一束 X 射线通过物质时，一部分被吸收，一部分透过物质后继续沿原来方向传播，还有一部分被散射。图 8-4 示意了 X 射线与物质间相互作用时产生的一些现象，通过对这些现象的分析来说明 X 射线与物质的相互作用。

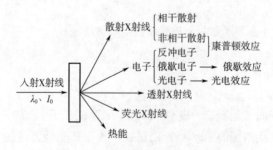

图 8-4　X 射线与物质的相互作用示意

（一）X射线的衰减规律

尽管X射线具有贯穿不透明物质的能力，但当X射线经过物质时沿透射方向其强度会下降，这种现象称为X射线的衰减。实验证明，强度为I_0的入射X射线透过厚度为t的均匀物质后，其强度衰减为：

$$I = I_0 \cdot \exp(-\mu_L t) \tag{8-8}$$

式中　μ_L——物质的线吸收系数，cm^{-1}。表示X射线通过单位厚度（即单位体积）物质时的相对衰减量。

单位体积内物质的质量与密度有关，因而对一确定的物质μ_L也不是常量。为表达物质的本质吸收特性，提出了质量吸收系数$\mu_m(cm^2/g)$，即：

$$\mu_m = \mu_L / \rho \tag{8-9}$$

式中　ρ——吸收体的密度，g/cm^3。

将式（8-9）代入式（8-8）得：

$$I = I_0 \cdot \exp(-\mu_m \rho t) = I_0 \cdot \exp(-\mu_m m) \tag{8-10}$$

式中　m——单位面积、厚度为t的体积中物质的质量（$m = \rho t$）。

由此可知，μ_m表示X射线通过单位面积上单位质量的物质后强度的相对衰减量，反映了物质本身对X射线的吸收特性，从而不需考虑密度的影响。如果吸收体是多元素化合物、固溶体或混合物时，其质量吸收系数μ_m仅与各组元的μ_{mi}和质量分数x_i有关。

$$\mu_m = \sum (\mu_{mi} \cdot x_i) \tag{8-11}$$

质量吸收系数的大小取决于吸收物质的原子序数Z和X射线的波长λ，其经验关系为：

$$\mu_m \approx K_4 \cdot \lambda^3 \cdot Z^3 \tag{8-12}$$

式中　K_4——常数。

式（8-12）表明，物质的原子序数越大，对X射线的吸收能力越强；对一定的吸收体，X射线的波长越短，穿透能力越强，表现为吸收系数越小；但随X射线波长的减小，μ_m并非呈连续变化，而是在某些波长位置突然升高，产生吸收限。注：每种物质都有它自身确定的一系列吸收限，吸收限的存在暴露了吸收的本质。

（二）X射线的真吸收

利用X射线的光电效应可以解释质量吸收系数的突变现象。当入射光子的能量等于或略大于吸收体原子的某层电子结合能时，该光子就容易被电子吸收；获得能量的电子从原子内层逸出而成为自由电子，称为光电子；而原子则处于相应的激发态。这种由光子激发原子所发生的激发和辐射现象称为光电效应。产生此效应需要消耗大量的能量，因而吸收系数突增（对应的入射波长即吸收限）。由光电效应所造成的入射能量消耗属于真吸收，此外X射线穿过物质时所引起的热效应也属于真吸收。使K层电子变成光电子所需能量，即引起K激发态的入射光子能量必须满足：

$$E = h \cdot \nu_K = \frac{hc}{\lambda_K} \tag{8-13}$$

式中　ν_K和λ_K——K吸收限的频率和波长

同样，因L层包括三个能量差很小的亚能级（L_I、L_{II}、L_{III}），相应有三个L吸收限λ_I、λ_{II}、λ_{III}。

入射 X 射线通过光电效应使被照物质的原子处于激发态时，此原子外层的高能级电子将跃入内层使其由激发态向较低能态转化，跃迁过程中多余能量以光子形式释放；这种形式的光子称为荧光辐射，其能量处于 X 射线的能量范围，故又称为 X 射线荧光辐射（荧光 X 射线、二次 X 射线）。荧光辐射的能量高低由该原子的电子能级差决定，对于给定原子，其原子内有多个确定的电子能级，因而可产生多条波长不同的荧光，进而形成系列荧光光谱；对于不同元素，原子的外层电子结构不同，它们的荧光光谱各自不同而具有特征性，故 X 射线荧光光谱可作为元素分析的依据。但在晶体衍射分析中，荧光辐射增加了衍射背底，所以在选靶时尽量避免产生荧光 X 射线。

由于光电效应而处于激发态的原子还有一种能量释放方式，即俄歇效应（auger effect）。原子中一个 K 层电子被入射光子激出后，L 层一个电子跃入 K 层填补空位，此时多余的能量不以 X 光子的形式释放，而是 L 层的另一个电子获得能量跃出吸收体，这样一个 K 层空位被两个 L 层空位代替的过程称为俄歇效应；跃出的 L 层电子称为俄歇电子，其能量 E_{KLL} 反映了吸收体的特征。由于俄歇电子易于被吸收，只有产生在物质表面的俄歇电子才有可能被探测，因而俄歇电子在研究表面结构中具有重要的意义。

利用吸收限两侧吸收系数差别很大的现象可以制成滤光片，从而得到基本单色的光源。如前所述，K 系辐射包含 K_α 和 K_β 谱线，在多晶衍射分析中，必须除去强度较低的 K_β 谱线。为此，可以选取一种材料制成滤波片，将其放置在光路上，这种材料的 K 吸收限 λ_K 位于光源的 λ_{K_α} 和 λ_{K_β} 射线之间，即 λ_{K_β}（光源）$<\lambda_K$（滤片）$<\lambda_{K_\alpha}$（光源），它对光源的 K_β 辐射吸收很强烈，而对 K_α 吸收很少；经过滤波片后，发射光谱则由图 8-5（1）变成图 8-5（2）所示的形态。通过调整滤波片的厚度，可使两种辐射的强度 I_{K_β}/I_{K_α} 由 1/5 变为 1/600。实验表明，滤波片元素的原子序数均比靶元素的原子序数小 1~2。

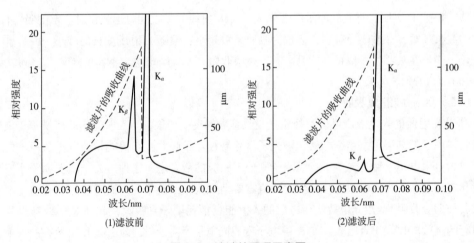

图 8-5　滤波片原理示意图

元素的吸收谱还可以作为选择 X 射线管阳极靶材的重要依据。进行衍射分析时，总希望试样对 X 射线的吸收尽可能少，以获得高的衍射强度和低的背底。合理的选择方法是，靶材的 K_α 谱线波长稍大于试样元素的 K 吸收限 λ_K，而又要尽量靠近 λ_K；这样既不产生 K 系荧光辐射，试样对 X 射线的吸收也最小。

（三）X射线的散射

X射线穿过物质后强度衰减，除大部分因真吸收消耗于光电效应和热效应外，还有一部分偏离了原来的方向，即发生了散射。在散射波中既有与原波长相同的相干散射，又有与原波长不同的非相干散射。

1. 相干散射（经典散射）

当X射线光子与受原子核束缚较紧的原子内层电子相遇时，发生弹性碰撞；受X射线电磁波的影响，电子被迫围绕其平衡位置振动，振动频率与入射X射线相同。根据经典电磁理论，一个加速的带电粒子可作为一个新波源向四周发射电磁波，所以上述受迫振动的电子本身已经成为一个新的电磁波源，向各个方向辐射X射线散射波。虽然入射X射线波是单向的，但由于入射光子与内层电子遭遇的情况各不相同，散射波却射向空间各个方向；由于散射波与入射波的频率相同、相位差恒定，在同一方向上各散射波符合相干条件，即发生相互干涉，故称为相干散射。这是X射线在晶体中产生衍射现象的基础。

当一束X射线照射到晶体上时，首先被晶体中原子内的电子所散射，每个电子都是一个新的辐射源，向空间辐射出与入射波相同频率的电磁波。一个原子中所有电子的散射波都可以近似看作是由原子中心发出的，因此，可以把晶体中的每个原子都看成是一个新的散射波源，它们各自向空间辐射与入射波相同频率的电磁波。由于这些散射波之间的干涉作用使得空间某些方向上的波始终相互叠加，于是在这个方向上光强度较高，可以观测到衍射线；而在另一些方向的波则始终相互抵消，没有衍射线产生。这种现象称为X射线衍射，可以用来测定单晶的材料的晶体结构与多晶材料的物相结构、晶粒大小、晶粒取向等信息。

2. 非相干散射

当X射线光子与物质原子外层束缚较弱的电子发生非弹性碰撞时，原子外层电子因接受一部分能量而逸出原子，成为反冲电子，同时入射光子自身的能量降低、运动方向改变。因部分能量转化为反冲电子的动能，散射X射线的波长增大。由于各个光子能量减小的程度不同，这种散射线的波长各不相同，因此相互之间不会发生干涉，故称为非相干散射，又称康普顿-吴有训散射。这种非相干散射分布在各个方向，强度一般很低，但无法避免，在衍射图上成为连续的背底，对衍射工作带来不利影响。

第二节　X射线衍射分析原理

X射线衍射分析是以X射线在晶体中的衍射现象作为基础，其衍射理论包括两个方面：一是衍射线在空间的分布规律（称为衍射几何），二是衍射线束的强度。前者由晶体中晶胞的大小与形状、位向决定，后者则与原子在晶胞中的位置、数量、种类以及晶体的不完整性有关，它们共同构成了取得晶体结构信息的唯一来源。为了通过衍射现象来分析晶体内部结构的各种问题，必须掌握一定的晶体学基础知识，并在衍射现象与晶体结构之间建立定性和定量的关系，这就是X射线衍射分析所要解决的关键问题。

一、 晶体学基础简介

（一）布拉菲（A. Bravais）点阵

　　X射线对晶体内部结构的研究表明，所有晶体，不管其外形如何，都是内部质点（原子、离子、分子）在三维空间周期性重复排列的固体；而非晶体则不具有这样的特征。晶体内部质点在三维空间的周期性重复排列方式通常借助于几何图形——空间点阵来描述，它是讨论晶体结构规律性的几何基础。

　　构成空间点阵的几何点称为阵点，它可以是原子（或分子、离子）的中心，也可以是彼此等同的原子群或分子群的中心；只要求各阵点的周围环境（物质环境和几何环境）相同，不考虑阵点对应实际质点的物质性。由这样的无数阵点在三维空间周期性重复排列所形成的几何图形称为空间点阵（简称为点阵）。如氯化钠晶体结构［图8-6（1）］中，在同一取向上几何环境和物质环境都相同的 Na^+ 离子抽象为一类几何点，在同一取向上几何环境和物质环境都相同的 Cl^- 离子抽象为另一类几何点，两类几何点各自构成的几何图形相同，如图8-6（2）所示。按照"每个阵点周围环境相同"的要求，1848年法国晶体学家布拉菲（A. Bravais）首先用数学方法确定，尽管晶体有无限多种，但相应的空间点阵只有14种。这14种空间点阵又称为布拉菲点阵。

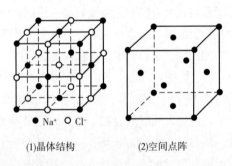

(1)晶体结构　　　　　(2)空间点阵

● Na⁺　○ Cl⁻

图8-6　氯化钠的晶体结构与相应空间点阵示意图

　　为了研究空间点阵中阵点的排列规律和特点，一般从点阵中选取一个仍能保持点阵特征（对称性与周期性）的平行六面体作为其基本单元，称为晶胞。对于晶胞的大小和形状，用相交于某一阵点的三条棱边上的点阵周期 a、b、c 以及它们之间的夹角 α、β、γ 来描述（图8-7）。a、b、c 和 α、β、γ 被称为点阵常数或晶胞常数。对于同一点阵，晶胞的选择有多种可能性，其选择原则为：①晶胞应最能反映空间点阵的宏观对称性；②晶胞中棱和角相等的数目应最多；③晶胞中棱边夹角应尽可能为直角；④在满足①、②和③的条件下，晶胞体积最小。其中，①、②和③为高度对称性原则，④为最小体积原则；二者冲突时优先考虑高度对称性原则。

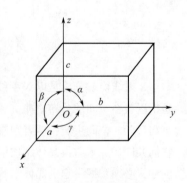

图8-7　晶胞常数

　　晶体学中按照点阵的对称性，可将所有晶体归为7个晶系。选取晶胞来表示一个晶系的相应点阵时，如果只需反映点阵的周期性，则取简单晶胞（只在平行六面体的每个顶点上有阵点）即可满足要求。然而，因点阵同时具有周期性和对称性，因此有些情况下必须选取比简单晶胞体积更大的复杂晶胞，这时阵点不仅可以分布在顶点，在底心、面心或体心位置也可以有阵点，这些晶胞就称为有心晶胞。7个晶系及相应14种布拉菲点阵的相关信息见表8-2。

表8-2　　　　　　　　　　　　7个晶系及14种布拉菲点阵

晶系	点阵常数	布拉菲点阵	点阵符号	阵点坐标
三斜 （triclinic）	$a \neq b \neq c$ $\alpha \neq \beta \neq \gamma \neq 90°$	简单三斜	P	(0, 0, 0)
单斜 （monoclinic）	$a \neq b \neq c$ $\alpha = \gamma = 90° \neq \beta$	简单单斜 底心单斜	P C	(0, 0, 0) (0, 0, 0) (1/2, 1/2, 0)
正交（斜方） （orthorhombic）	$a \neq b \neq c$ $\alpha = \beta = \gamma = 90°$	简单斜方 体心斜方 底心斜方 面心斜方	P I C F	(0, 0, 0) (0, 0, 0) (1/2, 1/2, 1/2) (0, 0, 0) (1/2, 1/2, 0) (0, 0, 0) (1/2, 1/2, 0) (1/2, 0, 1/2) (0, 1/2, 1/2)
菱方（三方） （rhombohedral）	$a = b = c$ $\alpha = \beta = \gamma \neq 90°$	简单三方	R	(0, 0, 0)
四方（正方） （tetragonal）	$a = b \neq c$ $\alpha = \beta = \gamma = 90°$	简单四方 体心四方	P I	(0, 0, 0) (0, 0, 0) (1/2, 1/2, 1/2)
六方 （hexagonal）	$a = b \neq c$ $\alpha = \beta = 90°,$ $\gamma = 120°$	简单六方	P	(0, 0, 0)
立方（等轴） （cubic）	$a = b = c$ $\alpha = \beta = \gamma = 90°$	简单立方 体心立方 面心立方	P I F	(0, 0, 0) (0, 0, 0) (1/2, 1/2, 1/2) (0, 0, 0) (1/2, 1/2, 0) (1/2, 0, 1/2) (0, 1/2, 1/2)

因空间点阵是由阵点在三维空间周期性重复排列而成，所以可将一个点阵在任意方向上分解为平行的阵点直线簇（即晶向），阵点等距离地分布在这些晶向。不同晶向上阵点的密度不同，但同一晶向阵点的分布则完全相同。晶体学上用晶向指数 $[uvw]$ 表示晶向上阵点的排布特点。同样，可将一个点阵在任意方向上分解为平行的阵点平面簇（即晶面）。同一取向的晶面，不仅互相平行、面间距相等，而且面上的阵点分布完全相同。晶体学上用晶面指数 (hkl) 表示晶面上阵点的排布特点。一组 (hkl) 晶面中两个相邻的平行晶面间的垂直距离称为晶面间距，通常用 d_{hkl} 或简写为 d 来表示。对于每一种晶体都有一系列大小不同的晶面间距，它是点阵常数和晶面指数的函数，随着晶面指数增加，晶面间距减小。

（二）倒易点阵

倒易点阵是由倒易点所构成的一种点阵，由空间点阵（正点阵）可推导出相应的倒易点阵。它是描述晶体结构的另一种几何方法，对于解释X射线及电子衍射图像的成因非常有用，并能简化晶体学中一些重要参数的计算公式。

a、***b***、***c*** 表示正点阵（即布拉菲点阵）的基矢，则与之对应的倒点阵基矢 ***a****、***b****、***c**** 用下述方式定义：

$$a^* \cdot a = 1 \qquad b^* \cdot b = 1 \qquad c^* \cdot c = 1$$

$$a^* \cdot b = a^* \cdot c = b^* \cdot a = b^* \cdot c = c^* \cdot a = c^* \cdot b = 0$$

根据定义，从 ***a***、***b***、***c*** 可以求出唯一 ***a****、***b****、***c****（包括长度和方向），即从正点阵可得到唯一的倒点阵，二者互为倒易。从矢量的"点积"关系可知，***a**** 垂直 ***b***、***c*** 所在的平面，即 ***a**** 垂直（100）晶面；同理，***b**** 垂直（010）晶面，***c**** 垂直（001）晶面。另外，通过矢量运算还可证明，正点阵的晶胞体积 V 和倒点阵的晶胞体积 V^* 互为倒数，即 $V = 1/V^*$。如果正点阵与倒点阵具有共同的坐标原点，则正点阵中的晶面在倒易点阵中可用一个倒易阵点表示，倒易阵点的指数用它所代表晶面的晶面指数标定。利用这种对应关系，可以由任何一个正点阵建立一个相应的倒点阵；由一个已知的倒点阵，运用同样的对应关系又可重新得到原来的晶体点阵。

根据倒点阵基矢 ***a****、***b****、***c**** 作出倒易晶胞后，将倒易晶胞在空间平移即可绘出倒易点阵。在倒易空间内，从倒易原点指向任一倒易阵点（h，k，l）所连接的矢量称为倒易矢量，用符号 ***r**** 表示。$r^* = h \cdot a^* + k \cdot b^* + l \cdot c^*$，$h$、$k$、$l$ 为整数。倒易矢量具有两个基本性质：①倒易矢量 ***r**** 垂直于正点阵的（hkl）晶面，②倒易矢量的长度 r^* 等于（hkl）晶面间距 d_{hkl} 的倒数。显然，倒易矢量 ***r**** 可以表征正点阵中的（hkl）晶面的特性（方位和面间距）。

由以上讨论可知，单晶体的倒易点阵由三维空间规则排列的一系列倒易阵点构成；而多晶体是由无数取向不同的晶粒组成，所有晶粒的同族晶面 $\{hkl\}$ 的倒易矢量在三维空间任意分布，其相应的倒易阵点均分布在以倒易原点为圆心、倒易矢量长度（$r^* = 1/d_{hkl}$）为半径的倒易球上，故多晶体的倒易点阵由一系列半径不同的同心球面构成。显然，晶面间距越大，倒易矢量的长度越小，相应的倒易球半径就越小。

二、 布拉格方程

（一）布拉格方程的推导

布拉格方程是用于描述 X 射线在晶体中衍射几何规律的一种表达形式。1913 年英国物理学家布拉格父子提出，把晶体看作是由一系列平行的原子面堆积而成，把晶体的衍射线看作是原子面对入射线的反射。在 X 射线照射到的原子面中，所有原子的散射波因相互干涉而大部分被抵消，只有在原子面的反射方向上相位相同，是干涉加强的方向。下面分析单一原子面和多层原子面反射方向上原子散射波的相位情况。如图 8-8，当一束平行 X 射线以 θ 角投射到一个原子面上时，其中任意两个原子 P、K 的散射波在原子面反射方向上的光程差为：

$$\delta = QK - PR = PK \cdot \cos\theta - PK \cdot \cos\theta = 0$$

P、K 两原子的散射波在原子面反射方向上的光程差为 0，说明它们的相位相同，是干涉加强的方向。由于 P、K 是同一原子面上的任意两个原子，所以该原子面上所有原子的散射波在反射方向上的相位均相同。因此，一个原子面对 X 射线的衍射，在形式上可看作原子面对入射线的反射。因 X 射线波长短、穿透力强，所以它不仅能使晶体表面的原子成为散射波源，而且还能使晶体内部的原子成为散射波源。这时，衍射线应被看作是许多平行原子面反射的反射波振幅叠加的结果。干涉加强条件为：晶体中任意相邻两个原子面上的原子散射波在原子面反射方向的相位差为 2π 的整数倍，或光程差等于波长的整数倍。如图 8-8，一束波长为 λ 的 X 射线以 θ 角投射到面间距为 d 的一组平行原子面上。从中任选两个相邻原子面 AA、BB，作原子面的法线与两个原子面相交于 K、L；过 K、L 画出代表 AA 和 BB 原子面的入射线和反射线。由图可知，经 AA 和 BB 两个原子面反射的反射波光程差 $\delta = ML + LN = 2d \cdot \sin\theta$，干涉加强的条件为：

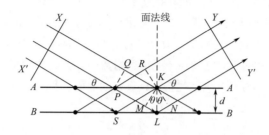

图 8-8 晶体对 X 射线的衍射

$$2d \cdot \sin\theta = n \cdot \lambda \tag{8-14}$$

式中 n——正整数，称为反射级数（衍射级数）；

θ——入射线或反射线与反射面的夹角，称为掠射角，由于它等于入射线与衍射线夹角的一半，故又称为半衍射角；把 2θ 称为衍射角。

这是 X 射线在晶体中能产生衍射所必须满足的基本条件，它反映了衍射线方向与晶体结构之间的关系。

（二）布拉格方程讨论

1. 选择反射

X 射线在晶体中的衍射，实质上是晶体中各原子散射波之间干涉的结果。只是因衍射线的方向恰好相当于原子面对入射线的反射，所以才借用"光学镜面反射规律"来描述 X 射线的衍射几何。但是，X 射线的原子面反射和可见光的镜面反射不完全相同。镜面可以任意角度反射可见光，但 X 射线只有在 λ、θ、d 三者满足布拉格方程时才能发生反射。所以把 X 射线的这种反射称为选择反射。人们经常用"反射"这个术语来描述一些衍射问题，有时也把"衍射"和"反射"作为同义语混合使用，其实质都是为说明衍射问题。

2. 产生衍射的极限条件

掠射角 θ 的极限范围为 $0° \sim 90°$，故 $\sin\theta < 1$，即 $n\lambda/2d$ 的值小于 1（$n\lambda < 2d$）。对于衍射而言，衍射级数 n 的最小值为 1（$n = 0$ 相当于透射方向上的衍射束，无法观测），所以在任何可观测的衍射角下，产生衍射的条件为：$\lambda < 2d$，即能够被晶体衍射的电磁波的波长必须小于参加反射的晶面中最大面间距的 2 倍，否则不会产生衍射现象。但是波长过短会导致衍射角过小，使衍射现象难以观测。因此，常用于 X 射线衍射的波长范围在 $0.05 \sim 0.25$ nm。当 X 射线波长一定时，晶体中有可能参加衍射的晶面族也是有限的，其面间距必须满足 $d > \lambda/2$，即只有那些晶面间距大于入射 X 射线波长一半的晶面才能发生衍射。

3. 衍射面和衍射指数

为了方便应用，经常把布拉格方程中的 n 隐含在 d 中，得到简化的布拉格方程。为此，需要引入衍射面和衍射指数的概念。一束波长为 λ 的 X 射线入射到面间距为 d_{hkl} 的一组平行晶面产生衍射时，其布拉格方程可改写为：

$$2 \cdot \frac{d_{hkl}}{n} \cdot \sin\theta = \lambda$$

令 $d_{HKL} = d_{hkl}/n$，则：

$$2 d_{HKL} \sin\theta = \lambda \qquad (8-15)$$

这样，衍射级数 n 隐含在 d_{HKL} 中，布拉格方程将永远是一级衍射的形式。即把（hkl）晶面的 n 级衍射看作与（hkl）晶面平行、面间距为 $d_{HKL} = d_{hkl}/n$ 晶面的一级衍射。面间距为 d_{HKL} 的晶面不一定是晶体中的真实原子面，而是为了简化布拉格方程所引入的假想反射面，这样的反射面称为衍射面。相应，衍射面的指数（HKL）称为衍射指数，其中 $H = n \cdot h$，$K = n \cdot k$，$L = n \cdot l$。衍射指数与晶面指数的不同之处在于，衍射指数中有公约数，而晶面指数只能是互质整数。当衍射指数也为互质整数时，它就代表一族真实的晶面。所以，衍射指数是晶面指数的推广，是广义的晶面指数。

4. 衍射花样和晶体结构的关系

由布拉格方程可知，在波长一定情况下，衍射线方向（θ）为晶面间距 d 的函数。若将各晶系简单晶胞中的面间距 d 值代入布拉格方程，则得：

立方晶系：$\qquad \sin^2\theta = \dfrac{\lambda^2}{4} \cdot \left(\dfrac{h^2 + k^2 + l^2}{a^2} \right)$

正方晶系：$\qquad \sin^2\theta = \dfrac{\lambda^2}{4} \cdot \left(\dfrac{h^2 + k^2}{a^2} + \dfrac{l^2}{c^2} \right)$

六方晶系：$\qquad \sin^2\theta = \dfrac{\lambda^2}{4} \cdot \left(\dfrac{4}{3} \cdot \dfrac{h^2 + hk + k^2}{a^2} + \dfrac{l^2}{c^2} \right)$

其余晶系略。可以看出，不同晶系的晶体，或者同一晶系中晶胞大小不同的晶体，其各种晶面对应衍射线的方向均不同，衍射花样也不相同。因此，布拉格方程可以反映出晶体结构中晶胞大小及形状的变化。但是，布拉格方程并未反映出晶胞中原子的种类、数量和位置。例如，用一定波长的 X 射线照射图 8-9 所示点阵常数相同的三种晶胞，根据布拉格方程无法区分简单晶胞和体心晶胞衍射花样的不同，也无法区分由同一种原子构成的体心晶胞和由 A、B 两种原子构成的简单晶胞衍射花样的不同。因此，研究晶胞中原子的位置和种类对衍射图形的影响时，除布拉格方程外，还需要其他的判断依据（如结构因子和衍射线强度理论）。

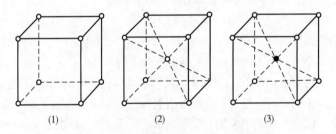

图 8-9　点阵常数相同的几个立方晶系的晶胞
○　A 类原子　　● B 类原子

三、衍射矢量方程及爱瓦尔德图解

（一）衍射矢量方程

利用倒易点阵可以更方便地解释衍射现象。一束波长为 λ 的 X 射线被晶面 PP 反射，假定 ON 为晶面 PP 的法线方向，入射线方向用单位矢量 k_0 表示，衍射线方向用单位矢量 k 表示，定

义衍射矢量 $\boldsymbol{k'} = \boldsymbol{k} - \boldsymbol{k_0}$，如图 8-10。可见，只要满足布拉格方程，衍射矢量 $\boldsymbol{k'}$ 必定与反射面的法线方向平行，它的长度为 $| \boldsymbol{k} - \boldsymbol{k_0} | = 2\sin\theta = \lambda / d_{hkl}$。因此，当满足衍射条件时，衍射矢量的方向就是反射晶面的法线方向，衍射矢量的长度与反射晶面组的面间距成反比（比例系数相当于 λ）。

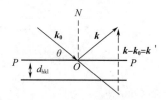

图 8-10　入射矢量与衍射矢量关系示意

根据前面的介绍可知，衍射矢量（$\boldsymbol{k}/\lambda - \boldsymbol{k_0}/\lambda$）实际上相当于倒易矢量 $\boldsymbol{r}^* = h\boldsymbol{a}^* + k\boldsymbol{b}^* + l\boldsymbol{c}^*$，矢量的端点为倒易点阵的原点，终点为代表正点阵（$hkl$）晶面的倒易阵点（$h$，$k$，$l$）。由 $| \boldsymbol{k} - \boldsymbol{k_0} | = 2\sin\theta = \lambda / d_{hkl}$ 可得：

$$\boldsymbol{k}/\lambda - \boldsymbol{k_0}/\lambda = \boldsymbol{r}^* = h\boldsymbol{a}^* + k\boldsymbol{b}^* + l\boldsymbol{c}^* \tag{8-16}$$

式（8-16）为倒易点阵中的衍射矢量方程，即倒易空间的衍射条件方程；其中，矢量 $\boldsymbol{k_0}/\lambda$、$\boldsymbol{k}/\lambda$ 分别表示入射方向和衍射方向的波矢量。该方程的物理意义为：当衍射波矢量和入射波矢量相差一个倒易矢量时，衍射才能产生。

（二）爱瓦尔德图解

德国物理学家爱瓦尔德（P. E. Ewald）首先提出利用作图方法表示产生衍射的必要条件，这种作图方法称为爱瓦尔德图解法。由衍射矢量方程可知，$\boldsymbol{k_0}/\lambda$、$\boldsymbol{k}/\lambda$、$\boldsymbol{r}^*$ 三个矢量构成一个等腰三角形，倒易点阵原点为 O^*，晶体放在 C 处。显然，满足布拉格条件的倒易点（P 点）一定都位于以等腰矢量所夹的公共角顶 C 为圆心、$1/\lambda$ 为半径的球面上。根据该原理，爱瓦尔德作图方法如图 8-11 所示，沿入射线方向作长度为 $1/\lambda$（倒易点阵周期与 $1/\lambda$ 采用同一比例尺度）的矢量 $\boldsymbol{k_0}/\lambda$，使该矢量的末端落在倒易点阵的原点 O^*；以矢量 $\boldsymbol{k_0}/\lambda$ 的起端 C 为圆心、$1/\lambda$ 为半径画一个球，则晶体中（HKL）晶面产生衍射的条件为：该晶面对应的倒易阵点 P（如 P_1、P_2）必须位于该球面上。衍射线的方向为 CP 方向，即矢量 $\boldsymbol{k}/\lambda$ 方向。当满足上述条件时，倒易点阵原点 O^* 至倒易阵点 P 的矢量 $\boldsymbol{O}^*\boldsymbol{P}$（$\boldsymbol{k}/\lambda - \boldsymbol{k_0}/\lambda$）即为相应倒易矢量 $\boldsymbol{r}^*$。凡是与该球面相交的倒易阵点都能满足衍射条件而产生衍射，因此该球被称为反射球（又称干涉球、爱瓦尔德球）。如果位于 C 的晶体转动，倒易阵点也随之转动，这样就会有更多倒易点落在反射球上，从而出现更多衍射线。因此，爱瓦尔德图解法可以同时方便地表达产生衍射的条件和衍射线的方向。但需要进行具体的数学运算时，还要用布拉格方程。

由爱瓦尔德图解法可以看出，并不是随意把一个晶体置于 X 射线的照射下都能产生衍射现象。例如，一束单色 X 射线照射一个固定不动的单晶体时，就不一定能产生衍射现象，因为反射球面完全有可能不与倒易阵点相交。所以，在设计实验方法时一定要保证反射球面有充分的机会与倒易阵点相交。要做到这一点，必须使反射球或晶体处于运动状态或相当于运动状态。目前常用的实验方法有：

（1）用单色（标识）X 射线照射转动晶体　相当于倒易阵点在运动，使反射球永远有机会

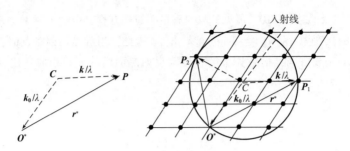

图 8-11　爱瓦尔德图解示意

与某些倒易阵点相交。该方法称为转动晶体法。

（2）用多色（连续）X 射线照射固定不动的单晶体　由于连续 X 射线有一定波长范围，因此就有一系列与之相对应的反射球连续分布在一定区域，凡是落在这个区域内的倒易阵点都满足衍射条件。这种情况也相当于反射球在一定范围内运动，从而使反射球永远有机会与某些倒易阵点相交。该方法称为劳埃法。

（3）用单色（标识）X 射线照射多晶试样　因为多晶体由数量众多、取向杂乱的晶粒组成，各晶粒中某种指数的晶面在空间占有各个方位，因此固定不动的多晶体就其晶粒的位向关系而言，相当于单晶体在转动。该方法称为多晶衍射法（又称粉末衍射法），这是目前最常用的一种方法。

四、 晶体的 X 射线衍射强度

衍射理论证明，若波长为 λ、强度为 I_0 的 X 射线照射到单位晶胞体积为 V_c 的多晶试样上，被照射试样体积为 V，在与入射线夹角为 2θ 方向上的晶面（hkl）产生了衍射，在试样与照相底片（或探测器窗口）观察点为 R 处，记录到多晶体衍射环单位弧长上的累积衍射强度为：

$$I = I_0 \cdot \frac{e^4}{m^2 c^4} \cdot \frac{\lambda^3}{32\pi R} \cdot \frac{V}{V_c^2} \cdot |F_{hkl}|^2 \cdot P \cdot \phi(\theta) \cdot e^{-2M} \cdot A(\theta) \qquad (8\text{-}17)$$

式中　　e、m——电子的电荷和质量；

　　　　　c——光速；

　　　　　F_{hkl}——结构因子；

　　　　　P——反射面的多重性因子；

　　　　$\phi(\theta)$——角因子；

　　　　e^{-2M}——温度因子；

　　　　$A(\theta)$——吸收因子。

实验条件一定时，在所获得的同一衍射花样中，e、m、c、I_0、V、R、V_c、λ 均为常数。因此，同一衍射花样中衍射相对强度（指同一衍射图中各衍射线强度的比值）的表达式可写为：

$$I_{相对} = |F_{hkl}|^2 \cdot P \cdot \phi(\theta) \cdot e^{-2M} \cdot A(\theta) \qquad (8\text{-}18)$$

下面介绍衍射相对强度表达式中各项因子的物理意义。

1. 结构因子 F_{hkl}

结构因子是定量表征原子排布以及原子种类对衍射强度影响规律的参数，用一个单胞内所有原子散射波的相干散射振幅（A_b）与一个电子散射波的相干散射振幅（A_e）的比值表示，即

$F_{hkl} = A_b / A_e$。

若晶胞内各原子的原子散射波振幅分别为 f_1、f_2、······、f_j、······、f_n，各原子的散射波与入射波相位差分别为 ϕ_1、ϕ_2、······、ϕ_j、······、ϕ_n，晶胞中任一原子 A 的坐标为 (x_j, y_j, z_j)，经推导可得：

$$F_{hkl} = \sum f_j [\cos 2\pi(h x_j + k y_j + l z_j) + i\sin 2\pi(h x_j + k y_j + l z_j)] \tag{8-19}$$

在 X 射线衍射工作中可测得的衍射强度 I_{hkl} 与结构因子的平方 $|F_{hkl}|^2$ 成正比，将式（8-19）乘以其共轭复数即可求得此值：

$$|F_{hkl}|^2 = [\sum f_j \cos 2\pi(h x_j + k y_j + l z_j)]^2 + [\sum f_j \sin 2\pi(h x_j + k y_j + l z_j)]^2 \tag{8-20}$$

可见，$|F_{hkl}|^2$ 反映了晶胞中原子的种类、各种原子的数目以及它们的坐标 (x_j, y_j, z_j) 对晶面（hkl）衍射方向上衍射强度的影响。通过计算每种布拉菲点阵的结构因子，可从中总结出点阵的系统消光规律，如表 8-3 所示。所谓系统消光，是指因原子在晶体中的位置不同或者原子种类不同而引起的某些方向上衍射线消失的现象，此时 $|F_{hkl}|^2 = 0$。

表 8-3 布拉维点阵的系统消光规律

布拉维点阵	产生衍射时 h、k、l 取值	系统消光时 h、k、l 取值
简单点阵	h、k、l 任意	—
底心点阵	$k+h$ 为偶数，l 任意	$h+k$ 为奇数
体心点阵	$h+k+l$ 为偶数	$h+k+l$ 为奇数
面心点阵	h、k、l 全奇或全偶	h、k、l 为奇偶混杂

综上，结构因子只与原子的种类和原子在晶胞中的位置有关，而不受晶胞的形状和大小影响。例如，体心点阵，不论属于立方晶系、四方晶系，还是属于斜方晶系，其消光规律均相同。

2. 多重性因子 P

多重性因子表示多晶体中，同一 $\{hkl\}$ 晶面族中等同晶面的数目。P 值越大，这种晶面获得衍射的概率越大，相应衍射线强度越高。多重性因子 P 的数值与晶体的对称性及晶面指数有关，如立方晶系 $\{100\}$ 晶面族 $P=6$、$\{110\}$ 晶面族 $P=12$，四方晶系 $\{100\}$ 晶面族 $P=4$。在计算强度时，P 的数值查表 8-4 即可。

表 8-4 粉晶法多重性因子 P

晶系	晶面指数									
	$h00$	$0k0$	$00l$	hhh	$hh0$	$hk0$	$0kl$	$h0l$	hhl	hkl
立方晶系	6			8	12	24				48
六方和菱方晶系	6	2			6	12				24
四方晶系	4	2			4	8				16
斜方晶系	2					4				8
单斜晶系	2					4		2		4
三斜晶系	2					2				2

3. 角因子 $\phi(\theta) = (1+\cos^2 2\theta) / (8\sin^2\theta\cos\theta)$

角因子由偏振因子 $(1+\cos^2 2\theta)/2$ 和洛伦兹因子 $1/(4\sin^2\theta\cos\theta)$ 组成，与掠射角 θ 有关，在 $\theta=45°$ 时角因子最小。因实际工作中很少测定 $\theta>50°$ 的衍射线，所以在 X 射线衍射图上，衍射线强度的总体趋势是随 θ 角增大而减弱。

4. 吸收因子 $A(\theta)$

试样对 X 射线的吸收作用将造成衍射强度的实测值与计算值不符，因此要进行吸收校正。设无吸收时 $A(\theta)=1$，吸收越多，衍射强度衰减越严重，相应 $A(\theta)$ 越小。吸收因子与样品的形状、大小、组成以及掠射角都有关。对于衍射仪法常用平板状试样，它的吸收因子不随 θ 角变化，只与线吸收系数 μ_L 成反比。因此，用平板试样进行衍射实验时采用固定入射狭缝，无论 θ 角大小均可保证参与衍射的试样体积恒定不变。对于照相法常用圆柱状试样，它的吸收因子与试样的半径 r、线吸收系数 μ_L、θ 角有关。当影响衍射线强度的各因素相同及试样的 μ_L 值一定时，掠射角 θ 越大，吸收作用越弱，衍射线强度越高。

5. 温度因子 e^{-2M}

由于温度作用，晶体中的原子将在各阵点平衡位置附近作热振动。温度越高，原子偏离平衡位置的振幅越大。这样，因原子热振动而导致原子散射波产生的附加相位差，使得在某一方向上的衍射强度减弱。因此，在衍射强度公式中引入了温度因子 e^{-2M}。温度因子和吸收因子的值随 θ 角变化的趋势相反，在一些对强度要求不很精确的工作中，这两个因子的作用大致可以相互抵消，故简化相对强度计算时二者均略去不计。

应当指出，当用短波长 X 射线摄取高角度衍射线时，热振动引起的衍射强度降低颇为显著。此外，原子热振动除造成衍射线强度下降外，还将引起非布拉格衍射，称为热漫散射。它会引起衍射照相底片背底连续变黑或衍射谱图的背底基线升高，且随 θ 角增大而越趋严重，从而不利于衍射分析。

第三节 X 射线衍射分析方法

在日常生活与科学研究中所用材料多为多晶体，故多晶 X 射线衍射分析（又称粉末 X 射线衍射分析）在晶体学研究中应用最为广泛。根据获取物质衍射图样的方法不同，X 射线衍射分析分为照相法和衍射仪法两大类。其中衍射仪法因与计算机相结合，具有高稳定、高分辨、多功能和全自动等优点，并且可以自动给出衍射实验结果，因此目前应用非常普遍；相比，粉末照相法的应用逐渐减少，在此只对德拜–谢乐照相法（简称德拜法）进行简单介绍。

一、 多晶衍射花样的爱瓦尔多图解

对于多晶试样，因晶粒的取向完全随机，各晶粒中指数相同的晶面 (hkl) 分布于空间的任意方向，相应这些晶面的倒易矢量分布于整个倒易空间的各个方向，其相对应的倒易阵点分布在以倒易矢量长度 $(r^* = 1/d_{hkl})$ 为半径的倒易球上。因同族晶面 $\{hkl\}$ 的面间距相等，所以同族晶面的倒易阵点都分布在同一个倒易球上；不同晶面族的倒易阵点，则分别分布在以倒易点阵原点 O^* 为中心的系列同心倒易球面上。根据爱瓦尔德图解原理，令入射线方向与倒易点阵某基矢相一致，从 O^* 点截取 $1/\lambda$ 长度得反射球心 C，在满足衍射条件时反射球与倒易球相交，其交线为一系列垂直于入射线的圆周，如图 8-12 所示。从反射球中心（C，衍射多晶）向这些圆周连线就组成若干个以入射线为公共轴的共顶圆锥，圆锥的母线就是衍射线的方向，圆锥角等于 4θ。该圆锥称为衍射圆锥。

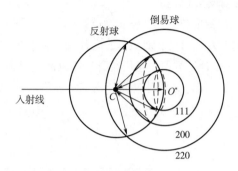

图 8-12 多晶衍射的爱瓦尔德图解

二、 德拜照相法

（一）德拜照相机

德拜照相法是一种经典的、至今仍具使用价值的衍射分析方法。它所用主要仪器为德拜照相机，其结构示意如图 8-13 所示。相机主体是一个带盖的密封圆筒，沿筒的直径方向装有一个导入并限制入射光束的准直管（称为前光阑）和一个阻挡透射光束的承光管（称为后光阑）；试样架在相机圆筒的中心轴上，试样架上有专门的调节装置，可将细小的圆柱试样调节到与圆筒轴线重合；底片围绕试样紧贴于相机的圆筒壁。单色入射 X 射线通过前光阑成为基本平行的光束，经试样衍射使底片感光，透射光束进入后光阑，经荧光屏后被其底部的铅玻璃吸收，荧光屏用于拍摄前的对光。德拜法曝光所需时间较长，根据入射束的功率和试样的反射能力从 30 min 到数小时不等。

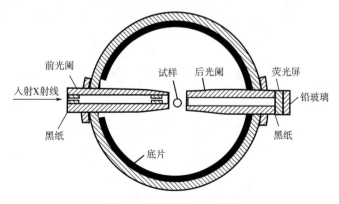

图 8-13 德拜相机示意图

（二）试样制备

德拜法所用试样为圆柱形的粉末黏合体或多晶体细丝，其直径 0.3~0.6 mm、长约 10 mm。

试样粉末可与树脂混匀后黏结在细玻璃丝上，或填充于硼酸锂玻璃或醋酸纤维制成的细管中；粉末粒度应控制在 250~350 目（目表示每平方英寸内的筛孔数），过粗会因参加衍射的晶粒数目太少而使衍射环不连续，过细则可能因晶体结构的破坏而使衍射线宽化。为保证测试结果的真实性，在试样制备过程中不能改变其原组分及原相成分。

（三）底片安装及衍射花样的计算

德拜相机所用照相底片被裁成长条形，按光阑位置打 1~2 个圆孔，贴相机内壁放置，并压紧固定不动。按照入射线与底片开口的相对位置，底片有三种安装方法：正装法、反装法和不对称法，如图 8-14 所示。为了计算方便，常用德拜法相机的直径为 57.3 mm 或 114.6 mm。这样，德拜相片上的 1 mm 长度，正好分别对应于 2°或 1°圆心角。

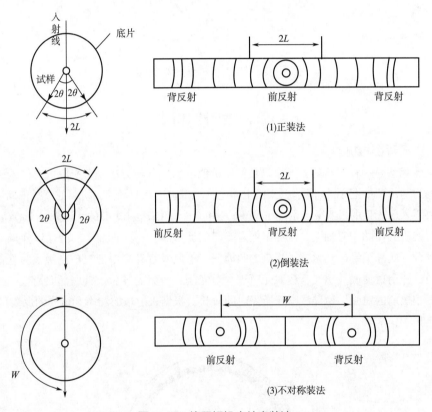

图 8-14   德拜相机底片安装法

（1）正装法   如图 8-14（1）所示，X 射线从底片接口处入射，照射试样后从中心孔穿出。衍射花样由一系列弧段构成，靠近底片中部为前反射衍射线（2θ <90°），底片两端为背反射衍射线（2θ>90°）。测量同一个衍射环的二弧段间距离 2L，即可计算其衍射角。若相机半径为 R，则：

$$\theta = \frac{2L}{4R}（\theta \text{ 为弧度}）\tag{8-21}$$

若 θ 以度（degree）为单位，L 和 R 以 mm 为单位，则：

$$\theta = \frac{2L}{4R} \cdot \frac{180}{\pi} = \frac{2L}{4R} \cdot 57.3$$

因高角线条有较高的分辨本领，故常可看到 K_α 双线。正装法的几何关系与计算均较简单，可用于一般的物相分析工作。

（2）倒装法 如图 8-14（2）所示，X 射线从底片中心孔射入，从底片接口处穿出。显然底片中部的衍射线为背反射线条，故除 θ 角极高的线条可被光阑遮挡外，几乎全部可被记录。背反射线对距离较短，因底片收缩所造成的误差小，故适用于点阵参数的测定。衍射角按式（8-22）计算：

$$2\pi - 4\theta = \frac{2L}{R} \qquad \theta = \frac{\pi}{2} - \frac{2L}{4R}(\text{弧度}) \tag{8-22}$$

（3）不对称装法 如图 8-14（3）所示，底片上开两个孔，X 射线先后从该两孔通过，底片开口置于前后光阑之间。衍射线条为围绕进出光孔的两组弧线对。由前后反射弧对中心点的位置可求出底片上对应 180°圆心角的实际弧长 W，根据式（8-23）计算衍射角：

$$\frac{4\theta}{2L} = \frac{180°}{W}(\text{前反射区})$$

$$\frac{360° - 4\theta}{2L} = \frac{180°}{W}(\text{背反射区}) \tag{8-23}$$

利用不对称法安装底片，可直接从底片测量计算出相机真实的圆周长，从而消除了底片收缩和相机半径不准确所引起的误差，适用于点阵参数的精确测定等工作。

根据上述公式计算出 θ 角，再根据照相时所用 X 射线波长，由布拉格方程即可计算出相应的晶面间距。利用底片曝光的相对黑度来代表衍射线的相对强度。

（四）照相机的分辨本领

照相机的分辨本领反映了衍射花样中两条相邻线条的分离程度，同时反映了晶面间距变化时引起衍射线条位置相对改变的灵敏程度。相机的分辨本领与以下因素有关：①相机半径 R 越大，分辨本领越高，这是利用大直径相机的主要优点。但增大相机直径会延长曝光时间，增加由空气散射而引起的衍射背景。② θ 角越大，分辨本领越高。所以，衍射花样中高角线条的 $K_{\alpha 1}$ 和 $K_{\alpha 2}$ 双线可以明显分开。③X 射线波长 λ 越大，分辨本领越高。所以，为了提高相机的分辨本领，在条件允许的情况下，应尽量采用波长较长的 X 射线源。④面间距 d 越大，分辨本领越低。因此，在分析大晶胞试样时，应尽量采用波长较长的 X 射线源，以便抵偿因晶胞过大带来的不良影响。

德拜法记录的衍射角范围宽，衍射环的形貌可直接反映晶体内部组织的一些特点（如亚晶尺寸、微观应力、择优取向等），衍射线位的误差分析简单且易于消除，因此德拜法衍射分析具有相当高的精度；但衍射强度较低，底片曝光所需时间较长。

三、衍射仪法

衍射仪法是利用衍射光子探测器和测角仪来记录衍射线位置及强度的分析方法，省去了照相法中暗室内装底片、长时间曝光、冲洗和测量底片等繁杂耗时的工作，同时具有快速、精确、灵敏、易于自动化操作及扩展功能等优点。X 射线衍射仪有多种形式，如测定多晶粉末试样的粉末衍射仪、测定单晶结构的四圆衍射仪、用于特殊用途的微区衍射仪和薄膜衍射仪等，其中粉末衍射仪应用最为广泛，已经成为物相分析的通用测试仪器。X 射线衍射仪一般包括 X 射线发生器、测角仪、探测与记录系统、计算机控制和数据处理系统四大部分。此外，衍射仪上还可安装各种附件，如高温、低温、织构测定、应力测量、试样旋转及摇摆、小角散射等，大幅拓展了衍射仪的功能。在此只重点介绍衍射仪中的关键部分：测角仪和探测器。

（一）测角仪

用测角仪代替照相法中的相机，安装上试样和探测器，并使它们能以一定的角速度转动，这是 X 射线衍射仪中的核心部件。图 8-15 给出了测角仪的示意图，测角仪由两个同轴转盘 G、H 构成，小转盘 H 中心装有样品支架，大转盘 G 的支架（摇臂）E 上装有辐射探测器（计数管）C 以及前端接收狭缝 F。X 射线由 X 射线管靶面上的线状焦点 S 发出，S 被固定在仪器支架上，垂直于纸面并与 O 轴平行，它与接收狭缝 F 均位于以 O 为圆心的圆周上，此圆称为衍射仪圆（半径一般为 185 mm）。在测角仪中，发散的 X 射线由 S 发出，经狭缝 B 投射到试样 D，衍射线中可以收敛的部分经接收狭缝 F 进入计数管 C。B、I 是为获得平行的入射线和衍射线而特制的狭缝。当试样 D 围绕轴 O 转动时，接收狭缝 F 和计数管 C 则以试样转动速度的两倍绕 O 轴转动，转动角可由转动角度读数器或控制仪上读出，这种衍射光学的几何布置称为 Bragg-Brentano 光路布置，简称 B-B 光路布置。由图 8-15 可以看出，测角仪与德拜相机有许多相似之处，但也有很大差别，如衍射仪利用 X 射线管的线焦斑工作、采用发散光束与平板试样、用计数器记录衍射线，自动化程度高等。

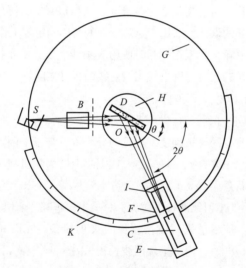

图 8-15　测角仪结构示意

G—测角仪圆　S—X 射线源　D—试样　H—试样台　B、I—狭缝

F—接收狭缝　C—计数管　E—支架　K—刻度尺

当一束发散的 X 射线由管靶面上的线状焦斑 S 照射到平板试样 D 上时，满足布拉格关系的某种晶面的反射线便形成一根收敛光束。随支架 E 的旋转，当计数管 C 转到合适位置时便可接收到一根反射线，计数管的角位置 2θ 从刻度尺 K 上读出。衍射仪的设计使 H 和 E 保持固定的转动关系：当 H 转过 θ 角时，E 恒转过 2θ 角。这就是试样-计数管的连动（θ-2θ 连动）。连动关系保证了试样表面始终平分入射线和衍射线的夹角 2θ，当 θ 角符合某（hkl）晶面相应的布拉格条件时，从试样表面各点由那些 $\{hkl\}$ 晶面所贡献的衍射线便能聚焦进入计数管中。当试样和计数管连续转动时，计数管在扫描过程中就逐个接收不同角度（2θ）的衍射线，在记录仪上即可得到如图 8-16 所示衍射图。纵坐标一般为衍射线的相对强度，当探测器为计数管时用每秒计数（counts per second，cps）。

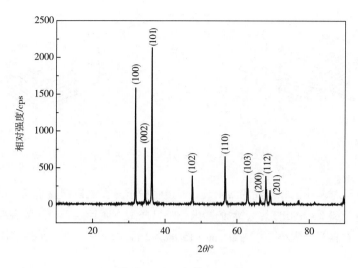

图 8-16　ZnO 的 XRD 图

在 B-B 光路布置的粉末衍射仪中，根据聚焦原理设计测角仪的衍射几何关系。衍射几何的关键在于满足布拉格方程反射条件的同时，满足衍射线的聚焦条件。根据聚焦原理，光源 S、试样上被照射的表面 MON、反射线的会聚点 F 必落到同一聚焦圆上（图 8-17）。这是一个假想圆，在扫描过程中聚焦圆的半径 r 随 θ 角的增大而减小。这种聚焦几何在理论上要求试样表面与聚焦圆有相同曲率。但因聚焦圆的大小时刻在变，故难以实现。衍射仪中常采用平板试样，在运转过程中 θ-2θ 连动保证了试样始终与聚焦圆相切，近似满足聚焦条件，实际上只有 O 点在聚焦圆上；因此，衍射线并非严格地聚焦在 F 点，而是分散在一定的宽度范围内；若宽度不大，在应用中是允许的。

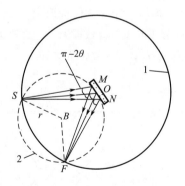

图 8-17　测角仪的聚焦几何

1—测角仪圆　2—聚焦圆

衍射仪的光源应在与衍射仪圆平行的方向上有一定的发散度，而在垂直方向上为平行 X 射线。为此，需要在光路上设置一系列的光阑及狭缝，如图 8-18 所示。S_1 和 S_2 为索拉狭缝，由一组相互平行、有一定间距的金属片构成，分别用于限制入射线和衍射线在垂直方向上的发散度；发散狭缝（K）、接收狭缝（F）和防散射狭缝（L）控制射线的水平发散度。在光路中，通过各种狭缝的设置，从而大幅减小了因辐射宽化和发散造成的测试误差。

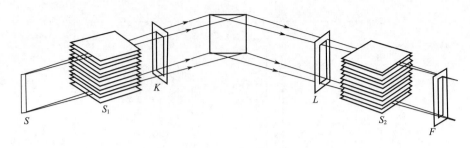

图 8-18　卧式测角仪的光学布置示意图

衍射仪所用试样粉末的粒度约为微米级，通过将粉末压在试样框内制样。过细的微晶会使衍射线宽化、并妨碍弱线的出现；过粗的粉末将难以成型，而且由于照射的颗粒数少，衍射强度变得不稳定。试样框的大小一般为 20 mm×15 mm×2 mm（厚）。也可采用多晶块状试样，照射处最好磨平。

（二）探测器

X 射线衍射仪的探测元件为计数管，计数管及其附属电路称为计数器。目前使用最为普遍的是闪烁计数器，其主要作用是将 X 射线信号转变为电信号。在衍射仪中用计数器与记录装置一起替代了照相法中底片的作用。

闪烁计数器是利用 X 射线激发某些固体物质（如磷光体）发射可见荧光，该荧光再经过光电倍增管的作用转变为一电压脉冲实现测量。图 8-19 为闪烁计数管结构示意图。磷光体一般为含有约 0.5%（质量分数）铊作为活化剂的碘化钠（NaI）单晶体，其后的光电倍增管包括一个光敏阴极和一系列联极，各联极电压依次增高，级差约 100 V。入射 X 射线使磷光体发出荧光，荧光照射到光敏阴极上激发出光电子，光电子在联极正电压下逐级倍增，每个光电子通过光电倍增管后可倍增到 $10^6 \sim 10^7$ 个电子。这样当晶体吸收一个 X 射线光子时，便可在光电倍增管的输出端收集到大量电子，从而产生电压脉冲（达伏特级）。闪烁计数器反应很快，脉冲分辨时间达 10^{-5} s；当计数率在 10^5 次/s 以下时没有计数损失，计数效率高；但因光敏阴极在常温下固有的电子发射而使其背底脉冲较高，晶体易于受潮而失效。

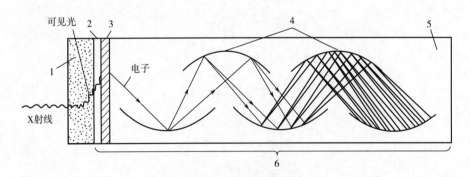

图 8-19　闪烁计数器
1—磷光体　2—玻璃　3—光敏阴极　4—联极　5—真空　6—光电倍增管

近年来，一些高性能衍射仪常采用新型探测器。如利用半导体原理与技术研制的锂漂移硅或锂漂移锗固体探测器，能量分辨率高，X 光子产生的电子数多，但在某一时刻只能测定一个方向的衍射强度（即单点探测）；在此基础上发展起来的阵列探测器，则不仅能同时分别记录到达不同位置的 X 射线能量和数量，还能按位置输出到达的 X 射线强度，能量分辨率好、灵敏度高、扫描快速，特别适用于 X 射线衍射原位分析。

由计数器发出的电压脉冲信号要转换为反映辐射强度的计数率（每秒脉冲数，cps），还需要一整套记录系统，在此不再详细介绍。

（三）衍射仪的常规测量

衍射仪工作时可以进行 $\theta/2\theta$ 扫描，也可以 θ 或 2θ 分别扫描；其运行方式有连续扫描和步进扫描（又称阶梯扫描）两种。

1. 连续扫描

在选定的 2θ 角范围内，计数器以一定的扫描速率与样品（台）联动，扫描测量各衍射角相应的衍射强度；其扫描速率可调，如 1°/min、2°/min 等。采用连续扫描可较快获得一幅完整而连续的衍射图，例如以 2°/min 的速率测量一个 2θ 从 10°~90°的衍射花样，40 min 即可完成。由连续扫描图谱可以方便地看出衍射线峰位、线形和相对强度。这种方式工作效率高，具有一定的分辨率、灵敏度和精确度，非常适合于大量的日常物相分析工作。因此，当需要全谱测量（如物相定性分析）时，一般选用此种方式。然而，由于仪器本身的机械设备及电子线路等的滞后、平滑效应，往往会造成衍射峰位移、分辨力降低、线形畸变等缺陷；而且衍射谱的形状，往往受实验条件如 X 光管功率、时间常数、扫描速度及狭缝选择等条件的影响。因此，要合理地选定测试参数。

2. 步进扫描

计数管和测角仪轴（试样）的转动是不连续的，它以一定的角度间隔逐步前进，在每个角度上停留一定的时间（不同衍射仪的角度步宽和停留时间均有可供选择的范围），用定标器或定时器计数并计算计数率。步进扫描可用定时计数（在各角度停留相同时间）或定数计时（在各角度停留达到相同计数的时间，其倒数即为计数速率）。因步进扫描逐点测量各 2θ 角对应的衍射强度，故无滞后及平滑效应，适合于衍射角的精确定位和衍射线形的记录，有利于弱峰的测定，常用于做各种定量分析工作；但较为费时，通常只用于测定 2θ 范围较小的一段衍射图。步进宽度和步进时间是决定测量精度的重要参数，故要合理选定。

第四节　粉晶 X 射线衍射的物相分析

所谓物相分析，是指确定材料由哪些相组成（物相定性分析）及各组成相的相对含量（物相定量分析）。本节主要介绍利用粉末衍射卡片进行物相定性分析和建立在衍射线累积强度测量基础上的定量分析的原理与方法。这是 X 射线衍射分析方法中最广泛的应用之一。

一、物相的定性分析

（一）基本原理

物相定性分析的依据是每种晶体对 X 射线的衍射方向及衍射强度都具有特征性。因为每种结晶物质都有自己独特的化学组成和晶体结构，只要是两种不同的结晶物质，其点阵类型、晶胞大小、质点种类或质点位置就不会完全相同。因此，当 X 射线通过晶体时，每种结晶物质都有自己独特的衍射花样，其特征可以用各个衍射面的晶面间距 d 和衍射线的相对强度 I/I_1 来表征，其中 I 为结晶物质中某一晶面的衍射线强度、I_1 为该结晶物质最强衍射线的强度，一般把 I_1 定义为 100。前面已讨论，晶面间距与晶胞类型和晶胞参数有关，相对强度则与质点种类及其在晶胞的位置有关，任何一种结晶物质的衍射数据 d 和 I/I_1 都是其晶体结构的必然反映。即使该物质存在于混合物中，它的衍射数据也不会改变，因而根据衍射图谱可以鉴定结晶物质的物相组成。

由于粉晶法在不同实验条件下总能得到一系列基本不变的衍射数据，因而物相分析所用衍射数据都取自粉晶法。具体方法是将从未知样品得到的衍射数据（或图谱）与标准多晶体 X 射线衍射数据（或图谱）进行对比，就像根据指纹鉴别人一样，如果二者能够吻合，就表明该样品与标准物质是同一种物质。

（二）粉末衍射卡片（JCPDS/PDF 卡片）

物相定性分析的基本方法就是将未知物衍射花样的 d 和 I/I_1 值与已知物质的标准衍射花样对照。为了使这一方法切实可行，必须掌握大量已知结晶物质相的标准衍射花样。哈纳瓦尔特（J. D. Hanawalt）等首先开展了这一研究，后来美国材料试验协会在 1942 年出版了第一套衍射数据卡片，以后逐年增编。1969 年起卡片改由粉末衍射标准联合委员会（JCPDS）出版；1978 年进一步与国际衍射资料中心联合出版；1992 年后均由国际衍射资料中心出版。现已出版近 50 组，包括有机及无机物质卡片约 67000 张，这些卡片又被称为粉末衍射文件（powder diffraction file，PDF 卡片）。粉末衍射卡片形式如图 8-20 所示，下面分 10 个区域进行介绍：

10					7					8
d	1a	1b	1c	1d						
I/I_1	2a	2b	2c	2d						
Rad	λ		Filter		$d/Å$	I/I_1	hkl	$d/Å$	I/I_1	hkl
Dia	Coll		Cut Off							
I/I_1	dcorr.abs?									
Ref		3								
Sys			S.G							
a_0	b_0	c_0	A	C						
α	β	γ	Z	D_x	V					
Ref			4		9			9		
ε_0	$n\omega\beta$	ε_γ	Sign							
$2V$	D	m_p	Color							
Ref			5							
		6								

图 8-20　PDF 卡片的格式

1 栏：1a、1b、1c 分别列出粉末衍射图中最强、次强、第三强衍射线的晶面间距；1d 为试样的最大面间距（单位均为 Å）。

2 栏：2a、2b、2c、2d 分别列出上述各谱线的相对强度（I/I_1），最强线强度定义为 100。

3栏：获取本卡片数据的实验条件。Rad 表示所用 X 射线特征谱；λ 表示入射线波长（单位为 Å）；Filter 为滤波片名称，若采用单色器就注明 Mono；Dia 表示照相机直径；Coll 表示光阑狭缝宽度；Cut off 表示设备所能测得的最大面间距；I/I_1 表示测量相对强度的方法（衍射仪法 Diffractometer、测微光度计法 Microphotometer、目测法 Visual）；Ref 表示本栏和9栏中的数据所参考文献。

4栏：物质的晶体结构参数。Sys 表示所属晶系；S.G 表示所属空间群；a_0、b_0、c_0、α、β、γ 表示点阵常数；$A=a_0/b_0$、$C=c_0/b_0$ 为轴率比；Z 表示单位晶胞中所含化学式单位的数目；Dx 表示用 X 射线法测得的密度；V 表示单位晶胞的体积；Ref 表示本栏数据所参考文献。

5栏：物质的物理性质。ε_α、$n\omega\beta$、ε_γ 表示晶体折射率；Sign 表示晶体光学性质的正或负；$2V$ 表示晶体光轴间夹角；D 表示物相密度；m_p表示熔点；Color 表示颜色。

6栏：物质的其他有关说明。如试样来源、化学成分、测试温度、升华点、分解温度、热处理情况等。

7栏：物质的化学式及英文名称，有时在化学式后附有阿拉伯数字及英文大写字母。其中，化学式后面的数字表示单位晶胞中的原子数，数字后的英文字母表示布拉菲点阵（C 简单立方，B 体心立方，F 面心立方，T 简单四方，U 体心四方，R 简单菱方，H 简单六方，O 简单正交，P 体心正交，Q 底心正交，S 面心正交，M 简单单斜，N 底心单斜，Z 简单三斜）。

8栏：物质的通用名称或矿物学名称，某些有机物还在名称上方列出其结构式。右上角的"★"表示本卡片数据高度可靠，"O"表示可靠性较低，"C"表示衍射数据由已知的晶胞参数计算而得，"I"表示数据比无记号卡片的数据质量要高、但不如有★者。

9栏：物质对应一系列晶面间距（d）、相对强度（I/I_1）和衍射指数 hkl。

10栏：卡片编号，短线前为组号，后为组内编号，卡片均按此号分组排列。若某一物相需两张卡片才能列出所有数据，则在两张卡片的序号后加字母 A 标记。

注：新 PDF 卡片格式与图中不尽相同，各栏数据位置有所变动，并将老卡片中 1a-1d（4 条线的 d 值）及 2a-2d 相应的 I/I_1值取消，衍射强度也换用 Int 表示。

（三）卡片索引

PDF 卡片的数量极大，欲利用卡片进行定性分析，必须查找索引，经检索后方能找到需要的卡片。索引按物质分为"有机相"和"无机相"两大类，每类又分为字母索引（alphabetical index）及数字索引（numerical index）两种。

1. 字母索引

当已知被测样品的主要化学成分时，可应用字母索引查找卡片。字母索引按物相英文名称的第一个字母顺序排列。在每一行上列出卡片的质量标记、物质名称、化学式、衍射图样中三根最强线的 d 值和相对强度 I/I_1 值。检索者一旦知道了试样中的一种或数种物相或化学元素时，便可利用这种索引。被分析的对象中所可能含有的物相，往往可以从文献中查到或估计出来，这时可通过字母索引将有关卡片找出，与待定衍射花样对比，即可迅速确定物相。

2. 数字索引

当被测试样的化学成分完全未知时，可利用此种索引。哈纳瓦尔特索引是一种按 d 值编排的经典数字索引，以最强三条线的 d 值作为组合编排依据。根据排在第一位的最强线对应的 d 值分成若干大组，如 9.99~8.00、7.99~6.00、5.99~5.00 等（单位均为 Å），组的顺序按面间距范围从大到小排列；各大组内再按第二强线对应的 d 值自大至小排列；最强三条线后按强度顺序列出其他 5 根较强线的 d 值；d 值下标是以最强线的强度为 10 时的相对强度，最强线脚标为"x"。在 d 值数列后面给出物质的化学式及 PDF 卡片编号。

每种物相在索引中至少重复三次，若某物相最强三线 d 值分别为 d_1、d_2、d_3，余五条为 d_4、d_5、d_6、d_7、d_8，那么该物相在索引中重复三次出现的排列为：$d_1d_2d_3d_4d_5d_6d_7d_8$、$d_2d_3d_1d_4d_5d_6d_7d_8$、$d_3d_1d_2d_4d_5d_6d_7d_8$。采取这样排列的主要原因是因为测得结晶物相的最强线并不一定是 PDF 卡片中的最强线（与试样制备及实验条件有关）。这时，如果每个被测物相在索引中只出现一次，就会给检索带来困难。为了减少因强度测量值的差别所造成的困难，一种物质可多次在索引的不同部位上出现，即当三条强线中任何两线间的强度差小于 25% 时，均将它们的位置对调后再次列入索引。如 $\alpha\text{-}SiO_2$ 的哈纳瓦尔特索引条目为：

3.34_x　　4.26_4　　1.82_2　　1.54_2　　2.46_1　　2.28_1　　2.13_1　　1.38_1　　$\alpha\text{-}SiO_2$　　5-490

除以上介绍的两种索引之外，还有芬克索引（fink index）及字母索引，它们的使用方法与上述索引大致相同。

（四）定性分析过程

物相分析的基本过程是将待定试样的衍射图谱与 PDF 卡片中的标准谱线（数据）对照。在此重点介绍试样的化学成分未知情况下，利用哈纳瓦尔特索引进行定性分析的步骤。

（1）利用照相法或衍射仪法获取被测试样的衍射图谱。

（2）确定衍射线峰位。通过对所获衍射图谱的分析和计算，确定各衍射线峰位的 2θ（一般用峰顶部位定峰）、相应晶面间距 d 值、相对强度 I/I_1；在这几个数据中，要求对 2θ 和 d 值进行高精度的测量计算，而 I/I_1 相对精度要求不高。目前的全自动 X 射线衍射仪可自动完成这一工作，输出各衍射峰对应的 d 及 I/I_1 数值，并将数据按 d 从大到小列表。

（3）使用检索手册，哈纳瓦尔特索引查寻物相 PDF 卡片号。

具体步骤如下：①选取强度最大的三根衍射线（一般相应 $2\theta < 90°$），并使其 d 值按强度递减顺序排列，再将其余线条之值按强度递减顺序列于三强线之后。②从哈纳瓦尔特索引中找到对应的 d_1（最强线的面间距）组。③按次强线的面间距 d_2 找到接近的几行；在同一组中，各行系按 d_2 递减顺序排列，此点对于寻索非常重要。④检查这几行数据其 d_1 是否与实验值很接近；得到肯定后再依次查对第三强线，第四、第五至第八强线，并从中找出最可能的物相及其卡片号。⑤从档案中抽出卡片，将实验所得 d 及 I/I_1 与卡片上的数据详细对照，若对应很好，该物相鉴定即完成；若待测样数列中第三个 d 值在索引各行均找不到对应，说明该衍射图谱的最强线与次强线并不属于同一物相，必须从待测图谱中选取下一根线作为次强线，并重复①~⑤检索程序。

（4）若是多物相分析，则在找出第一物相后将其衍射线剔出，并将剩余衍射线重新根据相对强度排序，重复①~⑤步骤，直至全部衍射线能基本得到解释。

进行物相分析时注意 d 值是鉴定物相的主要依据，但由于试样及测试条件与标准状况的差异，所测 d 值会有一定偏差；因此，将测量数据与卡片对照时允许 d 值有差别。虽然 d 值偏差一般小于 0.002 nm，但当被测物相含有固溶元素（即掺杂离子进入被测物相晶格）时，差值可能较大，这就需要测试者根据试样情况进行判断。衍射强度的高低与试样物理状态、实验测试条件密切相关，即使利用衍射仪可获得较为准确的衍射强度，也往往与卡片数据存在差异。当测试所用 X 射线波长与卡片不同时，相对强度的差异更为明显。所以，定性分析时强度是次要指标。不同物相的衍射线条可能重叠在一起，因而会对衍射强度产生影响，分析时应注意。X射线衍射分析用于鉴定物相，有时会发生误判或漏判。因为有些物质的晶体结构相似、点阵参数相近，其衍射花样在允许的误差范围内可能与几张卡片相符，这时就需要结合其化学成分分析，并结合试样来源、试样的工艺过程等条件，根据材料科学方面的有关知识，在满足结果的合理性和可能性前提下，判定物相组成。

随着计算机技术的发展，目前的X射线衍射仪一般都配有物相自动检索系统。检索时将测量数据输入，计算机按设定程序将之与标准花样进行匹配、检索、淘汰和选择，最后输出结果；但最终结果还必须经过人工审核。

二、 物相的定量分析

（一）基本原理

物相的定量分析就是利用X射线衍射方法测定混合物中各物相的质量分数，其测定原理为多相物质中各晶相的衍射线强度 I_i 随其含量 x_i 的增加而提高。但是，由于各物相对X射线的吸收系数不同，所以衍射强度并不严格正比于各物相的含量，均须加以修正。

如本章第二节中"晶体的X射线衍射强度"所述，在同一衍射谱中，均匀无限厚多晶物质各衍射线的累积强度由式（8-17）决定。该式本来只适用于单相物质，但稍加修改也可用于多相物质。若样品为 n 种物相组成的混合物，由于各相的线吸收系数不同，所以当其中某相的含量改变时，混合物样品的线吸收系数 μ_L 也随之改变。令某相 i 的体积分数为 f_i，试样被照射的体积 V 若为单位体积，则 i 相被照射的体积为 $V_i = f_i \cdot V = f_i$。当混合物中 i 相的含量改变时，在所选定的衍射线强度公式中除 f_i 及 μ_L 外，其余均为常数（用 C_i 表示）。这样，第 i 相的某衍射线强度 I_i 可表示为：

$$I_i = \frac{C_i \cdot f_i}{\mu_L} \tag{8-24}$$

若用质量分数 x_i 表示 i 相的含量，则可将体积分数 f_i 换算成质量分数 x_i：

$$f_i = \frac{x_i \cdot \rho}{\rho_i}$$

式中　ρ 和 ρ_i——样品的密度和第 i 相的密度。

若用质量吸收系数 μ_m 代替线吸收系数 μ_L，则样品总质量吸收系数与各相质量吸收系数之间的关系为：

$$\mu_m = x_1 \mu_{m1} + x_2 \mu_{m2} + \cdots + x_i \mu_{mi} + \cdots + x_n \mu_{mn} = \sum_{i=1}^{n} x_i \mu_{mi}$$

将上述关系式代入式（8-24），得：

$$I_i = \frac{C_i \cdot x_i}{\rho_i \cdot \mu_m} \tag{8-25}$$

这就是X射线定量分析的基本公式，它建立了 i 相的衍射强度与该相的质量分数 x_i 及混合物的质量吸收系数之间的关系，各种物相定量分析方法都是由该公式推导而来。

（二）定量分析方法

1. 外标法

所谓外标法，指实验过程中除混合物中各组分纯样外不引入其他标准物质，将混合物中某相参加定量分析的衍射线强度与该相纯物质同一衍射线的强度相比较。根据式（8-25），混合物中 i 相某衍射线的强度 I_i 与纯 i 相同一衍射线的强度 $(I_i)_0$ 之比为：

$$\frac{I_i}{(I_i)_0} = \frac{\mu_{mi}}{\mu_m} \cdot x_i \tag{8-26}$$

式（8-26）说明混合试样中 i 相与纯 i 相某衍射线强度之比等于吸收系数分量（μ_{mi}/μ_m）乘以该相的含量 x_i。由于 μ_m 与各相含量有关，当相数较多时难以求解，现仅以两相混合物为例说明。

假设混合物由质量吸收系数分别为 μ_{m1}、μ_{m2} 的两相组成（$\mu_{m1} \neq \mu_{m2}$），两相的含量分别为 x_1、x_2 且 $x_1 + x_2 = 1$，则混合物的质量吸收系数为：

$$\mu_m = x_1\mu_{m1} + x_2\mu_{m2} = x_1(\mu_{m1} - \mu_{m2}) + \mu_{m2}$$

将其代入式（8-26）得：

$$\frac{I_1}{(I_1)_0} = \frac{\mu_{m1}}{x_1(\mu_{m1} - \mu_{m2}) + \mu_{m2}} \cdot x_1$$

因此，两相系统中只要已知各相的质量吸收系数，在实验测试条件严格一致的情况下，分别测得某相的一衍射线强度及对应该纯相的相同衍射线强度，即可获得待测混合物中该相的含量。

外标法相对简单，但准确度较差。欲提高测量数据的准确性，需事先配制一系列不同比例的混合试样（i 相含量已知），制作标准曲线（强度比与含量的关系曲线）。应用时根据强度比并按此曲线即可测出待测试样中的含量。

2. 内标法

所谓内标法，就是在某一样品中，加入一定比例的该样品中原来不含的纯标准物质 s（即为内标物），并以此作出标准曲线，从而对含量未知的样品进行定量分析的方法。

待测定的 i 相、基体 M（M 可以是单相，也可以是多相）和内标物 s 组成一个混合物，若加入内标物 s 的质量分数为 x_s，则 s 相的衍射强度 I_s 与被测相 i 的衍射线强度 I_i 之比为：

$$\frac{I_i}{I_s} = \frac{C_i}{C_s} \cdot \frac{x'_i \cdot \rho_s}{x_s \cdot \rho_i} = C \cdot \frac{x'_i \cdot \rho_s}{x_s \cdot \rho_i}$$

其中 x'_i 为加入内标物后 i 相在混合物中的质量分数，$x'_i = x_i(1 - x_s)$。若在每个被测样品中加入内标物的 x_s 均相同，则：

$$\frac{I_i}{I_s} = \frac{C_i}{C_s} \cdot \frac{x_i \cdot (1 - x_s) \cdot \rho_s}{x_s \cdot \rho_i} = C \cdot \frac{x_i \cdot (1 - x_s) \cdot \rho_s}{x_s \cdot \rho_i} = C' \cdot x_i \tag{8-27}$$

式（8-27）即为内标法定量计算公式。要想测 i 相在混合物中的质量分数，需先配制一系列含有已知的、不同质量分数（x_i）的 i 相的标准混合样品，在这些标准混合样品中再加入相同质量分数的内标物 s，然后在相同实验条件下测定各个样品中 i 相及 s 相的某一对特征衍射线的强度 I_i 和 I_s。以 I_i/I_s 分别对应的 x_i 作图，即为标准曲线，可用最小二乘法求出斜率 C'。

内标物的选择对实验结果具有重要影响，要求其化学性质稳定、成分和晶体结构简单，衍射线少而强，且选择的衍射线尽量不与其他衍射线重叠、又尽量靠近待测相用于定量的衍射线。常用内标物有 NaCl、MgO、SiO_2、KCl、$\alpha-Al_2O_3$、KBr、CaF_2 等。

内标法适用于多相体系，不受试样中其他相的种类或性质的影响，即标准曲线对成分不同的试样组成通用。但是，测试条件如内标物 s 的种类与含量、i 相与 s 相衍射线的选取等实验条件必须与作标准曲线时相同。在待测样品数量很多、样品的成分变化又很大，或事先无法知道它们的物相组成的情况下，使用内标法最有利。但是，内标法所需的内标物质，因有时难以获得纯样，从而使内标法的应用受到限制。

3. K 值法（基体冲洗法）

内标法是一种传统的定量分析方法，但存在较多缺点，如绘制标准曲线时需配制系列混合样品、绘制的标准曲线会随实验条件而变、纯样有时难以提取等。为克服这些缺点，目前有许多简化方法，其中使用较普遍的为 K 值法（又称基体冲洗法）。该方法利用预先测定好的参比强度 K 值，在定量分析时无须作标准曲线，利用被测相质量含量和衍射强度的线性方程，通过数学计算即可得出结果。

令 $K_i = \dfrac{C_i \cdot \rho_s}{C_s \cdot \rho_i}$ ，则：

$$\frac{I_i}{I_s} = K_i \cdot \frac{1 - x_s}{x_s} \cdot x_i \tag{8-28}$$

K_i 的大小与被测 i 相和内标物 s 相的含量无关，也与试样中其他相的存在与否无关，而且与入射光束的强度以及衍射仪圆的半径等实验条件无关，它只与 i 相和 s 相的密度、结构及所选衍射线条、X 射线的波长有关。当入射线波长选定后，K_i 只与 i 相和 s 相有关。显然只需已知 K_i，在待测试样中加入一定质量分数 x_s 的参比物 s 后，测定出 I_i 和 I_s，根据式（8-28）即可求得待测试样中 i 相的质量分数 x_i，这就是 K 值法的基本公式。

为了测得 K_i 大小，需配制参考混合物。取被测试样中不包含的物质 s 为参考物（常取 α-Al_2O_3），将参考物 s 与纯待测相 i 以 1:1 的比例混合制样，测定该参考混合物中两相的某衍射线强度（一般均取各相的最强线作为特征线）I_i 和 I_s，两个强度的比值为 i 相的参比强度 K_i：

$$K_i = \frac{I_i}{I_s} \cdot \frac{50}{50}$$

目前，许多物相的参比强度已经测出，并以 I_i/I_s 的标题列入 PDF 卡片中，该数据均以 α-Al_2O_3 为参比物质，并取各自最强线计算强度比。K 值法适用于任何多相混合物的定量分析，并与样品中是否含有其他物相（包括非晶相）无关。因此应用 K 值法可以判断样品中是否含有非晶相存在，并能确定它们的含量。

（三）定量分析过程

对于一般的 X 射线物相定量分析工作，其分析过程为：

（1）对样品进行待测物相的相鉴定，即 X 射线物相定性分析。

（2）无论内标法还是外标法，通常应选择标准物相。要求标准物相理化性能稳定，与待测物相衍射线无干扰，在混合及制样时不易引起晶体的择优取向。

（3）利用选择的标准物相与纯的待测物相按要求制成混合试样，确定标准物相及待测物相的衍射线，分别测定其强度 I_s 和 I_i，用 I_i/I_s 和标准物相配比 x_s 获取定标曲线或 K_i。

（4）测定按要求制备试样中的待测物相 i 及标准物相 s 指定的衍射线强度。

（5）用所测定的数据计算出待测物相的质量分数 x_i。

为使测试达到"定量"水平，对实验条件、方法、试样本身都比定性分析更为严格。

（1）实验设备、测试条件及方法　尽管使用衍射仪能方便、准确、迅速地获得衍射线强度，但因各衍射线不是同时测量，故要求衍射仪稳定性好（标准中要求综合稳定度优于 1%）。

为获得良好的峰形和足够高的强度，定量分析时最好采用步进扫描法，步长 0.02°，每步计数时间 2 s 或 4 s。

（2）对试样要求　试样的颗粒度、显微吸收和择优取向是影响定量分析的主要因素。首先试样应具有足够的大小和厚度，使入射线的光斑在扫描过程中始终照在试样表面以内，且不能穿透试样。试样颗粒的粒径范围一般在 0.1~5 μm。控制颗粒度一方面可以减小由于各相吸收系数不同而引起的误差（即颗粒显微吸收效应），另一方面可以获得良好、准确的衍射峰形。择优取向是影响定量分析的另一重要因素。所谓择优取向是指多晶体中各晶粒的取向向某些方位偏聚的现象，即形成了"织构"，这种现象会使衍射强度反常，与计算强度不符。粉末试样也会存在择优取向，特别是当颗粒粗大且有特殊形貌时（如针状、片状）更为突出。在此情况下，除应进一步磨细粉粒外，还要对测试结果进行数学修正。

第五节　X 射线衍射应用实例

X 射线衍射（XRD）分析是利用 X 射线在晶体物质中的衍射效应进行结构分析的一种方法，属于无损检测，具有操作简单、用时短、专业性不是特别强等优点，在中药质量鉴别、食品加工改性、天然产物提取等方面具有广泛的应用。

一、利用 X 射线衍射鉴定植物类中药材的质量

选取市售直径在 1.5~2.5 cm 的正品当归饮片，肉眼可观察到当归饮片可以近似划分为三部分：黄棕色的表皮、淡黄棕色且半透明的内皮层、黄白色的木质部。刻刀轻刮即可获得木质部和表皮，再用刻刀精选内皮层的中央部位。利用粉碎机将当归饮片、木质部、表皮、内皮层分别粉碎，过 100 目筛，制成细粉。利用 LTK-450 粉末 X 射线衍射仪对当归饮片中的蔗糖成分分布进行分析，Cu K_α 辐射，管电压 40 kV，管电流 30 mA，2θ 扫描范围 5°~70°，步长 0.02°，扫描速度 0.4°/min。采用 MS Modeling 晶体结构计算软件除去 XRD 数据中来自 Cu $K_{\alpha2}$ 的贡献，所获得的数据为单色线 Cu $K_{\alpha1}$（$\lambda_1 = 1.540562$Å）的衍射。为了方便观察和比较，在此当归饮片和当归配方颗粒的 XRD 强度被放大 5 倍。

当归饮片、无糖型当归配方颗粒、一级绵白糖、当归表皮、当归内皮层和木质部的粉末 X 射线衍射图谱如图 8-21 所示。一级绵白糖（S6）的 XRD 数据与蔗糖的标准数据 PDF No. 24-1977 完全吻合，可以作为标准蔗糖用于鉴定。对于当归饮片，可以看到大量的高强度衍射尖峰叠加在 20°附近宽广且类似于山峰状的弥散峰上。这个弥散峰起源于当归内非晶态的有机成分，类似于非晶石英玻璃。这是由于非晶态物质或有机高分子成分虽然没有特定间距的晶面存在，但其原子间距分布在一定的尺寸区间，说明植物类中药材的有机成分存在短程有序性。因此，当归的这些大量高强度 XRD 尖峰来源于当归内部所存在的有机分子晶体。无糖型当归配方颗粒的 XRD 谱仅在 $2\theta = 20$°附近展示一个弥散峰，伴随着大量密集且难以鉴定的弱衍射峰，后者来源于植物类中药材内部微晶衍射。考虑到当归味甘，再通过图 8-21 的比较分析，推断出当归的糖类成分主要是蔗糖。

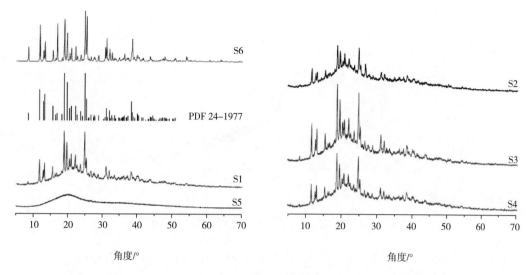

图 8-21　当归饮片（S1）、无糖型当归配方颗粒（S5）、一级绵白糖（S6）、
当归表皮（S2）、内皮层（S3）和木质部（S4）的粉末 X 射线衍射图谱

与当归的 XRD 图谱相似，当归各部位的 XRD 谱结构基本相同，但强度不同，说明蔗糖在当归各部位的含量分布不同。以一级绵白糖（S6）的 XRD 谱作为比较标准，去除衍射背底，可以估算当归饮片中蔗糖的含量为 22%，当归表皮、内皮层和木质部的蔗糖含量分别为 10%、22% 和 14%；即蔗糖在当归中的分布为内皮层最高，其次为木质部，表皮中蔗糖含量最低。综上，XRD 可以作为当归蔗糖定量鉴定的一种快速检测方法，用以中药材的质量控制。

二、利用 X 射线衍射分析槐角多糖结构

以国槐成熟果实槐角为原材料，采用超声辅助复合酶解法水提槐角粗多糖，再通过 Sevage 试剂脱蛋白质获得槐角多糖 SFP，利用 DEAE-52 纤维素柱分离纯化后获得槐角主要次级多糖 SFP-1。将多糖 SFP-1 粉末研磨，至手搓无颗粒感（颗粒度在 1~5 μm）；将研磨后的样品放入样品窗口中，填满，为防止粉粒定向排列，应避免大力填装样品。利用 Empyrean X 射线衍射仪进行槐角多糖结构分析，采用连续扫描模式，使用 Cu K_α 辐射，10°~65° 扫描，扫描速度 2.5°/min，氮气中扫描。

槐角多糖（SFP-1）的 XRD 图谱如图 8-22 所示，在 2θ 等于 31.92°、45.26°、49.93°、53.59°、58.34° 时有尖锐高峰出现，表明 SFP-1 结晶度较高；衍射角度 2θ 在 15°~28° 包含一个"发髻状"凸起峰，表明 SFP-1 是半结晶物质。它具有较好的抗氧化、降血糖、抑菌作用，为实现槐角多糖的充分开发和利用奠定了基础。

三、利用 X 射线衍射分析淀粉的微观结构

以小麦淀粉为原料，使用等离子体活化水（PAW）对小麦淀粉进行湿热改性；将改性后的淀粉样品先用饱和氯化钠溶液平衡水分 7 d，然后取适量置于模具的圆形螺纹处，用光滑的玻璃片压平。利用 Bruker D8 X 射线衍射仪测定样品的结构与结晶度，测试条件为：波长为

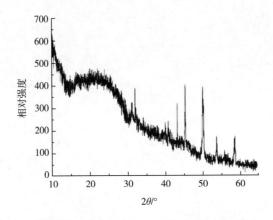

图 8-22 槐角多糖（SFP-1）的 X 射线衍射图谱

0.1542 nm 的单色 Cu K$_\alpha$ 射线、连续扫描、管电压 30 kV、管电流 20 mA、扫描速度 4°/min、扫描范围 5°~35°、步宽 0.02°。

天然小麦淀粉和改性淀粉样品的 XRD 图如图 8-23 所示。天然淀粉的特征衍射峰主要出现在 2θ=15.3°、17.1°、18.2°和 23.1°，属于 A 型淀粉结构；PAW-100（100 ℃处理样品）的 XRD 图谱仍为 A 型，淀粉的相对结晶度略有降低。然而，PAW-120（120 ℃处理样品）的 XRD 图谱衍射峰主要出现在 2θ=7.5°、13.0°、15.3°、17.1°、18.2°、19.8°和 23.1°，其中 19.8°为 V 型特征峰。这表明，PAW-120 结晶结构已由 A 型转变为 A+V 型结构，结晶度继续下降。这可能是因为淀粉中的直链淀粉分子和内源性脂质以疏水作用形成了单螺旋结构。X 射线衍射分析对小麦淀粉结构研究领域具有一定的指导意义。

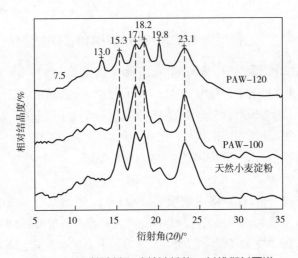

图 8-23 天然淀粉和改性淀粉的 X 射线衍射图谱

🔍 **思考题**

1. 简述连续 X 射线谱和特征 X 射线谱的产生机制和特点。

2. X 射线与物质相互作用时发生哪些现象？这些现象和规律在实际中有何应用？

3. 推导 X 射线衍射的布拉格定律。

4. 说明结构因子的物理意义，分析结构因子、多重性因子、吸收因子和温度因子对衍射线强度的影响。

思考题解析

5. 总结简单点阵、体心点阵、面心点阵衍射线的系统消光规律。

6. 简述衍射仪法的特点及 X 射线衍射仪的主要组成。

7. 物相定性分析的原理是什么？简述哈纳瓦尔特数字索引进行物相定性分析的过程。

8. 物相定量分析的原理是什么？简述用 K 值法进行物相定量分析的过程。

参 考 文 献

[1]周玉. 材料分析方法[M]. 3 版. 北京:机械工业出版社,2011.

[2]杜希文,原续波. 材料分析方法[M]. 2 版. 天津:天津大学出版社,2014.

[3]郭立伟,戴鸿滨,李爱滨. 现代材料分析测试方法[M]. 北京:兵器工业出版社,2008.

[4]贾春晓. 仪器分析[M]. 郑州:河南科学技术出版社,2015.

[5]吴刚. 材料结构表征及应用[M]. 北京:化学工业出版社,2001.

[6]郭立伟,朱艳,戴鸿滨. 现代材料分析测试方法[M]. 北京:北京大学出版社,2014.

[7]罗绍华. 无机非金属材料科学基础[M]. 北京:北京大学出版社,2013.

[8]王杰. 槐角多糖分离纯化、结构分析及生理活性研究[D]. 北京:北京林业大学,2019.

[9]路大勇,赵业卓. 当归饮片中蔗糖分布的 X 射线衍射鉴定及中药材鉴定探讨[J]. 中药材,2017(40):1784-1788.

[10]冯琳琳,闫溢哲,张明月,等. 等离子体活化水湿热处理对小麦淀粉结构和性能的影响研究[J]. 河南农业大学学报,2019(53):601-607.

电子显微分析

[学习要点]

通过本章的学习，认识电子与物质相互作用时所产生的现象及应用；理解电磁透镜的本质与工作原理；要求在掌握电子束成像原理的基础上，理解透射电镜和扫描电镜的结构、工作原理与特点；学会试样的制备、仪器操作条件的选择，会分析测得的实验结果。

显微镜是进行样品微观结构观察和分析的最佳工具，光学显微镜首先打开了人类的视野，使人们看到了神奇的微观世界。但是，光通过显微镜时会发生衍射，使物体上的一个点在成像时形成一个衍射光斑；若两个衍射光斑靠得太近，它们将无法被区分开。研究表明，显微镜分辨率的大小与照明光源的波长有关，波长越短，分辨率越高。如利用可见光作为光源的显微镜，分辨率极限为 200 nm；利用紫外光作为光源的显微镜，分辨率可达 100 nm。虽然 X 射线、γ 射线的波长更短，但因它们具有很强的穿透能力、不能直接聚焦，因而不适于用作显微镜的光源。为此，必须寻找一种波长更短、能聚焦成像的新型照明源，才可能突破光学显微镜的分辨率极限。1924 年法国物理学家 De Broglie 提出了关于微观粒子波动性的假说，并被后来经典的电子衍射实验所证实；运动电子的波动性使电子可能成为显微镜的新光源，1926 年 Busch 提出用轴对称的电场和磁场能使电子束聚焦，二者为电子显微镜的诞生奠定了理论基础。1933 年，德国工程师 Ernst Ruska 和 Max Knoll 研制出世界上第一台透射电子显微镜（transmission electron microscope，TEM），当时的放大倍数只有 17 倍，图像质量也不比光学显微镜好，但是它使电子成像成为现实。1952 年，英国工程师 Charles Oatley 制造出第一台扫描电子显微镜（scanning electron microsope，SEM）。现在的电子显微分析（electron microscopic analysis，EM）已向高分辨、多功能、专业化、数字化方向发展，使电子显微镜在物理、化学、生物、食品、医药卫生、地质考古、冶金等领域的研究和常规检测中成为不可或缺的工具。

第一节　电子光学基础

一、电子波长

高速运动的电子具有波动性和粒子性，引入相对论修正后，电子波的波长为：

$$\lambda = \frac{1.225}{\sqrt{(1 + 0.979 \times 10^{-6}U)U}} \tag{9-1}$$

式中　λ ——电子波长，nm；

　　　U——加速电压，V。

不同加速电压的电子波长如表 9-1 所示。

表 9-1　　　　　　　　　　不同加速电压下电子的波长

加速电压/kV	10	100	200	500	1000
电子波长/nm	0.0122	0.00370	0.00250	0.00142	0.00087

由表 9-1 可知，在常用的 100~200 kV 加速电压下，电子的波长要比可见光波长（380~800 nm）小 5 个数量级。

二、电子波与物质的相互作用

高速运动的电子束轰击样品表面，电子与固体中的原子核及核外电子发生单次或多次弹性或非弹性碰撞，有一些电子被反射出样品表面，有一些被样品吸收。在此过程中有 99% 以上的入射电子能量转变为热能，只有约 1% 的电子能量从样品中激发出各种信号。电子与样品相互作用获得的主要信息如图 9-1 所示，在此仅介绍与电子显微分析相关的各种信号。

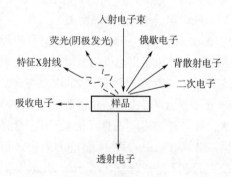

图 9-1　电子与试样作用时产生的主要信息

1. 二次电子

入射电子轰击样品后使表面物质发生电离，被激发的核外电子离开表面，形成二次电子。二次电子多是从试样表面 5~10 nm 深度范围内发射出来的，能量较低（一般不超过 50 eV）；它对样品的表面形貌十分敏感，因此能有效地显示试样的表面形貌。二次电子的产额与试样表面的几何形状、物理和化学性质有关。

2. 背散射电子

入射电子与试样作用后，被样品中的原子反射回来的一部分电子称为背散射电子。它既包括与样品中原子核作用而产生的弹性背散射电子，又包括与样品中核外电子作用而产生的非弹性背散射电子，其中弹性背散射电子所占的份额远超过非弹性背散射电子。背散射电子来自样品表层几百纳米的深度范围，通常能量较高。它反映了试样表面不同取向、不同平均原子量的区域差别，产额随固体原子序数的增大而增多。利用背散射电子作为成像信号，不仅用于形貌分析，而且可用于显示原子序数衬度以进行定性成分分析。

3. 透射电子

透射电子是指穿透样品的入射电子，包括未经散射的入射电子、弹性散射电子或非弹性散射电子。它是由直径很小（<10 nm）的高能电子束照射薄样品时产生的，因此透射电子信号由微区厚度、成分和晶体结构决定，携带有被样品衍射、吸收的电子信息。

4. 特征 X 射线

当固体原子的内层电子被入射电子激发或电离时，原子就处于能量较高的激发态；此时被入射电子激发产生的电子空位将原子外层的高能级电子填充，跃迁过程中多余的能量以辐射形式释放，产生特征 X 射线。每种元素都有自己的特征 X 射线，因此可用于样品的微区成分分析。

三、 电磁透镜

（一）电磁透镜的聚焦原理

透射电子显微镜中用磁场来使电子束聚焦成像的装置称为电磁透镜。图 9-2 为电磁透镜的聚焦原理示意图。通电的短线圈是一个简单的电磁透镜，它产生的磁场呈轴对称非均匀分布。磁力线围绕导线呈环状，磁力线上任意一点的磁感应强度 B 都可以分解为平行于透镜主轴的分量 B_z 和垂直于透镜主轴的分量 B_r［图 9-2（1）］。速度为 v 的电子进入透镜磁场后，位于 A 点的电子将受到 B_r 分量的作用，根据右手法则，电子所受的切向力 F_t 方向如图 9-2（2）所示，F_t 使电子获得一个切向速度 v_t。v_t 随即和 B_z 分量叉乘，形成另一个向透镜主轴靠近的径向力 F_r 使电子向主轴偏转（聚焦）。当电子穿过线圈走到 B 点位置时，B_r 的方向改变180°，F_t 方向随之改变，但 F_t 的反向只能使 v_t 减小，而不能改变 v_t 的方向，因此穿过线圈的电子仍然趋于向主轴靠近，结果使电子作如图 9-2（3）所示的圆锥螺旋近轴运动。一束平行于主轴的入射电子束通过电磁透镜时将被聚焦在轴线上一点（即焦点），如图 9-2（4）所示，这与光学玻璃凸透镜对平行于轴线入射的平行光的聚焦作用［图 9-2（5）］非常相似。

现在使用的励磁效果较好的电磁透镜，将短线圈用内部开口的软磁铁壳封装起来，从而减小磁场的广延度，使大量磁力线集中在开口附近的狭小区域之内，增强磁场强度，如图 9-3（1）所示。为了实现更强的磁场，还可以在开口的两侧装上一对顶端呈圆锥状的极靴（由软磁材料制成的中心穿孔的芯子），当电流通过线圈时，可使有效磁场集中在沿透镜轴向几毫米的范围内，如图 9-3（2）所示。图 9-3（3）给出裸线圈、加铁壳和极靴后透镜磁感应强度的分布。

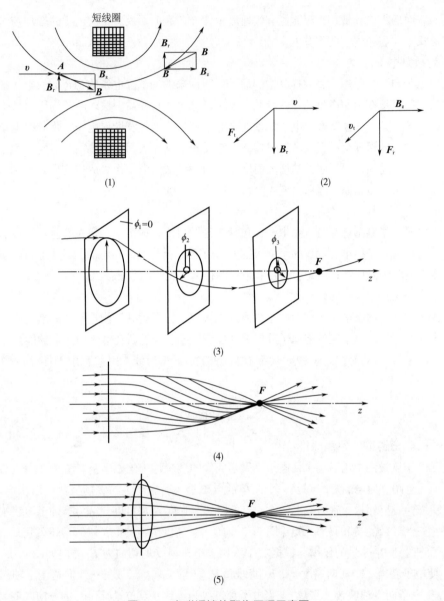

图 9-2　电磁透镜的聚焦原理示意图

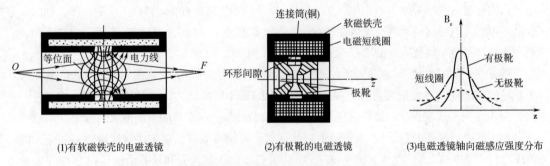

(1)有软磁铁壳的电磁透镜　　(2)有极靴的电磁透镜　　(3)电磁透镜轴向磁感应强度分布

图 9-3　不同类型的电磁透镜及其轴向磁感应强度分布示意

通过推导可知，电磁透镜的焦距近似与电子的加速电压成正比、与励磁安匝数的平方成反比，所以，无论励磁方向如何，电磁透镜的焦距总是正的；改变励磁电流，电磁透镜的焦距和放大倍数都将发生相应的变化。故电磁透镜是一种变焦距或变倍率的会聚透镜，这是它区别于光学玻璃凸透镜的一个特点。

（二）电磁透镜的像差

电磁透镜的像差包括几何像差和色差两大类。几何像差与透镜磁场几何形状上的缺陷有关，主要指球面像差（球差）和像散；色差则与电子波长或能量的非单一性有关。在此将分别讨论三种像差形成的原因，并指出减小这些像差的途径。

1. 球差

球差是因电磁透镜的近轴区域磁场和远轴区域磁场对电子束的折射能力不同而造成的。一般，远轴区域磁场对电子束的折射能力比近轴区域强。物点 P 通过具有球差的磁透镜成像时，电子不会会聚在同一个像点，而被分别会聚在一定的轴向距离内，如图9-4。如果像平面在远轴电子的焦点和近轴电子的焦点之间作水平移动，则可得到一个比较清晰的最小散焦圆斑。球差最小散焦圆斑半径 Δr_S（折算到透镜物平面上）为：

$$\Delta r_S = \frac{1}{4} C_S \alpha^3 \tag{9-2}$$

式中　C_S——电磁透镜的球差系数；

　　　α——电磁透镜的孔径半角。

利用 Δr_S 表示球差大小，当物平面上两点距离小于 $2\Delta r_S$ 时，则该透镜不能分辨，这时在透镜的像平面上得到的是一个点。式（9-2）表明，球差最小散焦圆斑的半径 Δr_S 与 α^3 成正比。当 C_S 一定时，减小 α 角，可以显著减小球差最小弥散圆斑的半径，从而提高透镜的分辨本领。

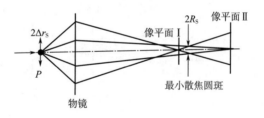

图9-4　透镜球差示意图

2. 像散

像散是由透镜磁场的非旋转对称而引起的。极靴加工精度（如内孔不圆、端面不平）、极靴材料内部结构和成分分布不均匀、极靴孔周围局部污染等原因，都会使电磁透镜的磁场产生椭圆度。透镜磁场的这种非旋转对称使它在不同方向上的聚焦能力出现差别，结果使物点 P 通过透镜后不能在像平面上聚焦成一点，如图9-5所示。在聚焦最好的情况下可得到一个最小的散焦圆斑。像散最小散焦圆斑半径 Δr_A（折算到透镜物平面上）为：

$$\Delta r_A = \Delta f_A \alpha \tag{9-3}$$

式中　Δf_A——电磁透镜出现椭圆度时造成的焦距差。

如果电磁透镜在制造过程中已存在固有的像散，则在物镜、第二聚光镜或中间镜中加一个消像散器可以进行矫正。消像散器是一个弱柱面透镜，它能产生一个与要校正的像散大小相等、方向相反的像散，从而使透镜的像散得到抵消。

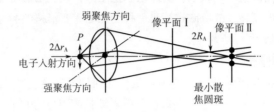

图 9-5　透镜像散示意图

3. 色差

色差是由入射电子的能量（或波长）波动而引起的。通过透镜磁场后，能量大的入射电子在距透镜光心较远处聚焦、能量较低的入射电子在距透镜光心较近处聚焦，由此造成一个像距差。如图 9-6 所示，使像平面在长焦点和短焦点之间移动时也可以得到一个最小散焦圆斑。色差最小散焦圆斑半径 Δr_C（折算到透镜物平面上）为：

$$\Delta r_C = C_C \cdot \alpha \cdot |\Delta E/E| \tag{9-4}$$

式中　　　　C_C——色差系数；

　　$|\Delta E/E|$——电子束能量变化率。

当 C_C 和 α 一定时，$|\Delta E/E|$ 的数值取决于加速电压的稳定性和电子穿过样品时发生非弹性散射的程度。若样品很薄，则可以把后者的影响忽略，这时采用稳定加速电压的方法可以有效减小色差。

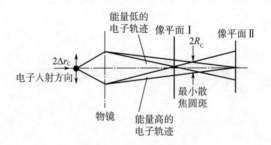

图 9-6　透镜色差示意图

（三）电磁透镜的分辨率

显微镜的分辨率一般用成像物体上能分辨出来的两个物点间的最小距离来描述。对于电磁透镜而言，其分辨率大小由衍射效应和球面像差来决定。

衍射效应所限定的分辨率可由瑞利（Rayleigh）公式计算：

$$\Delta r_0 = \frac{0.61\lambda}{n \cdot \sin\alpha} \tag{9-5}$$

式中　λ——入射光波长；

　　n——介质的相对折射率；

　　α——透镜的孔径半角。

可见，λ 越小、α 越大，衍射效应限定的 Δr_0 越小，透镜的分辨率越高。在电磁透镜中电子波长很短，如果能设计大孔径角的磁透镜，则加速电压 100 kV 时分辨率可达 0.005 nm；而实际分辨率只能达到 0.1~0.2 nm。这表明，此时衍射效应并不是影响分辨率的主要因素。

　　如前所述，由于电磁透镜球差、像散、色差的影响，物体上的点在像平面上均会扩展成散焦斑，各散焦斑半径折算回物体后得到的 Δr_S、Δr_A、Δr_C 分别表示球差、像散和色差所限定的分辨率。因为电磁透镜总是会聚透镜，所以球差是限制电磁透镜分辨率的主要因素。若同时考虑衍射和球差对分辨率的影响，则孔径半角对二者的影响正好相反。因此关键在于确定最佳的孔径半角 α_0，当衍射效应和球差对分辨率的影响相等时，即 $\Delta r_0 = \Delta r_S$，可推导出电磁透镜的分辨率为：

$$\Delta r_0 = A \cdot \lambda^{\frac{3}{4}} \cdot C_S^{\frac{1}{4}} \tag{9-6}$$

　　可知，提高电磁透镜分辨率的主要途径是提高加速电压（减小电子波长）和减小球差系数。目前透射电镜的最佳分辨率可达 0.1 nm 数量级，可直接观测原子像，如图 9-7 所示。

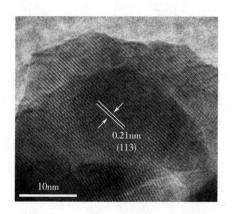

图 9-7　$MnCO_3$ 微球的高分辨图像

（四）电磁透镜的景深和焦长

1. 景深

　　景深是指当成像时，在像平面不动（像距不变）、满足成像清晰的前提下，物平面沿轴线前后可移动的距离，如图 9-8 所示。景深的产生与样品厚度有关。从原理讲，当透镜焦距、像距一定时，只有一层样品平面与透镜的理想物平面相重合，能在透镜像平面获得该层平面的理想图像；而偏离理想物平面的物点都存在一定程度的失焦，它们在透镜像平面上将产生一个具有一定尺寸的失焦圆斑。如果失焦圆斑尺寸不超过由衍射效应和像差引起的散焦圆斑，那么对透镜的像分辨率并不产生什么影响。景深大小与电磁透镜的分辨率、孔径半角之间的关系为：

$$D_f = \frac{2\Delta r_0}{\tan\alpha} \approx \frac{2\Delta r_0}{\alpha} \tag{9-7}$$

　　这表明，电磁透镜孔径半角越小，景深越大。例如，如果 $\alpha = 10^{-3} \sim 10^{-2}$ rad、$\Delta r_0 = 1$ nm，则 $D_f = 200 \sim 2000$ nm。一般样品厚度控制在 200~300 nm，这样，样品各部位的细节都能得到清晰的像。电磁透镜景深大，对于图像的聚焦操作（尤其是在高放大倍数情况下）将非常有利。

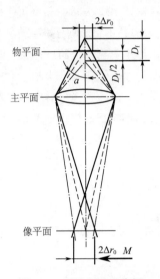

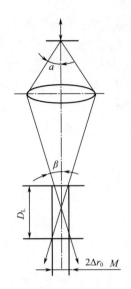

图9-8　透镜景深示意图　　　图9-9　透镜焦长示意图

2. 焦长

焦长是指物点固定不变（物距不变），在保持成像清晰的前提下，像平面沿透镜轴线可移动的距离，如图9-9所示。由图可以看出，透镜焦长与电磁透镜的分辨率、像点所张的孔径半角之间的关系为：

$$D_L = \frac{2\Delta r_0 M}{\tan\beta} \approx \frac{2\Delta r_0 M}{\beta} = \frac{2\Delta r_0}{\alpha}M^2 \tag{9-8}$$

式中　M——透镜的放大倍数。

若 $\Delta r_0 = 1$ nm、$\alpha = 10^{-3} \sim 10^{-2}$ rad、$M = 200$，则 $D_L = 8$ mm。这表明，该透镜实际像平面在理想像平面上或下各 4 mm 范围内移动时，不需改变透镜的聚焦状态，图像仍可保持清晰。在实际工作中电子显微镜的放大倍数非常高，这就使得照相底片只要大致放置在荧光屏下面即可。

综上，电磁透镜的另一特点为景深大、焦长很长。

第二节　透射电子显微镜

透射电子显微镜，简称透射电镜，是以波长很短的电子束作照明源，用电磁透镜聚焦成像的一种具有高分辨本领、高放大倍数的电子光学仪器，其分辨能力可达原子尺度。它同时具备物相分析和组织分析两大功能。物相分析是利用电子和晶体物质相互作用时发生的衍射效应，获得物相的衍射花样；而组织分析是利用电子波遵循阿贝成像原理，通过干涉成像，获得各种衬度图像。

一、　透射电镜的结构

透射电镜通常由电子光学系统、真空系统、电源与控制系统三部分组成，其中电子光学系统为透射电镜的核心,其他两个则为电子光学系统的顺利工作提供必要的支持。

(一)电子光学系统

电子光学系统通常称为镜筒,从电子源起一直到观察记录系统为止,主要由若干磁透镜组成;它的光路原理与透射光学显微镜非常相似,如图9-10所示,包括照明系统、成像系统和观察记录系统三部分。

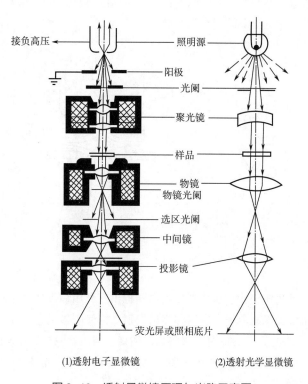

图 9-10 透射显微镜原理与光路示意图

1. 照明系统

照明系统的作用是提供一束亮度高、照明孔径角小、束流稳定的电子束。它主要由发射并使电子加速的电子枪,会聚电子束的聚光镜,电子束平移对中、倾斜调节装置组成。

(1)电子枪 电子枪是透射电镜的电子源,它不仅能产生电子束,采用高压电场还可将电子加速到需要的能量。常用的是热阴极三极电子枪,发射电子的阴极灯丝通常用 $0.03\sim0.1$ mm 的钨丝做成"V"形;栅极可以控制电子束的形状和发射强度,故又称为控制极;阳极又称为加速极,使从阴极发射的电子获得较高的动能而形成定向高速的电子流,一般电镜的加速电压为 $35\sim300$ kV。为了安全,阳极接地,而阴极处于负的加速电位。

为了稳定电子束电流、减小电压波动,在电镜中常采用自偏压式电子枪。如图9-11(1),在自偏压回路中,把负高压直接加在栅极,再通过一个可变电阻(又称偏压电阻)接到阴极上。这样栅极和阴极之间产生一个负的电位差(数值一般在 $100\sim500$ V),称为自偏压,它由束流本身产生。图9-11(2)示意给出阴极、栅极和阳极之间的等电位面分布情况。因为栅极比阴极的电位值更负,所以可以用栅极控制阴极发射电子的有效区域。当阴极流向阳极的电子数量增多时,在偏压电阻两端的电位值增加,使栅极电位比阴极进一步变负,由此可减小灯丝有效发射区域的面积，束流随之减小。束流减小，偏压电阻两端的电压随之下降，致使栅极和阴极之间的电位接近。此时，栅极排斥阴极发射电子的能力减弱，束流又有望增大。因此，自偏压回路可以起到限制和稳定束流的作用。由于栅极的电位比阴极负，所以自阴极端点引出的等电位面在空间呈弯曲状。在阴极和阳极之间的某一位置，阴极发射区不同部位发射的电子束汇集成一个交叉点。电子束交叉处的截面称为电子束"最小截面"，或"电子枪交叉点"；其直径约为几十微米，比阴极端部的发射区面积还要小，但单位面积的电子密度最高；照明电子束好像从此处发出，因此称为电子束的"有效光源"或"虚光源"。

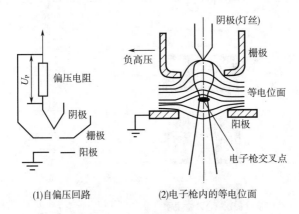

(1)自偏压回路　　　　　(2)电子枪内的等电位面

图 9-11　自偏压电子枪示意图

目前，在高性能透射电镜中多采用场发射电子枪，它利用靠近曲率半径很小的阴极尖端附近的强电场，使阴极尖端发射电子，所以称为场发射。为使阴极的电场集中，将尖端的曲率半径制成小于 0.1 μm 的尖锐形状，这种阴极称为发射极。与钨丝阴极的热发射电子枪相比，场发射枪的亮度约高出 1000 倍，束斑尺寸非常小（可达 10~100 nm），能量分散度小（小于 1 eV），而且电子束的相干性好。

（2）聚光镜　聚光镜用来会聚电子枪所发出的电子束，使有效光源的光斑进一步缩小。它通过调节试样平面处的照明孔径角，改变电流密度和照明束斑的大小，以获得高强度、小直径、相干性好的电子束。目前高性能的电子显微镜一般采用双聚光镜系统，如图 9-12 所示。第一聚光镜为短焦距的强磁透镜，束斑缩小率为 10~50 倍，将电子枪第一交叉点 $\phi 50$ μm 的束斑缩小为 $\phi 1~5$ μm；第二聚光镜为弱磁透镜，放大倍数为 2 倍左右，能把第一聚光镜缩小的光斑放大到试样上，形成 $\phi 2~10$ μm 的照明电子束斑。双聚光镜系统既能保证在聚光镜和物镜之间有足够的空间来安放样品和其他装置，又可以调整束斑尺寸，满足满屏要求和获得足够的亮度，而且电子束的平行性和相干性也得到提高。

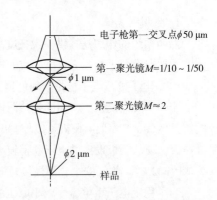

图 9-12　双聚光镜照明系统的光路图

（3）电子束倾斜与平移装置　为满足明场和暗场成像需要，必须利用电磁偏转器使从聚光镜射到试样上的电子束产生平移或倾斜，方便以某些特定的倾斜角度照明样品。

2. 成像系统

成像系统一般是由物镜、中间镜、投影镜组成的三级放大系统，总放大倍数等于物镜、中间镜和投影镜三者放大倍数之积。对于不同性能的电镜，中间镜和投影镜的数量不同。如普通性能的透射电镜（分辨率为 20~50 nm）有 4 个透镜，即聚光镜、物镜、中间镜和投影镜；高性能的透射电镜（分辨率小于 10 nm）通常有两个聚光镜和两个中间镜或两个投影镜。

（1）物镜 物镜是用来形成第一幅电子显微图像或电子衍射花样的透镜。透射电镜分辨率的高低主要取决于物镜，因为物镜的任何缺陷都将被成像系统中其他透镜进一步放大。因此，物镜一般采用强励磁短焦距的透镜（焦距为 1~3 mm），以满足其像差尽可能小（尤其是球差）、同时又具有较高放大倍数（100~200 倍）的要求。

为了减小物镜的球差，往往在物镜的后焦面上安放一个物镜光阑（直径一般在 20~120 μm）。电子束通过薄膜样品后会产生散射和衍射，散射角（或衍射角）较大的电子被光阑挡住，不能继续进入镜筒成像，从而会在像平面上形成具有一定衬度的图像。光阑孔越小，被挡去的电子越多，图像的衬度越大，这就是物镜光阑又称为衬度光阑的原因。加入物镜光阑会使物镜孔径角减小，进而减小像差，得到质量较高的显微图像。此外，物镜光阑还可在后焦面上套取衍射束的斑点成像，即所谓暗场像。利用明暗场显微图像的对比分析，可方便地进行物相鉴定和缺陷分析。

在物镜的像平面上还装有选区光阑，用于对样品上的一个微小区域进行衍射分析。此外，为提高物镜分辨率，电镜通常还利用电磁消像散器来校正物镜非轴对称而引起的轴上像散。

（2）中间镜 中间镜是一个弱励磁的长焦距变倍率透镜，放大倍数可在 0~20 倍变化。它主要用于选择成像或衍射模式、改变放大倍数。在电镜操作过程中，主要是利用中间镜的可变倍数来控制电镜的总放大倍数。放大倍数大于 1 时用来进一步放大物镜像；放大倍数小于 1 时用来缩小物镜像。当中间镜物平面与物镜像平面重合时，则将图像进一步放大，这就是电子显微镜中的成像操作，如图 9-13（1）所示；当中间镜物平面和物镜后焦面重合时，则将衍射谱放大，这就是电子显微镜中的电子衍射操作，如图 9-13（2）所示。

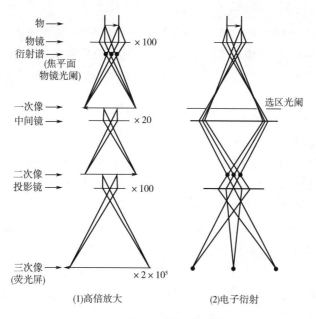

图 9-13 成像系统的光路图

（3）投影镜　投影镜的作用是把经中间镜放大（或缩小）的像（或衍射花样）进一步放大，并投影到荧光屏上，它和物镜一样，是一个短焦距的强磁透镜，其放大倍数约 200 倍。由于成像电子束在进入投影镜时孔径角很小（10^{-5} rad），所以景深和焦长都很大。投影镜在固定强励磁状态下工作，这样，即使改变中间镜的放大倍数，使显微镜的总放大倍数有很大的变化，也不会影响图像的清晰度。有时，中间镜像平面还会出现一定的位移，因这个位移距离仍处于投影镜的景深范围之内，因此，在荧光屏上的图像仍旧是清晰的。

对投影镜精度的要求不像物镜那么严格，因为它只是把物镜形成的像做第三次放大。对中间镜的精度要求较高，它的像差虽然不是影响仪器分辨率的主要因素，但它影响衍射谱的质量，因此也配有消像散器。

3. 观察和记录系统

在投影镜下面是观察和记录系统，包括荧光屏和照相装置。操作者透过铅玻璃观察荧光屏上的像或聚焦。最简单的电镜只有一个荧光屏和照相暗盒。高性能的电镜除用于像观察的荧光屏外，还配有用于单独聚焦的荧光屏和 5~10 倍的光学放大镜。目前使用的电镜多用计算机储存和图像处理并输出。

（二）真空系统

在电镜中，凡是电子运行的区域都要求有尽可能高的真空度。没有良好的真空，电镜就不能进行正常工作。这是因为高速电子与气体分子相遇，互相作用导致随机电子散射，引起"炫光"和削弱像的衬度；电子枪会发生电离和放电，引起电子束不稳定或"闪烁"；残余气体腐蚀灯丝，缩短灯丝寿命，而且会严重污染样品，特别在高分辨拍照时更为严重。因此，电镜真空度越高越好，一般要求样品室真空度为 10^{-3} Pa 左右。

获得高真空，一般采用两极串联抽真空的方法。首先由旋转机械泵从大气压获得低真空（13.3 Pa）；然后采用油扩散泵，利用快速运动的油分子的动能在一个方向上带走较轻的空气分子或水蒸气分子，从而达到高真空。

（三）电源系统

电镜需要两个独立的电源：一是使电子加速的小电流高压电源；二是使电子束聚焦与成像的大电流低压磁透镜电源。在像观察和记录时，要求电压有足够高的稳定性，要求在照相底片曝光时间内最大透镜电流和高压波动引起的分辨率下降要小于物镜的极限分辨率。

二、　电子衍射

（一）电子衍射原理

电子衍射的几何学和 X 射线衍射相似，都遵循布拉格方程所规定的衍射条件和几何关系，衍射方向都可以由爱瓦尔德球（反射球）作图求出，两种衍射技术所得到的衍射花样在几何特征上也大致相似。多晶体的电子衍射花样为一系列不同半径的同心圆环，单晶衍射花样由排列整齐的许多斑点组成，而非晶态物质的衍射花样只有一个或两个非常弥散的衍射环（有时仅有一个散漫的中心斑点），如图 9-14 所示。因此，许多电子衍射问题可以用与 X 射线衍射相类似的方法处理。但由于电子波的独特性质，电子衍射和 X 射线衍射相比也具有一些不同之处。首先，电子波的波长比 X 射线短得多，在同样满足布拉格条件时它的衍射角 θ 很小（约为 10^{-2} rad）；而 X 射线产生衍射时其衍射角最大可接近 $\pi/2$。第二，因电子衍射操作时采用薄晶样品，薄样品的倒易阵点会沿着样品厚度方向延伸成杆状，因此增加了倒易阵点和爱瓦尔德球相交截的机会，结果使略微偏离布拉格方程的电子束也能发生衍射。第三，因电子波的波长很短，利用爱瓦尔德球图解时其反射球半径 $1/\lambda$ 很大，在衍射角较小范围内反射球的球面可以近似地看成一个平面，从而可以认为电子衍射产生的衍射斑点大致分布在一个二维倒易截面内，这样使晶体产生的衍射花样能比较直观地反映晶体内各晶面的位向。第四，原子对电子的散射能力远高于它对 X 射线的散射能力（约高出 4 个数量级），因此电子衍射束的强度较高，适合于微区分析。

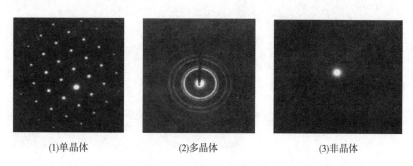

(1)单晶体   (2)多晶体   (3)非晶体

图 9-14 单晶体、多晶体、非晶体的电子衍射花样

电子衍射操作就是把倒易阵点的图像进行空间转换并在正空间记录下来。用底片记录下的图像称为衍射花样。图 9-15 为电子衍射花样形成原理示意图。待测样品放置在爱瓦尔德球的球心 O 处。入射电子束 k 和样品内某一组晶面 (hkl) 相遇并满足布拉格条件时，则在 k' 方向产生衍射束；G_{hkl} 为晶面 (hkl) 相应的倒易阵点，位于爱瓦尔德球面上，g_{hkl} 为晶面 (hkl) 的倒易矢量。由第八章的讨论可知，$k'-k=g_{hkl}$。在试样下方距离 L 处放一张底片，可以把透射束和衍射束同时记录下来。透射束形成的斑点 O' 称为透射斑点或中心斑点，衍射斑点 P' 实际上是矢量 g_{hkl} 的端点 G_{hkl} 在底片上的投影。点 G_{hkl} 位于倒易空间，而投影点 P' 已经通过转换进入了正空间。P' 和中心斑点 O' 之间的距离为 R（矢量 $\mathbf{O'P'}$ 写成 $\mathbf{R}$）。由于 θ 角非常小，g_{hkl} 矢量近似和透镜电子束垂直，因此认为 $\Delta OO^*G_{hkl} \backsim \Delta OO'P'$，由于样品到底片的距离 L 已知，故：

$$\frac{R}{L} = \frac{g_{hkl}}{k}$$

因为 $g_{hkl} = 1/d_{hkl}$、$k = 1/\lambda$，故：

$$R \cdot d_{hkl} = L \cdot \lambda \tag{9-9}$$

式（9-9）是电子衍射基本公式。$L\lambda$ 由实验仪器条件决定，称为衍射常数或仪器常数；L 为相机长度。当仪器常数已知时，测定衍射斑点到中心（透射）斑点的距离 R，即可求出此衍射斑点对应的晶面间距 d。这就是利用电子衍射花样进行结构分析的基本原理。

上述讨论指出，只有当入射束与某晶面夹角 θ 正好满足布拉格公式才有可能产生衍射（前提为相应结构因子不等于0）。该结论只是在晶体内部非常完整、且产生衍射作用的晶体部分尺寸非常大的理想状况才适用。而实际晶体的大小都有限，内部还不可避免存在各种缺陷，所以衍射束的强度分布有一定的角宽度，相应的倒易点也具有一定的大小和几何形状（即倒易阵点发生扩展）。这样即使倒易阵点的中心不正好落在反射球面上，也能产生衍射。如图 9-16 所示，薄晶的倒易阵点沿薄晶法线方向拉长为倒易杆，杆的总长为 $2/t$（t 为薄晶厚度）；在偏离

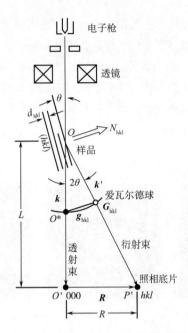

图9-15　电子衍射花样形成原理示意图

布拉格衍射角 $\pm\Delta\theta_{max}$ 范围内，倒易杆都能和反射球面接触而产生衍射。偏离 $\Delta\theta$ 时倒易杆中心至爱瓦尔德球面交截点的距离可用矢量 s 表示，一般称为偏离矢量或偏离参量。$\Delta\theta$ 为正时矢量 s 为正，反之为负。严格符合布拉格条件时 $\Delta\theta = 0$，$s = 0$。由图9-16可知，偏离布拉格条件时产生衍射的条件为：

$$k'-k=g+s \tag{9-10}$$

当 $\Delta\theta = \Delta\theta_{max}$，$s = s_{max}$，$s_{max} = 1/t$。当 $\Delta\theta > \Delta\theta_{max}$ 时倒易杆不再和爱瓦尔德球相交，这时无衍射产生。薄晶电子衍射时，倒易阵点延伸成杆状是获得电子衍射花样的主要原因。

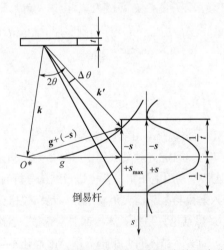

图9-16　薄晶的倒易阵点拉长倒易杆和它的强度分布示意

（二） 选区电子衍射

电子衍射的一个长处是通过选区衍射，可以对特定微小区域的物相进行分析。由于选区衍射所选的区域非常小，因此能在晶粒十分细小的多晶样品内选取单个晶粒进行分析，从而为研究材料单晶结构提供了有利条件。如图9-17（1），脑动脉粥样硬化样品中的块状钙化物由随机分布的长15~20 nm、宽5~7 nm的柱状晶体构成，通过对图9-17（1）方框区域内的选区电子衍射分析，可知该区域的柱状晶为多晶碳羟磷灰石 ［图9-17（2）］。

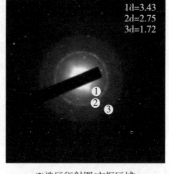

(1)块状钙化物的TEM图　　　　(2)选区衍射图(方框区域)

图9-17　脑动脉粥样硬化样品中的块状钙化物的 TEM 图及相应选区衍射图

图9-18为选区电子衍射的原理图。入射电子束通过试样后，透射束和衍射束将汇集到物镜的后焦面上形成衍射花样，然后各斑点经干涉后重新在像平面上成像。图中上方水平箭头表示试样，物镜像平面处的箭头是试样的一次像。如果在物镜像平面处加一选区光阑，那么只有A′B′范围的成像电子能通过选区光阑，并最终在荧光屏上形成衍射花样。这一部分的衍射花样实际上是由试样的 AB 范围提供，所以在像平面上放置选区光阑的作用等同于在物平面上放置光阑。选区光阑的直径在20~300 μm，若物镜放大倍数为50倍，则选用直径为50 μm的选区光阑就可以套取样品上任何直径为1 μm的结构细节。

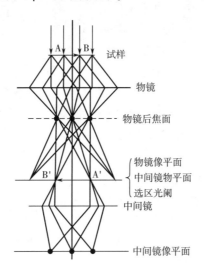

图9-18　选区电子衍射原理图

选区光阑的水平位置在电镜中固定不变，因此在进行正确的选区操作时，物镜的像平面和中间镜的物平面都必须和选区光阑的水平位置平齐。即图像和光阑孔边缘都聚焦清晰，说明它们在同一个平面上。若物镜的像平面和中间镜的物平面重合于光阑的上方或下方，虽在荧光屏上仍能得到清晰的图像，但因所选的区域发生偏差而使衍射斑点不能和图像——对应。

三、 电子显微图像的衬度

电子衍射花样是对物镜后焦面的图像放大的结果，若对物镜像平面上的图像进行放大，则可获得电子显微图像。电子显微图像携带有材料的组织结构信息，电子束受物质原子的散射后离开表面时，除沿入射方向的透射束之外，还有受晶体结构调制的衍射束，其相位和振幅都发生了变化。选取不同的成像信息，可以形成不同类型的电子衬度图像。如选择单束（透射束或一个衍射束）可形成衍射衬度像，选择多束（透射束和若干衍射束）可形成相位衬度像。

（一）衬度的定义

透射电镜中，所有的显微像都是衬度像。所谓衬度，是指显微图像中不同区域的明暗差别。电子显微图像的衬度来源于投射到荧光屏或照相底片上不同区域的电子束强度不同，可定量定义为两个相邻区域电子束强度的相对差别，即：

$$C = \frac{I_1 - I_2}{I_2} = \frac{\Delta I}{I_2} \tag{9-11}$$

实际上，人眼能观察到的感光度或光强度的最小差别介于 5%～10%；只有试样的电子像衬度大于这个值，我们才能在荧光屏和相片上观察到具体的图像。通常，透射电镜的图像衬度来源主要有三种：质厚衬度、衍射衬度和相位衬度。

（二）质厚衬度

质厚衬度建立在非晶样品中原子对入射电子的散射和透射、电子显微镜小孔径角成像的基础上，是解释非晶样品（如复型、超薄切片等）电子显微镜图像衬度的理论依据。

质厚衬度是由于试样各处组成物质的原子种类不同和厚度不同而产生的衬度，如图 9-19 所示。在元素周期表处于不同位置（原子序数不同）的元素，对电子的散射能力不同；重元素对电子的散射能力比轻元素强，成像时被物镜光阑挡住的电子多、参与成像的电子少，故重元素相应区域为暗衬度。试样上的厚区，入射电子受到的散射次数多、散射角大，电子容易被物镜光阑挡住，参与成像电子少，相应区域也为暗衬度。

（三）衍射衬度

对于晶体薄膜样品，厚度大致均匀，平均原子序数也无差别，因此不可能利用质厚衬度来获得满意的图像反差；这时，可以通过衍射衬度成像。所谓衍射衬度，是指因晶体满足布拉格条件的程度不同而形成的衍射强度差异。

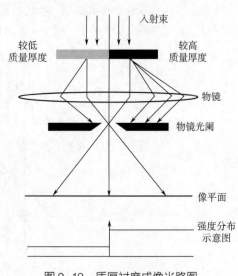

图 9-19　质厚衬度成像光路图

以单相多晶薄膜样品为例，如图9-20所示。对于薄膜中的两个晶粒A、B，它们唯一的差别在于晶体学位向不同，其中A晶粒内的所有晶面组与入射束均不成布拉格角，强度为I_0的入射束穿过试样时，A晶粒不产生衍射，透射束强度等于入射束强度；而B晶粒的某（hkl）晶面恰好与入射方向成精确的布拉格角，而其余晶面均与衍射条件存在较大的偏差，即B晶粒的位向满足"双光束条件"。此时，（hkl）晶面产生衍射，衍射束强度为I_{hkl}，若假设对于足够薄的样品，入射电子受到的吸收效应可不予考虑，且在所谓"双光束条件"下忽略所有其他较弱的衍射束，则强度为I_0的入射电子束在B晶粒区域内经过散射之后，将成为强度为I_{hkl}的衍射束和强度为$(I_0 - I_{hkl})$的透射束。如果让透射束进入物镜光阑而将衍射束挡掉，在荧光屏上则A晶粒比B晶粒亮，就得到明场像。如果物镜光阑孔套住（hkl）衍射斑，而将透射束挡掉，则B晶粒比A晶粒亮，得到暗场像。衍射成像中，某一最符合布拉格条件的（hkl）晶面组起关键作用，它直接决定了图像衬度，特别是在暗场条件下，像点的亮度直接等于样品上相应物点在光阑孔所选定的那个方向上的衍射强度，而明场像的衬度特征跟暗场像互补。正因为衍衬像是由衍射强度不同而产生，所以衍衬图像是样品内不同部位晶体学特征的直接反映。

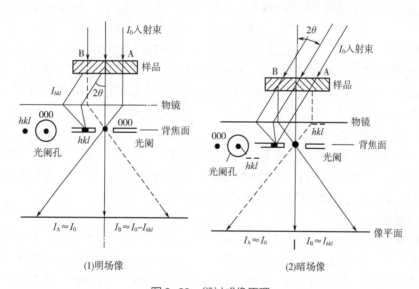

图9-20 衍衬成像原理

（四）相位衬度

以上两种衬度像发生在较厚的样品中，透射束的振幅发生变化，因而透射波的强度发生了变化，产生了衬度。当样品极薄时（小于10 nm），样品不同部位的散射差别很小，或者说在样品各点散射后的电子基本上不改变方向和振幅，因此无论衍射衬度或质厚衬度，都无法显示；但在一个原子尺度范围内，电子在距原子核不同地方经过时，散射后的电子能量会有10~20 eV的变化，并引起相位差别，从而产生相位衬度。由于这种衬度变化是在一个原子的空间范围内，所以可以用来辨别原子，形成原子分辨率的图像。这是形成高放大倍数、高分辨率（小于1 nm）透射电子显微像的主要机制。

四、 透射电镜制样技术

能否充分发挥透射电镜的作用，样品的制备是关键的一环。在透射电镜中，要求将试样制成很薄的薄膜样品，因为电子束的穿透能力较弱。根据成像原理可知，电子束穿透固体样品的能力，主要取决于加速电压（或电子能量）和样品物质的原子序数。一般，加速电压越高，样品原子序数越低，电子束可以穿透的样品厚度就越大。对于透射电镜常用的 50~200 kV 电压来说，样品的厚度宜控制在 100~200 nm；对于高分辨透射电镜，样品的厚度宜在 5~10 nm。这样薄的样品必须用铜网承载才能装入样品台中，再放入透射电镜的样品室进行观察。根据原始样品的不同形态，透射电镜样品可分为直接制样和间接制样两大类。

（一）直接样品的制备

1. 粉末样品制备

粉末样品制备的关键是如何将超细颗粒分散开，各自独立而不团聚。常用方法有：

（1）胶粉混合法　在干净玻璃片上滴火棉胶溶液，然后在玻璃片胶液上放少许粉末并搅匀，再将另一玻璃片压上，两玻璃片对研并突然抽开；玻璃片上的膜干后用刀片划成小方格，将玻璃片斜插入水杯中，在水面上下空插，膜片逐渐脱落，用铜网将方形膜捞出，待观察。

（2）支持膜分散粉末法　需 TEM 分析的粉末颗粒一般都远小于铜网小孔，因此要先制备对电子束透明的支持膜。将支持膜放铜网上，再把粉末均匀分散地捞在膜上制成待观察的样品。其中支持膜的作用是支撑粉末试样，铜网则是加强支持膜。对支持膜材料的要求：无结构，对电子束吸收较小；颗粒度小，以提高样品分散率；有一定的力学强度和刚度，能承受电子束的照射而不变形不破裂。常用的支持膜有火棉胶膜和碳膜。支持膜上的粉末试样要求分散度高，常用分散方法有：悬浮法——超声波分散器将粉末在与其不发生作用的溶液中分散成悬浮液，滴在支持膜上，干后即可。为了防止粉末被电子束打落污染镜筒，可在粉末上再喷一层碳膜，使粉末夹在中间。散布法——直接撒在支持膜表面，叩击去掉多余，剩余分散在支持膜上。利用悬浮法分散粉末时注意，若分散不好，在电镜下将观察不到单个的粉末颗粒。为了确保粉末分散，一般用小的容器盛满酒精或丙酮，然后加入极少量的粉末样品，再将其置于超声波振荡器中振动 15 min 以上，最后用带支持膜的铜网在溶液中轻轻捞一下即可。

2. 晶体薄膜样品制备

块状材料多采用该方法。制备薄膜样品时要求：薄膜样品的组织结构必须和大块样品相同，且制备过程中不引起材料组织的变化；膜要薄，相对电子束而言必须有足够的"透明度"，且避免薄膜内不同层次图像的重叠，干扰分析；具有一定的强度。制取薄膜样品时，首先要从大块样品切取厚度小于 0.5 mm 的薄块，然后通过机械研磨、化学抛光等方法减薄成 0.1 mm 的"薄片"，再用电解抛光、离子轰击等方法减薄成厚度小于 500 nm 的"薄膜"。对于塑性较好又导电的材料，一般采用双喷电解抛光；而对于陶瓷等脆性较大又不导电的材料，一般采用离子减薄的方法。

（二）间接样品（复型）的制备

复型是利用一种薄膜（如碳、塑料、氧化物薄膜）将固体试样表面的真实形貌组织结构细节复制下来的一种间接样品。因此，它只能作为试样形貌的观察和研究，不能用于观察试样的内部结构。在电镜中容易发生变化的样品和难以制成薄膜的试样采用此方法。

对于复型膜，也要求具有良好的导电、导热性，足够的强度、刚度、耐电子轰击性能，本身"无结构"或呈非晶态。常用复型技术有碳一级复型、塑料一级复型、塑料–碳二级复型、萃取复型。复型的分辨率取决于复型材料的分子大小，碳膜分辨率可达 2 nm；塑料的分子较大，塑料膜的分辨率为 10~20 nm，所复制的显微组织细节大小受塑料膜的分辨极限限制。具体的复型过程及复型特点在此不再详细介绍。

五、 透射电镜应用实例

（一）研究物理改性对甘薯皮膳食纤维结构的影响

分别采用超声、亚临界水和微波提取法从甘薯皮中提取相应总膳食纤维（TDF），之后按要求分别依次加入适量耐高温 α-淀粉酶、淀粉葡萄糖苷酶、胰蛋白酶等试剂，按文献要求操作后，离心分离得沉淀物，冻干、粉碎备用。利用 Hitachi H-7650 透射电镜，在 15 kV 加速电压、5 μm 线分辨率条件下，将 TDF 样品装载在铜网样品架上，然后观察微观结构并拍照，以研究不同物理改性方法对甘薯皮总膳食纤维（TDF）形貌结构的影响。

如图 9-21 所示，未改性的甘薯皮 TDF 结构致密，表面光滑，边缘形态完整，具有明显的纤维外观。相比未改性，超声改性后，TDF 表面结构出现明显裂痕，部分纤维棒结构疏松，出现褶皱。亚临界水改性后，TDF 边缘变模糊，形态结构遭到严重破坏，出现大量碎片，内部区域更多地暴露出来，比表面积大幅增加，呈现出更复杂的空间结构；微波改性后，TDF 的局部结构遭到严重破坏，边缘破碎，出现鳞片状小颗粒，但仍有部分纤维结构保持得比较完整，且有光滑的表面。可以看出，亚临界水改性对甘薯皮 TDF 形态结构影响最明显，其比表面积增加，呈现出更复杂的空间结构，有望表现出更好的持水持油、吸水膨胀等有益于人体肠道健康的功能特性。

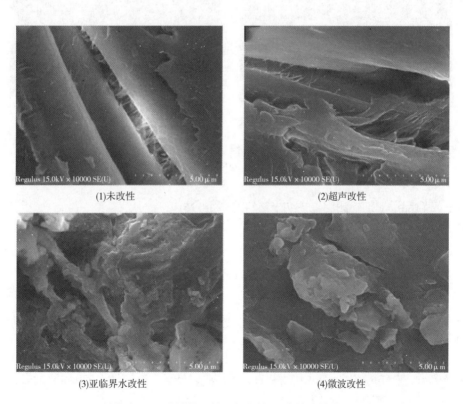

(1)未改性   (2)超声改性

(3)亚临界水改性   (4)微波改性

图 9-21 甘薯皮 TDF 改性前后的透射电镜图（放大倍数：10000 倍）

（二）研究小米籽粒微观结构对小米米色形成机制的影响

选取处于灌浆中期的绿色和白色小米籽粒（置于 50 mL 离心管后立即放入液氮中冷冻保存），从两种小米上切出 1 mm×1 mm 的新鲜片段，4 ℃置于 4%（体积分数）戊二醛中 8 h，然后用 0.1 mmol/L 磷酸盐缓冲液冲洗，经 1%（质量分数）OsO_4 固定 2 h 后，用乙醇和丙酮进行脱水，并将其包埋在 Epon LX112 试剂盒中。超薄切片（厚 60 nm）经甲醇乙酸铀酰和柠檬酸铅染色后，利用 Hitachi H-7500 透射电镜观察籽粒内部淀粉体和质体小球的大小和数量，以探究绿小米米色的形成机制。

如图 9-22 所示，灌浆中期谷子籽粒胚乳层主要由圆形或椭圆形的淀粉体构成，且为单粒淀粉体。与白小米相比，绿小米中的淀粉体个体较大，着色很深。另外，绿小米淀粉体周围充满了质体小球及圆球体，而白小米淀粉体周围很少。绿色谷子可能通过灌浆后期淀粉体与质体小球的相对含量、淀粉体向有色体的转化对叶绿素的积累产生影响。

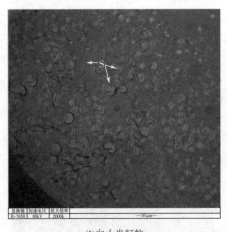 

(1)白小米籽粒　　　　　　　　　　　　　(2)绿小米籽粒

图 9-22　白小米和绿小米籽粒的超微结构

S—淀粉体

（三）食品添加剂检测用磁性纳米材料的表征分析

利用 JEM-2100 透射电镜研究氧化石墨烯复合前后作为磁固相萃取吸附剂用纳米 Fe_3O_4 的微观结构，其中氧化石墨烯（GO）通过改进的 Hummers 法合成，纳米 Fe_3O_4 粒子和纳米磁性石墨烯 GO@ Fe_3O_4 均采用一步溶剂热法合成。

如图 9-23 所示，Fe_3O_4 呈规则的球形，尺寸比较均匀，粒径大约在 100 nm；GO 的表面粗糙，呈片状结构；GO 与 Fe_3O_4 复合后其形貌并没有明显变化，呈球形的 Fe_3O_4 纳米颗粒在 GO 表面分布均匀，纳米 Fe_3O_4 的粒径在 80~90 nm，大小均一，且分散性较好，表明 Fe_3O_4 纳米粒子已经成功地附着在氧化石墨烯的表面。进一步研究表明，纳米磁性石墨烯既具有大比表面积，又具有磁性，将其作为磁固相萃取吸附剂省去了离心、分离等步骤，可有效用于净化和富集食品样品中柠檬黄、苋菜红、胭脂红、日落黄、诱惑红五种食用合成色素。

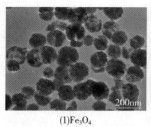  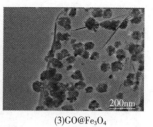

(1)Fe₃O₄   (2)GO   (3)GO@Fe₃O₄

图 9-23 透射电镜图

第三节　扫描电子显微镜

扫描电子显微镜（简称扫描电镜）的成像原理和透射电镜完全不同。它不用电磁透镜放大成像，而是以类似电视或摄像机的成像方式，利用细聚焦电子束在样品表面扫描时激发出来的各种物理信号来调制成像。透射电镜对光学显微镜来说是一个飞跃，而扫描电镜对透射电镜又是一个补充和发展，其主要特点如下：

（1）景深大　扫描电镜的景深由物镜孔径角决定（10^{-2} rad）。当荧光屏上的像为 100 mm×100 mm、放大倍数为 1000 倍时，景深约为 100 μm，比透射电镜大一个数量级。因此对观察凹凸不平的试样形貌最有效，得到的图像富有立体感。

（2）成像的放大范围宽、分辨率较高　光学显微镜的有效放大倍数为 1000 倍，透射电镜为几百到 80 万倍，而普通扫描电镜可以从十几倍到 20 万倍、场发射扫描电镜可达 60 万~80 万倍，基本上包括了光学显微镜到透射电镜的放大倍数范围；而且一旦聚焦后，可任意改变放大倍数而不必重新聚焦。新式扫描电镜的二次电子像分辨率已达到 1 nm 以下，介于透射电镜（0.1 nm）和光学显微镜（200 nm）之间。

（3）试样制备简单　透射电镜试样制备复杂，而扫描电镜对金属等导电试样可以直接放入电镜进行观察，试样厚度和大小只要适合于样品室即可。对于不导电材料，在真空镀膜机中镀一层金膜即可进行观察，无须复型和超薄切片等繁杂的实验过程。

（4）对试样的电子损伤小　扫描电镜照射到试样上的电子束流为 10^{-12} ~ 10^{-10} A，比透射电镜小。电子束斑直径小（3 到几十纳米），电子束的能量也低（加速电压可以小到 0.5 kV），而且是在试样上扫描（并不固定照射某一点），因此试样损伤小、污染小，这对观察高分子材料、生物材料等非常有利。

此外，借助于 X 射线能谱仪等附件，还可同时进行显微组织形貌的观察和微区成分分析。

一、　扫描电镜的结构与工作原理

扫描电镜主要由电子光学系统、信号收集及图像显示和记录系统、真空与电源系统三部分组成。图 9-24 为扫描电镜的结构原理示意图。

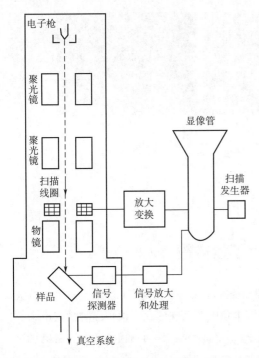

图 9-24　扫描电镜结构原理示意图

（一）电子光学系统

电子光学系统主要由电子枪、电磁透镜、光阑、扫描系统和样品室等组成。与透射电镜不同，它的作用是获得一束高能量细聚焦的电子束，作为使样品产生各种信号的激发源。

1. 电子枪

电子枪的作用是提供一束具有一定能量的细小电子束。目前扫描电镜使用的电子枪有热阴极电子枪和场发射电子枪两大类型。

2. 电磁透镜

电磁透镜一般包含第一聚光镜、第二聚光镜和末级聚光镜（物镜），其主要功能是将电子枪中交叉斑处形成的电子源逐级聚焦缩小，成为在样品上扫描的极细电子束（电子探针），是决定扫描电镜分辨率的重要部件。一般的钨丝热阴极电子枪，电子源直径为 20~50 μm，最终的电子束斑直径仅几纳米。

末级透镜因紧靠样品上方又称为物镜，除汇聚功能外，它还起到使电子束聚焦于样品表面的作用。因此，它的结构具有一定的特殊性：①透镜内腔有足够的空间以容纳扫描线圈等组件；②为了实现高分辨率，透镜焦距尽可能短；③能有效收集二次电子。因二次电子的能量仅为数 eV，所以样品必须处于弱磁场区。即物镜磁场在极靴孔以下应迅速减弱，探测器必须对准和靠近样品，以提高二次电子的采样率。

另外，每一级透镜上都装有光阑。一、二级透镜通常是固定光阑，主要是为了挡掉大部分无用的电子。物镜上的光阑则称为末级光阑，位于上下极靴之间磁场的最强处，它除与固定光阑具有相同作用之外，还可以将入射电子束限制在相当小的张角内，以减小球差的影响。扫描电镜中的物镜光阑一般为可移动式，故又称可动光阑，其上有四个尺寸不同的光阑孔（φ100 μm、φ200 μm、φ300 μm、φ400 μm）。根据需要选择不同尺寸的光阑孔，以提高束流强度或增大景深，从而改善图像质量。

3. 扫描系统

扫描系统由扫描发生器、放大控制器等电子线路和相应的扫描线圈组成。它的作用是使入射电子束偏转并在样品表面做有规则扫动，且电子束在样品表面上的扫描动作和显像管上的扫描动作严格同步，改变入射电子束在样品表面上的扫描振幅，以获得所需放大倍数的图像。

在物镜上方安装有两组扫描线圈，每一组扫描线圈包括一个上偏转线圈和一个下偏转线圈，上偏转线圈安装在末级透镜的物平面位置。图 9-25 为电子束在样品表面进行扫描的两种方式。进行形貌分析时都采用光栅扫描方式，如图 9-25（1）所示。当电子束进入上偏转线圈时方向发生转折，随后又由下偏转线圈使它的方向发生二次转折。发生二次偏转的电子束通过末级透镜的光心射到样品表面。在电子束偏转的同时还带有一个逐行扫描动作，电子束在上下偏转线圈的作用下在样品表面扫描出方形区域，相应地在显像管荧光屏上也画出一帧比例图像。样品上各点受到电子束轰击时发出的信号可由信号探测器接收，并通过显示系统在显像管荧光屏上按强度描绘出来。所以，扫描电镜的工作原理可简单归结为"光栅扫描，逐点成像"。若电子束经上偏转线圈转折后未经下偏转线圈改变方向，而直接由末级透镜折射到入射点位置，这种扫描方式称为角光栅扫描或摇摆扫描，如图 9-25（2）所示。入射束被上偏转线圈转折的角度越大，则电子束在入射点上摆动的角度越大。在进行电子通道花样分析时将采用这种操作方式。

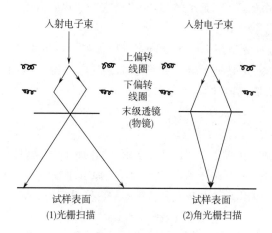

图 9-25　电子束在样品表面的扫描方式示意图

4. 样品室

扫描电镜主要接收来自样品表面一侧的信号，而且景深比光学显微镜大得多，适合观察表面粗糙的大尺寸样品，所以其样品室做得很大，同时也为安装各种功能的样品台和检测器提供了空间。根据需要，现已开发出高温、低温、冷冻切片及喷镀、拉伸、五维视场全自动跟踪、精确拼图控制等样品台，同时安装了 X 射线能谱仪、电子背散射花样、大面积 CCD、实时监视 CCD 等探测器。

（二）信号收集及图像显示和记录系统

信号收集系统的作用是检测样品在入射电子作用下产生的物理信号，然后经视频放大，作为显像系统的调制信号。二次电子、背散射电子等信号通常采用闪烁计数器来检测。信号电子进入闪烁体后即引起电离，当离子和自由电子复合后则产生可见光。可见光信号通过光导管送入光电倍增器，光信号放大，即又转换为电流信号输出，电流信号经视频放大器放大后就成为调制信号。如前所述，因镜筒中的电子束和显像管中的电子束同步扫描，而荧光屏上每一点的亮度都是根据样品上被激发出来的信号强度实现调制，因此样品上各点的状态互不相同时，接收到的信号也不同，于是在显像管上就可以看到一幅反映样品各点状态的扫描图像。

图像显示和记录系统的作用是将信号检测放大系统输出的调制信号转换为能显示在显像管荧光屏上的图像或数字图像信号，供观察和记录；将数字图像信号以图形格式的数据文件存储，供随时编辑或办公设备输出。

（三）真空与电源系统

真空系统的作用是为保证电子光学系统能正常工作，同时为防止污染样品。一般情况下要求保持 $10^{-3} \sim 10^{-2}$ Pa 的真空度。若真空度不足，除样品被严重污染外，还会出现灯丝寿命缩短、极间放电等问题。电源系统由稳压、稳流及相应的安全保护电路组成，其作用是提供扫描电镜各部分所需电源。

二、 扫描电镜的分辨率和图像衬度

（一）分辨率

分辨率是扫描电镜最重要的性能指标。与光学显微镜相同，分辨率是指扫描电镜图像上可以分开的两点之间的最小距离。扫描电镜的分辨本领与以下因素有关。

1. 入射电子束的束斑直径

入射电子束的束斑直径是扫描电镜分辨本领的极限，束斑直径越细，电镜的分辨本领越高。束斑直径的大小主要取决于电子光学系统，其电子枪类型和性能的影响尤为突出。如利用钨丝电子枪的扫描电镜分辨率为 3.5~6 nm，场发射（冷场）分辨率一般为 1 nm左右。

2. 入射电子束在样品中的扩展效应

高能电子束打到样品上会发生散射，使电子束在向前运动的同时向周围扩散，形成一个相互作用区。扩散程度取决于入射电子束的能量和样品原子序数的大小。入射电子束能量越高、样品原子序数越小，电子束作用体积越大。若检测来自作用区内的信号并用以成像，其分辨率肯定超出电子束斑的直径尺寸。这种扩展效应对二次电子像的分辨率影响不大，因为二次电子主要来自样品表面（即入射电子束还未侧向扩展的表层区域）。

3. 成像所用信号的种类

成像操作所用检测信号的种类不同，分辨率具有明显的差别。造成这种差别的原因主要与信号本身的能量和信号取样的区域范围有关。

以二次电子为调制信号时，由于二次电子能量较低（小于 50 eV），在固体样品中的平均自由程很短，只有在表层 5~10 nm 深度范围内的二次电子才能逸出样品表面；在如此浅的表层内，入射电子与样品原子只发生次数有限的散射，基本未侧向扩展。因此理想情况下，二次电子像的分辨率较高，约等于入射电子束的束斑直径。基于此原因，我们总是以二次电子像的分辨率作为衡量扫描电镜性能的主要指标。

以背散射电子为调制信号时，因背散射电子能量较高（接近入射电子能量），穿透能力比二次电子强得多，可以从样品中较深区域逸出（约为有效作用深度的 30%）。在这样的深度范围，入射电子束已经有相当宽的侧向扩展。所以背散射电子像的分辨率比二次电子像低得多，一般在 50~200 nm。

以吸收电子、X 射线、阴极荧光等作为调制信号的其他操作方式，因信号均来自整个电子束散射区，所得扫描像的分辨率都比较低，一般都在 100~1000 nm 以上。

此外，信噪比、磁场条件、机械振动等因素，对分辨率也会产生影响。

（二）图像衬度

扫描电镜图像衬度的形成主要归因于样品表面微区特征（如形貌、原子序数或化学成分、晶体结构或位向等）的差异。在电子束作用下样品表面产生不同强度的物理信号，使显像管荧光屏上不同区域呈现不同的亮度，从而获得具有一定衬度的图像。扫描电镜的各种图像中，二次电子像分辨率高、立体感强，所以在扫描电镜中主要依靠二次电子成像。背散射电子受元素的原子序数影响较大，故背散射电子像能够粗略地反映轻重不同元素的分布信息，常被用于定性地探测元素的分布。X 射线光子可以较为准确地进行化学成分的定性与定量分析，因此可利用 X 射线信号测定元素分布图。

1. 二次电子像的衬度

二次电子信号主要用于分析样品的表面形貌。因为二次电子的产额在很大程度上取决于样品的表面形貌，而与样品所含元素的原子序数关系不大，所以二次电子像的衬度主要为形貌衬度。当入射电子束的方向固定时，样品表面的凹凸形貌决定了电子束的入射角 θ（指入射电子束与样品表面法线方向所形成的夹角），而且入射角 θ 越大，二次电子的产率越高。电镜中检测器的位置已经固定，所以样品表面不同取向的部位对于检测器的收集角度不同，从而使样品表面的不同区域形成亮度不同的像。如图 9-26 所示，以样品表面最突出的 B 区和 C 区为例，C 区的入射角比 B 区大，发射的二次电子多，即 C 区信号比 B 区强，所以图像上 C 区要比 B 区亮，形成了表面形貌衬度。因二次电子能量较低，所以二次电子检测器前边的收集极常加有一定的正电场。它使二次电子可沿弯曲路径到达检测器，这样背对检测器的表面所发出的二次电子也能被检测器检测。这就是二次电子像没有尖锐的阴影、显示出较柔和立体衬度的原因。

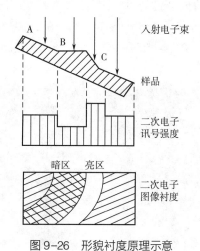

图 9-26　形貌衬度原理示意

实际样品的表面形貌要比上述讨论的情况复杂得多，但是形成二次电子像衬度的原理都相同。图 9-27 给出实际样品中二次电子被激发的一些典型实例。由图可以看出，凸的尖棱、小粒子及比较陡的斜面处二次电子产额较多，在荧光屏上这些部位亮度较高；平面处二次电子产额较少，亮度较低；在深的凹槽底部虽然也能产生较多的二次电子，但这些二次电子因距表面较远，不易被检测器收集，故凹槽底部的衬度也会显得较暗。

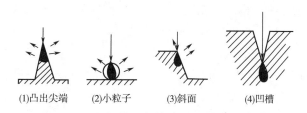

(1)凸出尖端　(2)小粒子　(3)斜面　(4)凹槽

图 9-27　实际样品中二次电子的激发过程示意

2. 背散射电子像的衬度

背散射电子是被固体样品中的原子反弹回来的一部分电子，其产额与样品的表面形貌及原子序数有关，因此背散射电子像同时可以用来显示形貌衬度和成分衬度。

（1）形貌衬度 与二次电子相同，样品的表面形貌影响着背散射电子的产额，在入射角 θ 较大（尖角）处，背散射电子的产率高；在入射角 θ 较小（平面）处，背散射电子的产率低。由于背散射电子来自一个较大的作用体积，用背散射信号进行形貌分析时，分辨率远低于二次电子。另外，背散射电子能量较高，以直线轨迹逸出样品表面；对于背向检测器的样品表面区域，因检测器无法收集到该位置的背散射电子，许多有用的细节会被掩盖。

（2）成分衬度 成分衬度是由样品微区的原子序数或化学成分的差异所造成。背散射电子大部分是被原子反射回来的入射电子，因此受原子核效应影响较大。根据经验公式，对于原子序数大于 10 的元素，背散射电子的发射系数随原子序数的增大而增大。

如果在样品表面存在不均匀的元素分布，则平均原子序数较大的区域将产生较强的背散射电子信号，在背散射电子像上显示出较亮的衬度；反之，平均原子序数较小的区域在背散射电子像上则较暗。因此根据背散射电子像的明暗程度，可判断相应区域原子序数的相对大小，由此可对样品的显微组织进行成分分析。如图 9-28 所示，在二次电子像中基本只有表面起伏的形貌信息，而在背散射电子像中，Pb 富集的区域亮度高，Sn 富集的区域亮度低。

(1)二次电子图像　　　　　　　　　　　(2)背散射电子图像

图 9-28　锡铅镀层的表面图像

三、X 射线能谱仪

X 射线能谱仪（energy dispersive spectrometer，EDS）是扫描电镜的一个重要附件，利用它可以对样品进行元素的定性、半定量和定量分析。其工作原理为扫描电镜电子枪发出的高能电子进入样品后，受到样品原子的非弹性散射，将能量传递给原子；原子处于不稳定的高能激发态，在恢复到能量最低的基态的过程中，一系列外层电子向内壳层的空位跃迁，同时产生 X 射线，以释放出多余的能量。对任一原子而言，各个能级间的能量差都是确定的，因而各种原子受激发而产生的 X 射线能量也确定。X 射线能谱仪的特点是探测效率高，可同时分析样品微区内的多种元素，而且对电子辐照后易损伤样品的损伤程度低。

（一）X 射线能谱仪的工作原理与基本结构

锂漂移硅［Si（Li）］X 射线能谱仪的工作原理如图 9-29 所示，其核心部件为 X 射线探测器，由 Si（Li）半导体、场效应晶体管（FET）和前置放大器组成。为了限制 Si（Li）半导体中锂发生迁移并减小电子线路的噪声，将 X 射线探测器放在低温恒温器中用液氮冷却恒温。

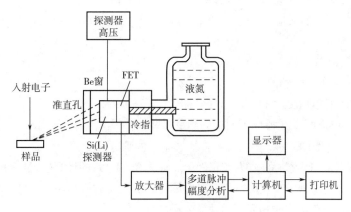

图 9-29 能谱仪工作原理方框图

Si（Li）半导体是一种 P 型半导体，当从试样中产生的 X 射线进入 Si（Li）半导体时，就会产生一定数量的电子空穴对。在 100 K 时硅中产生一对电子空穴平均需要消耗能量 3.8 eV，因此每个能量为 E 的 X 光子产生的电子空穴对数目为 $E/3.8$，加在 Si（Li）上的偏压将电子空穴对收集起来，每入射一个 X 光子，探测器就输出一个脉冲高度与入射 X 光子能量 E 成正比的电荷脉冲。场效应晶体管将 Si（Li）半导体送来的电荷脉冲转换成电压脉冲输送给前置放大器，然后送到脉冲处理器进一步放大，再经模数转换器转换成数字信号送入多通道分析器，由计算机处理后在显示器上显示分析结果。

要使 X 射线能够进入探测器，必须在探测器上设置一个既能承受一个大气压又能使低能 X 射线进入探测器的铍窗。由于铍窗吸收一部分低能 X 射线，所以能谱仪仅能分析原子序数 11 以上的元素。为了克服能谱仪不能分析轻元素的缺点，人们采用超薄铍窗或无窗探测器已经可以分析原子序数为 4 的铍元素。

（二）定性分析

定性分析是将样品各元素的特征 X 射线峰显示在能谱仪上，按其能量数值确定样品的元素组成。定性分析的一般方法是先选定扫描电镜的加速电压、工作距离和束流等，观察二次电子像并选择需要分析的区域，调出计算机程序，确定探测器对样品的几何条件；调整计数率在 1000~3000，死时间小于 30%；用校正元素校准仪器，然后收集谱图，并用计算机程序确定试样元素组成。由于能谱仪的能量分辨率比波谱仪低，因此不同元素的谱峰有时会发生重叠现象，所以准确判断重叠峰非常重要。另外，当被测元素含量较低时，在能谱仪中形成峰值较低的谱峰，它与连续谱背底的统计起伏相似，注意合理区分辨认。

（三）定量分析

定量分析的目的是确定被测试样中各个组成元素的含量。利用被测未知元素的特征 X 射线强度与已知标样特征 X 射线强度相比而得到它的含量：

$$C = \frac{I_i}{I_i^s} \tag{9-12}$$

式中 C——被测未知元素 i 质量分数的近似值；

I_i——被测未知元素 i 特征 X 射线的测量强度；

I_i^s——已知（浓度）标准样元素 i 特征 X 射线的测量强度。

对上式进行原子序数效应（Z）、吸收效应（A）和荧光效应（F）校正，可得到试样中未知元素的真实浓度表达式。

$$C_i = (ZAF)_i \frac{I_i}{I_i^s} \tag{9-13}$$

式中　C_i——被测未知元素 i 的质量分数；

$\quad\quad I_i$——被测未知元素 i 特征 X 射线的测量强度；

$\quad\quad I_i^s$——已知（浓度）标准样元素 i 特征 X 射线的测量强度；

$\quad ZAF_i$——被测未知元素 i 的 ZAF 校正因子。有关 Z、A、F 的计算公式比较繁杂，可参考显微分析专著。现代能谱仪一般均带有 ZAF 校正软件程序，可自动对检测结果进行 ZAF 校正得到未知元素的含量（质量分数）。

为了测得未知元素特征 X 射线强度，必须选择大于该元素特征 X 射线临界激发加速电压，提高加速电压可得到较高的峰背比，一般选用 10~25 kV。

X 射线能谱分析可采用点、线、面分析方法，其中定点分析灵敏度最高，面扫描分析灵敏度最低，但观察元素分布最直观。实际操作中要根据样品特点及分析目的合理选择分析方法。

四、 扫描电镜制样技术

扫描电镜一个突出的优点是对样品的适应性强，所有的固态样品，无论块状、粉末状，无论金属、非金属，无论有机、无机，都可以观察，而且样品的制备简单。但为了保证图像质量，对样品表面的性质有以下要求：①导电性好，以防止表面积累电荷而影响成像；②具有抗热辐照损伤的能力，在高能电子轰击下不分解、不变形；③具有高的二次电子和背散射电子系数，以保证图像良好的信噪比。

对于不能满足上述要求的样品，如玻璃、陶瓷、塑料等绝缘材料，导电性差的半导体材料，热稳定性不好的有机材料，二次电子和背散射系数较低的材料，都需要表面镀膜处理。一般采用真空蒸发或离子溅射镀膜法，使用热传导性良好而且二次电子发射率高的材料如 Au、Ag、Cu 或碳作导电层。膜厚的控制应根据观察的目的和样品的性质决定。一般，从图像的真实性出发，膜厚应尽量薄些。对于金膜，一般控制在几十纳米。

五、 扫描电镜应用实例

（一） 研究热加工工艺对萌动青稞粉表观结构的影响

将青稞消毒、清洗后先进行萌动处理，然后分别采用常压蒸制、干热熟制、微波熟化、挤压膨化四种热加工方法处理萌动青稞，制得四种热加工萌动青稞粉；萌动后的青稞晒干直接磨粉，即为对照样品。分别取上述适量样品固定于样品台上，喷金后在 JSM-76490 LV 扫描电镜上观察样品表观结构，加速电压为 20 kV。

对照样品和四种不同热加工的萌动青稞样品的扫描电镜结果如图 9-30 所示。对照样品多呈圆形或椭圆形结构，且表面比较光滑并有圆球状淀粉颗粒附着。而干热熟制样品表面内凹，呈不规则的多孔状，附着较少淀粉颗粒。常压蒸制样品、微波熟化样品和挤压膨化样品均呈片状结构，与对照样品相比，淀粉颗粒出现破碎、表面积增大，有利于淀粉的糊化；且挤压膨化样品呈现不规则的片状结构，几乎不存在完整的淀粉颗粒状态，其淀粉颗粒和蛋白质分布得更加紧密，糊化得更完全。萌动青稞粉表观结构的研究为萌动青稞的加工利用、产品研发提供一定的理论支撑。

图 9-30　不同热加工萌动青稞粉扫描电镜图

（二）研究不同来源微晶纤维素的微观结构

分别以中药渣和酒糟为原料，利用硝酸乙醇法制得粗纤维后再经盐酸水解获得微晶纤维素（microcrystalline cellulose，MCC）；以市售 MCC（Lowa® PH101）为对照，利用 JSM-5600 LV 扫描电镜观察样品表面的形貌。将干粉末分散在双面导电胶带上制备样品，用喷金仪对样品粉末喷金 40 s，喷金电流为 10 mA；将喷金后的样品使用导电胶带置于扫描电镜载物台上进行形貌观察，加速电压 3.0 kV。

图 9-31 所示为不同来源 MCC 的 SEM 图。可以看出，以酒糟为原料制得的 MCC 呈不规则的颗粒状，有少量的纤维素碎片；以中药渣为原料制得的 MCC，没有规则的形貌，呈不规则的片状堆砌结构，有少量颗粒，较酒糟 MCC 大；Lowa® PH101 放大同样倍数后呈堆叠的层状，表面有小孔存在。因此，不同来源的纤维素会影响 MCC 的特征。结合 MCC 结晶度和热稳定性的研究，可为制备 MCC 机制的探究、制备方法的选择优化及其应用奠定基础。

(1)酒糟MCC　　　　　　　(2)中药渣MCC　　　　　　　(3)Lowa® PH101

图 9-31　不同来源 MCC 的 SEM 图

（三）研究光皮木瓜籽胶多糖片段的分子形态

以光皮木瓜籽为原料，从光皮木瓜籽表面提取光皮木瓜籽胶，并且经过 DEAE-Sepharose Fast-Flow 和 Sephacryl S-400 HR 层析柱分离纯化，获得三组多糖片段分别为 CQSG-1、CQSG-2 和 CQSG-3。使用 Quanta 250 FEG 扫描电镜观察分析多糖样品的分子形态。将镀金样品置于基质上，在电压为 3.0 kV 真空条件下，放大 1500 和 20000 倍观察形貌特征。

图 9-32 呈现了 CQSG-2 在 1500 倍条件下的 SEM 照片和 CQSG-1 和 CQSG-3 在 20000 倍条件下的照片。CQSG-1 和 CQSG-3 的表面粗糙且成薄片状，CQSG-1 表面上存在许多大约有 1 μm 直径长的不规则的颗粒，而在 CQSG-3 的照片中颗粒的直径大约有 2.5 μm 长。与之不同的是 CQSG-2 表面包含不规则零散分布的纤维丝结构，直径大概 15 μm。这些形貌可能是由于多糖的分支和网状结构造成的，该结果与文献相对分子质量结果相一致。光皮木瓜籽胶是潜在的拥有良好储藏稳定性的增稠剂和稳定剂，为其应用于食品和药品等工业提供了理论依据。

 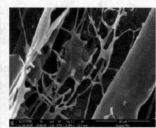 

(1)CQSG-1(20000倍)　　　　(2)CQSG-2(1500倍)　　　　(3)CQSG-3(20000倍)

图 9-32　多糖片段的 SEM 图

🔍 思考题

1. 透镜分辨率的物理意义是什么？影响光学显微镜和电磁透镜分辨率的关键因素各是什么？

2. 分析电磁透镜对电子波的聚焦原理，说明电磁透镜的结构对聚焦能力的影响。

3. 电磁透镜的球差、像散和色差是怎样造成的？如何减小这些像差？哪些是可消除的像差？

思考题解析

4. 简述透射电镜镜筒的基本构造和各部分作用。

5. 透射电镜中的物镜、中间镜和投影镜各自具有什么功能和特点？

6. 透射电镜中的物镜光阑和选区光阑分别在什么位置？有何作用？

7. 分析电子衍射与 X 射线衍射有何异同？

8. 什么是衍射衬度？什么是相位衬度？什么是质厚衬度？

9. 简述 TEM 粉末和薄膜试样的制备方法。

10. 扫描电镜的特点及其工作原理分别是什么？

11. 扫描电镜采用不同的信号成像时，其分辨率有何不同？所谓扫描电镜的分辨率，是指用何种信号成像时的分辨率？

12. 二次电子像和背散射电子像在显示表面形貌衬度时有何相同与不同之处？

13. 制备扫描电镜用试样时需要注意哪些问题？

参 考 文 献

[1]周玉. 材料分析方法[M].3 版. 北京:机械工业出版社,2011.

[2]杜希文,原续波. 材料分析方法[M].2 版. 天津:天津大学出版社,2014.

[3]郭立伟,戴鸿滨,李爱滨. 现代材料分析测试方法[M]. 北京:兵器工业出版社,2008.

[4]贾春晓. 仪器分析[M]. 郑州:河南科学技术出版社,2015.

[5]吴刚. 材料结构表征及应用[M]. 北京:化学工业出版社,2001.

[6]张静武. 材料电子显微分析[M]. 北京:冶金工业出版社,2012.

[7]柳得橹,权茂华,吴杏芳. 电子显微分析实用方法[M]. 北京:中国质检出版社,2018.

[8]吴卫成,戴建波,曹艳,等. 物理改性对甘薯皮膳食纤维含量、多糖组成及其结构的影响[J]. 浙江农业学报,2020,32(3):490-498.

[9]张彬,李萌,刘晶,等. 绿小米和白小米谷子籽粒叶绿素合成途径结构基因的表达分析[J]. 中国农业科学,2020,53(12):2331-2339.

[10]Feilong Gong,Shuang Lu,Lifang Peng,et al. Hierarchical Mn_2O_3 microspheres in-situ coated with carbon for supercapacitors with highly enhanced performances[J]. Nanomaterials,2017,7(12):1-15.

[11]Rui Xiao,Xiaoting Zhang,Xiaona Zhang, et al. Analysis of flavors and fragrances by HPLC with Fe_3O_4@GO magnetic nanocomposite as the adsorbent[J]. Talanta,2017(166):262-267.

[12]景新俊. 不同热加工对萌动青稞加工特性和营养作用的影响[D]. 郑州:郑州轻工业大学,2019.

[13]沈佳莉. 不同原料制备微晶纤维素的工艺优化及其结构研究[D]. 兰州:兰州理工大学,2019.

[14]王丽. 木瓜籽油的提取及其籽粕多糖结构和应用特性研究[D]. 郑州:郑州大学,2017.

缩略语对照表

2D NMR	二维核磁共振谱
AAS	原子吸收光谱
AC	亲和色谱
ACE	亲和毛细管电泳
AFS	原子荧光光谱
APCI	大气压化学电离
API	大气压电离
APPI	大气压光喷雾电离
ARA	二十碳四烯酸
ATR	衰减全反射
BS	半透膜光束分裂器
BTEE	N-苯甲酰-L-酪氨酸乙酯
CAD	电雾式检测器
CAD(或:CID)	碰撞活化裂解(或:碰撞诱导分解)
CCD	电荷耦合检测器
CE	毛细管电泳
CEC	毛细管电动色谱
CE-MS	毛细管电泳-质谱联用
CGC	毛细管气相色谱
CI	化学电离
CIEF	毛细管等电聚焦
CITP	毛细管等速电泳
CORESTA	国际烟草研究合作中心
COSY	同核位移相关谱

续表

CW-NMR	连续波核磁共振谱仪
CZE	毛细管区带电泳
D.L.	检测限
DAD	二极管阵列检测器
DCC	二环己基碳二亚胺
DEPT	无畸变极化转移增强
DHA	二十二碳六烯酸
DNA	脱氧核糖核酸
DNPH	2,4-二硝基苯肼
DP	去簇电压
DR	漫反射
DTGS	氘化硫酸三甘肽
ECD	电子捕获检测器
EDL	无极放电灯
EDS	X射线能谱仪
EDTA	乙二胺四乙酸
EI	电子轰击电离
EM	电子显微分析
EMC	增强多电荷扫描
EMS	增强质谱扫描
EOF	电渗流
EPI	增强子离子扫描
ER	增强分辨率扫描
ESI	电喷雾电离
ESI-MS	电喷雾电离质谱
FAB	快原子轰击电离
FD	场解吸
FET	场效应晶体管
FI	场致电离
FID	①氢火焰离子化检测器
	②自由感应衰减
FPD	火焰光度检测器
FTICR-MS	傅立叶变换离子回旋共振质谱
FTIR	傅立叶变换红外光谱仪
FTIR-MS	傅立叶红外-质谱联用

续表

FT-Raman	傅立叶变换拉曼光谱
GC	气相色谱
GC×GC	全二维气相色谱
GC-FTIR	色相色谱-傅立叶变换红外光谱联用
GC-IR	气相色谱-红外联用
GC-MS	气相色谱-质谱联用
GC-MS/MS	气相色谱-串联质谱联用
GFAAS	石墨炉原子吸收光谱
GLC	气-液色谱
GO	氧化石墨烯
GPC	凝胶渗透色谱
GSC	气-固色谱
HCL	空心阴极灯
HETP	理论塔板高度
HMBC	异核多键相关谱
HMPS	六甲基二硅醚
HMQC	异核多量子相关谱
HOMO	最高占有分子轨道
HPLC	高效液相色谱
HPLC-AFS	高效液相色谱-原子荧光联用
HPLC-MS	高效液相色谱-质谱联用
HPLC-MS/MS	高效液相色谱-串联质谱联用
HSQC	异核单量子相干谱
IC	离子色谱
ICP-MS	电感耦合等离子体质谱
IDA	信息依赖性采集
IR	红外吸收光谱
IT-MS	离子阱质谱
IT-TOF-MS	离子阱-飞行时间质谱
IUPAC	国际纯粹与应用化学联合会
LC-MS	液相色谱-质谱联用
LD	激光解吸
LLPC	液-液分配色谱
LOD	检出限
LOQ	定量限

续表

LPOT	多孔开管柱
LSC	液-固吸附色谱
LUMO	最低未占分子轨道
m/z	质荷比
MALDI	基质辅助激光解吸电离
MALDI-MS	基质辅助激光解吸电离质谱
MALDI-TOF-MS	基质辅助激光解吸电离飞行时间质谱
MCC	微晶纤维素
MCT	汞镉碲检测器
MDGC	多维气相色谱
MDMA	亚甲基二氧甲基苯丙胺
MIRS	中红外光谱
MLR	多元线性回归
MRM	多反应监测
MS	质谱
MSD	质谱检测器
MS-MS	串联质谱
MSn	多离子扫描
Nano-ESI	纳流电喷雾电离
NDGA	去甲二氢愈创木酸
NIRS	近红外光谱
NL	中性丢失扫描
NMR	核磁共振
NOE	核 Overhauser 效应
NOESY	二维 NOE 谱
NPD（或：AFID）	氮磷检测器（或：碱火焰离子化检测器）
PAP	吡啶偶氮间苯二酚
PAW	等离子体活化水
PB	粒子束
PBDEs	多溴联苯醚
PCA	主成分分析
PCBs	多氯联苯
PCR	主成分回归
PDF	粉末衍射文件
PFT-NMR	脉冲傅立叶变换核磁共振谱仪

续表

PID	光离子化检测器
PLOT	多孔层开管柱
PLSR	偏最小二乘回归
PSA	N-丙基乙二胺
Q	四极杆
Q-MS	四极杆质谱
QQQ	三重四极杆串联质谱
Q-TOF	四极杆-飞行时间
Q-TOF-MS	四极杆-飞行时间质谱
Q-Trap-MS	三重四极杆串联质谱复合线性离子阱质谱
QuEChERS	quick(快速)、easy(简单)、cheap(经济)、effective(高效)、rugged(可靠)、safe(安全)
Raman	拉曼光谱
RI	相对保留指数
ROESY	旋转坐标系 NOE 谱
RSD	相对标准差
SCOT	涂载体空心柱
SDOP	铁皮石斛多糖
SEC	空间排阻色谱
SEM	扫描电子显微镜
SERS	表面增强拉曼光谱
SFC	超临界流体色谱
SIM	单离子监测模式
SOA	蔗糖八乙酸酯
SPME	固相微萃取
SPME-GC-MS	固相微萃取-气相色谱-质谱联用
SWATH	所有理论碎片离子的顺序窗口采集
T(DBHP)P	溴代卟啉 T
TCD	热导检测器
TEOS	正硅酸乙酯
TEM	透射电子显微镜

续表

TGS	硫酸三甘肽
TIC	总离子流色谱
TID	热离子检测器
TMS	四甲基硅烷
TOF	飞行时间
TOF−MS	飞行时间质谱
TQ	三重四极杆质谱
Tris	三羟甲基氨基甲烷
TSP	热喷雾电离
UPCCC	超高效逆流色谱
UPLC（或：UHPLC）	超高效液相色谱
UV−Vis	紫外−可见分光光度法
WCOT	涂壁毛细管柱
XRD	X 射线衍射